Einführung in die Kombinatorik

Peter Tittmann

Einführung in die Kombinatorik

3. Auflage

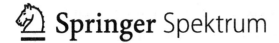
Springer Spektrum

Peter Tittmann
Hochschule Mittweida
Mittweida, Deutschland

ISBN 978-3-662-58920-5   ISBN 978-3-662-58921-2 (eBook)
https://doi.org/10.1007/978-3-662-58921-2

Die Deutsche Nationalbibliothek verzeichnet diese Publikation in der Deutschen Nationalbibliografie;
detaillierte bibliografische Daten sind im Internet über http://dnb.d-nb.de abrufbar.

Springer Spektrum

Planung und Lektorat: Andreas Rüdinger

Springer Spektrum ist ein Imprint der eingetragenen Gesellschaft Springer-Verlag GmbH, DE und ist
ein Teil von Springer Nature.
Die Anschrift der Gesellschaft ist: Heidelberger Platz 3, 14197 Berlin, Germany

Vorwort

Dieses Buch liefert eine Einführung in die enumerative Kombinatorik. Das ist ein Teilgebiet der Mathematik, welches sich mit der Bestimmung der Anzahl der Elemente einer endlichen Menge beschäftigt, das heißt mit dem Zählen. Die Lösung eines solchen Problems scheint zunächst denkbar einfach zu sein. Wir listen alle Elemente der fraglichen Menge auf und zählen diese anschließend. Leider scheitert dieser Versuch in den meisten interessanten Anwendungen, da die Anzahl der Elemente der Menge schlicht zu groß für eine explizite Auflistung ist. Zudem sind wir meist nicht zufrieden, wenn wir als Antwort nur eine Zahl erhalten; meist erwarten wir eine Formel, welche die gegebene Anzahl in Abhängigkeit von Parametern liefert.

Als Beispiel betrachten wir die Aufgabe, alle Wörter mit n Buchstaben, die dem Alphabet $\{A, C, G, T\}$ angehören, zu zählen. Als Antwort erwarten wir eine Formel, welche die gesuchte Anzahl in Abhängigkeit der natürlichen Zahl n liefert. Diese Frage ist noch recht einfach. Schwieriger wird sie, wenn weitere Bedingungen dazukommen. So könnten wir fordern, dass jedes Wort genau k-mal den Buchstaben G enthält, keine benachbarten Buchstaben A auftreten und kein Wort die Buchstabenfolge CGT als Unterwort enthält.

Die Anwendungen der Kombinatorik sind zahlreich. In der Informatik ist die Anzahl von binären Bäumen mit gewissen Eigenschaften gefragt, um die Zeitkomplexität von Algorithmen zu bewerten. In der Chemie interessiert man sich für die Anzahl der Isomere. Das sind Verbindungen mit unterschiedlicher Struktur, aber gleicher Summenformel (gleicher Zusammensetzung). Um diese zu zählen, müssen wir in der Lage sein, die Anzahl nicht-isomorpher Graphen mit gegebener Knotenzahl, Kantenzahl und Gradfolge zu bestimmen. Viele Fragen der Kombinatorik haben ihren Ursprung in der Berechnung von Wahrscheinlichkeiten. Mit welcher Wahrscheinlichkeit erzielt man bei einem Wurf mit vier Spielwürfeln die Augensumme 14? Um diese Frage zu beantworten, müssen wir zunächst ermitteln, wie viele Lösungen die Gleichung $v + x + y + z = 14$ hat, wenn v, x, y, z nur ganze Zahlen zwischen 1 und 6 sein dürfen.

Das vorliegende Buch stellt zunächst in der ersten vier Kapiteln grundlegende Methoden der Kombinatorik vor. Dazu gehören elementare Anzahlfolgen, erzeugende Funktionen, Rekurrenzgleichungen und Summen. Insbesondere die gewöhnlichen und exponentiellen erzeugenden Funktionen bilden den Kern der modernen enumerativen Kombinatorik. Das Kap. 5 gibt eine kurze Einführung in Konzepte der Graphentheorie, die dann genutzt werden, um Anzahlprobleme auf Graphen zu lösen. Die dafür verwendeten erzeugenden Funktionen führen uns in das faszinierende Gebiet der Graphenpolynome. Zahlreiche Probleme der enumerativen Kombinatorik erfordern die Untersuchung von Mengen mit einer zusätzlichen weiteren Struktur, zum Beispiel einer Ordnungsrelation. Das sechste Kapitel behandelt geordnete Mengen, Inzidenzalgebren und die Möbius-Inversion. Eine Art Zusammenfassung und Systematisierung zum Thema erzeugende Funktionen bieten kombinatorische Klassen, die der Gegenstand des Kap. 7 sind. Symmetrien von Objekten der Kombinatorik lassen sich durch die Wirkung einer Permutationsgruppe auf eine Menge beschreiben. Abzählprobleme unter Symmetrie und Permutationen bilden den Inhalt des Kap. 8 in diesem Buch. Die letzten beiden Kapitel sind einerseits dem Zählen von Bäumen und Graphen sowie andererseits endlichen Automaten gewidmet.

Einen Hinweis zum Studium dieses Buches möchte ich geben: Nur durch Lesen des Textes kann man die enumerative Kombinatorik nicht wirklich erlernen. Ein Problemlöser wird man nur durch Lösen vieler Probleme. Daher finden Sie zahlreiche Übungsaufgaben jeweils am Kapitelende sowie deren Lösungen im hinteren Teil des Buches. Der Blick in die Lösung sollte jedoch erst nach einer intensiven Beschäftigung mit der Aufgabe erfolgen, um den eigenen Lösungsweg zu vergleichen. Weitere Probleme zum Üben kann der Studierende leicht selbst durch Abwandlung der gegebenen Beispiele und Aufgaben erzeugen.

Ich freue mich, dass dieses Buch so guten Zuspruch erfahren hat, dass es nun bereits in der dritten Auflage erscheint. Die Neuauflage nutzte ich, um einige kleine Fehler zu beseitigen und ein neues Kapitel über kombinatorische Klassen sowie einen Abschnitt zum Zuverlässigkeitspolynom aufzunehmen. Für Hinweise zur Gestaltung des Buches, zur Verbesserung des Textes und zum Umgang mit dem Satzsystem LaTeX möchte ich mich bei André Pönitz, Anja Kohl, Grit Fischer, Melanie Gerling und Nikolai Giesbrecht bedanken. Ich danke auch allen Lesern der ersten Auflagen, die durch Hinweise auf Fehler zur Verbesserung des Werkes beigetragen haben. Ganz herzlich danke ich Herrn Dr. Andreas Rüdinger vom Springer-Spektrum-Verlag für die angenehme Zusammenarbeit (auch schon bei den ersten beiden Auflagen) und für die Ermutigung zu einer neuen erweiterten Auflage. Frau Bianca Alton vom Springer-Verlag danke ich für die Beratung und Unterstützung bei allen Problemen des Buchsatzes.

28. Februar 2019   Peter Tittmann

Inhaltsverzeichnis

Abzählen von Objekten

1

Inhaltsverzeichnis

Ein Grundproblem der Kombinatorik ist das Abzählen der Elemente einer gegebenen endlichen Menge. Die Elemente dieser Menge sind kombinatorische Objekte, wie zum Beispiel Anordnungen (Permutationen), Auswahlen (Kombinationen, Variationen), Verteilungen und Zerlegungen (Partitionen). Eine Methode, die sich prinzipiell immer für derartige Anzahlprobleme eignet, ist das explizite Auflisten (die Enumeration) aller Objekte der Menge. Praktisch stößt dieses Verfahren jedoch schnell an Grenzen, die aus dem für die Auflistung erforderlichen Zeitaufwand resultieren. Ein weiterer Grund, der gegen dieses Verfahren spricht, ist die geringe Aussagekraft einer durch Auflistung gefundenen Lösung. Häufig ist man vielmehr an einer allgemeingültigen Formel für die Anzahl gewisser kombinatorischer Objekte als an der Mächtigkeit einer ganz konkreten Menge interessiert. Die Lösung kombinatorischer Anzahlprobleme führt zu speziellen Folgen ganzer Zahlen. Dazu zählen die Fakultät, Binomialkoeffizienten, Stirling-Zahlen erster und zweiter Art sowie viele weitere bekannte Zahlenfolgen.

Nicht immer kann man eine explizite Formel für die gesuchte Anzahl bestimmen. In einigen Fällen werden wir uns auch mit impliziten Gleichungen oder Summenformeln begnügen müssen. Damit ergeben sich zunächst die Fragen: Wann ist ein kombinatorisches Problem gelöst? Was erwarten wir von einer Lösung? Wir werden diese Fragen im Zusammenhang mit der Behandlung von Anzahlproblemen diskutieren. Neben der konkreten Lösung steht im Folgenden stets die Lösungsmethode im Vordergrund. Nach der Begründung elementarer Regeln des Abzählens

© Springer-Verlag GmbH Deutschland, ein Teil von Springer Nature 2019
P. Tittmann, *Einführung in die Kombinatorik*, https://doi.org/10.1007/978-3-662-58921-2_1

und der Einführung einiger wichtiger Zahlenfolgen werden in den weiteren Kapiteln einige grundlegende Werkzeuge der Kombinatorik vorgestellt.

1.1 Permutationen

Auf wie viel verschiedene Arten kann man n verschiedene Bücher in ein Fach eines Bücherregals stellen? Diese Frage ist ein Beispiel für Probleme der Anordnung oder der Reihenfolge von Dingen. Allgemeiner kann man die oben gestellte Frage so ausdrücken: Auf wie viel verschiedene Arten kann man n Objekte anordnen? Eine Anordnung von Objekten heißt auch *Permutation*. Für die Untersuchung der möglichen Anordnungen von n Objekten ist es unwesentlich, welche konkreten Objekte (Bücher, Zahlen, Farben usw.) gerade vorliegen. Wir werden deshalb im Folgenden Permutationen der Menge $\mathbb{N}_n = \{1, \ldots, n\}$ betrachten. Für $\mathbb{N}_1$ gibt es nur eine Permutation.

Rekursionen
Um eine Aussage für beliebige $n \geq 1$ zu gewinnen, verwenden wir eine Methode, die vom Beweisverfahren der vollständigen Induktion bekannt ist. Wir schließen von n auf $n + 1$ oder allgemein jeweils auf den Nachfolger einer gegebenen natürlichen Zahl. Die Anzahl aller Permutationen der Menge $\mathbb{N}_{n-1} = \{1, \ldots, n-1\}$ sei P_{n-1}. Jede Permutation der $n - 1$ Elemente von $\mathbb{N}_{n-1}$ kann als ein geordnetes $(n - 1)$-Tupel der Form $(a_1, a_2, \ldots, a_{n-1})$ geschrieben werden. Wie kann nun ein neues n-tes Element a_n in eine gegebene Permutation von $\mathbb{N}_{n-1}$ eingefügt werden? Die folgende Abbildung zeigt, dass dafür genau n Plätze zur Verfügung stehen.

$$
\begin{array}{cccccc}
a_n & a_n & a_n & a_n & a_n & a_n \\
\downarrow & \downarrow & \downarrow & \downarrow & \downarrow & \downarrow \; . \\
a_1 \quad , & a_2 \quad , & a_3 \quad , & \ldots \quad , & a_{n-1} &
\end{array}
$$

Für die Anzahl P_n der Permutationen einer n-elementigen Menge folgt damit

$$P_n = n P_{n-1} .$$

Zusammen mit der Anfangsbedingung $P_1 = 1$ liefert diese *Rekursion* die gesuchte explizite Formel für die Anzahl der Permutationen von $\mathbb{N}_n$:

$$\boxed{P_n = n! = \prod_{k=1}^{n} k = 1 \cdot 2 \cdot 3 \cdots n, \qquad n \in \mathbb{N}} . \tag{1.1}$$

Eine Rekursion oder eine rekursive Beziehung ist eine Gleichung für eine Funktion g einer ganzzahligen Variablen, die den Funktionswert von g an der Stelle n in Abhängigkeit von vorhergehenden Funktionswerten darstellt. Eine Rekursion hat damit folgende Gestalt:

$$g_n = F(g_{n-1}, g_{n-2}, \ldots, g_{n-k}) .$$

Tab. 1.1 Die Fakultät

n	0	1	2	3	4	5	6	7	8	9	10
$n!$	1	1	2	6	24	120	720	5040	40320	362880	3628800

Wenn für eine rekursiv definierte Funktion g_n die Anfangswerte

$$g_0, g_1, g_2, \ldots, g_{k-1}$$

gegeben sind, ist die Funktion eindeutig bestimmt. Alle nachfolgenden Funktionswerte können dann sukzessive berechnet werden. Oft ist jedoch eine explizite Darstellung der Form $g_n = f(n)$ erwünscht. Die Bestimmung dieser expliziten Form nennt man auch *Lösung* der Rekursionsbeziehung. Lösungsmethoden für rekursive Gleichungen werden ausführlich im Kap. 3 behandelt.

Die *Fakultät* $n!$ einer natürlichen Zahl n liefert die Anzahl aller Anordnungen einer n-elementigen Menge. Man setzt $0! = 1$. Als Begründung für diese Festsetzung können wir wieder die kombinatorische Interpretation der Fakultät nutzen: Es gibt genau eine Möglichkeit, um null Objekte anzuordnen, nämlich die leere Anordnung. Wir erhalten mit dieser Vereinbarung eine *rekursive Definition* der Fakultät:

$$\begin{aligned} n! &= n \cdot (n-1)!, \qquad n \geq 1 \\ 0! &= 1 \,. \end{aligned} \tag{1.2}$$

Das rasante Wachsen der Zahlen $n!$ zeigt die Tab. 1.1.

Bijektionen

Eine andere einfache Überlegung führt ebenfalls sehr schnell auf die Formel (1.1). Wir interpretieren die n Objekte, die permutiert werden sollen, als Buchstaben eines Alphabets. Den möglichen Anordnungen der n Objekte entsprechen dann die n-stelligen Wörter, die mit den Buchstaben des gegebenen Alphabets geschrieben werden können, so dass kein Buchstabe doppelt auftritt. Für die erste Stelle eines solchen Wortes können wir einen der n Buchstaben wählen, für die zweite Stelle einen der $n-1$ verbleibenden Buchstaben usw., bis schließlich für die letzte Stelle genau ein Buchstabe bleibt. Diese Zuordnung der Stellen des Wortes zu den Buchstaben des Alphabets ist umkehrbar eindeutig. Anders gesagt: Die Anzahl der Permutationen von n Objekten ist gleich der Anzahl der *Bijektionen* (umkehrbar eindeutigen Abbildungen) einer n-elementigen Menge in eine n-elementige Menge. Wir wollen nun die Anordnungen von Objekten, die auch wiederholt auftreten können, untersuchen. Ein Problem dieser Art liefert das folgende Beispiel.

Beispiel 1.1 (Wörter)

Wie viel verschiedene Wörter lassen sich aus den Buchstaben $\{A, A, A, B, B, C, C\}$ bilden?

Die Anzahl der Permutationen dieser Buchstaben, das heißt 7!, liefert hier nicht die richtige Antwort, da Vertauschungen gleicher Buchstaben nicht zu einem neuen Wort führen. In einer Liste aller Permutationen der sieben Buchstaben erscheint zum Beispiel das Wort $ABCABCA$ 24-mal, denn die Permutationen der drei $A's$ untereinander liefern bereits sechs dieser Wörter, wobei in jedem Wort die $B's$ und die $C's$ in zwei verschiedenen Anordnungen auftreten können. Allgemein führt die k-fache Wiederholung eines Buchstabens dazu, dass jedes Wort $k!$-mal in der Liste der Permutationen auftaucht. Wir erhalten damit

$$\frac{7!}{3!\,2!\,2!} = 210$$

verschiedene Wörter, die sich aus den Buchstaben $\{A, A, A, B, B, C, C\}$ bilden lassen. ∎

Der Multinomialkoeffizient

Allgemein nennt man eine Zusammenfassung von Objekten, die einzelne Elemente auch mehrmals umfassen kann, eine *Multimenge*. Für die Anzahl der Permutationen einer Multimenge

$$M = \{a_1, \ldots, a_1, a_2, \ldots, a_2, a_3, \ldots, a_{r-1}, a_r, \ldots, a_r\}$$

der Mächtigkeit $n = k_1 + k_2 + \cdots + k_r$, die das Element a_1 genau k_1-mal, das Element a_2 genau k_2-mal, ..., das Element a_r genau k_r-mal enthält, erhalten wir

$$\boxed{\binom{n}{k_1, k_2, \ldots, k_r} = \frac{n!}{k_1!\,k_2! \cdots k_r!}} \tag{1.3}$$

Permutationen. Der links stehende Ausdruck wird auch als *Multinomialkoeffizient* bezeichnet. Der Multinomialkoeffizient ist eine Verallgemeinerung des Binomialkoeffizienten, den wir im folgenden Abschnitt genauer betrachten. Eine Anwendung dieser Beziehung ist die Berechnung der Anzahl der Wege in einem Gitter von einem Eckpunkt zum diagonal gegenüberliegenden Eckpunkt.

Beispiel 1.2 (Gitterwege)

Wie viel Wege führen in dem in Abb. 1.1 dargestellten Gitter der Größe $m \cdot n$ von A nach B, wenn jeder Weg nur Streckenabschnitte des Gitters enthalten darf, die um eine Einheit nach rechts oder nach oben führen?

Abb. 1.1 Wege in einem Gitter

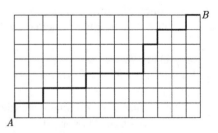

Die Lösung des Problems besteht hier in einer geeigneten Beschreibung eines Weges. Wenn das Gitter m Kästchen hoch und n Kästchen breit ist, muss jeder Weg von A nach B genau m Schritte nach oben und genau n Schritte nach rechts enthalten. Wir bezeichnen einen Schritt nach oben mit O und einen Schritt nach rechts mit R. Einem Weg von A nach B kann dann eindeutig ein Wort der Form $ORRORRRO\ldots$ zugeordnet werden. Jedes Wort, das einem Weg von A nach B in dem dargestellten Gitter entspricht, enthält genau m-mal den Buchstaben O und genau n-mal den Buchstaben R. Die Anzahl aller Wege ist somit gleich der Anzahl aller Wörter mit $m + n$ Buchstaben, wobei m-mal O und n-mal R auftritt. Wir erhalten folglich für die Anzahl der Wege

$$\frac{(n + m)!}{m!\, n!} \, .$$■

Die Bestimmung der Anzahl der Gitterwege zeigt, wie wichtig das Auffinden einer geeigneten Darstellung eines Problems ist. Die in den letzten Beispielen gewonnenen Erkenntnisse sind so wichtig, dass wir sie nochmals in einer Übersicht zusammenfassen.

Lösung von Abzählproblemen
Die folgenden Grundprinzipien helfen bei der Lösung vieler Probleme der enumerativen Kombinatorik:

Formulierung des gegebenen Problems. Eine kombinatorische Aufgabe kann oft in vielen äquivalenten Formulierungen und Begriffen dargestellt werden. Ein Beispiel dafür sind Wege in Gittern, die auch Permutationen oder Wörter genannt werden können. Es gibt ein einfaches mathematisches Prinzip, das hinter den verschiedenen Darstellungen eines Problems steckt. *Zwei Mengen besitzen die gleiche Mächtigkeit, wenn zwischen ihnen eine Bijektion existiert.* In diesem Falle können die Elemente der einen Menge umkehrbar eindeutig den Elementen der anderen Menge zugeordnet werden. Wir können damit sagen, dass ein gegebenes kombinatorisches Problem (ein Anzahlproblem) einem anderen Problem äquivalent ist, wenn wir eine bijektive Zuordnung zwischen den entsprechenden kombinatorischen Objekten finden. Zur Konstruktion einer geeigneten Bijektion gibt es kein allgemeines Schema. Ein Hinweis auf die Existenz einer solchen Bijektion ergibt sich häufig aus der Übereinstimmung einiger spezieller Anzahlen für kleine Problemgrößen mit dem Anfang einer bekannten Zahlenfolge der Kombinatorik.

Das Additionsprinzip. Wenn für die Wahl eines kombinatorischen Objektes verschiedene Alternativen möglich sind, die sich gegenseitig ausschließen, so ist die Anzahl der Objekte die Summe der Anzahlen der Alternativen. Wenn zum Beispiel die erste Stelle einer Zeichenfolge mit einer Dezimalziffer oder mit einem lateinischen Großbuchstaben besetzt werden soll, so haben wir $10 + 26 = 36$ Möglichkeiten für Auswahl dieses Zeichens. Das Additionsprinzip ist, wenn auch sehr elementar, ein äußerst nützliches Werkzeug der enumerativen Kombinatorik.

Das Multiplikationsprinzip. Wenn ein kombinatorisches Objekt aus zwei unterscheidbaren Komponenten besteht, sodass die erste Komponente auf m Arten gewählt werden kann und die zweite unabhängig von der Wahl der ersten auf n Arten, dann gibt es insgesamt $m \cdot n$ Objekte. Als Beispiel wollen wir ein zweibuchstabiges Wort erzeugen, sodass der erste Buchstabe ein lateinischer Kleinbuchstabe und der zweite Buchstabe ein – ebenfalls kleingeschriebener – Vokal ist. Da es 26 Buchstaben und fünf Vokale gibt, erhalten wir $26 \cdot 5$ Möglichkeiten, um ein solches Wort zu bilden. Dieses Prinzip lässt sich auch anwenden, wenn die Wahl der zweiten Komponente nicht unabhängig von der Wahl der ersten Komponente ist, jedoch so, dass der Einfluss der ersten Auswahl auf die zweite Auswahl eindeutig bestimmbar ist. Als Beispiel suchen wir eine geordnete Auswahl von zwei Seiten eines n-Ecks, sodass diese Seiten nicht benachbart sind. Für die Wahl der ersten Seite haben wir offensichtlich n Möglichkeiten. Die zweite Seite darf nicht die bereits gewählte oder eine ihrer beiden Nachbarseiten sein, sodass dafür noch $n - 3$ Möglichkeiten verbleiben. Wir erhalten insgesamt $n(n - 3)$ Auswahlen.

1.2 Auswahlen

1.2.1 Geordnete Auswahlen

Ein Autokennzeichen soll aus drei Buchstaben und vier Ziffern bestehen. Ein Kennzeichen besitzt damit die folgende Struktur, wobei B für einen beliebigen Buchstaben und Z für eine Ziffer steht:

$$\boxed{B} \; \boxed{B} \; \boxed{B} \; \boxed{Z} \; \boxed{Z} \; \boxed{Z} \; \boxed{Z} \; .$$

Wie viel Fahrzeuge können auf diese Weise gekennzeichnet werden, wenn wir davon ausgehen, dass das verwendete Alphabet 26 Buchstaben umfasst? Die Lösung dieser Aufgabe bereitet keine Schwierigkeiten. Wir können jede Stelle des Kennzeichens unabhängig von bereits vorher besetzten Stellen auswählen. Für die erste Stelle stehen 26 Buchstaben zur Verfügung. Das trifft auch für die zweite und dritte Stelle des Kennzeichens zu. Die letzten vier Stellen können jeweils mit einer von zehn verschiedenen Ziffern besetzt werden. Wir erhalten damit

$$26^3 \cdot 10^4 = 1.757.600$$

verschiedene Kennzeichen.

Auswahlen mit Wiederholung

Allgemein erhalten wir n^k für die Anzahl der geordneten Auswahlen von k Elementen aus einer n-elementigen Menge mit Wiederholung. Unter einer *Auswahl mit Wiederholung* wollen wir im Folgenden stets eine Auswahl verstehen, bei der jedes Element beliebig oft vorkommen kann. Bei der Berechnung der Anzahl der *geordneten Auswahlen* (oder *Variationen*) ist stets die Reihenfolge der gewählten Elemente von Interesse. Für geordnete Auswahlen sind (a, a, b) und (a, b, a) zwei unterschiedliche Objekte. Wir verwenden hier runde Klammern, um die Bedeutung der Anordnung der Elemente zum Ausdruck zu bringen. Auflistungen in geschweiften Klammern, wie zum Beispiel $\{a, a, b\}$, bezeichnen Mengen oder Multimengen, wobei die Anordnung für diese Objekte ohne Bedeutung ist.

Kombinationen ohne Wiederholung

Eine geordnete Auswahl von k aus n Elementen der Menge M *ohne Wiederholung* enthält jedes Element aus M höchstens einmal. Für das erste Element einer solchen Auswahl gibt es n Wahlmöglichkeiten, für das zweite $n - 1, \ldots$, für das k-te schließlich $n - k + 1$. Die Anzahl der geordneten Auswahlen ohne Wiederholung ist somit

$$\boxed{n(n-1)\cdots(n-k+1) = \frac{n!}{(n-k)!}}.$$

Im Falle $k > n$ gibt es keine derartige Auswahl. Das hierbei auftretende Produkt heißt auch *fallende Faktorielle* von n. Da die fallende Faktorielle auch in anderen Gebieten der Mathematik Anwendung findet, geben wir hier eine etwas allgemeinere Definition:

$$\boxed{\begin{aligned} x^{\underline{k}} &= x(x-1)(x-2)\cdots(x-k+1), \quad k > 0 \\ x^{\underline{0}} &= 1 \end{aligned}}. \tag{1.4}$$

Hierbei ist x eine beliebige reelle (oder auch komplexe) Variable; k wird jedoch stets als ganzzahlig vorausgesetzt. Dabei ist aus der Definition von $x^{\underline{k}}$ noch nicht erkennbar, was geschieht, wenn der Exponent kleiner null ist. Wir legen in diesem Falle fest:

$$x^{\underline{-k}} = \frac{1}{(x+1)(x+2)\cdots(x+k)}, \quad k > 0. \tag{1.5}$$

Diese Definition gewährleistet die Gültigkeit eines *Potenzgesetzes für die fallende Faktorielle*:

$$x^{\underline{k+l}} = x^{\underline{k}}(x-k)^{\underline{l}}. \tag{1.6}$$

Das Potenzgesetz lässt sich durch einfaches Nachrechnen leicht bestätigen. Wenn die Exponenten negativ sind, so folgt speziell

$$
\begin{aligned}
x^{\underline{-k-l}} &= \frac{1}{(x+1)(x+2)\cdots(x+k+l)} \\
&= \frac{1}{(x+1)(x+2)\cdots(x+k)} \frac{1}{(x+k+1)(x+k+2)\cdots(x+k+l)} \\
&= x^{\underline{-k}}(x+k)^{\underline{-l}}.
\end{aligned}
$$

Injektionen

Eine *Injektion* einer n-elementigen Menge A in eine m-elementige Menge B ist eine Abbildung $f : A \to B$, für die aus $a \neq b$ stets $f(a) \neq f(b)$ folgt. Hierbei sind a und b zwei beliebige Elemente der Menge A. Mit anderen Worten: Eine Injektion bildet stets unterschiedliche Elemente aus A wieder auf verschiedene Elemente von B ab. Folglich kann es eine Injektion $f : A \to B$ nur dann geben, wenn B wenigstens so viele Elemente wie A enthält, das heißt, wenn $n \leq m$ gilt. Jeder Injektion entspricht genau eine geordnete Auswahl der Bildelemente von B. Damit ist $m^{\underline{n}}$ auch die Anzahl aller Injektionen von A in B.

Ein weiteres äquivalentes Problem ist die Verteilung von n unterscheidbaren Objekten auf m unterscheidbare Boxen (Urnen, Kästen), sodass in jeder Box höchstens ein Objekt liegt. Wenn hierbei alle Boxen belegt werden, erhalten wir auch eine weitere Interpretation der Permutationen einer Menge. In der Tat ist eine Injektion $f : A \to B$ genau dann eine Bijektion, wenn $n = m$ gilt. In diesem Falle stimmt die fallende Faktorielle $n^{\underline{n}} = n!$ mit der Fakultät überein.

1.2.2 Kombinationen ohne Wiederholung

Für die Berechnung der Gewinnchance bei einer Lottoziehung ist es zunächst erforderlich, die Gesamtzahl der möglichen Tipps zu bestimmen. Betrachten wir als Beispiel das Lottospiel *6 aus 49*. Wie viel Tippscheine muss ein Spieler abgeben, um garantiert einen Hauptgewinn zu erhalten? Die Antwort ist gleich der Anzahl der Auswahlen von 6 aus 49 Zahlen. Hierbei ist die Reihenfolge der Zahlen auf dem Tippschein unwesentlich. Derartige Auswahlen heißen deshalb *Auswahlen ohne Berücksichtigung der Anordnung* oder *Kombinationen*. Da wir bereits wissen, wie man die Anzahl der geordneten Auswahlen einer Menge bestimmt, gehen wir von diesem Ergebnis aus. Für die hier betrachtete Lottoziehung erhalten wir $49^{\underline{6}} = 10.068.347.520$ geordnete Tipps. In dieser schrecklich großen Menge taucht jedoch jeder Tipp $6! = 720$-mal auf. Demzufolge erhalten wir die Anzahl der Tipps, indem wir $49^{\underline{6}}$ durch $6!$ dividieren. Das Ergebnis, etwa 14 Millionen, ist jedoch immer noch nicht dazu geeignet, die Laune eines Lottospielers zu verbessern. Ein Trost ist aber, dass die Anzahl der Dreier wesentlich kleiner ist (und dass außerdem jeder Tippschein 20 verschiedene Dreier enthält).

Binomialkoeffizienten

Aus den obigen Überlegungen folgt, dass die Anzahl der ungeordneten Auswahlen von k aus n Elementen gleich

$$\frac{n^{\underline{k}}}{k!} = \frac{n!}{k!(n-k)!}$$

ist. Dieser Ausdruck wird auch als *Binomialkoeffizient* bezeichnet. Für den Binomialkoeffizienten (dessen Name später erklärt wird) ist folgende Bezeichnung gebräuchlich:

$$\binom{n}{k} = \frac{n^{\underline{k}}}{k!}. \tag{1.7}$$

Wir lesen den Binomialkoeffizienten als „*n über k*". Die weitreichenden Anwendungen des Binomialkoeffizienten führen wieder zu einer allgemeineren Definition. Für eine beliebige reelle oder komplexe Zahl x und $k \in \mathbb{Z}$ ($\mathbb{Z}$ bezeichnet die Menge der ganzen Zahlen) definieren wir:

$$\begin{aligned} \binom{x}{k} &= \frac{x(x-1)\cdots(x-k+1)}{k!}, \text{ falls } k > 0 \\ \binom{x}{k} &= 0, \text{ falls } k < 0 \\ \binom{x}{0} &= 1 \end{aligned}$$

In $\binom{x}{k}$ nennen wir x den *oberen Index* und k den *unteren Index* des Binomialkoeffizienten. Binomialkoeffizienten haben viele für die Anwendung wichtige Eigenschaften. Die nachfolgenden Gleichungen für Binomialkoeffizienten erfordern jedoch stets die Beachtung des Gültigkeitsbereiches. Insbesondere gelten einige Beziehungen nur für ganzzahlige obere Indizes. Im Falle $n \in \mathbb{N}$ (Menge der natürlichen Zahlen einschließlich Null) erfüllen die Binomialkoeffizienten die *Symmetriebeziehung*:

$$\binom{n}{k} = \binom{n}{n-k}. \tag{1.8}$$

Diese Gleichung besagt kombinatorisch, dass die Anzahl der Möglichkeiten, um k aus n Elementen auszuwählen, gleich der Anzahl der Auswahlmöglichkeiten für die verbleibenden $n-k$ Elemente ist. (1.8) lässt sich auch durch direktes Nachrechnen bestätigen. Dazu nutzt man die *Darstellung des Binomialkoeffizienten durch*

Fakultäten, die nur für $n \in \mathbb{N}$ anwendbar ist:

$$\binom{n}{k} = \frac{n!}{k!(n-k)!}.$$ (1.9)

Die Auswahl von k Elementen einer n-elementigen Menge $A = \{a_1, \ldots, a_n\}$ kann auf Auswahlen aus einer $(n-1)$-elementigen Menge $B = \{a_1, \ldots, a_{n-1}\}$ zurückgeführt werden. Wir betrachten zunächst all jene Auswahlen, die das Element a_n nicht enthalten. In diesem Falle werden alle k Elemente aus B gewählt. Dafür gibt es genau $\binom{n-1}{k}$ Möglichkeiten. Es verbleiben all jene Auswahlen, die das Element a_n enthalten. Jede derartige Auswahl muss $k-1$ Elemente aus der Menge B enthalten. Diese Auswahlen können auf $\binom{n-1}{k-1}$ verschiedene Arten getroffen werden. Wir erhalten damit eine *rekursive Beziehung für den Binomialkoeffizienten*:

$$\binom{n}{k} = \binom{n-1}{k} + \binom{n-1}{k-1} \quad \text{für} \quad (n,k) \neq (0,0).$$ (1.10)

Durch Vergleich mit der Definition des Binomialkoeffizienten erkennt man tatsächlich schnell, dass diese Rekurrenzbeziehung für beliebige Werte von n und k mit Ausnahme von $n = k = 0$ gültig ist. In diesem Fall gilt, wie wir bereits wissen, $\binom{n}{k} = 1$. Die Formel (1.10) liefert ein einfaches Werkzeug zum Aufstellen einer Tabelle der Binomialkoeffizienten. Die dabei entstehende dreieckige Anordnung der von null verschiedenen Binomialkoeffizienten ist auch unter dem Namen *Pascalsches Dreieck* bekannt. Die Tab. 1.2 zeigt dieses Dreieck bis $n = 12$.

Tab. 1.2 Pascalsches Dreieck

n \ k	0	1	2	3	4	5	6	7	8	9	10	11	12
0	1												
1	1	1											
2	1	2	1										
3	1	3	3	1									
4	1	4	6	4	1								
5	1	5	10	10	5	1							
6	1	6	15	20	15	6	1						
7	1	7	21	35	35	21	7	1					
8	1	8	28	56	70	56	28	8	1				
9	1	9	36	84	126	126	84	36	9	1			
10	1	10	45	120	210	252	210	120	45	10	1		
11	1	11	55	165	330	462	462	330	165	55	11	1	
12	1	12	66	220	495	792	924	792	495	220	66	12	1

Der Binomialsatz

Eine der bekanntesten Eigenschaften des Binomialkoeffizienten kommt im *Binomialsatz* oder *binomischen Lehrsatz* zum Ausdruck. Es seien x und y zwei reelle (oder komplexe) Variablen und n eine natürliche Zahl. Dann gilt:

$$\boxed{(x + y)^n = \sum_{k=0}^{n} \binom{n}{k} x^k y^{n-k} = \sum_{k} \binom{n}{k} x^k y^{n-k}}. \qquad (1.11)$$

Wir vereinbaren für diese und alle weiteren Summen, dass eine Summe, deren Laufindex (hier k) ohne untere und obere Grenze angegeben ist, stets alle ganzen Zahlen durchläuft. Hier sorgt der Binomialkoeffizient dafür, dass für $k < 0$ und für $k > n$ der Summand stets null wird, sodass die beiden Summen in dieser Formel übereinstimmen. Auch die Formel (1.11) kann mit einer einfachen kombinatorischen Überlegung bewiesen werden. Das Produkt auf der linken Seite können wir uns als n nebeneinander geschriebene Klammern vorstellen:

$$\underbrace{(x + y)(x + y) \cdots (x + y)}_{n-\text{mal}}.$$

Wie erhalten wir die Potenz $x^k y^{n-k}$? Indem wir aus k der n Klammern x auswählen und aus den restlichen Klammern y. Die Anzahl der möglichen Auswahlen ist aber gerade die kombinatorische Bedeutung des Binomialkoeffizienten $\binom{n}{k}$.

Aus der Formel (1.11) lassen sich durch geschicktes Einsetzen von Werten für x und y weitere nützliche Informationen gewinnen. Setzen wir $x = y = 1$, so folgt

$$\sum_{k} \binom{n}{k} = 2^n. \qquad (1.12)$$

Um diesen Sachverhalt zu interpretieren, betrachten wir Teilmengen einer n-elementigen Menge $A = \{a_1, \ldots, a_n\}$. Auf der linken Seite der Gleichung (1.12) stehen in der Summe jeweils die Anzahlen der Teilmengen mit genau k Elementen. Die Summe über alle k ist dann die Anzahl aller Teilmengen einer n-elementigen Menge, nämlich 2^n. Dass eine Menge mit n Elementen 2^n Teilmengen besitzt, kann man auch anders zeigen. Jeder Teilmenge B von A kann man eindeutig ein n-stelliges Wort $w_1 w_2 \ldots w_n$, das nur 0 und 1 als „Buchstaben" enthält, zuordnen. Es sei

$$w_i = \begin{cases} 1, \text{ falls } a_i \in B \\ 0, \text{ falls } a_i \notin B. \end{cases}$$

Umgekehrt entspricht auch jedem 0-1-Wort der Länge n eindeutig eine Teilmenge von A. Nun bleibt nur noch zu klären, wie viel derartige Wörter existieren. Da für jeden Buchstaben genau zwei Wahlmöglichkeiten bestehen, ist die gesuchte Zahl tatsächlich 2^n.

Eine weitere Aussage liefert uns der Binomialsatz im Falle $x = -1$ und $y = 1$.
Wenn $n > 0$ ist, folgt daraus

$$\sum_k \binom{n}{k}(-1)^k = 0. \tag{1.13}$$

Aus dieser Beziehung können wir sofort eine wichtige Folgerung ableiten. Für eine endliche Menge ist die Anzahl der Teilmengen gerader Mächtigkeit gleich der Anzahl der Teilmengen ungerader Mächtigkeit. In der Tat gehen alle Teilmengen, die eine gerade Anzahl von Elementen besitzen, mit positivem Vorzeichen und alle Teilmengen, die eine ungerade Anzahl von Elementen enthalten, mit negativem Vorzeichen in die Summe ein.

Die Vandermonde-Konvolution

Eine weitere wichtige Beziehung für Binomialkoeffizienten ist die sogenannte *Vandermonde-Konvolution*:

$$\boxed{\sum_k \binom{r}{k}\binom{s}{n-k} = \binom{r+s}{n}}. \tag{1.14}$$

Die Richtigkeit dieser Beziehung folgt aus einer einfachen kombinatorischen Überlegung. Auf der rechten Seite von (1.14) steht die Anzahl der Möglichkeiten, um n Objekte aus einer Menge von $r + s$ Objekten auszuwählen. Diese Auswahl kann nun so erfolgen, dass k Objekte von den ersten r Objekten und $n - k$ Objekte von den verbleibenden s Objekten gewählt werden.

1.2.3   Kombinationen mit Wiederholung

In einer Kiste liegen je zehn blaue, grüne, rote, schwarze und weiße Kugeln. Wie viel verschiedene Verteilungen der Farben können auftreten, wenn sechs Kugeln aus der Kiste entnommen werden? Die Reihenfolge der Entnahme ist für dieses Problem unwesentlich. Es handelt sich somit um eine Auswahl ohne Berücksichtigung der Anordnung – eine Kombination. Im Unterschied zum Lottoproblem ist hier jedoch die wiederholte Wahl einer Farbe möglich. In 5 möglichen Fällen besitzen sogar alle 6 Kugeln dieselbe Farbe. Die Lösung des Problems erscheint zunächst etwas schwieriger als die der bisher betrachteten Anordnungs- und Auswahlprobleme. Wir werden im Folgenden verschiedene Lösungsansätze für die hier gestellte Aufgabe diskutieren.

Ein erster Lösungsversuch

Eine erste Idee zur Behandlung der Aufgabe ist die Rückführung auf bekannte Probleme. Wir wollen zunächst versuchen, die Auswahlen mit Wiederholung und

Berücksichtigung der Anordnung zu nutzen. Da insgesamt fünf Farben vorhanden sind, existieren 5^6 geordnete Auswahlen mit sechs Kugeln. Es ist jedoch recht schwierig, daraus die Anzahl der Auswahlen mit Wiederholung ohne Berücksichtigung der Anordnung abzuleiten. Der Grund dafür ist, dass zum Beispiel die Auswahl $rrrrrr$ ($r =$ rot) in genau einer Anordnung, die Auswahl $rgwsbb$ (mit den Farbzuordnungen entsprechend den Anfangsbuchstaben der Farben) jedoch in genau $6!/2! = 360$ verschiedenen Anordnungen vorkommt. Die Auflistung aller Varianten ist zwar prinzipiell möglich, aber sicher recht mühsam. Eine einfache Formel ist mit diesem Verfahren nicht zu erwarten.

Äquivalente Probleme

Ein anderer Zugang ist die Formulierung eines äquivalenten (und hoffentlich einfacher lösbaren) Problems. Die aus der Kiste entnommenen Kugeln können wieder als Stellen eines Wortes mit sechs Buchstaben interpretiert werden. Die Buchstaben des Wortes sind in diesem Fall den Farben der Kugeln zugeordnet. Nun darf aber ein Wort, das nur durch Vertauschung der Reihenfolge der Buchstaben aus einem anderen Wort hervorgeht, nicht mehrmals gezählt werden. Die Mehrfachzählung können wir vermeiden, indem wir für die Buchstaben eines Wortes eine feste Anordnung vorschreiben. Die einfachste für diesen Zweck geeignete Ordnung ist die übliche Anordnung der Buchstaben nach dem Alphabet. Für die hier verwendeten Buchstaben (Anfangsbuchstaben der Farben) gilt dann $b < g < r < s < w$. Unter einem *monoton nichtfallenden Wort* verstehen wir ein Wort $w = w_1 w_2 \ldots w_k$, dessen Buchstaben w_i stets der Beziehung $i < j \Rightarrow w_i \leq w_j$ genügen. Anders gesagt, in einem monoton nichtfallenden Wort erscheinen die Buchstaben von links nach rechts gelesen in der alphabetischen Reihenfolge. So sind zum Beispiel die Wörter $bbgrrw$ und $bgrsww$ monoton nichtfallend, während $bgsbbg$ kein solches Wort ist. Damit haben wir eine neue Formulierung des Problems gefunden:

Die Anzahl der monoton nichtfallenden, k-stelligen Wörter über einem Alphabet mit n Buchstaben ist gleich der Anzahl der ungeordneten Auswahlen von k aus n Elementen mit Wiederholung.

Wir können nämlich jeder Auswahl von k Elementen eindeutig ein Wort der Länge k zuordnen. Durch die Festlegung der Ordnung in einem monoton nichtfallenden Wort ist diese Zuordnung sogar umkehrbar eindeutig (bijektiv).

Ein weiteres äquivalentes Problem kann wie folgt gestellt werden. Wie viel verschiedene ganzzahlige Lösungen mit $x_i \geq 0$ für $i = 1, \ldots, 5$ besitzt die Gleichung

$$x_1 + x_2 + x_3 + x_4 + x_5 = 6 \,?$$

Um eine bijektive Zuordnung zu den gesuchten Farbverteilungen der Kugeln zu erhalten, genügt es, die Variablen x_i als Anzahl der Kugeln der gegebenen fünf Farben zu interpretieren. Bei der oben angegebenen Reihenfolge der Farben entspricht der Lösung $x_1 = x_2 = 2, x_3 = 0, x_4 = x_5 = 1$ die Auswahl von je zwei blauen und grünen sowie je einer schwarzen und weißen Kugel. In der Sprache der monoton nichtfallenden Wörter liegt dann das Wort $bbggsw$ vor.

Die Rekurrenzbeziehung

Wir kennen nun bereits einige andere Problemformulierungen, die jedoch bisher keinen einfachen Lösungsweg zeigen. Die Aufstellung einer Rekurrenzbeziehung liefert einen weiteren Weg, den wir bereits bei anderen Problemen erfolgreich beschritten haben. Angenommen, es gibt $f(n,k)$ ungeordnete Auswahlen mit Wiederholung von k aus n Elementen. Was geschieht nun, wenn wir ein Element $(n + 1)$ mehr zur Verfügung haben oder wenn wir ein Element $(k + 1)$ mehr auswählen? Versuchen wir zunächst $f(n + 1, k)$ zu bestimmen. Wir können das $(n + 1)$-te Element in eine Auswahl von k Elementen gar nicht, einmal, zweimal, ..., k-mal einbeziehen. Damit folgt

$$f(n + 1, k) = \sum_{i=0}^{k} f(n, i).$$ (1.15)

Einige Spezialfälle von $f(n, k)$ lassen sich leicht berechnen:

$$f(n, 0) = 1$$
$$f(n, 1) = n$$
$$f(n, 2) = \binom{n}{2} + n = \binom{n + 1}{2}$$
$$f(n, 3) = \binom{n}{3} + n(n - 1) + n = \binom{n + 2}{3}.$$

Die letzte Formel ergibt sich aus der Überlegung, dass es genau $\binom{n}{3}$ Möglichkeiten gibt, um drei unterschiedliche Objekte auszuwählen. Wenn zwei gleiche Elemente auftreten, so können diese auf n Arten gewählt werden; für das dritte, von den ersten beiden verschiedene Element bleiben dann $n - 1$ Wahlmöglichkeiten. Schließlich können, falls drei gleiche Elemente gewählt werden, n unterschiedliche Fälle auftreten.

Eine Vermutung

Die untersuchten Spezialfälle legen bei genauer Betrachtung den Verdacht nahe, dass die allgemeine Formel für die Anzahl der Kombinationen mit Wiederholung

$$f(n, k) = \binom{n + k - 1}{k}$$ (1.16)

lauten müsste. Wenn das stimmt, kann man die Rekursion (1.15) auch mit Binomialkoeffizienten ausdrücken:

$$\binom{n + k}{k} = \sum_{i=0}^{k} \binom{n + i - 1}{i}.$$ (1.17)

Tatsächlich erhält man durch wiederholtes Anwenden der Rekursion (1.10) für Binomialkoeffizienten

$$
\begin{aligned}
\binom{n+k}{k} &= \binom{n+k-1}{k} + \binom{n+k-1}{k-1} \\
&= \binom{n+k-1}{k} + \binom{n+k-2}{k-1} + \binom{n+k-2}{k-2} \\
&= \binom{n+k-1}{k} + \binom{n+k-2}{k-1} + \binom{n+k-3}{k-2} + \binom{n+k-3}{k-3} \\
&\cdots \\
&= \sum_{i=0}^{k} \binom{n+k-i-1}{k-i} \qquad |k-i \to i \\
&= \sum_{i=0}^{k} \binom{n+i-1}{i}.
\end{aligned}
$$

Die vermutete Formel liefert also in der Tat die gesuchte Anzahl der Kombinationen mit Wiederholung. Dieses Ergebnis wurde jedoch mehr „erraten" als zielgerichtet abgeleitet. Eine durch Erraten erzielte Lösung bedarf auf jeden Fall eines Beweises. Der Nachweis der Korrektheit des Ergebnisses kann zum Beispiel durch Einsetzen in bereits bekannte rekursive Beziehungen und Überprüfen der Anfangswerte, durch vollständige Induktion oder durch direktes Überprüfen an der Aufgabenstellung geführt werden.

Das Raten ist aber in der Kombinatorik kein schlechtes Verfahren. Bei einem neuen Problem ist häufig die einzige Methode das Untersuchen von einfachen Spezialfällen. Mit etwas Glück findet man dabei Ideen für Verallgemeinerungen. Neben dem Glück sollte man allerdings auch ein umfangreiches Repertoire an Werkzeugen der Kombinatorik besitzen. Diese Werkzeuge bestehen zum Teil aus vielen kleinen Ideen und Tricks, die man am besten an Beispielen erlernt. Daneben gibt es aber auch leistungsfähige vereinheitlichende Theorien, von denen einige (erzeugende Funktionen, gruppen- und verbandstheoretische Methoden) in den folgenden Kapiteln vorgestellt werden.

Der Trick

Ein Beispiel für einen eleganten kombinatorischen Trick liefert die betrachtete Aufgabe zur Bestimmung der Anzahl der Kombinationen mit Wiederholung. Dabei zeigt sich, dass eine geeignete Sprache für das Problem auch hier der Schlüssel zur Lösung ist. Eine spezielle Auswahl der sechs Kugeln ist $bbggsw$ (zwei blaue, zwei grüne, eine schwarze und eine weiße Kugel). Wenn wir die Reihenfolge der Farben wie beschrieben beibehalten, ist diese Auswahl auch eindeutig durch die Zeichenkette

$$\bullet \; \bullet \mid \bullet \; \bullet \mid \; \mid \bullet \mid \bullet$$

gekennzeichnet. Ein senkrechter Strich legt hierbei immer den Übergang zur nächsten Farbe fest. Die Kreise stehen für die gewählten Kugeln. Vor dem ersten Strich befinden sich zwei Kreise. Diese repräsentieren die beiden Kugeln der ersten Farbe (blau). Nach dem ersten Strich folgen wieder zwei Kreise, die jetzt den beiden grünen Kugeln entsprechen. Da zwischen dem zweiten und dritten Strich kein Kreis angegeben ist, beinhaltet die Auswahl keine Kugel der dritten Farbe (rot). Weiter rechts folgen noch je ein Kreis für die Wahl der schwarzen bzw. weißen Kugel. Analog entspricht zum Beispiel

$$\bullet \;\; \bullet \;\; \bullet \;\; \bullet \;\; \bullet \;\; \bullet \;\;\; | \;\;\; | \;\;\; | \;\;\; |$$

der Auswahl $bbbbbb$ und

$$\bullet \;\; | \;\; \bullet \;\; | \;\; \bullet \;\; | \;\; \bullet \;\; | \;\; \bullet \;\; \bullet$$

der Auswahl $bgrsww$. Die entscheidende Beobachtung ist nun, dass jeder Auswahl von sechs Kugeln eine Zeichenkette mit genau zehn Symbolen entspricht, von denen sechs Kreise sind. Diese Zuordnung ist bijektiv. Die Antwort auf das Problem ist damit durch die Anzahl der Auswahlen von sechs aus zehn oder allgemein von k aus $n + k - 1$ Objekten ohne Berücksichtigung der Anordnung gegeben. Das liefert unmittelbar die Formel (1.16).

1.3   Partitionen von Mengen

Unter einer *Partition* einer endlichen Menge M verstehen wir eine Zerlegung von M in Teilmengen $M_1, M_2, \ldots, M_k$ derart, dass

(1) $M_i \neq \emptyset$ für $i = 1, \ldots, k$,

(2) $M_i \cap M_j = \emptyset$ für $i \neq j$,

(3) $\bigcup_{i=1}^{k} M_i = M$.

Damit ist eine Partition von M eine Zerlegung von M in nichtleere, paarweise disjunkte Teilmengen, deren Vereinigung M ergibt. Für die Partitionen der Menge $M = \{1, 2, 3, 4\}$ werden wir im Folgenden die Schreibweise $\{\{1, 2, 3\}, \{4\}\}$, $\{\{1, 3\}, \{2, 4\}\}$ usw. verwenden. Wir fassen also eine Partition als eine Menge (oder eine Familie) von Teilmengen auf. Die Teilmengen einer Partition nennen wir auch *Blöcke* der Partition.

Die Stirling-Zahlen zweiter Art

Die Anzahl der Partitionen einer n-elementigen Menge in genau k Blöcke heißt *Stirling-Zahl zweiter Art*. Es gibt auch die Stirling-Zahlen erster Art. Sie werden in einem späteren Kapitel im Zusammenhang mit der Untersuchung der Struktur von

Permutationen eingeführt. Die Stirling-Zahlen zweiter Art besitzen vielfältige Anwendungen in der Mathematik. Einige davon werden wir in den folgenden Kapiteln noch kennenlernen. Die Bezeichnung für diese Zahlen ist in der Literatur nicht einheitlich. Wir werden hier dem Vorschlag von *D. E. Knuth* folgen und die Stirling-Zahlen zweiter Art mit dem Symbol

$$\begin{Bmatrix} n \\ k \end{Bmatrix}$$

bezeichnen. Wir lesen diese Zahlen als „Stirling2(n, k)". Weite Verbreitung hat aber auch die Bezeichnung $S(n, k)$ gefunden. Wir erhalten zum Beispiel

$$\begin{Bmatrix} 4 \\ 2 \end{Bmatrix} = 7,$$

da die Menge $\{1, 2, 3, 4\}$ folgende 2-Block-Partitionen besitzt:

$$\{\{1, 2, 3\}, \{4\}\}, \quad \{\{1, 2, 4\}, \{3\}\}, \quad \{\{1, 3, 4\}, \{2\}\}, \quad \{\{2, 3, 4\}, \{1\}\},$$

$$\{\{1, 2\}, \{3, 4\}\}, \quad \{\{1, 3\}, \{2, 4\}\}, \quad \{\{1, 4\}, \{2, 3\}\}.$$

Einige spezielle Werte für die Stirling-Zahlen zweiter Art ergeben sich unmittelbar aus ihrer Definition:

$$\begin{Bmatrix} n \\ 1 \end{Bmatrix} = \begin{Bmatrix} n \\ n \end{Bmatrix} = 1,$$

$$\begin{Bmatrix} n \\ 2 \end{Bmatrix} = 2^{n-1} - 1.$$

Die Anzahl der Partitionen einer n-elementigen Menge mit genau zwei Blöcken ergibt sich aus der Überlegung, dass eine n-elementige Menge genau 2^n Teilmengen besitzt. Da eine Partition jedoch aus nichtleeren Teilmengen besteht, darf die leere Menge und die Menge M selbst nicht als erster Block gewählt werden. Die verbleibenden $2^n - 2$ Wahlmöglichkeiten für eine Teilmenge liefern jedoch jede Partition doppelt. So kann zum Beispiel die Partition $\{\{1, 2\}, \{3, 4\}\}$ erzeugt werden, indem zuerst der Block $\{1, 2\}$ oder zuerst der Block $\{3, 4\}$ gewählt wird.

Die Formel für die Anzahl der Partitionen mit genau $n-1$ Blöcken ergibt sich aus der Anzahl der Möglichkeiten, den einzigen zweielementigen Block einer solchen Partition zu wählen:

$$\begin{Bmatrix} n \\ n - 1 \end{Bmatrix} = \binom{n}{2}.$$

Die Berechnung von $\begin{Bmatrix} n \\ 3 \end{Bmatrix}$ macht schon etwas mehr Mühe. Wir wählen zuerst eine k-elementige Teilmenge mit $1 \leq k \leq n-2$ (damit für die anderen beiden Teilmengen noch etwas übrig bleibt). Anschließend wird die zweite Teilmenge unter den verbleibenden $n - k$ Elementen gewählt. Die letzte Teilmenge liegt dann fest. Da die drei Blöcke beliebig vertauscht werden können, muss die Summe noch durch $3!$ geteilt werden:

$$\begin{Bmatrix} n \\ 3 \end{Bmatrix} = \frac{1}{3!} \sum_{k=1}^{n-2} \binom{n}{k} \sum_{j=1}^{n-k-1} \binom{n-k}{j} = \frac{1}{6} \sum_{k=1}^{n-2} \binom{n}{k} \left(\sum_{j=0}^{n-k} \binom{n-k}{j} - 2 \right)$$

$$= \frac{1}{6} \sum_{k=1}^{n-2} \binom{n}{k} (2^{n-k} - 2) = \frac{1}{6} \left(2^n \sum_{k=1}^{n-2} \binom{n}{k} \left(\frac{1}{2} \right)^k - 2 \sum_{k=1}^{n-2} \binom{n}{k} \right)$$

$$= \frac{1}{6} \left(2^n \left(\left(\frac{3}{2} \right)^n - 1 - \frac{1}{2^n} - \frac{n}{2^{n-1}} \right) - 2 (2^n - n - 2) \right)$$

$$= \frac{1}{2} 3^{n-1} - 2^{n-1} + \frac{1}{2}.$$

Jede Partition einer n-elementigen Menge mit genau k Blöcken kann auf folgende Weise aus einer Partition einer $(n - 1)$-elementigen Menge gebildet werden. Ist die $(n - 1)$-elementige Menge bereits in k Blöcke zerlegt, so wird das n-te Element in einem der k Blöcke aufgenommen. Dafür gibt es $k \begin{Bmatrix} n-1 \\ k \end{Bmatrix}$ Möglichkeiten. Andernfalls, wenn wir von einer Partition mit $k - 1$ Blöcken ausgehen, bildet das n-te Element einen separaten Block. Aus dieser Überlegung erhalten wir folgende *Rekursionsbeziehung für Stirling-Zahlen zweiter Art*:

$$\begin{Bmatrix} n \\ k \end{Bmatrix} = k \begin{Bmatrix} n-1 \\ k \end{Bmatrix} + \begin{Bmatrix} n-1 \\ k-1 \end{Bmatrix}. \tag{1.18}$$

Sicher kann eine Partition einer Menge mit n Elementen höchstens n Blöcke besitzen. Folglich ist $\begin{Bmatrix} n \\ k \end{Bmatrix} = 0$ für $k > n$. Wir setzen außerdem $\begin{Bmatrix} n \\ k \end{Bmatrix} = 0$, falls $k < 0$ oder $n < 0$. Es bleibt nur noch zu klären, was die Rekursion im Falle $k = 0$ liefert. Es gilt

$$\begin{Bmatrix} n \\ 0 \end{Bmatrix} = \begin{Bmatrix} n-1 \\ -1 \end{Bmatrix} = 0 \quad \text{und} \quad 1 = \begin{Bmatrix} n \\ 1 \end{Bmatrix} = \begin{Bmatrix} n-1 \\ 1 \end{Bmatrix} + \begin{Bmatrix} n-1 \\ 0 \end{Bmatrix}.$$

Es sollte also $\begin{Bmatrix} n \\ 0 \end{Bmatrix} = 0$ gelten. Eine Ausnahme gilt es jedoch zu beachten. Wenn $n = 0$ ist, folgt aus der letzten Beziehung $\begin{Bmatrix} 0 \\ 0 \end{Bmatrix} = 1$. Wir haben somit den Gültigkeitsbereich der Rekursion (1.18) bestimmt:

$$\boxed{\begin{Bmatrix} n \\ k \end{Bmatrix} = k \begin{Bmatrix} n-1 \\ k \end{Bmatrix} + \begin{Bmatrix} n-1 \\ k-1 \end{Bmatrix} \qquad (n,k) \neq (0,0)}. \tag{1.19}$$

Die Tab. 1.3 enthält die Stirling-Zahlen zweiter Art bis $n = 9$.

Tab. 1.3 Stirling-Zahlen zweiter Art

	${n \atop 0}$	${n \atop 1}$	${n \atop 2}$	${n \atop 3}$	${n \atop 4}$	${n \atop 5}$	${n \atop 6}$	${n \atop 7}$	${n \atop 8}$	${n \atop 9}$
0	1									
1	0	1								
2	0	1	1							
3	0	1	3	1						
4	0	1	7	6	1					
5	0	1	15	25	10	1				
6	0	1	31	90	65	15	1			
7	0	1	63	301	350	140	21	1		
8	0	1	127	966	1701	1050	266	28	1	
9	0	1	255	3025	7770	6951	2646	462	36	1

Eine andere Art der Rekursion liefert die Formel

$$\left\{ {n+1 \atop k} \right\} = \sum_{m=0}^{n} \binom{n}{m} \left\{ {m \atop k-1} \right\}.$$

Die Partitionen einer Menge, die $n+1$ Elemente enthält, kann man erzeugen, indem man das $(n+1)$-te Element im ersten Block der Partition platziert und alle weiteren Elemente der Menge, die nicht in diesem Block liegen, auswählt. Für eine Auswahl von m solchen Elementen gibt es $\binom{n}{m}$ Möglichkeiten. Die m Elemente, die nicht im ersten Block liegen, können dann auf $\left\{ {m \atop k-1} \right\}$ Arten zerlegt werden, um insgesamt k Blöcke zu erhalten. Alle Möglichkeiten liefert dann die Summe über die Größe des ersten Blocks (oder der verbleibenden Menge). Eine genauere Betrachtung der Summe zeigt, dass die ersten $k-2$ Summanden alle verschwinden, da für $m < k-1$ die Stirling-Zahlen zweiter Art gleich null sind.

Eine Anwendung der Stirling-Zahlen zweiter Art ist die Bestimmung der Anzahl aller *Surjektionen* einer n-elementigen Menge A in eine m-elementige Menge B. Eine Surjektion oder surjektive Abbildung $f : A \to B$ ist eine Abbildung, für die zu jedem $y \in B$ stets ein $x \in A$ mit $f(x) = y$ existiert. Anders gesagt: Jedes Element von B tritt wenigstens einmal als Bild eines Elements aus A auf. Offensichtlich kann es überhaupt nur dann Surjektionen von A in B geben, wenn $n \geq m$ gilt. Fassen wir nun für jedes $y \in B$ alle $x \in A$ mit $f(x) = y$ in einer Teilmenge zusammen, so erhalten wir eine Partition von A. Für eine Partition ist die Reihenfolge der Blöcke ohne Bedeutung. Betrachten wir jedoch Abbildungen, so müssen wir unterscheiden, ob zum Beispiel den Elementen $\{1, 2\}$ die 1 und $\{3, 4, 5\}$ die 2 zugeordnet wird oder umgekehrt. Folglich ist die Anzahl aller Surjektionen von A in B gleich

$$m! \left\{ {n \atop m} \right\}. \tag{1.20}$$

Tab. 1.4 Bell-Zahlen

n	0	1	2	3	4	5	6	7	8	9	10
$B(n)$	1	1	2	5	15	52	203	877	4140	21147	115975

Weitaus einfacher lässt sich die Anzahl aller Abbildungen von A in B berechnen. Für das erste Element von A können wir unter m Bildelementen von B auswählen. Das trifft unabhängig von den vorhergehenden Auswahlen auch für alle weiteren Elemente von A zu. Damit ist die Anzahl aller Abbildungen von A in B gleich m^n. Nun ist aber jede Abbildung von A in B zugleich eine Surjektion von A auf eine Teilmenge von B. Damit folgt

$$\sum_{k \geq 0} \binom{m}{k} k! \left\{ {n \atop k} \right\} = \sum_{k \geq 0} m^{\underline{k}} \left\{ {n \atop k} \right\} = m^n . \tag{1.21}$$

Die Bell-Zahlen

Die Summe über die Stirling-Zahlen zweiter Art liefert die Gesamtzahl aller Partitionen einer n-elementigen Menge:

$$\boxed{B(n) = \sum_k \left\{ {n \atop k} \right\}} .$$

Die Zahlen $B(n)$ heißen *Bell-Zahlen* oder *Bellsche Exponentialzahlen*. Sie erfüllen die Rekursion

$$B(n+1) = \sum_k \binom{n}{k} B(k), \qquad n \geq 0 ,$$

$$B(0) = 1 . \tag{1.22}$$

(1.22) folgt aus einer Einteilung der Menge aller Partitionen von $\mathbb{N}_{n+1}$ in Klassen auf folgende Weise. Wir wählen zunächst all jene Elemente aus $\mathbb{N}_n$, die mit dem Element $n + 1$ in einem Block liegen. Dafür gibt es $\binom{n}{k}$ Möglichkeiten. Für die verbleibende Menge gibt es dann $B(n - k)$ Partitionen. Das Vertauschen der Rollen von k und $n - k$ sowie die Anwendung der Symmetriebeziehung für Binomialkoeffizienten liefern die Formel. Eine Übersicht über die Bell-Zahlen gibt die Tab. 1.4.

Beispiel 1.3 (Partitionen mit Nebenbedingungen)

Wie viel Partitionen können wir in einer Menge mit n Elementen bilden, wenn zwei gegebene Elemente dieser Menge nicht als einelementige Blöcke einer Partition auftreten dürfen?

Wir nehmen an, die betrachtete Menge ist die Menge $\{1, \dots, n\}$ und die beiden gegebenen Elemente sind 1 und 2. Wenn das Element 1 nicht als Einerblock auftreten darf, so genügt es, von der Anzahl $B(n)$ aller Partitionen die Anzahl der Partitionen zu subtrahieren, die dieses Element als Einerblock enthalten. Wenn

$\{1\}$ ein Einerblock der Partition ist, so bilden aber die restlichen $n-1$ Elemente eine beliebige Partition der Menge $\{2, \ldots, n\}$. Folglich gibt es $B(n) - B(n-1)$ Partitionen, die nicht den Block $\{1\}$ enthalten. Wir erhalten genauso viele Partitionen ohne den Block $\{2\}$. Die Summe $2B(n) - 2B(n-1)$ liefert jedoch nicht die Antwort auf dieses Problem, da diese Summe alle Partitionen, die den Block $\{1\}$ und den Block $\{2\}$ nicht enthalten, zweimal zählt. Der Fehler lässt sich beseitigen, indem wir die Anzahl $B(n) - B(n-2)$ dieser Partitionen wieder subtrahieren. Wir erhalten

$$B(n) - 2B(n-1) + B(n-2)$$

Partitionen mit der gewünschten Eigenschaft. ∎

Beispiel 1.4 (Partitionen mit unterschiedlich großen Blöcken)
Wie viel Partitionen der Menge $\{1, \ldots, 10\}$ haben vier Blöcke unterschiedlicher Mächtigkeit?

Wenn keine zwei Blöcke gleich groß sein dürfen, so haben die Blöcke die Mächtigkeiten 1, 2, 3 und 4. Wir wählen zunächst den Block der Mächtigkeit 4 auf $\binom{10}{4}$ Arten, dann den Block der Mächtigkeit 3 auf $\binom{6}{3}$ Arten und schließlich den Zweierblock auf $\binom{3}{2}$ Arten. Wir erhalten

$$\binom{10}{4}\binom{6}{3}\binom{3}{2} = \binom{10}{1,\,2,\,3,\,4} = 12.600$$

Partitionen. ∎

1.4 Partitionen von natürlichen Zahlen

Natürliche Zahlen kann man im Allgemeinen auf vielerlei Art als Summe von natürlichen Zahlen darstellen. So gilt zum Beispiel

$$9 = 3 + 6 = 6 + 3 = 2 + 7 = 2 + 2 + 5 = 2 + 3 + 4 = 1 + 2 + 3 + 3.$$

Insbesondere ließe sich der Summand null beliebig oft in einer solchen Darstellung einfügen. Wir werden uns deshalb im Folgenden nur mit solchen Summendarstellungen beschäftigen, die die Null nicht enthalten. Außerdem werden wir Darstellungen, die sich nur in der Reihenfolge der Summanden unterscheiden, miteinander identifizieren. Für die Analyse dieser Summen ist es nützlich, einige Bezeichnungen zu vereinbaren.

Eine *Partition* einer Zahl $n \in \mathbb{N}$ ist eine nichtsteigende Folge natürlicher Zahlen (ohne Null) $\lambda_1, \lambda_2, \ldots, \lambda_r$, sodass

$$\sum_{i=1}^{r} \lambda_i = n$$

gilt. Die Summanden λ_i heißen auch *Teile* der Partition. Die Definition der Partition einer natürlichen Zahl verlangt explizit eine nichtsteigende Folge von Summanden. Diese Festlegung der Ordnung gewährleistet, dass zwei verschiedene Partitionen einer Zahl sich in wenigstens zwei Summanden unterscheiden. Der Begriff Partition ist damit bereits zum zweiten Mal definiert worden. Es ist sicher dennoch keine Verwechslung zu befürchten, da aus dem Zusammenhang stets klar sein dürfte, ob eine Mengenpartition oder eine Partition einer Zahl gemeint ist. Die Zahl 5 besitzt die folgenden Partitionen:

$$
\begin{aligned}
5 = 5 &= (5) \\
= 4 + 1 &= (4, 1) \\
= 3 + 2 &= (3, 2) \\
= 3 + 1 + 1 &= (3, 1, 1) \\
= 2 + 2 + 1 &= (2, 2, 1) \\
= 2 + 1 + 1 + 1 &= (2, 1, 1, 1) \\
= 1 + 1 + 1 + 1 + 1 &= (1, 1, 1, 1, 1)
\end{aligned}
$$

Als Bezeichnung für eine Partition verwenden wir

$$
\lambda = (\lambda_1, \lambda_2, \ldots, \lambda_r).
$$

Wenn λ eine Partition von n ist, schreiben wir $\lambda \vdash n$ (gelesen: „λ ist Partition von n").

Der Ferrers-Graph

Ein nützliches Werkzeug für die Analyse von Partitionen ist ihre graphische Darstellung. Diese graphische Darstellung heißt auch *Ferrers-Graph*. Sie besteht aus so vielen Zeilen, wie die Partition Teile besitzt. Jede Zeile des Ferrers-Graphen besteht aus einer dem jeweiligen Teil entsprechenden Anzahl von Kreisen (Kästchen oder anderen Symbolen). Der Partition $(5, 4, 4, 3, 1) \vdash 17$ entspricht der Ferrers-Graph:

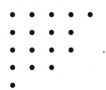

Einer Partition $\lambda = (\lambda_1, \ldots, \lambda_n)$ können wir eine neue Partition $\lambda' = (\lambda'_1, \ldots, \lambda'_m)$ zuordnen, deren Teil λ'_i die Anzahl der Teile von λ ist, die gleich oder größer i sind. Die Partition λ' heißt die zu λ *konjugierte Partition*. In der graphischen Darstellung entspricht der Übergang zur konjugierten Partition dem Vertauschen von Zeilen und Spalten (dem Transponieren). Die konjugierte Partition zu $\lambda = (6, 4, 3, 3, 1)$ ist

$\lambda' = (5, 4, 4, 2, 1, 1)$:

Die graphische Darstellung von Partitionen gestattet häufig eine einfache und anschauliche Beweisführung bei Aussagen für Partitionen, deren Teile gewissen Einschränkungen unterliegen. Als Beispiel betrachten wir die folgende Behauptung.

Satz 1.1
Die Anzahl der Partitionen von n mit höchstens k Teilen ist gleich der Anzahl der Partitionen von n, in denen kein Teil größer als k ist.

▶ **Beweis** Ist λ eine Partition von n mit höchstens k Teilen, so enthält die zu λ konjugierte Partition λ' keinen Teil, der k übersteigt. Sind umgekehrt alle Teile von λ gleich oder kleiner als k, so enthält die konjugierte Partition λ' nicht mehr als k Teile. Das Konjugieren vermittelt eine bijektive Abbildung zwischen den Partitionen von n. Damit folgt die oben gemachte Aussage. □

Wir bezeichnen mit $p(n, k)$ die Anzahl der Partitionen von n mit genau k Teilen. Die Partitionen von n, die aus genau k Teilen bestehen, lassen sich in zwei Klassen einteilen:

A Partitionen, die 1 als Teil enthalten,
B Partitionen, die 1 nicht als Teil enthalten.

Von allen Partitionen der ersten Klasse können wir einen Teil $\lambda_i = 1$ entfernen. Das Resultat dieser Operation ist eine Partition von $n - 1$ mit $k - 1$ Teilen. Subtrahieren wir 1 von jedem Teil einer Partition der zweiten Klasse, so erhalten wir eine Partition von $n - k$ mit genau k Teilen. Damit erhalten wir die folgende Rekursionsformel für $p(n, k)$:

$$\boxed{p(n, k) = p(n - 1, k - 1) + p(n - k, k), \qquad n > 1, \quad k > 0} \qquad (1.23)$$

Tab. 1.5 Anzahl der Partitionen einer Zahl – Werte von $p(n,k)$

n	k = 1	2	3	4	5	6	7	8	9	10	11	12	13	p(n)
1	1													1
2	1	1												2
3	1	1	1											3
4	1	2	1	1										5
5	1	2	2	1	1									7
6	1	3	3	2	1	1								11
7	1	3	4	3	2	1	1							15
8	1	4	5	5	3	2	1	1						22
9	1	4	7	6	5	3	2	1	1					30
10	1	5	8	9	7	5	3	2	1	1				42
11	1	5	10	11	10	7	5	3	2	1	1			55
12	1	6	12	15	13	11	7	5	3	2	1	1		77
13	1	6	14	18	18	14	11	7	5	3	2	1	1	101

Die Formel (1.23) ist die Grundlage für die Berechnung der Werte $p(n,k)$. Die Anfangswerte sind leicht zu bestimmen. Es gilt

$$p(n,1) = 1 \qquad n > 0,$$
$$p(n,n) = 1 \qquad n > 0,$$
$$p(n,k) = 0 \qquad k > n.$$

Die Tab. 1.5 zeigt für die ersten natürlichen Zahlen die Werte (n,k).

Die Gesamtzahl aller Partitionen von n bezeichnen wir mit $p(n)$. Da wir bereits die Anzahl $p(n,k)$ der Partitionen von n mit genau k Teilen betrachtet haben, können wir damit $p(n)$ als Summe darstellen:

$$p(n) = \sum_k p(n,k) . \tag{1.24}$$

Die letzte Spalte von Tab. 1.5 zeigt die Zahlen $p(n)$ bis $n = 13$. Das rasche Wachsen der Anzahl der Partitionen erkennt man an den Werten $p(5) = 7$, $p(50) = 204.226$ und $p(500) = 2.300.165.032.574.323.995.027$.

Die Bestimmung von $p(n)$ liefert auch die Antwort auf ein weiteres Problem der Kombinatorik. Die Anzahl der möglichen Verteilungen von n nicht unterscheidbaren Objekten auf k ebenfalls nicht unterscheidbare Boxen ist gleich der Anzahl der Partitionen von n, falls $k \geq n$. Wenn $k < n$ ist, erhalten wir die gesuchte Anzahl der Verteilungen aus der Summe

$$\sum_{i \leq k} p(n,i) .$$

1.5 Verteilungen

Das Modell der kombinatorischen Verteilungen ermöglicht eine einheitliche Darstellung der grundlegenden Anzahlprobleme. Ausgangspunkt der Betrachtungen sind zwei Mengen, nämlich eine Menge von Objekten (Dingen) und eine Menge von Boxen (Schachteln, Kästchen, Urnen). Die Objekte sollen auf die vorhandenen Boxen verteilt werden. Für die Bestimmung der Anzahl der möglichen Verteilungen ist die Frage der Unterscheidbarkeit von Objekten und Boxen von Interesse. Wenn wir gleichartige Objekte, wie zum Beispiel weiße Kugeln, auf die Boxen verteilen, ist nur die Anzahl der Objekte in jeder Box charakteristisch für die Verteilung. Wir sprechen in diesem Fall von *nicht unterscheidbaren Objekten*. Besitzen die Objekte jedoch Merkmale, die die Identifizierung jedes einzelnen Objektes ermöglichen (zum Beispiel nummerierte Kugeln), so sprechen wir von *unterscheidbaren Objekten*. In diesem Fall zeichnet sich eine Verteilung der Objekte auf die Boxen nicht nur durch die Anzahl von Objekten in jeder Box, sondern auch durch die individuelle Auswahl der in der Box befindlichen Objekte aus. Auch die Boxen können unterscheidbar oder nicht unterscheidbar sein. Damit erhalten wir zunächst vier Fälle von Verteilungen.

Unterscheidbare Objekte und unterscheidbare Boxen

Betrachten wir zuerst Verteilungen unterscheidbarer Objekte auf unterscheidbare Boxen. Wenn die Objekte mit A, B, C und die Boxen mit $1, 2$ bezeichnet werden, ergeben sich die in Abb. 1.2 dargestellten Möglichkeiten. Jeder Verteilung kann umkehrbar eindeutig eine Abbildung der Menge $\{A, B, C\}$ auf die Menge $\{1, 2\}$ zugeordnet werden. Die Anzahl aller Verteilungen von n Objekten auf k Boxen ist folglich gleich der Anzahl der Abbildungen einer n-elementigen Menge auf eine k-elementige Menge, das heißt k^n.

Unterscheidbare Objekte und nicht unterscheidbare Boxen

Wenn die Boxen nicht unterscheidbar sind, verbleiben für unser Beispiel nur noch vier mögliche Verteilungen. Diese sind in der Abb. 1.3 illustriert.

Ein genaues Betrachten dieser Verteilungen zeigt, dass jeder Verteilung eindeutig eine Partition der Menge der Objekte zugeordnet werden kann. Die Anzahl der Blöcke einer solchen Partition kann jedoch höchstens gleich der Anzahl der Boxen

Abb. 1.2 Unterscheidbare Objekte und unterscheidbare Boxen

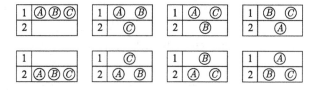

Abb. 1.3 Unterscheidbare
Objekte und nicht unter-
scheidbare Boxen

sein. Die Anzahl der möglichen Verteilungen ist folglich

$$\sum_{j=1}^{k} \left\{ {n \atop j} \right\}.$$

Nicht unterscheidbare Objekte und unterscheidbare Boxen

Die umgekehrte Variante der letzten Verteilung liegt vor, wenn die Objekte nicht
unterscheidbar, die Boxen jedoch unterscheidbar sind. Abb. 1.4 zeigt die sich erge-
benden Verteilungen.

Jede dieser Verteilungen kann auf folgende Weise konstruiert werden. Wir wählen für das erste der n Objekte eine der k vorhandenen Boxen aus. Diese Auswahl
wird unabhängig von den vorangegangenen Wahlen für alle weiteren Objekte wiederholt. Hierbei kann jede Box beliebig oft gewählt werden. Anders ausgedrückt,
wir wählen n aus k Boxen mit Wiederholung. Die gesuchte Anzahl der Verteilungen
ist damit durch die Formel (1.16) für die Auswahlen mit Wiederholung gegeben,
wobei jetzt die Rollen von n und k vertauscht sind:

$$\binom{n + k - 1}{n}.$$

Nicht unterscheidbare Objekte und nicht unterscheidbare Boxen

Die vierte mögliche Art von Verteilungen erhalten wir, wenn weder Objekte noch
Boxen unterscheidbar sind. Dann bleiben für unser Beispiel nur noch zwei unterscheidbare Verteilungen übrig. Abb. 1.5 zeigt diese beiden Varianten.

Die Anzahl dieser Verteilungen ist gleich der Anzahl der Partitionen der Zahl n
mit höchstens k Teilen. Die Summe der Zahlen der Objekte in jeder Box ist gleich
n. Zwei Verteilungen sind nur dann unterscheidbar, wenn die Anzahlen der Objekte
in den Boxen verschiedenen Partitionen von n entsprechen. Wir erhalten damit als
Gesamtzahl der Verteilungen

$$\sum_{j=1}^{k} p(n, j).$$

Die Tab. 1.6 gibt eine Übersicht über die vier vorgestellten Verteilungen.

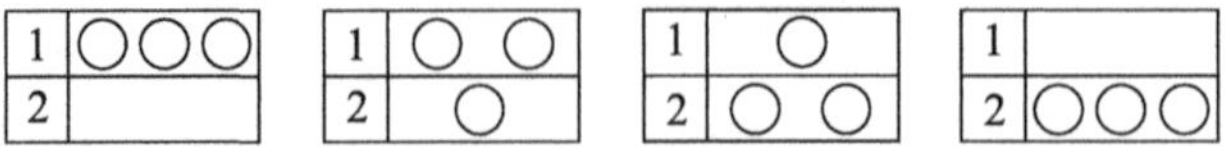

Abb. 1.4 Nicht unterscheidbare Objekte und unterscheidbare Boxen

Abb. 1.5 Weder Objekte noch Boxen sind unterscheidbar

Wir wollen nun Verteilungen suchen, die zusätzlichen Einschränkungen unterworfen sind. Die Boxen seien jetzt so beschaffen, dass jede Box höchstens ein Objekt aufnehmen kann. Als ersten Fall betrachten wir wieder unterscheidbare Objekte und unterscheidbare Boxen. Für das erste Objekt haben wir jetzt k Boxen zur Wahl, für das zweite Objekt verbleiben $k - 1$ usw. Wir erhalten $k^{\underline{n}}$ mögliche Verteilungen. Das entspricht gerade der Anzahl der geordneten Auswahlen ohne Wiederholung.

Wenn die Boxen nicht unterscheidbar sind, resultiert höchstens eine Verteilung, und das nur dann, wenn $n \leq k$ gilt. Für eine solche Anzahl, die nur die Werte 0 oder 1 in Abhängigkeit von einer Bedingung annehmen kann, führen wir eine spezielle Bezeichnung ein. Es gelte im Folgenden stets

$$[\text{Eigenschaft}] = \begin{cases} 1, \text{ falls die Eigenschaft erfüllt ist,} \\ 0 \text{ sonst}. \end{cases}$$

Eine nachfolgend verwendete Anwendung dieser Konvention ist

$$[n \leq k] = \begin{cases} 1, \text{ falls } n \leq k \\ 0, \text{ falls } n > k. \end{cases}$$

Es bleibt noch zu untersuchen, wie viel Verteilungen existieren, wenn nur die Boxen unterscheidbar sind. In diesem Fall können wir einfach die n Boxen auswählen, die belegt werden. Dafür gibt es $\binom{k}{n}$ Möglichkeiten. Die Tab. 1.7 liefert eine Zusammenfassung dieser vier Verteilungen.

Weitere Verteilungen ergeben sich aus der Forderung, dass alle Boxen belegt werden sollen. Wenn sowohl Objekte als auch Boxen unterscheidbar sind, ist die Anzahl der Verteilungen gleich der Anzahl der Surjektionen einer n-elementigen in

Tab. 1.6 Verteilungen von n Objekten auf k Boxen

	unterscheidb. Boxen	nicht unterscheidb. Boxen
unterscheidbare Objekte	k^n	$\sum_{j=1}^{k} \begin{Bmatrix} n \\ j \end{Bmatrix}$
nicht unterscheidbare Objekte	$\binom{n+k-1}{n}$	$\sum_{j=1}^{k} p(n, j)$

Tab. 1.7 Verteilungen von n Objekten auf k Boxen – jede Box enthält höchstens ein Objekt

	unterscheidb. Boxen	nicht unterscheidb. Boxen
unterscheidbare Objekte	$k^{\underline{n}}$	$[n \le k]$
nicht unterscheidbare Objekte	$\binom{k}{n}$	$[n \le k]$

Tab. 1.8 Verteilungen von n Objekten auf k Boxen – alle Boxen sind belegt

	unterscheidb. Boxen	nicht unterscheidb. Boxen
unterscheidbare Objekte	$k!\left\{ {n \atop k} \right\}$	$\left\{ {n \atop k} \right\}$
nicht unterscheidbare Objekte	$\binom{n-1}{k-1}$	$p(n,k)$

eine k-elementige Menge. Damit liefert Formel (1.20) die Lösung

$$k! \left\{ {n \atop k} \right\}.$$

Daraus lässt sich unmittelbar die Anzahl der Verteilungen von n unterscheidbaren Objekten auf k nicht unterscheidbare Boxen ableiten. Da Permutationen der Boxen in diesem Fall keinen Einfluss haben, fällt der Faktor $k!$ weg, sodass wir $\left\{ {n \atop k} \right\}$ Verteilungen erhalten.

Die Anzahl der Verteilungen von n nicht unterscheidbaren Objekten auf k unterscheidbare Boxen ergibt sich aus der folgenden Überlegung. Da alle Boxen belegt werden müssen, entnehmen wir zunächst k der n Objekte und legen in jede Box genau ein Objekt. Die verbleibenden $n - k$ Objekte können nun beliebig auf die k Boxen verteilt werden. Die Anzahl der möglichen Verteilungen ohne Einschränkungen haben wir bereits ermittelt:

$$\binom{(n-k)+k-1}{(n-k)} = \binom{n-1}{n-k} = \binom{n-1}{k-1}.$$

Der letzte noch zu betrachtende Fall sind Verteilungen, die alle Boxen belegen, wobei weder Objekte noch Boxen unterscheidbar sind. Jeder derartigen Verteilung lässt sich bijektiv eine Partition der Zahl n der Objekte in genau k Teile zuordnen. Daraus folgt, dass $p(n,k)$ derartige Verteilungen existieren.

1.6 Beispiele und Anwendungen

Beispiel 1.5 (Geordnete Teilmengen)

Wie viel geordnete Teilmengen kann man aus einer Menge von n Elementen auswählen?

Eine geordnete Auswahl mit genau k Elementen kann man auf $n^{\underline{k}}$ Arten treffen. Damit erhalten wir für die gesuchte Anzahl

$$\sum_{k=0}^{n} n^{\underline{k}} = \sum_{k=0}^{n} \frac{n!}{(n-k)!} = n! \sum_{k=0}^{n} \frac{1}{k!},$$

wobei die letzte Summe für große n gegen e strebt. ∎

Beispiel 1.6 (Wörter und Entscheidungsbäume)

Auf wie viel verschiedene Arten können die Buchstaben des Wortes *MUTATIONEN* permutiert werden, wenn

1. in jedem neuen Wort die Vokale in alphabetischer Reihenfolge auftreten sollen,
2. keine benachbarten Vokale in einem Wort auftreten dürfen?

Zur Beantwortung der ersten Frage betrachten wir zunächst alle Permutationen der gegebenen zehn Buchstaben. Da jedes Wort zwei Buchstaben (N, T) doppelt enthält, gibt es insgesamt $10!/(2!2!)$ Wörter, deren Vokale jedoch in beliebiger Reihenfolge auftreten. So erscheint in dieser Liste ein Wort der Form *KVKVVVKVKK*, wobei hier K für Konsonant und V für Vokal steht, 5! oder 120-mal mit unterschiedlichen Anordnungen der Vokale. Von diesen 120 Wörtern zählen wir nur eines, nämlich das mit der gegebenen Anordnung der Vokale. Folglich gibt es

$$\frac{10!}{2!2!5!} = 7560$$

Wörter, deren Vokale in alphabetischer Reihenfolge auftreten.

Wenn Vokale nicht benachbart sein dürfen, müssen wir zunächst über die möglichen Platzierungen von Vokalen nachdenken. Angenommen, das Wort beginnt mit einem Konsonanten. Dann sind noch fünf Vokale und vier Konsonanten für die restlichen neun Stellen des Wortes übrig. Für diese Vokale und Konsonanten gibt es dann nur noch eine mögliche Anordnung, die gewährleistet, dass alle Vokale durch Konsonanten voneinander getrennt sind. Wenn der erste Buchstabe jedoch ein Vokal ist, muss an zweiter Stelle ein Konsonant folgen. Für die dritte Stelle gibt es dann wieder zwei Möglichkeiten. Eine übersichtliche Darstellung liefert Abb. 1.6.

Entscheidungen für die Wahl (Vokal oder Konsonant) entstehen nur an der 1., 3., 5., 7. und 9. Stelle des Wortes. Die jeweils nachfolgende Stelle liegt dann fest. Fällt die Wahl auf einen Konsonanten, so liegen sogar alle weiteren Stellen

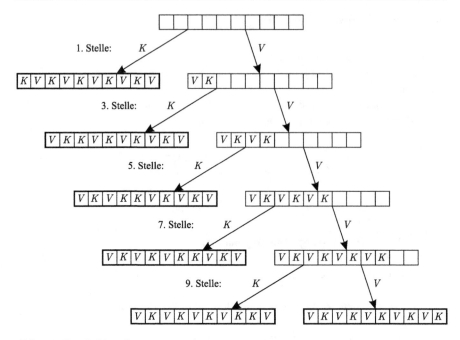

Abb. 1.6 Entscheidungsbaum

fest. Die möglichen Verteilungen von Konsonanten und Vokalen sind im Bild fett umrandet dargestellt. Eine solche Darstellung der möglichen Entscheidungen heißt auch *Entscheidungsbaum*. Die *Wurzel* des Baumes ist hier das leere Wort. Von der Wurzel entsprießen zwei *Zweige*, welche die Wahl der 1. Stelle repräsentieren. Jede tiefere Ebene des Entscheidungsbaumes beinhaltet weniger offene Entscheidungen, als die darüber liegenden Ebenen. Der hier dargestellte Baum enthält sechs *Blätter*, von denen keine weiteren Verzweigungen mehr erfolgen. Ein Entscheidungsbaum verkörpert das in der Kombinatorik oft genutzte *Dekompositionsprinzip*, das die Zerlegung eines Problems in kleinere Teilprobleme beinhaltet.

Untersuchen wir nun die sechs möglichen Verteilungen der Konsonanten und Vokale etwas genauer. Für die Auswahl dieser Verteilungen sollte es egal sein, ob wir von links oder von rechts im Wort beginnen. Die Aufgabenstellung beinhaltet keine Formulierung, die eine Richtung bevorzugen würde. Folglich müssen drei der angegebenen Verteilungen gerade das Spiegelbild der anderen drei sein. Man prüft leicht nach, dass dies tatsächlich der Fall ist. Das Entdecken einer *Symmetrie* ist oft ein Schlüssel für die Lösung einer kombinatorischen Aufgabe oder liefert (wie in unserem Fall) Möglichkeiten der Kontrolle.

Die Beantwortung des zweiten Teiles der Aufgabe ist nun eine leichte Übung. Für die sechs Verteilungen können wir $5! = 120$ Permutationen der Vokale und

$5!/(2!)^2 = 30$ Permutationen der Konsonanten vornehmen. Damit gibt es

$$\frac{6 \cdot 5! \cdot 5!}{(2!)^2} = 21.600$$

Wörter ohne benachbarte Vokale.   ∎

Das nächste Beispiel wird zeigen, dass diese Aufgabe auch ganz ohne Verwendung von Entscheidungsbäumen gelöst werden kann.

Beispiel 1.7 (Wörter mit Einschränkungen)
Wie viel Wörter der Länge n kann man über dem Alphabet $\{A, B\}$ bilden, wenn jedes Wort genau k-mal den Buchstaben A enthalten soll und niemals aufeinanderfolgende B's auftreten dürfen?
Für $n = 5$ und $k = 3$ erhalten wir die sechs verschiedenen Wörter

$$AABAB, ABAAB, ABABA, BAAAB, BAABA, BABAA.$$

Wenn wir jedem dieser Wörter den Buchstaben A voranstellen, so erhalten wir alle zulässigen Wörter der Länge 6, die genau zweimal den Buchstaben B enthalten und mit A beginnen, das heißt

$$AAABAB, AABAAB, AABABA, ABAAAB, ABAABA, ABABAA.$$

Hierbei fällt auf, dass vor jedem B mindestens ein A auftritt. Fassen wir die Buchstabenverbindung AB zu einem neuen Buchstaben X zusammen, so sehen diese sechs Wörter so aus:

$$AAXX, AXAX, AXXA, XAAX, XAXA, XXAA.$$

Das sind bereits *alle* Wörter mit vier Buchstaben über dem Alphabet $\{X, A\}$. Diese Idee lässt sich nun leicht auf den allgemeinen Fall anwenden. Ein Wort der Länge n, das den Bedingungen der Aufgabe genügt, wird durch Vorstellen eines A zu einem mit A beginnenden Wort der Länge $n + 1$. In diesem Wort werden alle auftretenden Teilwörter AB durch einen neuen Buchstaben ersetzt. Dabei entsteht ein Wort der Länge $k + 1$. Wird umgekehrt in einem beliebigen Wort der Länge $k + 1$ über dem Alphabet $\{A, X\}$, das genau $(n - k)$-mal den Buchstaben X enthält, jedes X durch das Wort AB ersetzt und anschließend das erste A gestrichen, so entsteht ein zulässiges Wort der Länge n über $\{A, B\}$, das genau k-mal A enthält. Damit ist die gesuchte Anzahl der n-stelligen Wörter über $\{A, B\}$ mit genau k A's ohne aufeinanderfolgende B's

$$\binom{n - (n - k) + 1}{n - k} = \binom{k + 1}{n - k}.$$

Es folgt insbesondere, dass kein derartiges Wort existiert, wenn $2k + 1 < n$ ist.   ∎

Auf diese Weise haben wir eine Variante für die Lösung des zweiten Teils des Beispiels 1.6 erhalten, ohne Entscheidungsbäume verwenden zu müssen. Aus unserer neuen Formel können wir direkt ablesen, dass es $\binom{5+1}{10-5} = 6$ Wörter ohne benachbarte Vokale gibt.

Beispiel 1.8 (Klassische Wahrscheinlichkeiten)

Eine Box enthält zehn blaue, zwölf rote und 15 gelbe Kugeln. Es werden zufällig acht Kugeln aus dieser Box entnommen. Mit welcher Wahrscheinlichkeit sind wenigstens vier gelbe und keine blaue Kugel in dieser Auswahl enthalten?

Für die Lösung dieser Aufgabe gehen wir von dem einfachsten, bereits von *P. S. Laplace* (1749–1827) eingeführten *Wahrscheinlichkeitsbegriff* aus. Die Wahrscheinlichkeit für ein zufälliges Ereignis setzen wir als Quotient:

$$\frac{\text{Anzahl der günstigen Fälle}}{\text{Anzahl der möglichen Fälle}}.$$

Unter günstigen Fällen verstehen wir hierbei solche Versuchsausgänge, die zum Eintreten des gewünschten Ereignisses führen. Für diese Aufgabe ist zum Beispiel ein günstiges Ereignis das Ziehen von acht gelben Kugeln. Die möglichen Ereignisse sind hier alle denkbaren Auswahlen, die als Ergebnis des Ziehens der acht Kugeln auftreten können. Die hier gegebene Definition der Wahrscheinlichkeit ist jedoch nur korrekt, wenn alle betrachteten Versuchsausgänge *gleichwahrscheinlich* sind. Die Gleichwahrscheinlichkeit ist eine Voraussetzung, die durch gewisse Erfahrungen oder Symmetrieüberlegungen als gegeben angenommen werden kann. In unserem Beispiel spricht aus Symmetriegründen sicher nichts dafür, dass eine bestimmte Auswahl der Kugeln häufiger (mit größerer Wahrscheinlichkeit) als eine andere gezogen wird. Wir gehen jedoch dabei davon aus, dass die Kugeln vor dem Ziehen gemischt werden, dass alle Kugeln die gleiche Masse und Größe haben und dass die Auswahl ohne Hinsehen erfolgt.

Wir berechnen zuerst die Anzahl aller Versuchsausgänge. Es gibt insgesamt 37 Kugeln in der Box. Die Reihenfolge der Auswahl ist für diese Aufgabe uninteressant, da nur die Anzahl der Kugeln einer Farbe betrachtet wird. Die Anzahl der möglichen Fälle ist daher gleich der Anzahl der ungeordneten Auswahlen von acht aus 37 Elementen:

$$\binom{37}{8}.$$

Eine Auswahl ist für das betrachtete Ereignis günstig, wenn sie nur gelbe und rote Kugeln enthält, wobei wenigstens 4 Kugeln gelb sind. So können 0 rote und 8 gelbe oder 1 rote und 7 gelbe oder ... oder 4 rote und 4 gelbe Kugeln gezogen werden. Da die roten und gelben Kugeln jeweils nur aus den 12 bzw. 15 vorhandenen Kugeln gezogen werden können, erhalten wir

$$\binom{12}{0}\binom{15}{8} + \binom{12}{1}\binom{15}{7} + \binom{12}{2}\binom{15}{6} + \binom{12}{3}\binom{15}{5} + \binom{12}{4}\binom{15}{4}$$

günstige Fälle. Die gesuchte Wahrscheinlichkeit ist folglich

$$\frac{\binom{12}{0}\binom{15}{8} + \binom{12}{1}\binom{15}{7} + \binom{12}{2}\binom{15}{6} + \binom{12}{3}\binom{15}{5} + \binom{12}{4}\binom{15}{4}}{\binom{37}{8}} .$$

Das entspricht einer Chance von etwa 4,5 % für das Ziehen einer Auswahl von 8 Kugeln, die keine blaue und mindestens 4 gelbe Kugeln enthält. ∎

Aufgaben

1.1 Auf wie viel Arten kann man n unterscheidbare Objekte auf k unterscheidbare Boxen verteilen, wenn die Reihenfolge der Objekte in den Boxen relevant ist?

1.2 Es sei A eine Menge mit n Elementen. Berechne

$$\sum_{X \subseteq A} |X| .$$

1.3 Auf wie viel Arten können 5 Personen so an einem runden Tisch mit 12 Plätzen platziert werden, dass mindestens ein freier Platz zwischen je zwei Personen bleibt? Wie lautet die allgemeine Antwort für k Personen und n Plätze?

1.4 Ein ternäres Signal besteht aus 10 Einzelimpulsen, die Amplitudenwerte von -1, 0 oder 1 annehmen können. Wie viel verschiedene Signale gibt es, wenn jedes Signal stets aus genauso vielen positiven wie negativen Impulsen bestehen soll?

1.5 Wie heißt der Koeffizient vor x^{20} in dem Polynom $(1 + 2x)^{10}(1 - x^2)^6$?

1.6 Es sei $n \in \mathbb{N}$. Bestimme die Stirling-Zahl zweiter Art $\left\{{n \atop n-2}\right\}$.

1.7 Bestimme den Koeffizienten vor $v^2 x^3 y^3 z^2$ in der Entwicklung von

$$(v + 2x + 3y + 4z)^{10} .$$

1.8 Zeige den Binomialsatz für die fallende Faktorielle:

$$(x + y)^{\underline{n}} = \sum_{k=0}^{n} \binom{n}{k} x^{\underline{k}} y^{\underline{n-k}}, \quad x, y \in \mathbb{C}, n \in \mathbb{N} .$$

1.9 Wie viel markierte Partitionen einer Menge mit n Elementen gibt es, wenn eine markierte Partition aus einer gewöhnlichen Partition durch Kennzeichnen (Markieren) genau eines Blocks hervorgeht?

1.10 Eine reelle Zahlenfolge $(a_1, a_2, \ldots, a_n)$ heißt *unimodal*, wenn für ein $k \in \{1, \ldots, n\}$ die folgenden Relationen erfüllt sind:

$$a_1 \le a_2 \le \ldots \le a_k \ge a_{k+1} \ge a_{k+2} \ge \ldots \ge a_n.$$

Zeige, dass für jedes feste $n \in \mathbb{N}$ die Folge $\left(\binom{n}{0}, \binom{n}{1}, \ldots, \binom{n}{n}\right)$ der Binomialkoeffizienten unimodal ist.

1.11 Wie viel sechsstellige Dezimalzahlen besitzen eine streng aufsteigende Ziffernfolge (wie zum Beispiel 134.579, aber nicht 122.359 oder 432.456)?

1.12 Eine Lieferung von 100 Glühbirnen enthält 8 defekte Glühbirnen. Auf wie viel Arten kann eine Stichprobe von 20 Glühbirnen, sodass genau zwei defekte darunter sind, der Lieferung entnommen werden?

1.13 Wie viel fünfstellige Dezimalzahlen mit der mittleren Ziffer 6 sind durch 3 teilbar?

1.14 Auf wie viel verschiedene Arten können n nicht unterscheidbare Figuren auf einem $n \times n$-Schachbrett platziert werden, wenn

a) in jeder waagerechten Reihe wenigstens eine Figur stehen soll,
b) in jeder waagerechten und in jeder senkrechten Reihe genau eine Figur stehen soll,
c) keine Einschränkungen vorliegen?

   Wie lauten die Antworten, wenn die n Figuren unterscheidbar sind?

1.15 Es sei $S_l(n, k)$ die Anzahl der Partitionen der Menge $\{1, \ldots, n\}$ mit genau k Blöcken, sodass jeder Block mindestens l Elemente enthält. Zeige, dass dann für $k, l, n \in \mathbb{N}$

$$S_l(n, k) = \binom{n-1}{l-1} S_l(n-l, k-1) + k S_l(n-1, k)$$

gilt.

1.16 Wie groß ist die Wahrscheinlichkeit dafür, dass in einem zufällig gewählten k-stelligen Wort über dem Alphabet $\{A, B, \ldots, Z\}$ die Buchstaben in alphabetischer Reihenfolge auftreten?

1.17 Zeige die Gültigkeit der folgenden Beziehungen:

$$\sum_{k=0}^{n} k(k-1) \binom{m}{k} = m(m-1)2^{m-2}, \quad n \ge m$$

$$p(mk, k) = \sum_{i=1}^{m} p(ik-1, k-1).$$

1.18 Auf wie viel Arten können n unterscheidbare Objekte so auf k unterscheidbare Boxen verteilt werden, dass genau l, $l \le k$, Boxen leer bleiben?

1.19 Auf wie viel verschiedene Arten kann man die Seiten eines regelmäßigen p-Ecks mit n Farben färben, wenn p eine Primzahl ist und wenn zwei Färbungen, die durch Rotation ineinander überführt werden können, als identisch angesehen werden?

1.20 Zeige durch ähnliche kombinatorische Überlegungen wie bei der Ableitung des Binomialsatzes den *Multinomialsatz*:

$$(x_1 + x_2 + \cdots + x_i)^n = \sum_{k_1 + \ldots + k_i = n} \binom{n}{k_1, k_2, \cdots, k_i} x_1^{k_1} \cdots x_i^{k_i}.$$

1.21 In einer Kiste liegen m blaue und n gelbe Kugeln. Wir entnehmen der Kiste in jedem Schritt zufällig zwei Kugeln. Sind beide Kugeln gleichfarbig, so wird die Kiste mit einer blauen Kugel aufgefüllt. Andernfalls legen wir eine gelbe Kugel in die Kiste zurück. Wie groß ist die Wahrscheinlichkeit dafür, dass die letzten beiden Kugeln gleichfarbig sind?

1.22 Auf wie viel Arten können drei verschiedene Zahlen aus der Menge $\{1, \ldots, 2n\}$, $n \in \mathbb{N}$ gewählt werden, sodass die eine dieser Zahlen das arithmetische Mittel der anderen beiden ist?

1.23 Es sei A eine Menge der Mächtigkeit n. Wie viele Paare (X, Y) von Teilmengen von A gibt es, sodass $X \subseteq Y \subseteq A$ gilt?

Erzeugende Funktionen

2

Inhaltsverzeichnis

Erzeugende Funktionen sind eines der leistungsfähigsten Werkzeuge der Kombinatorik. Sie bilden ein Bindeglied zwischen Problemen der diskreten Mathematik und Methoden der Analysis. Die Lösung von Aufgaben der Kombinatorik mit erzeugenden Funktionen erfordert den Umgang mit Potenzreihen. Die notwendigen Grundlagen des Rechnens mit formalen Potenzreihen werden im zweiten Abschnitt eingeführt. Zunächst stellen wir jedoch einige Anwendungen erzeugender Funktionen an Beispielen vor.

2.1 Einleitung und Beispiele

Im Kap. 1 hatten wir Methoden kennengelernt, um Anzahlprobleme zu lösen. Allgemein besteht ein solches Problem darin, für jedes $n \in \mathbb{N}$ (oder eines anderen Indexbereiches) einen zugehörigen Funktionswert f_n, das heißt die Anzahl der zu untersuchenden Objekte, zu bestimmen. Für die praktische Anwendung ist die Frage entscheidend, wie aufwendig die Bestimmung von f_n für ein gegebenes n ist. Ein Verfahren zur Ermittlung der Funktionswerte f_n ist sicher nur dann sinnvoll, wenn der Aufwand geringer ist, als der für die Enumeration aller Objekte erforderliche. Eine elegante Lösung ist immer eine explizite Formel $f_n = f(n)$, wie zum Beispiel $f_n = n!$ für die Anzahl der Permutationen einer n-elementigen Menge. Schwierigere kombinatorische Probleme liefern jedoch häufig keine solche Formel (oder sie ist noch nicht bekannt). In einigen Fällen kann f_n dann als Summe oder

© Springer-Verlag GmbH Deutschland, ein Teil von Springer Nature 2019
P. Tittmann, *Einführung in die Kombinatorik*, https://doi.org/10.1007/978-3-662-58921-2_2

als Rekursion, das heißt

$$f_n = \sum_k g(k) \qquad \text{oder} \qquad f_n = F(f_{n-1}, f_{n-2}, \ldots, f_{n-k})$$

dargestellt werden. Der Umgang mit Summen und Rekurrenzgleichungen wird in den folgenden Kapiteln näher untersucht. Jetzt wollen wir eine weitere interessante Art der Lösung von Anzahlproblemen genauer beschreiben. Die Antwort auf ein kombinatorisches Problem könnte auch lauten: f_n ist der Koeffizient vor z^n in der Entwicklung einer gewissen Funktion $F(z)$ nach Potenzen von z, das heißt in der Darstellung dieser Funktion als Potenzreihe. Diese Antwort klingt zunächst wie ein neues Rätsel, da ja nun scheinbar eine Methode zur Berechnung der Koeffizienten von $F(z)$ gesucht ist. Wir werden jedoch im Folgenden sehen, dass in einigen Fällen sehr elegante Verfahren zur Bestimmung der gesuchten Koeffizienten existieren. Aber auch wenn die Koeffizienten für eine erzeugende Funktion schwer bestimmbar sind, liefert die Funktion $F(z)$ nützliche Informationen: So kann man zum Beispiel aus $F(z)$ oft das asymptotische Wachstum der Koeffizienten oder Mittelwerte bestimmen. Einige folgende Beispiele sollen einen ersten Eindruck vom Umgang mit erzeugenden Funktionen vermitteln.

Beispiel 2.1 (Würfeln)

Das erste Beispiel führt uns in die Welt der Würfelspieler. Angenommen, das ausgeführte Würfelspiel besteht im gleichzeitigen Werfen von 3 Würfeln. Wie groß ist dann die Wahrscheinlichkeit für das Auftreten der Augensumme 12? ∎

Die gesuchte Wahrscheinlichkeit berechnen wir wieder als Verhältnis der Anzahl der Würfelausgänge, die die gewünschte Augensumme 12 liefern, zur Gesamtzahl der möglichen Würfelergebnisse. Wichtig ist hierbei, dass die betrachteten Ereignisse gleichwahrscheinlich sind. Was sind hier gleichwahrscheinliche Ereignisse? Aus Symmetriegründen sollte jeder Würfel mit gleicher Wahrscheinlichkeit von $\frac{1}{6}$ jede der Augenzahlen von 1 bis 6 liefern. (Wenn das nicht der Fall ist, empfiehlt es sich, die Würfelrunde schnell zu verlassen.) Wir können annehmen, dass sich diese Wahrscheinlichkeit nicht in Abhängigkeit der Augenzahlen der anderen Würfel ändert. Damit erhalten wir $6^3 = 216$ mögliche gleichwahrscheinliche Würfelausgänge. Bei dieser Rechnung setzen wir die Würfel als *unterscheidbar* voraus. Wir können uns praktisch vorstellen, dass die Würfel drei verschiedene Farben besitzen. Das Modell bleibt auch richtig, wenn dies nicht der Fall ist.

In wie vielen der 216 Fälle tritt nun die Augensumme 12 auf? Einige Fälle sind zum Beispiel

$$1+5+6, \quad 1+6+5, \quad 2+4+6, \quad 2+5+5, \quad 2+6+4, \ldots$$

Natürlich unterscheiden wir auch hier die Würfel, sodass $1 + 6 + 5$ und $1 + 5 + 6$ zwei verschiedene Ausgänge des Würfelversuchs sind. Bei dieser Aufgabe würde das direkte Auflisten aller Möglichkeiten zum Erfolg führen. Wenn wir die Fragestellung ein wenig erweitern und die Wahrscheinlichkeit für die Augensumme 28 bei einem gleichzeitigen Wurf mit 10 Würfeln suchen, versagt diese Methode jedoch schnell. Die möglichen Ergebnisse für einen Würfel können durch folgendes Bild veranschaulicht werden:

$$\boxed{\cdot} \quad + \quad \boxed{\cdot\,\cdot} \quad + \quad \boxed{\cdot\cdot\cdot} \quad + \quad \boxed{\cdot\cdot\;\cdot\cdot} \quad + \quad \boxed{\cdot\cdot\;\cdot\;\cdot\cdot} \quad + \quad \boxed{\cdot\cdot\cdot\;\cdot\cdot\cdot}$$

Setzen wir für einen Punkt auf dem Würfel ein neues Symbol z, so entspricht zum Beispiel:

$$\boxed{\cdot} = z$$
$$\boxed{\cdot\,\cdot} = z \cdot z = z^2$$
$$\boxed{\cdot\cdot\cdot} = z \cdot z \cdot z = z^3$$
$$\dots$$

Wir ordnen nun jedem Würfel ein Polynom zu:

$$z + z^2 + z^3 + z^4 + z^5 + z^6 \tag{2.1}$$

Die gesuchte Anzahl der Fälle, die zur Augensumme 12 führen, ist dann der Koeffizient vor z^{12} in der Entwicklung des Polynoms

$$(z + z^2 + z^3 + z^4 + z^5 + z^6)^3 \tag{2.2}$$

nach Potenzen von z. Um diesen Sachverhalt zu erklären, überlegen wir uns, wie der Koeffizient vor z^{12} entsteht. Wir schreiben dazu die Potenz in Produktform:

$$(z + z^2 + \cdots + z^6)(z + z^2 + \cdots + z^6)(z + z^2 + \cdots + z^6)$$

Bei der Bildung des Produkts wird aus jeder Klammer jeweils genau ein Faktor ausgewählt. Die Potenz z^{12} entsteht genau dann, wenn die Summe der Exponenten der drei ausgewählten Faktoren 12 ist. Wir erhalten zum Beispiel z^{12}, indem wir aus den drei Klammern der Reihe nach die Potenzen

$$z\,z^5 z^6, \quad z\,z^6 z^5, \quad z^2 z^4 z^6, \quad z^2 z^5 z^5, \quad z^2 z^6 z^4, \dots$$

auswählen. Wir erhalten also genauso oft die Potenz z^{12}, wie es Möglichkeiten gibt, die Zahl 12 als Summe von drei Summanden zwischen 1 und 6 darzustellen. Jedes Polynom der Form (2.1) repräsentiert einen Würfel. Die Potenzen $z, z^2, \dots, z^6$ stehen für die 6 möglichen Augenzahlen. Wir nennen das Polynom (2.2) die *erzeugende Funktion* für die Augensumme bei einem Wurf mit drei Würfeln. Die nach Potenzen von z entwickelte Form von (2.2) kann auch als Reihe dargestellt werden:

$$(z + z^2 + \cdots + z^6)^3 = \sum_k a_k z^k$$

Wir vereinbaren, dass eine Summe, für die keine Summationsgrenzen angegeben sind, über alle ganzen Zahlen läuft. Praktisch ist die hier dargestellte Reihe ein Polynom, da $a_k = 0$ für $k \notin \{3, \ldots, 18\}$ gilt. Später wird sich jedoch zeigen, dass die Reihenschreibweise für viele Anwendungen vorteilhaft ist.

Nun ist es aber an der Zeit, die kritische Frage zu stellen, ob wir mit der Einführung der erzeugenden Funktion der Lösung unserer Aufgabe irgendwie näher gekommen sind. Scheinbar benötigt man mindestens denselben Aufwand, um den Koeffizienten vor z^{12} in (2.2) zu berechnen, wie für die direkte Auflistung aller Varianten. Der erste Vorteil, den die erzeugende Funktion bietet, ist die Möglichkeit der Nutzung des Computers. Für ein durchschnittliches Computeralgebrasystem ist die Berechnung der ausmultiplizierten (expandierten) Form des Polynoms (2.2) weniger als eine Sekunde Arbeit. Die gesuchte Anzahl von 25 Möglichkeiten für die Augensumme 12 erscheint fast augenblicklich auf dem Bildschirm. Überdies erfahren wir fast genauso schnell, dass bei einem Wurf mit 10 Würfeln in 1.972.630 Fällen die Augensumme 28 auftritt. Mit dem direkten Aufzählen aller Möglichkeiten wäre dieses Ergebnis nur schwer zu erhalten.

Die Darstellung des Problems mit erzeugenden Funktionen besitzt einen weiteren Vorteil. Eine Variation der Problemstellung ist beinahe mühelos ausführbar. Die Anzahl der verwendeten Würfel ist durch den Exponenten (hier 3) von (2.2) gegeben. Wenn wir die 3 durch k ersetzen, erhalten wir die erzeugende Funktion für die Augensumme bei einem Wurf mit k Würfeln:

$$(z + z^2 + \cdots + z^6)^k$$

Verwendet man statt der 3 Würfel 3 Oktaeder, deren Seiten mit $1, \ldots, 8$ beschriftet sind, so lautet die erzeugende Funktion für die Augensumme beim „Oktaedern"

$$(z + z^2 + \cdots + z^8)^3 \, .$$

Wenn wir bei einem der 3 Würfel die Seite mit der Augenzahl 6 auf 5 ändern, ergibt sich die neue erzeugende Funktion

$$(z + z^2 + \cdots + z^6)^2 (z + z^2 + z^3 + z^4 + 2z^5) \, .$$

Das nächste Beispiel wird uns zeigen, dass auch die Berechnung der Koeffizienten ohne Computer zum Erfolg führen kann.

Beispiel 2.2 (Gleichungen mit ganzzahligen Lösungen)

Wie viel ganzzahlige Lösungen mit $x_i \geq 0$ für $i = 1, \ldots, 5$ besitzt die Gleichung

$$x_1 + x_2 + x_3 + x_4 + x_5 = 6 \, ?$$

Diese Aufgabe, bzw. äquivalente Probleme hatten wir bereits im ersten Kapitel gelöst. Die Ermittlung der Lösung erforderte jedoch einige Tricks, die speziell auf diese Aufgabe zugeschnitten waren. Wir wollen jetzt zeigen, wie auch hier erzeugende Funktionen die Lösung erleichtern. Wir ordnen jeder Variablen x_i das Polynom

$$1 + z + z^2 + \cdots + z^6$$

zu. Die Potenz z^k steht hier für die Wahl $x_i = k$. Insbesondere entspricht der Auswahl der 1 dann die Zuordnung $x_i = 0$. Die gesuchte Anzahl der Lösungen der Gleichung ist der Koeffizient vor z^6 in der expandierten Form von

$$(1 + z + \cdots + z^6)^5. \tag{2.3}$$

Die Potenz z^6 ergibt sich im Produkt zum Beispiel durch die Auswahl des Faktors 1 aus den ersten vier Polynomen und z^6 aus dem fünften Polynom, das heißt

$$z^6 = 1 \cdot 1 \cdot 1 \cdot 1 \cdot z^6 \,.$$

Das entspricht der Lösung

$$x_1 = x_2 = x_3 = x_4 = 0, \quad x_5 = 6 \,.$$

Auf gleiche Weise lassen sich alle weiteren Lösungen der gegebenen Gleichung umkehrbar eindeutig Produkten von (2.3), die z^6 liefern, zuordnen. ∎

Potenzreihen als erzeugende Funktionen

Die erzeugende Funktion (2.3) sieht der des Würfelproblems sehr ähnlich. Auch hier kann Computeralgebra eingesetzt werden, um die Lösung zu erhalten. Ein anderer Weg ist jedoch weitaus günstiger. Die entscheidende Beobachtung ist, dass der Koeffizient vor z^6 in der Entwicklung von (2.3) auch der Koeffizient vor z^6 in der Reihe

$$(1 + z + z^2 + \ldots)^5 \tag{2.4}$$

ist. Die hier zusätzlich auftretenden Potenzen $z^7, z^8, \ldots$ leisten keinen Beitrag zum Koeffizienten vor z^6 im Produkt. Für die Reihe $S = 1 + z + z^2 + \ldots$ können wir auch $\frac{1}{1-z}$ schreiben, da es sich hierbei um die geometrische Reihe handelt. Eine einfache Rechnung bestätigt diesen Sachverhalt:

$$\begin{aligned}
(1 - z)S &= (1 - z)(1 + z + z^2 + \ldots) \\
&= 1 + z + z^2 + z^3 + \ldots \\
&\quad - z - z^2 - z^3 - \ldots \\
&= 1
\end{aligned}$$

Das formale Einsetzen dieser Summe in die erzeugende Funktion (2.4) liefert

$$\sum_k f_k z^k = \frac{1}{(1 - z)^5} \,.$$

Der Koeffizient f_6, der vor z^6 in der Entwicklung der Funktion $F(z) = \frac{1}{(1-z)^5}$ nach Potenzen von z steht, ist die Antwort auf unser Problem. Ein Weg zur Bestimmung der Reihenentwicklung einer Funktion, die *Taylor-Reihe*, ist aus der Analysis bekannt. Es gilt

$$F(z) = \sum_{k \geq 0} \frac{F^{(k)}(0)}{k!} z^k .$$

Die Anwendung auf die vorliegende erzeugende Funktion erfordert zunächst die Berechnung der Ableitungen, die hier keine Schwierigkeiten bereitet:

$$F(z) = (1 - z)^{-5},$$
$$F'(z) = 5(1 - z)^{-6},$$
$$F''(z) = 5 \cdot 6(1 - z)^{-7},$$
$$\cdots$$
$$F^{(k)}(z) = 5 \cdot 6 \cdots (5 + k - 1)(1 - z)^{-5-k} .$$

An der Stelle $z = 0$ liefern diese Ableitungen

$$\frac{F(0)}{0!} = 1,$$
$$\frac{F'(0)}{1!} = 5,$$
$$\frac{F''(0)}{2!} = \frac{5 \cdot 6}{2} = 15,$$
$$\cdots$$
$$\frac{F^{(k)}(0)}{k!} = \frac{(5 + k - 1)^{\underline{k}}}{k!} = \binom{5 + k - 1}{k} .$$

Mit diesen Koeffizienten erhalten wir die gesuchte Entwicklung:

$$\frac{1}{(1 - z)^5} = \sum_{k \geq 0} \binom{5 + k - 1}{k} z^k$$

Die Koeffizienten $f_k = \binom{5+k-1}{k}$ liefern die Anzahl der nichtnegativen ganzzahligen Lösungen der Gleichung

$$x_1 + x_2 + \cdots + x_5 = k .$$

Speziell ist $\binom{5+6-1}{6} = \binom{10}{6} = 210$ die Anzahl der Lösungen der in diesem Beispiel gegebenen Gleichung. Die allgemeine Entwicklung von $(1 - z)^{-n}$ lautet

$$\frac{1}{(1 - z)^n} = \sum_{k \geq 0} \binom{n + k - 1}{k} z^k .$$

Diese erzeugende Funktion gestattet uns, die Fragestellung auf Gleichungen mit n Variablen zu verallgemeinern.

Beispiel 2.3 (Münzwechsel)

Dieses Beispiel basiert auf einem Problem von George Pólya, siehe Pólya (1956). Wie viel Möglichkeiten gibt es, um einen Euro zu wechseln, wenn wir beliebig viele 1-, 2-, 5-, 10- und 50-Cent-Münzen zur Verfügung haben?

Wir betrachten als Erstes die Wahlmöglichkeiten für die 1-Cent-Stücke. Wir können 0, 1, 2, 3, ... Cent-Stücke nehmen. Diesen Möglichkeiten ordnen wir die Reihe

$$1 + z + z^2 + z^3 + \ldots$$

zu. Für die 2-Cent-Stücke erhalten wir die Reihe

$$1 + z^2 + z^4 + z^6 + \cdots$$

Wir stellen uns hierbei den Betrag von einem Cent durch das Symbol z repräsentiert vor. Einem 2-Cent-Stück entspricht dann $z \cdot z$ oder z^2. Diese Konstruktion lässt sich nun für die verbleibenden Münzen fortsetzen. Die resultierende erzeugende Funktion lautet dann:

$$(1 + z + z^2 + \ldots)(1 + z^2 + z^4 + \ldots)(1 + z^5 + z^{10} + \cdots)$$
$$\times (1 + z^{10} + z^{20} + \ldots)(1 + z^{50} + z^{100} + \cdots)$$

Dieses Produkt geometrischer Reihen lässt sich auch so schreiben:

$$F(z) = \frac{1}{1-z} \frac{1}{1-z^2} \frac{1}{1-z^5} \frac{1}{1-z^{10}} \frac{1}{1-z^{50}}$$
$$= \frac{1}{(1-z)(1-z^2)(1-z^5)(1-z^{10})(1-z^{50})}$$

Die Lösung unseres Problems ist der Koeffizient vor z^{100} in der Entwicklung von $F(z)$. Theoretisch liefert auch hier die Taylor-Entwicklung das Resultat. Wer diesen Weg jedoch praktisch ausführen will, sollte viel Papier vorrätig haben. Wir werden uns langsam an die gesuchten Koeffizienten herantasten, indem wir zunächst einfache Reihen betrachten. Wir setzen:

$$\frac{1}{1-z} = \sum_n a_n z^n$$

$$\frac{1}{(1-z)(1-z^2)} = \sum_n b_n z^n$$

$$\frac{1}{(1-z)(1-z^2)(1-z^5)} = \sum_n c_n z^n$$

$$\frac{1}{(1-z)(1-z^2)(1-z^5)(1-z^{10})} = \sum_n d_n z^n$$

$$\frac{1}{(1-z)(1-z^2)(1-z^5)(1-z^{10})(1-z^{50})} = \sum_n f_n z^n$$

Die erste dieser Reihen ist die einfachste. Im zweiten Beispiel wurde gezeigt, dass hier $a_n = 1$ für alle $n \geq 0$ gilt. Die Multiplikation der zweiten Reihe mit $(1 - z^2)$ liefert

$$\frac{1}{1-z} = (1-z^2) \sum_n b_n z^n$$

oder

$$\sum_n a_n z^n = (1-z^2) \sum_n b_n z^n$$
$$= \sum_n b_n z^n - \sum_n b_n z^{n+2} .$$

Wenn wir in der zweiten Summe $n + 2$ durch n ersetzen, folgt

$$\sum_n a_n z^n = \sum_n b_n z^n - \sum_{n-2} b_{n-2} z^n$$
$$= \sum_n b_n z^n - \sum_n b_{n-2} z^n .$$

Da die Summe über alle ganzen Zahlen läuft, können wir die Summe über $n - 2$ auch als Summe über n schreiben. In allen hier angegebenen Summen treten nur Potenzen z^n mit $n \geq 0$ auf. Damit folgt $a_n = b_n = c_n = d_n = f_n = 0$ für $n < 0$. Aus der Beziehung

$$\sum_n a_n z^n = \sum_n (b_n - b_{n-2}) z^n$$

folgt

$$b_n = b_{n-2} + a_n$$
$$= b_{n-2} + 1,$$

denn zwei Reihen sind genau dann gleich, wenn all ihre Koeffizienten übereinstimmen. Die ersten Werte von b_n sind

$$b_0 = 1, \quad b_1 = 1, \quad b_2 = 2, \quad b_3 = 2, \quad b_4 = 3, \quad b_5 = 3, \quad \ldots$$

Allgemein gilt

$$b_n = \left\lfloor \frac{n}{2} \right\rfloor + 1, \quad n \geq 0 .$$

Das Symbol $\lfloor x \rfloor$ bezeichnet hierbei die größte ganze Zahl kleiner oder gleich x. Einfach gesagt, $\lfloor x \rfloor$ bedeutet, dass x ganzzahlig abgerundet wird.

Durch Multiplikation der anderen Reihen mit $(1 - z^5)$, mit $(1 - z^{10})$ bzw. mit $(1 - z^{50})$ erhalten wir ebenso

$$\sum_n b_n z^n = (1 - z^5) \sum_n c_n z^n,$$

$$\sum_n c_n z^n = (1 - z^{10}) \sum_n d_n z^n,$$

$$\sum_n d_n z^n = (1 - z^{50}) \sum_n f_n z^n.$$

und damit auch die Rekurrenzgleichungen

$$c_n = c_{n-5} + b_n = c_{n-5} + \left\lfloor \frac{n}{2} \right\rfloor + 1,$$

$$d_n = d_{n-10} + c_n,$$

$$f_n = f_{n-50} + d_n.$$

Eine explizite Darstellung für die Koeffizienten c_n, d_n, f_n zu finden, ist eine recht mühevolle Aufgabe, der wir uns erst in einem späteren Kapitel über Rekurrenzgleichungen annehmen wollen. Für die Lösung der Aufgabe ist diese Arbeit auch gar nicht erforderlich. Eine Wertetabelle leistet hier gute Dienste. Zuerst berechnen wir die Koeffizienten c_{5k} für $0 \leq k \leq 20$ (die anderen werden nicht benötigt), dann d_{10k} für $0 \leq k \leq 10$ und schließlich f_{50} und f_{100}. Wir erhalten die in Tab. 2.1 angegebenen Werte.

Der Koeffizient $f_{100} = 2498$ liefert uns die gesuchte Anzahl der Möglichkeiten, einen Euro zu wechseln. ∎

Bevor wir weitere Probleme mittels erzeugender Funktionen analysieren, werden wir im nächsten Abschnitt einige notwendige Grundlagen aus der Theorie der Potenzreihen erörtern.

Tab. 2.1 Lösung des Münzwechselproblems

n	0	5	10	15	20	25	30	35	40	45	50
c_n	1	4	10	18	29	42	58	76	97	120	146
d_n	1		11		40		98		195		341
f_n	1										342

n	55	60	65	70	75	80	85	90	95	100
c_n	174	205	238	274	312	353	396	442	490	541
d_n		546		820		1173		1615		2156
f_n										2498

2.2 Formale Potenzreihen

Potenzreihen besitzen vielfältige Anwendungen in unterschiedlichen Gebieten der Mathematik. Am bekanntesten ist sicher die Darstellung einer Funktion durch ihre Taylor-Reihe (der Taylor-Maclaurin-Entwicklung). In der Analysis steht hierbei stets die Untersuchung des Konvergenzverhaltens im Vordergrund. Für die Kombinatorik ist aber auch das rein formale Rechnen mit Reihen, das heißt die Manipulation der Koeffizienten einer Reihe nach entsprechenden Regeln, von Bedeutung. Die Konvergenz einer Potenzreihe ist auch für viele Aufgabenstellungen der diskreten Mathematik von Interesse, oft aber keine notwendige Voraussetzung für das Aufstellen einer Reihe. Eine *formale Potenzreihe* ist ein Ausdruck der Form

$$F(z) = \sum_{n \geq 0} f_n z^n = f_0 + f_1 z + f_2 z^2 + f_3 z^3 + \cdots$$

mit der Koeffizientenfolge $\{f_n\}$. Damit sind insbesondere auch alle Polynome als formale Potenzreihe darstellbar. Für ein Polynom vom Grad n sind alle Koeffizienten f_k für $k > n$ gleich null. Wir werden im Folgenden annehmen, dass z eine komplexe Variable ist. Zwei formale Potenzreihen stimmen genau dann überein, wenn ihre Koeffizientenfolgen identisch sind.

Operationen mit formalen Potenzreihen
Formale Potenzreihen werden gliedweise addiert:

$$\sum_n f_n z^n + \sum_n g_n z^n = \sum_n (f_n + g_n) z^n$$

Die *Multiplikation* (*Konvolution* oder *Faltung*) von formalen Potenzreihen ist auf folgende Weise erklärt:

$$\left(\sum_n f_n z^n \right) \left(\sum_n g_n z^n \right) = \sum_n \left(\sum_k f_k g_{n-k} \right) z^n \tag{2.5}$$

Die Anwendung der Produktformel auf die geometrische Reihe liefert

$$\frac{1}{(1-z)^2} = \left(\sum_{n \geq 0} z^n \right)^2 = \sum_{n \geq 0} \left(\sum_{k=0}^{n} 1 \cdot 1 \right) z^n$$
$$= \sum_{n \geq 0} (n + 1) z^n \,.$$

Die multiplikative Inverse
Eine Potenzreihe $G(z)$ heißt *multiplikative Inverse* der Potenzreihe $F(z)$, wenn das Produkt von F und G genau 1 ergibt:

$$F(z)G(z) = \left(\sum_n f_n z^n \right) \left(\sum_n g_n z^n \right) = 1 \tag{2.6}$$

Nicht jede formale Potenzreihe besitzt eine multiplikative Inverse (oder kurz Inverse). Wir nennen die Potenzreihen, die eine Inverse besitzen, *invertierbar*. In der Sprache der Algebra heißen invertierbare formale Potenzreihen auch *Einheiten* im Ring der formalen Potenzreihen.

Wir werden nun näher untersuchen, wie eine Potenzreihe beschaffen sein muss, damit sie eine multiplikative Inverse besitzt. Wenn $f_0 = 0$ gilt, ist das Produkt von $F(z)$ mit einer beliebigen formalen Potenzreihe $G(z)$ stets in der Form

$$\left(\sum_{n \geq 0} f_n z^n \right) \left(\sum_{n \geq 0} g_n z^n \right) = \left(\sum_{n \geq 1} f_n z^n \right) \left(\sum_{n \geq 0} g_n z^n \right)$$
$$= f_1 g_0 z + (f_1 g_1 + f_2 g_0) z^2$$
$$+ (f_1 g_2 + f_2 g_1 + f_3 g_0) z^3 + \ldots$$

darstellbar. Die Produktreihe enthält kein Absolutglied und kann somit auch nicht gleich 1 sein. Daraus folgt, dass eine formale Potenzreihe mit $f_0 = 0$ nicht invertierbar ist. Ist hingegen $f_0 \neq 0$, so ist sie stets invertierbar. Die Aussage ergibt sich unmittelbar aus dem nachfolgend dargestellten Algorithmus zur Berechnung der inversen Potenzreihe. Besitzt die formale Potenzreihe $F(z)$ die Inverse $G(z)$, so folgt aus den Beziehungen (2.5) und (2.6)

$$\sum_{k=0}^{n} f_k g_{n-k} = \delta_{0n} = [n = 0], \quad n \in \mathbb{N} . \tag{2.7}$$

Ausführlicher geschrieben, lauten diese Gleichungen

$$f_0 g_0 = 1,$$
$$f_0 g_1 + f_1 g_0 = 0,$$
$$f_0 g_2 + f_1 g_1 + f_2 g_0 = 0,$$
$$f_0 g_3 + f_1 g_2 + f_2 g_1 + f_3 g_0 = 0,$$
$$\ldots$$

Aus diesem Gleichungssystem lassen sich die Koeffizienten der Reihe $G(z)$ eindeutig bestimmen:

$$g_0 = \frac{1}{f_0},$$
$$g_n = -\frac{1}{f_0} \sum_{k=1}^{n} f_k g_{n-k}, \quad n \geq 1 \tag{2.8}$$

Als Beispiel berechnen wir die Inverse der geometrischen Reihe

$$F(z) = \sum_n z^n .$$

Nach (2.8) lauten die Koeffizienten der inversen Reihe

$$g_0 = \frac{1}{f_0} = 1,$$

$$g_n = -\sum_{k=1}^{n} 1 \cdot g_{n-k} = -\sum_{k=0}^{n-1} g_k, \qquad n \geq 1.$$

Wir erhalten $g_1 = -1$ und $g_n = 0$ für $n \geq 2$. Die formale Potenzreihe $1 - z$ ist invers zu $F(z)$, das heißt es gilt

$$(1 - z) \sum_{n \geq 0} z^n = 1.$$

Das ist kein überraschendes Ergebnis, da die Division durch $1 - z$ wieder die bekannte Darstellung der Summe einer geometrischen Reihe liefert.

Die Fibonacci-Folge

Die Potenzreihe (das Polynom) $F(z) = 1 - z - z^2$ ist mit $f_0 = 1$ ebenfalls invertierbar. Die Anwendung von (2.8) liefert hier $g_0 = 1$ und $g_1 = 1$. Alle weiteren Koeffizienten folgen aus

$$\begin{aligned} g_n &= -(f_1 g_{n-1} + f_2 g_{n-2}) \\ &= g_{n-1} + g_{n-2}, \end{aligned}$$

da in der Summe (2.8) nur die ersten beiden Terme von null verschieden sind. Wir haben damit zwar keine explizite Formel für die Koeffizienten g_n, aber eine einfache rekursive Vorschrift für ihre Berechnung. Die ersten beiden Koeffizienten g_0 und g_1 sind 1. Alle weiteren ergeben sich jeweils als Summe der beiden vorhergehenden Koeffizienten. Somit ist

$$\frac{1}{1 - z - z^2} = 1 + z + 2z^2 + 3z^3 + 5z^4 + 8z^5 + 13z^6 + 21z^7 + \cdots$$

Diese Koeffizientenfolge besitzt viele Anwendungen in der Kombinatorik. Sie wurde bereits von *Leonardo von Pisa*, genannt *Fibonacci* (ca. 1170–1240), entdeckt. Nach ihm erhielt sie den Namen *Fibonacci-Folge*. Die übliche Bezeichnung für diese Folge ist F_n mit $F_n = g_{n-1}$ für $n \geq 1$ und $F_0 = 0$. Wir werden diese Folge im Kapitel über Rekurrenzgleichungen noch ausführlicher betrachten.

Gleichungen der Kombinatorik

Eine weitere Anwendung des Produktes formaler Potenzreihen ist die Ableitung von Gleichungen der Kombinatorik. Für das nächste Beispiel ist wieder ein kleiner Ausflug in die Analysis erforderlich. Wir gehen von der bekannten Beziehung

$e^z e^{-z} = 1$ aus. Das Einsetzen der Reihenentwicklungen (die man jedem mathematischen Tabellenwerk entnehmen kann) liefert

$$\left(\sum_{n\geq 0} \frac{z^n}{n!}\right)\left(\sum_{n\geq 0} \frac{(-1)^n}{n!}z^n\right) = 1 \,.$$

Die Berechnung des Produktes der beiden Reihen erfolgt wieder auf Basis der Produktdefinition (2.5):

$$
\begin{aligned}
\left(\sum_{n\geq 0} \frac{z^n}{n!}\right)\left(\sum_{n\geq 0} \frac{(-1)^n}{n!}z^n\right) &= \sum_{n\geq 0}\left(\sum_{k=0}^{n} \frac{(-1)^k}{k!}\frac{1}{(n-k)!}\right)z^n \\
&= \sum_{n\geq 0} \frac{1}{n!}\sum_{k=0}^{n}(-1)^k \binom{n}{k}z^n \\
&= 1
\end{aligned}
$$

Hierbei nutzen wir die einfache Identität $\frac{1}{k!(n-k)!} = \frac{1}{n!}\binom{n}{k}$. Wir interpretieren die 1 ebenfalls als formale Potenzreihe:

$$1 = \sum_{n\geq 0} \delta_{n0}z^n$$

Durch Koeffizientenvergleich erhalten wir dann

$$\frac{1}{n!}\sum_{k=0}^{n}(-1)^k \binom{n}{k} = \delta_{n0}$$

oder nach Multiplikation mit $n!$ auch

$$\sum_{k=0}^{n}(-1)^k \binom{n}{k} = \delta_{n0} \,.$$

Diese Gleichung hatten wir bereits aus dem Binomialsatz im Kap. 1 gewonnen.

Komposition von Reihen

Eine weitere interessante Operation mit formalen Potenzreihen ist die *Verkettung* oder *Komposition*. Diese Operation ist bekannt für reelle Funktionen. Ist zum Beispiel $f(x) = \sin x$ und $g(x) = x^2 + 2$, so ist die Verkettung $f(g(x)) = \sin(x^2 + 2)$. Zuerst wird auf das Argument x die Funktion g angewendet, um dann den Funktionswert von g als Argument für f zu verwenden. Wenn dieser Gedanke auf Potenzreihen übertragen wird, liefert $F(G(z))$ für die Potenzreihen $F(z) = \sum_n f_n z^n$ und $G(z) = \sum_n g_n z^n$ den Ausdruck

$$F(G(z)) = \sum_n f_n G(z)^n = \sum_n h_n z^n \,. \tag{2.9}$$

Die Berechnung der Koeffizienten h_n der durch Komposition von F und G entstandenen formalen Potenzreihe kann jedoch Schwierigkeiten verursachen. Die Berechnung der Koeffizienten von $F(F(z))$ für $F(z) = \sum_{n \geq 0} z^n$ ergibt

$$
\begin{aligned}
F(F(z)) &= \sum_{n \geq 0} \left(\sum_{k \geq 0} z^k \right)^n \\
&= 1 \\
&+ (1 + z + z^2 + z^3 + z^4 + \ldots) \\
&+ (1 + z + z^2 + z^3 + z^4 + \ldots)^2 \\
&+ (1 + z + z^2 + z^3 + z^4 + \ldots)^3 \\
&+ \quad \ldots
\end{aligned}
$$

Schon die Berechnung des Absolutgliedes misslingt, da hier unendlich viele Einsen zu addieren sind. Die Bestimmung jedes Koeffizienten der Komposition erfordert die (hier nicht gegebene) Konvergenz einer Reihe. Der Konvergenzbegriff ist jedoch für formale Potenzreihen nicht definiert. Deshalb existiert die Komposition $F(G(z))$ zweier Potenzreihen $F(z)$ und $G(z)$ genau dann, wenn $g_0 = 0$ oder $F(z)$ ein Polynom ist. Beide Voraussetzungen sichern die Endlichkeit der Summe für die Berechnung des Koeffizienten h_n vor z^n in $F(G(z))$. Im Falle $g_0 = 0$ gilt

$$
\begin{aligned}
f_n G(z)^n &= f_n (g_1 z + g_2 z^2 + \ldots)^n \\
&= f_n z^n (g_1 + g_2 z + \ldots)^n \, .
\end{aligned}
$$

Nur die Potenzen bis $G(z)^n$ können jetzt einen Beitrag zur n-ten Potenz von z in $F(G(z))$ liefern.

Die funktional inverse Reihe

Die Komposition von formalen Potenzreihen führt zu einer weiteren Definition der inversen Potenzreihe. Der bereits eingeführte, recht komplizierte Ausdruck „multiplikative Inverse" soll den Unterschied zu dieser neuen Form der Inversen verdeutlichen. Die formale Potenzreihe $G(z)$ ist multiplikativ invers zur formalen Potenzreihe $F(z)$, wenn $F(z)G(z) = 1$ gilt. Sie ist *funktional invers* zu $F(z)$, wenn $F(G(z)) = G(F(z)) = z$ gilt. In diesem Fall heißt $G(z)$ *Umkehrreihe* von $F(z)$. Dieser Sprachgebrauch ist eng verwandt mit dem Begriff der inversen Funktion oder Umkehrfunktion. Wir betrachten nun eine formale Potenzreihe $F(z)$ mit $F(0) = 0$, das heißt mit $f_0 = 0$. Wenn $G(z)$ die Umkehrreihe zu $F(z)$ ist, gilt $G(F(z)) = z$ und speziell $G(F(0)) = 0$. Somit muss auch $G(0) = 0$ und $g_0 = 0$ gelten. Damit sind beide Kompositionen $G(F(z))$ und $F(G(z))$ definiert. Der Koeffizient vor z wird in beiden Kompositionen nur durch die erste Potenz der Reihe $F(z)$ bzw. $G(z)$ bestimmt. Somit gilt $f_1 \neq 0$ und $g_1 \neq 0$. Für eine gegebene formale Potenzreihe können die Koeffizienten der zugehörigen Umkehrreihe durch Lösung eines linearen Gleichungssystems bestimmt werden. Die Umkehrreihe der Reihe

$$F(z) = z + z^2\sqrt{1+z} = z + \sum_{n \geq 0} \binom{\frac{1}{2}}{n} z^{n+2}$$

$$= z + z^2 + \frac{1}{2}z^3 - \frac{1}{8}z^4 + \frac{1}{16}z^5 - \frac{5}{108}z^6 + - \dots$$

ergibt sich aus dem Ansatz

$$G(z) = g_1 z + g_2 z^2 + g_3 z^3 + g_4 z^4 + \dots$$

Es gilt

$$z = G(F(z)) = g_1 \left(z + z^2 + \frac{1}{2}z^3 - \frac{1}{8}z^4 + - \dots \right)$$

$$+ g_2 \left(z + z^2 + \frac{1}{2}z^3 - \frac{1}{8}z^4 + - \dots \right)^2$$

$$+ g_3 \left(z + z^2 + \frac{1}{2}z^3 - \frac{1}{8}z^4 + - \dots \right)^3$$

$$+ g_4 \left(z + z^2 + \frac{1}{2}z^3 - \frac{1}{8}z^4 + - \dots \right)^4$$

$$= g_1 z + (g_1 + g_2) z^2 + \left(\frac{1}{2}g_1 + 2g_2 + g_3 \right) z^3$$

$$+ \left(-\frac{1}{8}g_1 + 2g_2 + 3g_3 + g_4 \right) z^4 + \dots$$

Durch Koeffizientenvergleich erhält man ein Gleichungssystem für die ersten vier Koeffizienten der Umkehrreihe:

$$g_1 = 1,$$
$$g_1 + g_2 = 0,$$
$$\frac{1}{2}g_1 + 2g_2 + g_3 = 0,$$
$$-\frac{1}{8}g_1 + 2g_2 + 3g_3 + g_4 = 0.$$

Damit können wir den Beginn der Umkehrreihe mit

$$G(z) = z - z^2 + \frac{3}{2}z^3 - \frac{19}{8}z^4 + - \dots$$

angeben.

Der Differentialoperator D

Die *formale Ableitung* der Potenzreihe $F(z) = \sum_{n \geq 0} f_n z^n$ ist die Potenzreihe

$$D_z F(z) = \sum_{n \geq 0} (n + 1) f_{n+1} z^n. \qquad (2.10)$$

Falls aus dem Zusammenhang klar hervorgeht, nach welcher Größe abgeleitet wird, schreiben wir auch $DF(z)$ oder $F'(z)$ statt $D_z F(z)$. Die mehrfache Anwendung des *Differentialoperators* D auf $F(z)$ ergibt

$$D^k F(z) = \sum_{n \geq 0} (n + k)(n + k - 1) \ldots (n + 1) f_{n+k} z^n.$$

Das Absolutglied dieser Reihe ist

$$D^k F(0) = k! f_k.$$

Das Umstellen dieser Beziehung nach f_k und Einsetzen in die Ausgangsreihe $F(z)$ führt zur bekannten *Taylor-Maclaurin-Entwicklung* von $F(z)$:

$$F(z) = \sum_{n \geq 0} \frac{D^n F(0)}{n!} z^n$$

2.3 Gewöhnliche erzeugende Funktionen

Für eine Zahlenfolge $\{f_n\}$ heißt die formale Potenzreihe

$$F(z) = \sum_{n \geq 0} f_n z^n$$

die *gewöhnliche erzeugende Funktion* der Folge $\{f_n\}$. In kombinatorischen Anwendungen ist die Zahlenfolge $\{f_n\}$ meist eine Folge von Anzahlen gegebener Objekte (Kombinationen, Partitionen, Permutationen ...). Wie erhält man die gewöhnliche erzeugende Funktion einer Folge $\{f_n\}$, wenn die Zahlen f_n nicht explizit bekannt sind? Dies ist bei Anzahlproblemen der Kombinatorik häufig der Fall. Wir werden im Weiteren Methoden kennenlernen, welche zu einer direkten Konstruktion erzeugender Funktionen führen. Ausgangspunkt ist dabei häufig ein gewisses Repertoire an „elementaren erzeugenden Funktionen". Die Tab. 2.2 zeigt gewöhnliche erzeugende Funktionen für ausgewählte Zahlenfolgen.

Tab. 2.2 Gewöhnliche erzeugende Funktionen oft vorkommender Folgen

Folge	f_n	$F(z) = \sum_{n \geq 0} f_n z^n$
$1,0,\ldots,0,1,0,\ldots,1,0,\ldots$	$[k \mid n]$	$\dfrac{1}{1-z^k}$
$0,1,2,3,4,\ldots$	n	$\dfrac{z}{(1-z)^2}$
$0,1,4,9,16,25,\ldots$	n^2	$\dfrac{z(1+z)}{(1-z)^3}$
$1,a,a^2,a^3,a^4,\ldots$	a^n	$\dfrac{1}{1-az}$
$1,\binom{m+1}{m},\binom{m+2}{m},\binom{m+3}{m},\ldots$	$\dbinom{m+n}{m}$	$\dfrac{1}{(1-z)^{m+1}}$
$1,\binom{2}{1},\binom{4}{2},\binom{6}{3},\ldots$	$\dbinom{2n}{n}$	$\dfrac{1}{\sqrt{1-4z}}$
$1,\binom{k+2}{1},\binom{k+4}{2},\binom{k+6}{3},\ldots$	$\dbinom{2n+k}{n}$	$\dfrac{1}{\sqrt{1-4z}}\left(\dfrac{1-\sqrt{1-4z}}{2z}\right)^k$
$0,1,2^k,3^k,4^k,\ldots$	n^k	$\sum_i \left\{ {k \atop i} \right\} \dfrac{i!\,z^i}{(1-z)^{i+1}}$
$0,1,\frac{1}{2},\frac{1}{3},\frac{1}{4},\ldots$	$\dfrac{1}{n}[n \geq 1]$	$\ln \dfrac{1}{1-z}$
$0,1,1,2,3,5,8,13,\ldots$	F_n	$\dfrac{z}{1-z-z^2}$
$0,1,\left\{ {m+1 \atop m} \right\},\left\{ {m+2 \atop m} \right\},\ldots$	$\left\{ {m+n \atop m} \right\}$	$\dfrac{z^m}{(1-z)(1-2z)\cdots(1-mz)}$
$0,1,\left[{m \atop 2} \right],\left[{m \atop 3} \right],\ldots,\left[{m \atop m} \right],0,\ldots$	$\left[{m \atop n} \right]$	$z^{\underline{m}}$
$1,1,2,5,14,42,132,\ldots$	$C_n = \dfrac{1}{n+1}\dbinom{2n}{n}$	$\dfrac{1-\sqrt{1-4z}}{2z}$
$0,0,\frac{1}{2},\frac{1}{2},\frac{11}{24},\frac{5}{12},\frac{137}{360},\frac{7}{20},\ldots$	$\dfrac{H_{n-1}}{n}$	$\dfrac{1}{2}\left(\ln \dfrac{1}{1-z}\right)^2$

Erzeugende Funktionen für ungeordnete Auswahlen

Betrachten wir zunächst die ungeordneten Auswahlen von k Elementen aus einer n-elementigen Menge (Kombinationen). Die gegebene Menge sei $\{a_1,\ldots,a_n\}$. Für jedes Element a_i dieser Menge gibt es genau zwei Möglichkeiten: a_i wird in die

Auswahl aufgenommen oder nicht. Wir ordnen diesen Entscheidungsmöglichkeiten den Ausdruck $1 + z$ zu. Hierbei steht die 1 für die Nichtwahl von a_i und z für die Aufnahme von a_i in die Auswahl. Wie in den einführenden Beispielen bilden wir ein Produkt, das für jedes a_i das Binom $1 + z$ enthält:

$$\underbrace{(1+z)}_{a_1}\,\underbrace{(1+z)}_{a_2}\,\underbrace{(1+z)}_{a_3}\cdots\underbrace{(1+z)}_{a_n}$$

Der Auswahl der Teilmenge $\{a_1, a_2, a_3\}$ entspricht in diesem Produkt die Wahl von z aus den ersten drei Klammern, ergänzt durch Einsen aus allen weiteren Klammern. Allgemeiner kann jeder Auswahl einer dreielementigen Teilmenge eine Auswahl von z aus genau drei Klammern zugeordnet werden. Folglich ist der Koeffizient vor z^3 im Produkt die Anzahl der Kombinationen von 3 aus n Elementen. Die gewöhnliche erzeugende Funktion für die Anzahl der Kombinationen ohne Wiederholung lautet damit

$$(1+z)^n = \sum_{k=0}^{n} \binom{n}{k} z^k \,.$$

Ist die wiederholte Wahl der Elemente möglich, so setzen wir für jedes a_i wieder 1 und z für die Ablehnung bzw. Auswahl des Elementes a_i. Dazu kommt jedoch jetzt $zz = z^2$ für die doppelte Auswahl von a_i, $zzz = z^3$ für die dreifache Auswahl usw. Für die Auswahlen mit Wiederholung aus der Menge $\{a_1, a_2, a_3, a_4\}$ verwenden wir

$$\underbrace{(1 + z + z^2 + \cdots)}_{a_1}\,\underbrace{(1 + z + z^2 + \cdots)}_{a_2}\,\underbrace{(1 + z + z^2 + \cdots)}_{a_3}\,\underbrace{(1 + z + z^2 + \cdots)}_{a_4}$$

als erzeugende Funktion. Der Auswahl $\{a_1, a_1, a_2, a_4, a_4\}$ entspricht die Wahl von z^2 aus der ersten und vierten Klammer, die Wahl von z aus der zweiten Klammer und die Wahl von 1 aus der dritten Klammer. Beachten wir wieder, dass die Faktoren dieser erzeugenden Funktion geometrische Reihen sind, so erhalten wir als gewöhnliche erzeugende Funktion für die Anzahl der Kombinationen mit Wiederholung

$$\frac{1}{(1-z)^k} = \sum_{n \geq 0} \binom{n+k-1}{k-1} z^n \,.$$

Neben diesen „reinen Formen" der gewöhnlichen erzeugenden Funktion können auch Mischungen auftreten, die nur eingeschränkte Wiederholungen der Auswahlen von Elementen zulassen.

Auswahlen mit Einschränkungen

Wie viel ungeordnete Auswahlen von k Elementen der Menge $\{a_1, a_2, a_3, a_4\}$ gibt es, wenn das Element a_1 beliebig oft, das Element a_2 mindestens zweimal, a_3 nur in einer geraden Anzahl und a_4 höchstens dreimal aufgenommen werden darf? Die vorangegangenen Betrachtungen ermöglichen die Aufstellung der gewöhnlichen erzeugenden Funktion für dieses Problem:

$$\underbrace{(1 + z + z^2 + \ldots)}_{a_1} \underbrace{(z^2 + z^3 + z^4 + \ldots)}_{a_2} \underbrace{(1 + z^2 + z^4 + \ldots)}_{a_3} \underbrace{(1 + z + z^2 + z^3)}_{a_4}$$

$$= \left(\sum_{n \geq 0} z^n\right) \left(\sum_{n \geq 2} z^n\right) \left(\sum_{n \geq 0} z^{2n}\right) (1 + z + z^2 + z^3)$$

$$= \frac{1}{1-z} \frac{z^2}{1-z} \frac{1}{1-z^2} (1 + z + z^2 + z^3)$$

$$= \frac{z^2 + z^4}{(1-z)^3}.$$

Operationen mit gewöhnlichen erzeugenden Funktionen

Häufig kann man bekannte erzeugende Funktionen nutzen, um neue zu konstruieren. Grundlage dafür ist das Ausführen von gewissen Transformationen und Operationen mit gewöhnlichen erzeugenden Funktionen. Der Koeffizient vor z^n in der formalen Potenzreihe $F(z)$ wird im Folgenden auch mit $[z^n]F(z)$ bezeichnet. Offensichtlich gilt:

$$\boxed{[z^n]F(z) = [z^{n+k}](z^k F(z))}$$

Angenommen, $F(z)$ ist die gewöhnliche erzeugende Funktion der Folge $\{f_n\}$. Welche Funktion erzeugt dann die Folge $\{f_{n+k}\} = \{f_k, f_{k+1}, f_{k+2}, \ldots\}$, die aus der ursprünglichen Folge durch Verschiebung um k Plätze nach links hervorgegangen ist? Die Lösung dieses Problems ist nicht schwer. Der Koeffizient, der erst vor z^k stand, soll jetzt vor z^0 stehen. Also teilen wir die formale Potenzreihe $F(z)$ durch z^k. Wir müssen natürlich vermeiden, dass die neue Reihe negative Potenzen von z enthält. Also setzen wir die ersten k Glieder der Reihe $F(z)$ gleich null. Das geschieht durch einfache Subtraktion. Die gewöhnliche erzeugende Funktion für die Folge $\{f_{n+k}\}$ ist folglich

$$\frac{F(z) - f_0 - f_1 z - \ldots - f_{k-1} z^{k-1}}{z^k} = \sum_{n \geq k} f_n z^{n-k} = \sum_{n \geq 0} f_{n+k} z^n.$$

Ebenso schnell erhalten wir die gewöhnliche erzeugende Funktion für die Folge $\{a^n f_n\}$:

$$F(az) = \sum_{n \geq 0} a^n f_n z^n = \sum_{n \geq 0} f_n (az)^n.$$

Um die erzeugende Funktion für die Folge $\{nf_n\}$ zu bestimmen, müssen wir uns an die Definition der formalen Ableitung einer Potenzreihe (2.10) erinnern. Die Multiplikation der Ableitung mit z ergibt

$$z DF(z) = \sum_{n \geq 0} (n+1) f_{n+1} z^{n+1} = \sum_{n \geq 1} n f_n z^n = \sum_{n \geq 0} n f_n z^n.$$

Die wiederholte Anwendung dieser Operation liefert die gewöhnliche erzeugende
Funktion für die Folge $\{n^k f_n\}$:

$$(zD)^k F(z) = \sum_{n \geq 0} n^k f_n z^n$$

Die Potenz $(zD)^k$ ist hierbei wie folgt zu verstehen. Man leite zunächst $F(z)$ ab,
multipliziere die Ableitung mit z, leite erneut ab, multipliziere wieder mit z, und das
Ganze k-mal. Es gilt also *nicht* $(zD)^k = z^k D^k$. Der Grund für dieses Phänomen ist
die Tatsache, dass die beiden Operationen, Ableiten und Multiplikation mit z, nicht
vertauschbar sind. Das Differenzieren bewirkt die Multiplikation der Folge $\{f_n\}$ mit
n. Dann sollte das Integrieren die Folge $\left\{\frac{1}{n} f_n\right\}$ erzeugen. Von der Richtigkeit dieser
Annahme kann man sich schnell überzeugen: Es gilt

$$F(z) = \sum_{n \geq 0} f_n z^n \qquad \Big| \int \ ,$$

$$\int_0^z F(t)dt = \sum_{n \geq 0} f_n \frac{z^{n+1}}{n+1} = \sum_{n \geq 1} \frac{f_{n-1}}{n} z^n \ .$$

Eine wichtige Operation mit erzeugenden Funktionen ist der Übergang von $F(z)$
zu $\frac{1}{1-z} F(z)$, denn

$$\frac{1}{1-z} F(z) = \sum_{n \geq 0} \sum_{k=0}^{n} f_k z^n$$

ist die gewöhnliche erzeugende Funktion für die Folge der Partialsummen der durch
$\{f_n\}$ gegebenen Reihe. Aus einer gegebenen gewöhnlichen erzeugenden Funktion
$F(z)$ für die Folge $\{f_n\}$ kann die gewöhnliche erzeugende Funktion für die Folge
$\{f_{2n}\}$, die nur die gerade indizierten Terme der Ausgangsfolge enthält, gewonnen
werden:

$$\frac{F(z) + F(-z)}{2} = \sum_{n \geq 0} \frac{f_n z^n + f_n (-z)^n}{2}$$

$$= \frac{1}{2} \sum_{n \geq 0} f_n (1 + (-1)^n) z^n$$

$$= \frac{1}{2} \sum_{n \geq 0} f_n 2[n \text{ gerade}] z^n$$

$$= \sum_{n \geq 0} f_{2n} z^{2n}$$

Ebenso gilt auch

$$\frac{F(z) - F(-z)}{2} = \sum_{n \geq 0} f_{2n+1} z^{2n+1} \ .$$

Kann man auf diese Weise auch die gewöhnliche erzeugende Funktion für die Teilfolge $\{f_{3n}\}$ finden? Das funktioniert wirklich. Wir müssen nur vorher verstehen, wie
die Folge $\{f_{2n}\}$ erzeugt wurde. Warum haben wir gerade die Funktionen $F(z)$ und
$F(-z)$ benutzt? Das Argument dieser Funktionen ist auch $z \cdot 1$ bzw. $z \cdot (-1)$. Alle
Werte von $(-1)^n$ sind für gerades n gleich 1 und für ungerades n gleich -1. Wir haben eine Potenz mit der Periode 2. Jetzt suchen wir eine Potenz der Periode 3. Aus
$a^n = a^{3n}$ folgt $a^3 = 1$. Die gesuchten Faktoren sind die dritten Einheitswurzeln
$\sqrt[3]{1}$, das heißt 1, $e^{\frac{2}{3}\pi i}$ und $e^{\frac{4}{3}\pi i}$. Tatsächlich ist

$$\frac{1^n + \left(e^{\frac{2}{3}\pi i}\right)^n + \left(e^{\frac{4}{3}\pi i}\right)^n}{3} = [3 \mid n] \ .$$

Setzen wir die entsprechenden Vielfachen von z in die vorliegende formale Potenzreihe ein, so erhalten wir die gewöhnliche erzeugende Funktion für die Folge
$\{f_{3n}\}$:

$$\frac{F(z) + F\left(e^{\frac{2}{3}\pi i}z\right) + F\left(e^{\frac{4}{3}\pi i}z\right)}{3}$$

$$= \sum_{n \geq 0} \frac{1 + e^{\frac{2}{3}n\pi i} + e^{\frac{4}{3}n\pi i}}{3} f_n z^n$$

$$= \sum_{n \geq 0} \frac{1}{3}\left(1 - 2\cos\frac{n\pi}{3}\right) f_n z^n$$

$$= \sum_{n \geq 0} [3 \mid n] f_n z^n$$

$$= \sum_{n \geq 0} f_{3n} z^{3n} \ .$$

Die Verallgemeinerung dieser Idee ist nun einfach. Um die Folge $\{f_{kn}\}$ zu erzeugen, genügt es, die k-ten Einheitswurzeln $\sqrt[k]{1}$ zu bestimmen. Wenn wir
diese Wurzeln mit $\omega_0 = 1$, $\omega_1 = e^{\frac{2\pi i}{k}}$, ..., $\omega_{k-1} = e^{\frac{(k-1)2\pi i}{k}}$ bezeichnen,
gilt

$$\sum_{j=0}^{k-1} \omega_j^n = \frac{\omega_1^{nk} - 1}{\omega_1^n - 1}$$

$$= \frac{e^{2n\pi i} - 1}{e^{\frac{2n\pi i}{k}} - 1}$$

$$= \begin{cases} k, & \text{falls} \quad k \mid n \\ 0 & \text{sonst} \end{cases} \ .$$

Das ist einfach die Summenformel für die endliche geometrische Reihe. Im Falle
$k \mid n$ ist stets $\omega_j^n = 1$. Damit können wir die gewöhnliche erzeugende Funktion für

die Teilfolge $\{f_{kn}\}$ aufschreiben:

$$\frac{1}{k}\sum_{j=0}^{k-1}F(\omega_j z) = \frac{1}{k}\sum_{j=0}^{k-1}F\left(e^{\frac{j}{k}2\pi i}z\right)$$

$$= \sum_{n\geq 0}\frac{1}{k}\sum_{j=0}^{k-1}\omega_j^n f_n z^n$$

$$= \sum_{n\geq 0}[k\mid n]f_n z^n$$

$$= \sum_{n\geq 0}f_{kn}z^{kn}$$

Wir betrachten nun zwei gewöhnliche erzeugende Funktionen $F(z)$ und $G(z)$ für die Folge $\{f_n\}$ bzw. $\{g_n\}$. Aus der Definition der Konvolution oder Multiplikation von formalen Potenzreihen folgt unmittelbar, dass die Folge $\left\{\sum_{k=0}^{n}f_k g_{n-k}\right\}$ die gewöhnliche erzeugende Funktion $F(z)G(z)$ besitzt. Diese Idee lässt sich leicht auf den Fall von drei Folgen übertragen. Angenommen, die dritte Folge $\{h_n\}$ wird durch $H(z)$ erzeugt. Dann gilt

$$F(z)G(z)H(z) = \sum_{n\geq 0}\ \sum_{i+j+k=n}f_i\,g_j\,h_k\,z^n\,.$$

Auf gleiche Weise erhält man auch

$$F^k(z) = \sum_{n\geq 0}\ \sum_{n_1+n_2+\cdots+n_k=n}f_{n_1}f_{n_2}\cdots f_{n_k}z^n. \qquad (2.11)$$

Die Tab. 2.3 gibt eine Übersicht zu den Operationen mit gewöhnlichen erzeugenden Funktionen.

Als Anwendung der Beziehung (2.11) berechnen wir die Anzahl der nichtnegativen ganzzahligen Lösungen der Gleichung

$$x_1 + x_2 + \cdots + x_k = n\,.$$

Wenn wir von der Folge $f_n = 1$ ausgehen, ist die gesuchte Anzahl der Lösungen gleich der Summe

$$\sum_{x_1+\cdots+x_k=n}1\,.$$

Die Folge $\{1\}$ wird von $F(z) = \frac{1}{1-z}$ erzeugt. Mit (2.11) erhalten wir

$$F^k(z) = \frac{1}{(1-z)^k} = \sum_{n\geq 0}\binom{n+k-1}{n}z^n$$

als gewöhnliche erzeugende Funktion für dieses Problem. Die gesuchte Anzahl der Lösungen ist damit, wie wir bereits wissen, gleich $\binom{n+k-1}{n}$.

Tab. 2.3 Operationen mit gewöhnlichen erzeugenden Funktionen

Folge	Gewöhnliche erzeugende Funktion
$\{f_{n+k}\}$	$\dfrac{F(z) - f_0 - f_1 z - \cdots - f_{k-1} z^{k-1}}{z^k}$
$\{a^n f_n\}$	$F(az)$
$\{n f_n\}$	$z D F(z)$
$\{n^2 f_n\}$	$z^2 D^2 F(z) + z D F(z)$
$\{n^k f_n\}$	$(zD)^k F(z)$
$\left\{\dfrac{f_{n-1}}{n}\right\}$	$\int\limits_0^z F(t) dt$
$\left\{\sum\limits_{k=0}^n f_k\right\}$	$\dfrac{1}{1-z} F(z)$
$\{f_{2n}\}$	$\dfrac{F(z) + F(-z)}{2}$
$\{f_{2n+1}\}$	$\dfrac{F(z) - F(-z)}{2}$
$\{f_{kn}\}$	$\dfrac{1}{k} \sum\limits_{j=0}^{k-1} F\left(e^{\frac{j}{k} 2\pi i} z\right)$
$\left\{\sum\limits_{h=0}^n f_h g_{n-h}\right\}$	$F(z) G(z)$
$\left\{\sum\limits_{n_1 + n_2 + \cdots + n_k} f_{n_1} f_{n_2} \cdots f_{n_k}\right\}$	$F^k(z)$

2.4 Exponentielle erzeugende Funktionen

Gewöhnliche erzeugende Funktionen können verwendet werden, um die Anzahl aller Auswahlen ohne Berücksichtigung der Anordnung zu ermitteln. Für geordnete Auswahlen und Permutationen ist die Einführung einer anderen Art von erzeugenden Funktionen zweckmäßig. Die *exponentielle erzeugende Funktion* der Zahlenfolge $\{f_n\}$ ist die formale Potenzreihe

$$F(z) = \sum_{n \geq 0} f_n \frac{z^n}{n!} \, .$$

Der Name dieser erzeugenden Funktion ist leicht zu erklären. Setzen wir für $\{f_n\}$ die 1-Folge $\{1\}$ ein, so ist $\sum \frac{z^n}{n!} = e^z$ die Entwicklung der Exponentialfunktion.

Geordnete Auswahlen

Wie zählt man geordnete Auswahlen mit exponentiellen erzeugenden Funktionen
ab? Eine Möglichkeit ist, zunächst ungeordnete Auswahlen zu zählen und dann die
Anordnung zu berücksichtigen. Die Anzahl der Kombinationen liefert die gewöhnliche erzeugende Funktion

$$F(z) = (1 + z)^n = \sum_{k \geq 0} \binom{n}{k} z^k .$$

Jede Auswahl von k Elementen kann in $k!$ verschiedenen Anordnungen auftreten.
Wir müssen also die Koeffizienten $f_k = \binom{n}{k}$ von $F(z)$ mit $k!$ multiplizieren. Das
geht sogar ohne eine Veränderung der Funktion $F(z)$, wenn wir gleichzeitig z^k
durch $k!$ dividieren:

$$F(z) = \sum_{k \geq 0} \binom{n}{k} z^k = \sum_{k \geq 0} \binom{n}{k} \cdot k! \frac{z^k}{k!} = \sum_{k \geq 0} n^{\underline{k}} \frac{z^k}{k!}$$

Die Koeffizienten der gewöhnlichen erzeugenden Funktion $F(z)$ zählen die Kombinationen, die der exponentiellen erzeugenden Funktion $F(z)$ die geordneten Auswahlen. Einige Beispiele sollen diesen Fakt verdeutlichen.

Beispiel 2.4 (Wörter)

Wie viel verschiedene Wörter mit fünf Buchstaben kann man aus der Multimenge $\{A, A, A, B, B, C, C, D\}$ bilden?

Die exponentielle erzeugende Funktion für dieses Problem lautet

$$\left(1 + z + \frac{z^2}{2!} + \frac{z^3}{3!}\right) \left(1 + z + \frac{z^2}{2!}\right)^2 (1 + z) .$$

Diese unterscheidet sich von der entsprechenden erzeugenden Funktion für die
Kombinationen. Die Terme der Form $\frac{z^k}{k!}$ bringen zum Ausdruck, dass die wiederholte Wahl eines Buchstabens die Anzahl der möglichen Permutationen verrin-
gert. Diese Terme entsprechen der Formel (1.3) für die Anzahl der Permutationen
mit Wiederholungen:

$$\frac{n!}{n_1! \, n_2! \cdots n_k!} .$$

Angenommen, wir wählen drei A, ein B, kein C und das D. Mit dieser Auswahl
können wir

$$\frac{5!}{3!(1!)^2}$$

Wörter bilden. Diese Auswahl entspricht in der erzeugenden Funktion dem Produkt

$$\frac{z^3}{3!} \cdot z \cdot 1 \cdot z = \frac{1}{3!} z^5 .$$

Da in der exponentiellen erzeugenden Funktion jeder Term mit $n!$ (hier 5!) multipliziert wird, ergibt sich genau die oben berechnete Auswahl $5!/3!$ der Wörter mit drei A und je einem B und D. Die expandierte Form der exponentiellen erzeugenden Funktion ist

$$1 + 4z + \frac{15}{2}z^2 + \frac{26}{3}z^3 + \frac{27}{4}z^4 + \frac{11}{3}z^5 + \frac{11}{8}z^6 + \frac{1}{3}z^7 + \frac{1}{24}z^8.$$

Die Koeffizienten dieser Funktion sagen uns, es gibt ein Wort ohne Buchstaben (das leere Wort), 4 Wörter mit einem Buchstaben, $\frac{15}{2} \cdot 2! = 15$ Wörter mit 2 Buchstaben, $\frac{26}{3} \cdot 3! = 52$ Wörter mit 3 Buchstaben usw. Die Lösung der gestellten Aufgabe ist der Koeffizient vor $\frac{z^5}{5!}$. Er sagt uns, aus der gegebenen Multimenge lassen sich 440 verschiedene 5-buchstabige Wörter bilden. Die vorliegende erzeugende Funktion gestattet uns, auf einfache Art Änderungen der Aufgabenstellung zu berücksichtigen. Wenn zum Beispiel jedes Wort wenigstens ein A enthalten soll, so müssen wir die 1 aus der ersten Klammer entfernen. Durch Eliminieren des Terms $\frac{z^2}{2!}$ verbieten wir alle Wörter, die genau 2 A's enthalten. ∎

Beispiel 2.5 (Impulsfolgen)
Auf einer Übertragungsleitung werden Signale übertragen, die sich aus jeweils 16 Einzelimpulsen, die 4 verschiedene Amplituden $(-2, -1, 1, 2)$ besitzen können, zusammensetzen. Wie viel verschiedene Signale sind möglich, wenn stets die Impulse der Stärke -2 in gerader Anzahl und die Impulse der Amplitude 2 in ungerader Anzahl auftreten sollen?

Die erzeugende Funktion kann wie im ersten Beispiel gebildet werden:

$$\left(1 + z + \frac{z^2}{2!} + \frac{z^3}{3!} + \cdots\right)^2 \left(1 + \frac{z^2}{2!} + \frac{z^4}{4!} + \frac{z^6}{6!} + \cdots\right)\left(z + \frac{z^3}{3!} + \frac{z^5}{5!} + \cdots\right).$$

Auch hier ist es wieder sinnvoll, statt der endlichen Summen unendliche Reihen zu verwenden. Die darin auftretenden Terme mit Potenzen z^k, $k > 16$, haben keinen Einfluss auf den Koeffizienten vor z^{16} im Produkt. Alle vorkommenden Reihen lassen sich durch Exponentialfunktionen darstellen. Es gilt

$$\left(1 + z + \frac{z^2}{2!} + \frac{z^3}{3!} + \cdots\right)^2 \left(1 + \frac{z^2}{2!} + \frac{z^4}{4!} + \cdots\right)\left(z + \frac{z^3}{3!} + \frac{z^5}{5!} + \cdots\right)$$

$$= (e^z)^2 \left(\frac{e^z + e^{-z}}{2}\right)\left(\frac{e^z - e^{-z}}{2}\right)$$

$$= \frac{1}{4}\left(e^{4z} - 1\right)$$

$$= \frac{1}{4}\left(\sum_{n \geq 0} \frac{(4z)^n}{n!} - 1\right)$$

$$= \sum_{n \geq 1} 4^{n-1} \frac{z^n}{n!}.$$

Der Koeffizient vor $z^{16}/16!$ ist die Lösung unseres Problems. Es gibt

$$4^{15} = 1\,073\,741\,824$$

verschiedene Signale, die den Bedingungen der Aufgabe genügen.   ■

Geordnete Auswahlen mit Wiederholung

Aus dem letzten Beispiel lassen sich Verallgemeinerungen ableiten. Die exponentielle erzeugende Funktion für die Anzahl der geordneten Auswahlen aus einer m-elementigen Menge mit Wiederholung ist

$$\left(1 + z + \frac{z^2}{2!} + \frac{z^3}{3!} + \dots\right)^m = \left(\sum_{k \geq 0} \frac{z^k}{k!}\right)^m = e^{mz}$$

$$= \sum_{k \geq 0} \frac{m^k z^k}{k!}.$$

Die Anzahl der geordneten Auswahlen ist m^k. Dieses Ergebnis hatten wir bereits im ersten Kapitel abgeleitet. Die Anzahl der geordneten Auswahlen, die jedes Symbol wenigstens einmal enthalten, kann aus den Koeffizienten der exponentiellen erzeugenden Funktion

$$\left(z + \frac{z^2}{2!} + \frac{z^3}{3!} + \dots\right)^m = (e^z - 1)^m$$

$$= \sum_{k=0}^{m} \binom{m}{k} e^{kz} (-1)^{m-k}$$

$$= \sum_{k=0}^{m} \binom{m}{k} (-1)^{m-k} \sum_{n \geq 0} \frac{k^n z^n}{n!} \qquad (2.12)$$

$$= \sum_{n \geq 0} \frac{z^n}{n!} \sum_{k=0}^{m} \binom{m}{k} (-1)^{m-k} k^n$$

abgelesen werden. Die Anzahl der geordneten Auswahlen von n aus m Elementen mit Wiederholung, sodass kein Element fehlt, ist folglich

$$\sum_{k=0}^{m} \binom{m}{k} (-1)^{m-k} k^n. \qquad (2.13)$$

Stirling-Zahlen zweiter Art und Bell-Zahlen

Indem wir jedes Element einer n-elementigen Menge A als Stelle in einer Auswahl aus einer Menge B mit $|B| = m$ auffassen, erhalten wir eine Bijektion zwischen den geordneten Auswahlen mit Wiederholung, die jedes Element mindestens einmal enthalten, und den Surjektionen von A in B. Die Anzahl der Surjektionen ist nach (1.20) durch $m!\left\{{n \atop m}\right\}$ gegeben. Das Gleichsetzen dieser Beziehung mit (2.13) liefert eine weitere Darstellung der Stirling-Zahlen zweiter Art:

$$\left\{{n \atop m}\right\} = \frac{1}{m!} \sum_{k=0}^{m} \binom{m}{k} (-1)^{m-k} k^n$$

Das Multiplizieren dieser Beziehung mit $\frac{z^n}{n!}$, Bilden der Summe für alle $n \geq 0$ und Einsetzen der Gleichung (2.12) ergibt die exponentielle erzeugende Funktion für die Stirling-Zahlen zweiter Art:

$$\sum_{n \geq 0} \left\{{n \atop m}\right\} \frac{z^n}{n!} = \frac{(e^z - 1)^m}{m!} \tag{2.14}$$

Die Bell-Zahlen $B(n)$ sind darstellbar als Summe über die Stirling-Zahlen zweiter Art:

$$B(n) = \sum_{m \geq 0} \left\{{n \atop m}\right\}$$

Wir können die exponentielle erzeugende Funktion für die Bell-Zahlen aus (2.14) bestimmen, indem wir über m summieren:

$$\sum_{m \geq 0} \sum_{n \geq 0} \left\{{n \atop m}\right\} \frac{z^n}{n!} = \sum_{n \geq 0} \sum_{m \geq 0} \left\{{n \atop m}\right\} \frac{z^n}{n!}$$

$$= \sum_{n \geq 0} B(n) \frac{z^n}{n!}$$

$$= \sum_{m \geq 0} \frac{(e^z - 1)^m}{m!}$$

$$= e^{e^z - 1}$$

Operationen mit exponentiellen erzeugenden Funktionen

Im Folgenden sollen einige Operationen mit exponentiellen erzeugenden Funktionen betrachtet werden. Wir nehmen für die weiteren Ausführungen an, dass $F(z)$ die exponentielle erzeugende Funktion der Folge $\{f_n\}$ ist, das heißt

$$F(z) = \sum_{n \geq 0} f_n \frac{z^n}{n!}.$$

Die Anwendung des Differentialoperators D auf $F(z)$ liefert

$$DF(z) = \sum_{n \geq 0} f_n \cdot n \frac{z^{n-1}}{n!} = \sum_{n \geq 1} f_n \frac{z^{n-1}}{(n-1)!}$$

$$= \sum_{n \geq 0} f_{n+1} \frac{z^n}{n!}.$$

Die Folge $\{f_{n+1}\}$ wird für eine exponentielle erzeugende Funktion von $DF(z)$ erzeugt. Als Verallgemeinerung erhalten wir

$$D^k F(z) = \sum_{n \geq 0} f_{n+k} \frac{z^n}{n!}.$$

Die exponentielle erzeugende Funktion für die Folge $\{nf_n\}$ erhält man wie im Falle der gewöhnlichen erzeugenden Funktionen:

$$z DF(z) = \sum_{n \geq 0} nf_n \frac{z^n}{n!}$$

Die wiederholte Anwendung dieser Operation liefert dann

$$(zD)^k F(z) = \sum_{n \geq 0} n^k f_n \frac{z^n}{n!} \ .$$

Die Multiplikation einer exponentiellen erzeugenden Funktion mit einer weiteren hat eine interessante Wirkung. Wir betrachten dazu eine zweite exponentielle erzeugende Funktion

$$H(z) = \sum_{n \geq 0} h_n \frac{z^n}{n!} \ .$$

Das Produkt dieser Funktion mit $F(z)$ ist

$$\begin{aligned}
F(z)H(z) &= \sum_{n \geq 0} \sum_{k=0}^{n} \frac{f_k}{k!} \frac{h_{n-k}}{(n-k)!} z^n \\
&= \sum_{n \geq 0} \sum_{k=0}^{n} \binom{n}{k} f_k h_{n-k} \frac{z^n}{n!} \qquad (2.15) \\
&= \sum_{n \geq 0} \sum_{k} \binom{n}{k} f_k h_{n-k} \frac{z^n}{n!}.
\end{aligned}$$

Die Folge $\left\{ \binom{n}{k} f_k h_{n-k} \right\}$ wird vom Produkt der exponentiellen erzeugenden Funktion $F(z)$ und $H(z)$ generiert. Die Tab. 2.4 liefert eine Zusammenfassung wichtiger Operationen mit exponentiellen erzeugenden Funktionen.

Aus der Beziehung (2.15) lässt sich leicht eine Gleichung für die k-te Potenz einer exponentiellen erzeugenden Funktion gewinnen:

$$F^k(z) = \sum_{n \geq 0} \sum_{n_1+n_2+\cdots+n_k=n} \frac{n}{n_1! n_2! \cdots n_k!} f_{n_1} f_{n_2} \cdots f_{n_k} z^n$$

Tab. 2.4 Operationen mit exponentiellen erzeugenden Funktionen

Folge	Exponentielle erz. Funktion
$\{f_n\}$	$F(z) = \sum_{n \geq 0} f_n \dfrac{z^n}{n!}$
$\{f_{n+k}\}$	$D^k F(z)$
$\{n f_n\}$	$z D F(z)$
$\{n^k f_n\}$	$(z D)^k F(z)$
$\{f_{n-1}\}$	$\displaystyle\int_0^z F(t)\,dt$
$\left\{\sum_k \binom{n}{k} f_k g_{n-k}\right\}$	$F(z) G(z)$
$\left\{\sum_{j+k+l=n} \binom{n}{j,k,l} f_j g_k h_l\right\}$	$F(z) G(z) H(z)$
$\left\{\sum_{n_1+n_2+\cdots+n_k=n} \binom{n}{n_1, n_2, \ldots, n_k} f_{n_1} f_{n_2} \cdots f_{n_k}\right\}$	$F^k(z)$

Das Derangement-Problem

Eine Anwendung dieser Aussage ist die Lösung des sogenannten *Derangement-Problems*. Dahinter steckt die folgende Frage: Wie viel Permutationen einer n-elementigen Menge besitzen keinen *Fixpunkt*? Ein Fixpunkt einer Permutation ist ein Element der Menge, die permutiert wird, das seinen Platz bei der Permutation nicht wechselt. Anders gesagt, ist ein Derangement eine Permutation, die maximale Unordnung herstellt, indem sie nichts dort lässt, wo es vorher war. Wir bezeichnen die Anzahl der Permutationen einer n-elementigen Menge ohne Fixpunkte (der Derangements) mit D_n. Die Anzahl der Permutationen von n Elementen mit k ausgewählten Fixpunkten ist dann D_{n-k}. Eine Einteilung aller Permutationen nach der jeweils vorliegenden Menge von Fixpunkten liefert die Summenformel

$$n! = \sum_k \binom{n}{k} D_{n-k}, \quad n \geq 0.$$

Wir multiplizieren diese Gleichung mit $\frac{z^n}{n!}$ und summieren über n:

$$\sum_{n \geq 0} z^n = \sum_{n \geq 0} \sum_k \binom{n}{k} D_{n-k} \frac{z^n}{n!}$$

$$= \left(\sum_{n \geq 0} \frac{z^n}{n!}\right) \left(\sum_{n \geq 0} D_n \frac{z^n}{n!}\right)$$

Hierbei verwendeten wir die Produkteigenschaft der exponentiellen erzeugenden Funktion. Mit der Bezeichnung

$$F(z) = \sum_{n \geq 0} D_n \frac{z^n}{n!}$$

folgt

$$\frac{1}{1-z} = e^z F(z)$$

oder

$$F(z) = \frac{e^{-z}}{1-z} = \left(\sum_{n \geq 0} z^n \right) \left(\sum_{n \geq 0} (-1)^n \frac{z^n}{n!} \right)$$

$$= \sum_{n \geq 0} \sum_{k=0}^{n} \frac{(-1)^k}{k!} \cdot z^n .$$

Der Koeffizientenvergleich bezüglich der Koeffizienten vor $\frac{z^n}{n!}$ liefert

$$D_n = n! \sum_{k=0}^{n} \frac{(-1)^k}{k!} = n! \left(1 - 1 + \frac{1}{2!} - \frac{1}{3!} + - \ldots + (-1)^n \frac{1}{n!} \right) .$$

Tab. 2.5 Wichtige exponentielle erzeugende Funktionen

Folge	f_n	$F(z) = \sum_{n \geq 0} f_n \frac{z^n}{n!}$
$1, 1, 1, 1, 1, \ldots$	1	e^z
$0, 1, 2, 3, 4, \ldots$	n	$z\, e^z$
$1, 2^k, 3^k, 4^k, \ldots$	n^k	$e^z \sum_{i=1}^{k+1} \left\{ {k+1 \atop i} \right\} z^{i-1}$
$1, a, a^2, a^3, a^4, \ldots$	a^n	e^{az}
$0, \ldots, 0, 1, \left\{ {m+1 \atop m} \right\}, \left\{ {m+2 \atop m} \right\}, \ldots$	$\left\{ {n \atop m} \right\}$	$\frac{1}{m!} (e^z - 1)^m$
$0, \ldots, 0, 1, \left[{m+1 \atop m} \right], \left[{m+2 \atop m} \right], \ldots$	$\left[{n \atop m} \right]$	$\frac{1}{m!} \left(\ln \frac{1}{1-z} \right)^m$
$1, 1, 2, 5, 15, 52, 203, \ldots$	$B(n)$	$e^{e^z - 1}$
$1, -\frac{1}{2}, \frac{1}{6}, 0, -\frac{1}{30}, 0, \ldots$	B_n	$\frac{z}{e^z - 1}$
$1, 1, 2, 6, 24, 120, \ldots$	$n!$	$\frac{1}{1-z}$
$1, 0, 1, 2, 9, 44, 265, \ldots$	D_n	$\frac{1}{(1-z)e^z}$

Für große n nähert sich diese Summe dem Wert $n!e^{-1}$. Die Tab. 2.5 zeigt einige wichtige exponentielle erzeugende Funktionen.

2.5 Anwendungen erzeugender Funktionen zur Abzählung kombinatorischer Objekte

In diesem Abschnitt wollen wir untersuchen, wie kombinatorische Anzahlprobleme mithilfe der gewöhnlichen und exponentiellen erzeugenden Funktionen gelöst werden können. Die notwendigen Hilfsmittel für den Umgang mit erzeugenden Funktionen wurden in den beiden vorhergehenden Abschnitten erläutert. Mit diesen Methoden haben wir natürlich noch kein Rezept zur Lösung von Aufgaben der Kombinatorik. Neben der formalen Manipulation von erzeugenden Funktionen erfordern viele Probleme umfangreiche Vorbetrachtungen und Umformungen. Dazu gehören das Lösen kleiner Spezialfälle, das Aufstellen von Dekompositions- oder Rekursionsbeziehungen und das Auffinden von Bijektionen zu anderen Problemen. Die beste Art, diese Methoden kennenzulernen, sind Beispiele.

Beispiel 2.6 (Auswahlen)
Wie viel verschiedene Auswahlen von k Elementen der Form $\{a_1, a_2, \ldots, a_k\}$ kann man aus der Menge $\{1, \ldots, n\}$ treffen, wenn a_1 ungerade, die Elemente geordnet, mit dem kleinsten beginnend und abwechselnd ungerade und gerade sein sollen? Damit sind also genau die gerade indizierten Elemente gerade und es gilt $a_1 < a_2 < \cdots < a_k$.

Die Anzahl der Auswahlen mit der geforderten Eigenschaft sei f_k. Unmittelbar aus der Aufgabenstellung gelingt es nicht, die erzeugende Funktion für die Folge $\{f_k\}$ aufzuschreiben. Wir betrachten zunächst ein kleines Beispiel. Für $n = 6$ und $k = 4$ erfüllen nur 5 Auswahlen aus $\{1, \ldots, 6\}$ die in der Aufgabe verlangten Bedingungen:

$$\{1, 2, 3, 4\}, \{1, 2, 3, 6\}, \{1, 2, 5, 6\}, \{1, 4, 5, 6\}, \{3, 4, 5, 6\}$$

Was fällt uns an diesen Auswahlen auf? Die Differenzen zwischen je zwei benachbarten Gliedern sind ungerade. Das muss auch so sein, da ja abwechselnd gerade und ungerade Elemente auftreten. Betrachten wir diese Differenzen genauer:

$$\{1, 1, 1\}, \{1, 1, 3\}, \{1, 3, 1\}, \{3, 1, 1\}, \{1, 1, 1\}$$

Scheinbar geben diese Differenzenfolgen die ursprünglichen Auswahlen nicht eindeutig wieder. Das liegt aber nur daran, dass am Anfang und Ende zwei Differenzen fehlen. Setzen wir $a_0 = 0$ und $a_{k+1} = n$. So liefert die Folge $\{a_1 - a_0, a_2 - a_1, \ldots, a_{k+1} - a_k\}$ die Ausgangsfolge eindeutig:

$$\{1, 1, 1, 1, 2\}, \{1, 1, 1, 3, 0\}, \{1, 1, 3, 1, 0\}, \{1, 3, 1, 1, 0\}, \{3, 1, 1, 1, 0\}$$

Wir bezeichnen diese Differenzenfolgen allgemein mit $\{d_1, \ldots, d_{k+1}\}$. Die Summe der Elemente dieser Folge ist

$$\sum_{i=1}^{k+1} d_i = \sum_{i=1}^{k+1} a_i - a_{i-1} = n \ . \tag{2.16}$$

Umgekehrt entspricht aber auch jeder Folge $\{d_1, \ldots, d_{k+1}\}$, für die $d_1, \ldots, d_k$ ungerade sind, $d_{k+1} \in \mathbb{N}$ gilt und deren Summe n ist, eine Folge $\{a_1, \ldots, a_k\}$ gemäß der Aufgabenstellung. Damit haben wir die gesuchte Bijektion gefunden. Es genügt nun, die Anzahl der möglichen Differenzenfolgen $\{d_1, \ldots, d_{k+1}\}$ zu bestimmen. Die erzeugende Funktion dafür ist

$$(z + z^3 + z^5 + \ldots)^k (1 + z + z^2 + \ldots) = \frac{z^k}{(1 - z^2)^k} \frac{1}{1 - z} \ .$$

Für die gesuchte Anzahl der Auswahlen folgt damit

$$f_k = [z^n] \frac{z^k}{(1 - z^2)^k} \frac{1}{1 - z} = [z^{n-k}] \frac{1}{(1 - z^2)^k} \frac{1}{1 - z} \ .$$

Was jetzt noch kommt, ist nur formales Rechnen mit Potenzreihen. Wir gehen von der Reihe

$$\frac{1}{(1 - z)^k} = \sum_{j \geq 0} \binom{j + k - 1}{k} z^j$$

aus, in die wir für z einfach z^2 einsetzen:

$$\frac{1}{(1 - z^2)^k} = \sum_{j \geq 0} \binom{j + k - 1}{k} z^{2j} \tag{2.17}$$

Um die gesuchte erzeugende Funktion für die Folge $\{f_k\}$ zu bekommen, müssen wir diese Reihe noch mit $\frac{1}{1-z}$ multiplizieren. Aus Abschn. 2.3 wissen wir, dass bei dieser Multiplikation die Folge der Partialsummen der Koeffizienten von (2.17) entsteht:

$$\frac{1}{1 - z} \frac{1}{(1 - z^2)^k} = \sum_{j \geq 0} \sum_{i=0}^{\lfloor \frac{j}{2} \rfloor} \binom{i + k - 1}{k} z^j$$

Die innere Summe kann unter Beachtung von (1.17) wie folgt umgeformt werden:

$$\sum_{i=0}^{\lfloor \frac{j}{2} \rfloor} \binom{i+k-1}{k} = \sum_{i=0}^{\lfloor \frac{j}{2} \rfloor} \binom{i+k-1}{i-1} = \sum_{i=0}^{\lfloor \frac{j}{2} \rfloor - 1} \binom{i+k}{i}$$
$$= \binom{\lfloor \frac{j}{2} \rfloor + k}{\lfloor \frac{j}{2} \rfloor} = \binom{\lfloor \frac{j}{2} \rfloor + k}{k}.$$

Die erzeugende Funktion lautet damit

$$F(z) = \sum_{j \geq 0} \binom{\lfloor \frac{j}{2} \rfloor + k}{k} z^j .$$

Die Zahlen f_n ergeben sich daraus zu

$$f_k = \left[z^{n-k} \right] F(z) = \binom{\lfloor \frac{n-k}{2} \rfloor + k}{k} = \binom{\lfloor \frac{n+k}{2} \rfloor}{k}.$$

Für das oben aufgelistete Beispiel ist $n = 6$ und $k = 4$, woraus

$$f_4 = \binom{\lfloor \frac{6+4}{2} \rfloor}{4} = 5$$

folgt. Das ist genau die Anzahl der explizit angegebenen Auswahlen. Überprüfen einer allgemeinen Formel am konkreten Beispiel ersetzt keinen Beweis, ist aber nach einer längeren Ableitung ein beruhigender Hinweis auf die Richtigkeit. ∎

Beispiel 2.7 (Kompositionen)

Wie viel *Kompositionen* (geordnete Partitionen) besitzt eine Zahl $n \in \mathbb{N}$?

Im Gegensatz zu den im Kap. 1 behandelten Partitionen einer natürlichen Zahl zählen wir jetzt auch Summendarstellungen, die sich nur durch die Reihenfolge der Summanden unterscheiden. So sind $1 + 2 + 3$, $2 + 1 + 3$ und $3 + 1 + 2$ verschiedene geordnete Partitionen der Zahl 6. Jeder Summand einer geordneten Partition kann die Werte $1, 2, 3, \ldots$ annehmen. Die erzeugende Funktion für die Werte eines Summanden ist damit

$$z + z^2 + z^3 + \ldots = \frac{z}{1-z} .$$

Wenn die geordnete Partition genau k Summanden besitzt, so erhalten wir die gewöhnliche erzeugende Funktion

$$(z + z^2 + z^3 + \ldots)^k = \frac{z^k}{(1 - z)^k}.$$

Die erzeugende Funktion für die Anzahl aller Partitionen (mit beliebig vielen Summanden) ist dann die Summe

$$\sum_{k \geq 1} \frac{z^k}{(1 - z)^k} = \frac{z}{1 - z} \cdot \frac{1}{1 - \frac{z}{1-z}} = \frac{z}{1 - 2z}.$$

Aus der Reihenentwicklung dieser Funktion erhalten wir die gesuchten Koeffizienten:

$$\frac{z}{1 - 2z} = \sum_{n \geq 0} 2^n z^{n+1} = \sum_{n \geq 1} 2^{n-1} z^n$$

Alle natürlichen Zahlen $n \geq 1$ besitzen folglich 2^{n-1} geordnete Partitionen. Für $n = 5$ erhalten wir zum Beispiel die 16 geordneten Partitionen

$(5), (4, 1), (1, 4), (3, 2), (2, 3), (3, 1, 1), (1, 3, 1), (1, 1, 3), (2, 2, 1),$

$(2, 1, 2), (1, 2, 2), (2, 1, 1, 1), (1, 2, 1, 1), (1, 1, 2, 1), (1, 1, 1, 2), (1, 1, 1, 1, 1) .$

∎

Beispiel 2.8 (Bernoulli-Zahlen)

Die Bernoulli-Zahlen B_n verdanken ihren Namen dem Schweizer Mathematiker und Physiker *Jakob Bernoulli* (1654-1705). Sie können rekursiv auf folgende Weise definiert werden:

$$\sum_{j=0}^{n-1} \binom{n}{j} B_j = \delta_{1n}, \quad n \in \mathbb{N} \tag{2.18}$$

Wir erhalten unmittelbar

$$B_0 = 1, \ B_1 = -\frac{1}{2}, \ B_2 = \frac{1}{6}, \ B_3 = B_5 = 0, \ B_4 = -\frac{1}{30}, \ B_6 = \frac{1}{42}.$$

Diese Zahlen finden unter anderem bei der Approximation von Summen Verwendung. ∎

Um die exponentielle erzeugende Funktion für die Bernoulli-Zahlen zu bestimmen, multiplizieren wir die Gleichung (2.18) mit $z^n/n!$ und summieren über alle n:

$$\sum_{n \geq 0} \sum_{j=0}^{n-1} \binom{n}{j} B_j \frac{z^n}{n!} = \sum_{n \geq 0} \delta_{1n} \frac{z^n}{n!}$$

Mit elementaren Umformungen erhalten wir

$$\sum_{n \geq 0} \sum_{j=0}^{n} \binom{n}{j} B_j \frac{z^n}{n!} - \sum_{n \geq 0} B_n \frac{z^n}{n!} = z \ .$$

Der erste Term der linken Seite lässt sich nach der Produktregel für exponentielle erzeugende Funktionen (2.15) folgendermaßen darstellen:

$$e^z \sum_{n \geq 0} B_n \frac{z^n}{n!} - \sum_{n \geq 0} B_n \frac{z^n}{n!} = z$$

Damit lautet die exponentielle erzeugende Funktion für die Bernoulli-Zahlen

$$\sum_{n \geq 0} B_n \frac{z^n}{n!} = \frac{z}{e^z - 1}. \tag{2.19}$$

Bernoulli-Zahlen erscheinen in vielen bekannten Reihenentwicklungen und weisen interessante Zusammenhänge mit den Stirling-Zahlen und anderen Zahlenfolgen auf. Eine ausführliche Abhandlung zu diesem Thema kann man zum Beispiel in dem Buch von Jordan (1965) finden.

Beispiel 2.9 (Stirling-Zahlen zweiter Art)

Die Stirling-Zahlen zweiter Art bilden eine Doppelfolge. Eine erzeugende Funktion für diese Folge muss daher eine Funktion in zwei Variablen sein. Da derartige Funktionen meist schwer zu analysieren sind, bietet eine Folge von erzeugenden Funktionen in einer Variablen einen Ausweg.

Wir setzen für alle $k \in \mathbb{N}$

$$F_k(z) = \sum_n \left\{ {n \atop k} \right\} z^n. \tag{2.20}$$

Mit der Rekurrenzgleichung für die Stirling-Zahlen zweiter Art

$$\left\{ {n \atop k} \right\} = \left\{ {n-1 \atop k-1} \right\} + k \left\{ {n-1 \atop k} \right\}$$

folgt daraus

$$F_k(z) = \sum_n \left\{ {n-1 \atop k-1} \right\} z^n + \sum_n k \left\{ {n-1 \atop k} \right\} z^n$$

$$= z F_{k-1}(z) + z k F_k(z) \ .$$

Das Auflösen nach $F_k(z)$ liefert die Rekurrenzgleichung

$$F_k(z) = \frac{z}{1 - kz} F_{k-1}(z), \quad k \in \mathbb{N}$$

$$F_0(z) = 1.$$

(2.21)

Der Anfangswert folgt unmittelbar aus $\left\{ {n \atop 0} \right\} = \delta_{0n}$. Die Lösung der Rekurrenzgleichung (2.21) ist

$$F_k(z) = z^k \prod_{m=1}^{k} \frac{1}{1 - mz}.$$

(2.22)

Eine weitere Darstellung von $F_k(z)$ finden wir durch Partialbruchentwicklung des Produktes in (2.22). Mit dem Ansatz

$$\prod_{m=1}^{k} \frac{1}{1 - mz} = \sum_{m=1}^{k} \frac{A_m}{1 - mz}$$

erhalten wir durch Multiplikation mit dem Hauptnenner und Einsetzen von $z = \frac{1}{j}$, $j = 1, \dots, k$ die unbekannten Koeffizienten:

$$A_m = \frac{1}{\displaystyle\prod_{\substack{j=1 \\ j \neq m}}^{k} \left(1 - \frac{j}{m}\right)} = \frac{m^{k-1}}{\displaystyle\prod_{\substack{j=1 \\ j \neq m}}^{k} (m - j)}$$

$$= \frac{m^{k-1}(-1)^{k-m}}{(m-1)!(k-m)!} = \frac{1}{(k-1)!} m^{k-1}(-1)^{k-m} \binom{k-1}{m-1}.$$

Das Einsetzen der Partialbruchentwicklung in (2.22) liefert

$$F_k(z) = z^k \sum_{m=1}^{k} \frac{1}{(k-1)!} m^{k-1}(-1)^{k-m} \binom{k-1}{m-1} \sum_{n \geq 0} m^n z^n$$

$$= \frac{z^k}{(k-1)!} \sum_{n \geq 0} \sum_{m} m^{n+k-1}(-1)^{k-m} \binom{k-1}{m-1} z^n.$$

(2.23)

Diese Darstellung der erzeugenden Funktion F_k sieht weitaus komplizierter aus als die Produktdarstellung (2.22). Die Gleichung (2.23) liefert jedoch durch Koeffizientenvergleich mit (2.20) eine interessante Summendarstellung für die Stirling-Zahlen zweiter Art:

$$\left\{ {n \atop k} \right\} = \frac{1}{(k-1)!} \sum_{m} m^{n-1}(-1)^{k-m} \binom{k-1}{m-1} = \frac{1}{k!} \sum_{m} m^n (-1)^{k-m} \binom{k}{m} \quad \blacksquare$$

Aufgaben

2.1 Zeige, dass

$$\frac{1}{1 - z - z^2 - z^3 - z^4 - z^5 - z^6}$$

die erzeugende Funktion für die Augensumme bei einem beliebig oft ausgeführten Würfeln mit einem Würfel ist.

2.2 Wie lautet die gewöhnliche erzeugende Funktion der Folge $\{4n^2 - 3^n\}$?

2.3 Es sei $\{f_n\}$ eine Zahlenfolge, die der Rekurrenzbeziehung

$$f_n = 2f_{n-1} + f_{n-2}, \quad f_0 = 1, \quad f_1 = 2$$

genügt. Bestimme die gewöhnliche erzeugende Funktion dieser Folge.

2.4 Zeige, dass folgende Summenformel gilt:

$$\sum_{k=0}^{n} \binom{3n}{3k} = \frac{1}{3}(8^n + 2(-1)^n)$$

2.5 Wie viel $2k$-stellige Wörter über dem Alphabet $\{a_1, a_2, \ldots, a_n\}$ enthalten alle Buchstaben in einer geraden Anzahl?

2.6 Bestimme die exponentielle erzeugende Funktion der Folge $\{f_n\}$, wenn $f_0 = 0$, $f_1 = 1$ und $f_{n+2} = 2f_{n+1} - f_n$ gilt.

2.7 Wie lautet die explizite Darstellung der Doppelfolge $\{f_{n,k}\}$, die der Rekurrenzgleichung

$$\begin{aligned} f_{n,k} &= f_{n-1,k} + 2f_{n-1,k-1}, \quad n > 0, \ k > 0, \\ f_{0,k} &= \delta_{0k}, \\ f_{n,0} &= 1 \end{aligned}$$

genügt?

2.8 Es sei $F(z) = \sum_{n \geq 0} f_n z^n$. Zeige, dass die Wurzel aus $F(z)$ die formale Potenzreihe

$$G(z) = \sqrt{f_0} \sum_{k \geq 0} \binom{\frac{1}{2}}{k} \left(\frac{1}{f_0} F(z) - 1 \right)^k$$

ist, das heißt, dass $G^2(z) = F(z)$ gilt.

2.9 Bestimme die multiplikative Inverse der formalen Potenzreihe

$$F(z) = \sum_{n \geq 0} (2 \cdot 3^n + (-1)^n 2^n) z^n \,.$$

2.10 Bestimme die gewöhnliche erzeugende Funktion für die Anzahl der Partitionen einer natürlichen Zahl n in genau k Teile.

2.11 Ein Wanderer bewegt sich mit jedem Schritt entweder einen Meter nach rechts, einen Meter nach links oder zwei Meter geradeaus. Bestimme die Anzahl der möglichen Wege des Wanderers, bei denen er genau n Meter insgesamt zurücklegt.

2.12 Zeige mit gewöhnlichen erzeugenden Funktionen die Gültigkeit der Vandermonde-Konvolution

$$\sum_k \binom{r}{k} \binom{s}{n-k} = \binom{r+s}{n} \,.$$

2.13 Zeige, dass die Bell-Zahlen der Gleichung

$$B(n) = e^{-1} \sum_{k \geq 0} \frac{k^n}{k!}$$

genügen. Diese Beziehung heißt auch *Formel von Dobiński*.

2.14 Zeige, dass für den Operator zD die Beziehung

$$(zD)^n = \sum_{k=1}^n \begin{Bmatrix} n \\ k \end{Bmatrix} z^k D^k$$

gilt.

Rekurrenzgleichungen

3

Inhaltsverzeichnis

Rekurrente Gleichungen sind Gleichungen, in denen eine Funktion einer ganzzahligen Variablen in Abhängigkeit derselben Funktion anderer Argumente dargestellt ist. Anders ausgedrückt, der Wert der Funktion $f(n) = f_n$ ist durch Funktionswerte $f_{n-1}, f_{n-2}, \ldots, f_{n-k}$ für ein festes $k \in \mathbb{N}^+$ gegeben. Die allgemeine Form einer Rekurrenzbeziehung lautet

$$f_n = F(f_{n-1}, f_{n-2}, \ldots, f_{n-k}) \, .$$

Hierbei ist $F : \mathbb{R}^k \to \mathbb{R}$ eine gegebene reelle Funktion. Ein einfaches Beispiel ist die Rekurrenzgleichung $f_n = 3 \cdot f_{n-1}$. Eine eindeutige Lösung ist jedoch erst durch Kenntnis von Anfangswerten möglich. Aus $f_n = 3f_{n-1}$ und $f_0 = 1$ folgt $f_1 = 3$, $f_2 = 9$, $f_3 = 27, \ldots$ oder allgemein $f_n = 3^n$. Die letzte Darstellung der Form $f_n = f(n)$ bezeichnen wir als Lösung der Rekurrenzgleichung. Bevor wir verschiedene Lösungsmethoden erläutern, zeigt der folgende Abschnitt zunächst, wie aus kombinatorischen Problemen Rekurrenzgleichungen entstehen. Für ein weitergehendes Studium der hier vorgestellten Lösungsmethoden sind die Bücher Jordan (1965) und Spiegel (1982) sehr zu empfehlen.

© Springer-Verlag GmbH Deutschland, ein Teil von Springer Nature 2019
P. Tittmann, *Einführung in die Kombinatorik*, https://doi.org/10.1007/978-3-662-58921-2_3

3.1 Beispielprobleme für das Auftreten von Rekurrenzgleichungen

Beispiel 3.1 (Der Turm von Hanoi)

Dieses Spiel besteht aus einer Grundplatte, auf der sich drei Stifte befinden. Auf einem Stift liegen zu Beginn n unterschiedlich große Scheiben der Größe nach geordnet, sodass die kleinste Scheibe oben liegt. Damit sieht die Ausgangslage wie in der Abb. 3.1 dargestellt aus. Wir bezeichnen die drei Stifte mit A, B und C. Zunächst sollen sich alle Scheiben auf Stift A befinden. Jeder Zug dieses Spiels besteht in der Bewegung einer Scheibe von einem Stift zu einem anderen. Dabei darf jedoch nie eine größere Scheibe auf eine kleinere gelegt werden. Das Ziel des Spiels ist es, die n Scheiben vom Stift A zum Stift C zu transportieren, wobei der Stift B als Hilfsstift verwendet werden kann.

Gesucht ist nun die Anzahl der Züge (Bewegungen), die erforderlich sind, um alle Scheiben von A nach C zu verlagern. Diese Anzahl bezeichnen wir mit t_n, wobei n die Anzahl der Scheiben angibt. Für die ersten Werte lässt sich t_n leicht bestimmen. Wenn keine Scheibe da ist, wird kein Zug benötigt. Also ist $t_0 = 0$. Eine Scheibe kann mit einem Zug von A nach C bewegt werden, das heißt $t_1 = 1$. Für den Transport von zwei Scheiben benötigen wir den Hilfsstift B. Wir legen die kleine Scheibe zunächst auf B, dann die große von A nach C und schließlich die kleine von B nach C. Das sind drei Züge ($t_2 = 3$).

Wie viel Züge sind aber erforderlich, um einen Turm der Höhe n von A nach C zu befördern? Das Verfahren ist einfach. Wir bewegen zuerst einen Turm der Höhe $n - 1$ von A nach B, legen dann die größte Scheibe von A nach C und bewegen schließlich den $n - 1$ Scheiben hohen Turm von B nach C. Die Bewegung des $(n - 1)$-Turms von A nach B bzw. von B nach C erfordert jeweils t_{n-1} Züge. Hinzu kommt noch ein Zug für die Verlagerung der größten Scheibe von

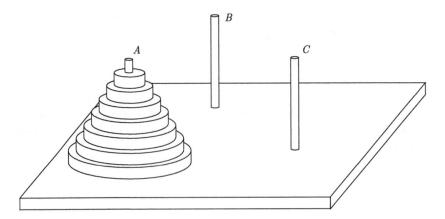

Abb. 3.1 Der Turm von Hanoi

A nach C. Das liefert:

$$t_n = 2t_{n-1} + 1, \quad t_0 = 0.$$

Diese Rekurrenzbeziehung erlaubt eine schnelle Berechnung der erforderlichen Zugzahlen für kleine n. Die folgende Tabelle gibt eine Übersicht.

n	0	1	2	3	4	5	6	7	8	9	10
t_n	0	1	3	7	15	31	63	127	255	511	1023

Die explizite Formel $t_n = f(n)$ ist hier sicher leicht zu erraten. ∎

Beispiel 3.2 (Ebenen im Raum)

Wie viel räumliche Gebiete können n Ebenen im $\mathbb{R}^3$ (im dreidimensionalen Raum) maximal erzeugen?

Es sei e_n die gesuchte Zahl. Wenn keine Ebene da ist (für $n = 0$), existiert nur ein Gebiet, der $\mathbb{R}^3$ selbst. Damit gilt $e_0 = 1$. Eine Ebene zerlegt den Raum in zwei Halbräume, das heißt $e_1 = 2$. Eine weitere Ebene erzeugt eine maximale Zahl von neuen Gebieten, wenn sie möglichst viele existierende Gebiete durchläuft. Das ist dann der Fall, wenn sie alle vorhandenen Ebenen schneidet. Wie viel neue Gebiete entstehen dabei? Wir können uns überlegen, dass jedes ebene Gebiet, das von Schnittgeraden bereits vorhandener Ebenen in der neu eingefügten Ebene berandet wird, einem räumlichen Gebiet entspricht, das durch diese Ebene in zwei neue Gebiete zerlegt wird. Folglich liefert das Einfügen der n-ten Ebene genau so viele neue Gebiete im Raum, wie $n - 1$ Geraden ebene Gebiete erzeugen. Damit ist das Ausgangsproblem zunächst um eine Dimension reduziert. Es bleibt die Frage zu klären: Wie viel ebene Gebiete entstehen maximal beim Schnitt von n Geraden? Diese Zahl sei g_n. Auch hier gilt $g_0 = 1$ und $g_1 = 2$. Wenn man jede weitere n-te Gerade so in die Ebene legt, dass sie alle existierenden $n - 1$ Geraden schneidet, entstehen n neue Gebiete. Damit gilt

$$g_n = g_{n-1} + n, \quad g_0 = 1.$$

Die Zahlen g_n sind damit eindeutig bestimmt. Wir erhalten zum Beispiel: $g_1 = 2$, $g_2 = 4$, $g_3 = 7$, $g_4 = 11$. Die Anzahl der räumlichen Gebiete e_n erfüllt folglich die Rekurrenzbeziehung

$$e_n = e_{n-1} + g_{n-1}, \quad e_0 = 1.$$

Die ersten Werte lauten hier $e_1 = 2$, $e_2 = 4$, $e_3 = 8$, $e_4 = 15$. Die Bestimmung der expliziten Formeln für g_n und e_n wird Gegenstand des nächsten Abschnitts sein. ∎

Beispiel 3.3 (Dominosteine auf einem 2 × n-Brett)

Auf wie viel verschiedene Arten kann ein $2 \times n$-Brett mit Dominosteinen der Größe 2×1 überdeckt werden?

Für Bretter der Länge 1, 2 und 3 erhalten wir folgende Möglichkeiten:

Hierbei bezeichnet d_n die Anzahl der unterschiedlichen Überdeckungen eines $2 \times n$-Brettes. Die gesuchte Zahl d_n ergibt sich aus der folgenden Überlegung. Für den linken Rand des Brettes gibt es genau zwei Möglichkeiten der Überdeckung:

Im ersten Fall kann der Rest des Brettes auf d_{n-1} Arten überdeckt werden. Im zweiten Fall bleiben d_{n-2} Überdeckungen, da hier 2×2 Felder schon überdeckt sind. Damit erfüllen die Zahlen d_n die folgende rekurrente Gleichung:

$$d_n = d_{n-1} + d_{n-2} \quad \text{für} \quad n > 2,$$
$$d_1 = 1,$$
$$d_2 = 2.$$

Die eindeutige Lösbarkeit erfordert hier die Vorgabe von zwei Anfangswerten. Die hier entstehende Zahlenfolge $\{1, 2, 3, 5, 8, 13, \ldots\}$ ist uns bereits früher begegnet. Es ist die Folge der Fibonacci-Zahlen. ∎

Beispiel 3.4 (Türme aus Bausteinen)

Angenommen, wir haben einen ausreichend großen Vorrat an Holzbausteinen vom Format $2 \times 1 \times 1$. Auf wie viel verschiedene Arten können wir einen Turm der Höhe n mit einer Grundfläche der Größe 2×2 bauen?

Abb. 3.2 zeigt zwei verschiedene Türme der Höhe 6. Wir werden sehen, dass es insgesamt 1681 verschiedene Türme dieser Höhe gibt. Es sei b_n die Anzahl der Türme der Höhe n. Dann gilt sicher $b_0 = 1$ und $b_1 = 2$, da es nur einen Turm der Höhe 0 gibt. Für einen Turm der Höhe 1 können wir zwei Steine flach

Abb. 3.2 Türme aus Bausteinen

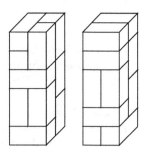

Abb. 3.3 Fundament mit
ebener Deckfläche

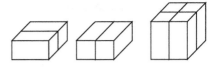

nebeneinanderlegen. Dafür gibt es zwei Möglichkeiten. Um eine Rekurrenzgleichung zu erhalten, betrachten wir die unterste Schicht des Turms. Wir können auf zwei Arten einen Turm der Höhe 1 bauen, um auf diesem dann den Rest des Turmes der Höhe $n - 1$ zu errichten. Wenn wir jedoch zunächst vier Bausteine senkrecht auf die Grundfläche stellen, so haben wir bereits einen Turm der Höhe 2, auf welchem wir dann einen Turm der Höhe $n - 2$ aufschichten können. Abb. 3.3 zeigt die beiden Möglichkeiten, das Fundament des Turmes so zu errichten, dass eine ebene Deckfläche entsteht. Weiterhin gibt es aber noch die Möglichkeit, zwei Steine senkrecht auf die Grundfläche zu stellen und einen Baustein horizontal danebenzulegen. Wie Abb. 3.4 zeigt, kann dies in vier verschiedenen Richtungen erfolgen. Zur Vollendung des Turmes müssen wir dann wieder einen Turm der Höhe $n - 1$ bauen, wobei jedoch nun schon ein horizontaler Baustein fest vorgegeben ist. Es sei c_n die Anzahl der Türme der Höhe n, die wir auf einer quadratischen Grundfläche errichten können, auf der bereits ein horizontaler Stein liegt. Aus diesen Überlegungen erhalten wir das folgende Gleichungssystem:

$$
\begin{aligned}
b_n &= 2b_{n-1} + b_{n-2} + 4c_{n-1} \\
c_n &= b_{n-1} + c_{n-1} \\
b_0 &= 1 \\
b_1 &= 2 \\
c_0 &= c_1 = 1
\end{aligned}
\tag{3.1}
$$

Hier benötigen wir eine Verfahren, dass die Lösung gekoppelter Rekurrenzgleichungen gestattet.   ∎

Beispiel 3.5 (Inversionen)

Eine Permutation $\pi : \{1, \ldots, n\} \to \{1, \ldots, n\}$ ist eine bijektive Abbildung, die jeder natürlichen Zahl $i \in \{1, \ldots, n\}$ eine Zahl $\pi(i)$ zuordnet. Wir können eine Permutation in *Tabellenform* darstellen:

$$
\begin{pmatrix}
1 & 2 & \cdots & n \\
\pi(1) & \pi(2) & \cdots & \pi(n)
\end{pmatrix}
$$

Abb. 3.4 Fundament als
Treppe

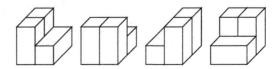

Eine *Inversion* einer Permutation π ist ein Paar $i < j$, für das $\pi(i) > \pi(j)$ gilt. Die Permutation

$$\begin{pmatrix} 1\ 2\ 3\ 4\ 5 \\ 3\ 4\ 5\ 2\ 1 \end{pmatrix}$$

von $\{1,\ldots,5\}$ besitzt genau 7 Inversionen, nämlich die Paare $(1,4)$, $(1,5)$, $(2,4)$, $(2,5)$, $(3,4)$, $(3,5)$ und $(4,5)$. Wie viel Permutationen der Menge $\{1,\ldots,n\}$ besitzen genau k Inversionen?

Wir bezeichnen die Anzahl der Permutationen von $\{1,\ldots,n\}$ mit genau k Inversionen mit $i_{n,k}$. Nur die Permutation, die alle Elemente an ihrem alten Platz belässt, besitzt keine Inversion. Also gilt $i_{n,0} = 1$. Weiterhin setzen wir $i_{n,k} = 0$, falls $k < 0$. Betrachten wir nun, was geschieht, wenn wir in eine Permutation von $n - 1$ Elementen, die genau k Inversionen aufweist, ein weiteres Element n einfügen. Wird das n-te Element als letztes hinter alle anderen gesetzt, so entsteht keine neue Inversion. Hingegen liefert das Einfügen an erster Stelle $n - 1$ neue Inversionen. Je nach der Stelle des Einfügens sind alle Fälle zwischen 0 und $n - 1$ möglich. Anders gesagt: Eine Permutation von $\{1,\ldots,n\}$ mit genau k Inversionen kann auf genau eine Weise aus einer Permutation von $\{1,\ldots,n-1\}$ mit genau k Inversionen, aus einer Permutation von $\{1,\ldots,n-1\}$ mit genau $k-1$ Inversionen,..., aus einer Permutation von $\{1,\ldots,n-1\}$ mit genau $k - (n - 1)$ Inversionen erzeugt werden. Damit erhalten wir

$$i_{n,k} = \sum_{j=k-n+1}^{k} i_{n-1,j}\,, \quad i_{n,0} = 1, \quad i_{n,k} = 0 \quad \text{für} \quad k < 0\,. \tag{3.2}$$

Das ist eine weitaus kompliziertere Rekurrenzgleichung als die bisher betrachteten Fälle. Die gesuchte Funktion hängt hier von zwei Variablen ab. Außerdem ist der jeweilige Wert $i_{n,k}$ nicht nur von einem oder zwei vorhergehenden Werten, sondern von einer ständig wachsenden Anzahl von Vorgängerwerten abhängig. ∎

3.2 Elementare Methoden zur Lösung von Rekurrenzgleichungen

Methode 1: Erraten der Lösung und Beweis der Richtigkeit

Wir haben bereits im ersten Kapitel gesehen, dass Raten auch in der Mathematik erlaubt ist. Viele wirklich neue Entdeckungen beginnen mit Probieren, Raten und Vermuten. Für einfache Rekurrenzgleichungen kann das Betrachten kleinerer Beispiele oder die genauere Untersuchung der ersten Werte der Zahlenfolge zum Erfolg führen oder gar die effektivste und schnellste Lösungsmethode sein. Die Kenntnis einiger grundlegender Zahlenfolgen wie Potenzen, Fakultäten, Binomialkoeffizienten und Fibonacci-Zahlen ist dabei sicher nützlich.

Kehren wir zurück zum Turm von Hanoi. Die Rekurrenzgleichung

$$t_n = 2\,t_{n-1} + 1 \quad \text{für} \quad n > 0,$$
$$t_0 = 0$$

liefert der Reihe nach die Werte: $t_0 = 0$, $t_1 = 1$, $t_2 = 3$, $t_3 = 7$, $t_4 = 15$, ... Die nähere Betrachtung der Werte t_n liefert die Vermutung

$$t_n = 2^n - 1 .$$

Die Überprüfung ist einfach. Wir setzen die explizite Darstellung in die Rekurrenzgleichung ein und überprüfen außerdem den Anfangswert:

$$2^n - 1 = 2\left(2^{n-1} - 1\right) + 1 \quad \checkmark$$
$$t_0 = 2^0 - 1 = 0 \qquad\qquad \checkmark$$

Die Vermutung ist damit auch die gesuchte explizite Darstellung.

Methode 2: Rekursives Einsetzen

Für die Anzahl der ebenen Gebiete g_n, die durch den Schnitt von n Geraden in der Ebene entstehen, lieferte die Rekurrenzgleichung

$$g_n = g_{n-1} + n \qquad \text{für} \quad n > 0,$$
$$g_0 = 1 \tag{3.3}$$

die Folge $\{1, 2, 4, 7, 11, 16, 22, 29, \ldots\}$. Das Erraten der Lösung fällt hier schon etwas schwerer. Wir setzen deshalb die Gleichung (3.3) in sich selbst ein, das heißt

$$
\begin{aligned}
g_n &= g_{n-1} + n \\
&= g_{n-2} + (n-1) + n \\
&= g_{n-3} + (n-2) + (n-1) + n \\
&\;\;\vdots \\
&= g_0 + \sum_{k=1}^{n} k \\
&= \sum_{k=1}^{n} k + 1 .
\end{aligned}
$$

Damit haben wir die Lösung der Rekurrenzgleichung im Prinzip erhalten. Angenehmer wäre jedoch eine summenfreie Darstellung. Die Berechnung der Summe

$$S_n = \sum_{k=1}^{n} k$$

bereitet jedoch keine Schwierigkeiten:

$$
\begin{aligned}
S_n &= 1 + 2 + \cdots + (n-1) + n \\
+ S_n &= n + (n-1) + \cdots + 2 + 1 \\
\hline
2S_n &= (n+1) + (n+1) + \cdots + (n+1) + (n+1)
\end{aligned}
$$

Wir erhalten

$$
S_n = \frac{n(n+1)}{2} .
$$

Damit haben wir die explizite Formel gefunden, die nun keine Summe mehr enthält:

$$
g_n = \frac{n(n+1)}{2} + 1 .
$$

Methode 3: Koeffizientenvergleich

Die Lösung des zweiten Beispielproblems lieferte die Gleichung

$$
e_n = e_{n-1} + g_{n-1} , \quad n > 1
$$

für die Anzahl der räumlichen Gebiete, die durch n Ebenen erzeugt werden. Da wir jetzt die explizite Darstellung für g_n kennen, schreiben wir einfacher

$$
e_n = e_{n-1} + \frac{n(n-1)}{2} + 1 , \quad n > 1,
$$

$$
e_0 = 1 .
$$

Wir notieren zunächst einige Zahlen der Folge e_n in einer Tabelle:

n	0	1	2	3	4	5	6	7	8
e_n	1	2	4	8	15	26	42	64	93
$g_n = e_{n+1} - e_n$	1	2	4	7	11	16	22	29	
$h_n = g_{n+1} - g_n$	1	2	3	4	5	6	7		
$h_{n+1} - h_n$	1	1	1	1	1	1			

Diese Tabelle enthält neben den Zahlen e_n jeweils die Differenzen der darüberstehenden Zeile. Die Differenzen $e_{n+1} - e_n$ sind gerade die oben berechneten g_n. Die Differenzen zweier aufeinanderfolgender Werte der Folge g_n liefern die Folge $h_n = n + 1$, deren Differenzen dann schließlich die konstante Folge $\{1, 1, 1, \ldots\}$ erzeugen. Betrachten wir die Tabelle von unten nach oben etwas genauer. Die letzte Zeile ist konstant, die vorletzte wächst linear mit n. Die Zeile darüber wächst quadratisch, da $g_n = \frac{1}{2}(n^2 - n) + 1$ ist. Jeweils eine Zeile höher in der Tabelle gelangt man durch Bildung der Partialsumme der ersten darunterliegenden Werte. Es liegt die Vermutung nahe, dass die Summenbildung die Potenz von n um jeweils 1 erhöht. Dieser Gedanke kann auch durch die Verwandtschaft von Summe und Integral begründet werden, denn es gilt auch

$$
\int x^n dx = \frac{1}{n+1} x^{n+1} + c .
$$

Somit müsste e_n durch ein Polynom dritten Grades in n darstellbar sein:

$$e_n = a_0 + a_1 n + a_2 n^2 + a_3 n^3$$

Um die Koeffizienten a_i für $i = 0, \ldots, 3$ zu bestimmen, setzten wir einfach für n die ersten Werte $(0, 1, 2, 3)$ ein. Es folgt

$$\begin{aligned}
n = 0: &\quad 1 = a_0 \\
n = 1: &\quad 2 = a_0 + a_1 + a_2 + a_3 \\
n = 2: &\quad 4 = a_0 + 2a_1 + 4a_2 + 8a_3 \\
n = 3: &\quad 8 = a_0 + 3a_1 + 9a_2 + 27a_3 \ .
\end{aligned}$$

Die Lösung dieses Gleichungssystems liefert

$$a_0 = 1, \quad a_1 = \frac{5}{6}, \quad a_2 = 0, \quad a_3 = \frac{1}{6}$$

und damit

$$e_n = 1 + \frac{1}{6}(5n + n^3) \ .$$

Eine allgemeine Rekurrenzgleichung

Im Folgenden wollen wir die Methode des rekursiven Einsetzens anwenden, um eine allgemeine Klasse von Rekurrenzgleichungen zu lösen. Gegeben sei die rekurrente Beziehung

$$\begin{aligned}
f_n &= a_{n-1} f_{n-1} + b_{n-1} \qquad \text{für} \quad n > 1, \\
f_1 &= c \ .
\end{aligned} \tag{3.4}$$

Hierbei sind a_n und b_n gegebene Folgen und c der Anfangswert, der ebenfalls als bekannt vorausgesetzt wird. Das rekursive Einsetzen von f_n liefert

$$\begin{aligned}
f_n &= a_{n-1} f_{n-1} + b_{n-1} \\
&= a_{n-1} (a_{n-2} f_{n-2} + b_{n-2}) + b_{n-1} \\
&= a_{n-1} a_{n-2} f_{n-2} + a_{n-1} b_{n-2} + b_{n-1} \\
&= a_{n-1} a_{n-2} (a_{n-3} f_{n-3} + b_{n-3}) + a_{n-1} b_{n-2} + b_{n-1} \\
&= a_{n-1} a_{n-2} a_{n-3} f_{n-3} + a_{n-1} a_{n-2} b_{n-3} + a_{n-1} b_{n-2} + b_{n-1} \\
&\ \ \vdots \\
&= c \prod_{j=1}^{n-1} a_j + \sum_{k=1}^{n-1} \prod_{i=1}^{k-1} a_{n-i} b_{n-k} \ .
\end{aligned}$$

Hierbei verwenden wir die Konvention, dass ein leeres Produkt gleich 1 gesetzt wird. Das bedeutet hier speziell

$$\prod_{i=1}^{0} a_{n-i} = 1 \ .$$

Eine Umformung der Grenzen des zweiten Terms liefert

$$\sum_{k=1}^{n-1} \prod_{i=1}^{k-1} a_{n-i} b_{n-k} = \sum_{k=1}^{n-1} b_{n-k} \prod_{i=1}^{k-1} a_{n-i}$$

$$= \sum_{k=1}^{n-1} b_k \prod_{i=1}^{n-k-1} a_i$$

$$= \sum_{k=1}^{n-1} b_k \prod_{i=k+1}^{n-1} a_i .$$

Die explizite Lösung der Gleichung (3.4) lautet damit

$$f_n = c \prod_{j=1}^{n-1} a_j + \sum_{k=1}^{n-1} b_k \prod_{i=k+1}^{n-1} a_i . \tag{3.5}$$

Als Beispiel für diese Klasse rekurrenter Gleichungen lösen wir die Gleichung

$$f_n - \frac{1}{n-1} f_{n-1} = \frac{1}{(n-1)!} \qquad \text{für} \quad n > 1,$$

$$f_1 = 1 .$$

Hierbei ist $a_n = \frac{1}{n}$ und $b_n = \frac{1}{n!}$. Mit der Lösungsformel (3.5) erhalten wir

$$f_n = 1 \cdot \prod_{j=1}^{n-1} \frac{1}{j} + \sum_{k=1}^{n-1} \frac{1}{k!} \prod_{i=k+1}^{n-1} \frac{1}{i}$$

$$= \frac{1}{(n-1)!} + \sum_{k=1}^{n-1} \frac{1}{(n-1)!} = \frac{n}{(n-1)!} .$$

3.3 Lösung mit erzeugenden Funktionen

Die im letzten Kapitel behandelten erzeugenden Funktionen bilden eines der leistungsfähigsten Werkzeuge zur Lösung von Rekurrenzgleichungen. Sowohl gewöhnliche als auch exponentielle erzeugende Funktionen können sich als nützlich erweisen. Die Lösung einer Rekurrenzgleichung besteht aus drei Schritten:

1. Einführen einer erzeugenden Funktion in die Rekurrenzgleichung und Umformung in eine algebraische Gleichung oder in eine Differentialgleichung,
2. Lösen der entstandenen Gleichung,
3. Bestimmung der gesuchten Zahlenfolge aus der Reihenentwicklung der Lösungsfunktion.

Wir wollen diese drei Schritte nun ausführlicher beschreiben.

Einführung einer gewöhnlichen erzeugenden Funktion
Als erstes Beispiel betrachten wir die rekurrente Gleichung

$$f_{n+1} = 4f_n + n^2 \quad \text{für} \quad n \geq 0,$$
$$f_0 = 1.$$

Wir führen nun die gewöhnliche erzeugende Funktion

$$F(z) = \sum_{n \geq 0} f_n z^n$$

für die gesuchte Folge f_n ein. Um diese erzeugende Funktion in die Rekurrenzgleichung einzuführen, multiplizieren wir die Gleichung mit z^n und summieren über alle n:

$$\sum_{n \geq 0} f_{n+1} z^n = 4 \sum_{n \geq 0} f_n z^n + \sum_{n \geq 0} n^2 z^n.$$

Nun folgt etwas Rechnen mit Reihen bzw. gewöhnlichen erzeugenden Funktionen. Zunächst entdecken wir, dass der erste Term auf der rechten Seite $F(z)$ ist. Links des Gleichheitszeichens steht auch $F(z)$, aber erst, wenn wir mit z multiplizieren und das Absolutglied $f_0 = 1$ addieren. Für die zweite Summe auf der rechten Seite schauen wir am besten in eine Tabelle (wobei das Ableiten des Ergebnisses auch relativ einfach ist). Es folgt

$$\frac{1}{z} \sum_{n \geq 0} f_{n+1} z^{n+1} = 4F(z) + \frac{z(1+z)}{(1-z)^3}$$
$$\Rightarrow \quad \frac{1}{z} \sum_{n \geq 1} f_n z^n = 4F(z) + \frac{z(1+z)}{(1-z)^3}$$
$$\Rightarrow \quad \frac{1}{z}(F(z) - 1) = 4F(z) + \frac{z(1+z)}{(1-z)^3}.$$

Lösen der Gleichung
Der zweite Schritt ist für unser Beispiel sehr schnell erledigt. Durch Umstellen der letzten Gleichung erhalten wir die explizite Darstellung der erzeugenden Funktion:

$$F(z) = \frac{1 - 3z + 4z^2}{(1-z)^3(1-4z)}$$

Für andere Probleme kann dieser Schritt weitaus schwieriger werden. Insbesondere muss die explizite Lösbarkeit nicht allgemein gegeben sein.

Bestimmen der Zahlenfolge
Die gesuchte Zahlenfolge erhalten wir als Koeffizienten der Reihendarstellung der erzeugenden Funktion. Hier kann man meist die Taylor-Entwicklung nutzen. Für

eine rationale Funktion, wie im vorliegenden Beispiel, leistet jedoch die Partialbruchentwicklung bessere Dienste. Die Partialbruchentwicklung von $F(z)$ liefert

$$F(z) = -\frac{8}{27}\frac{1}{1-z} + \frac{32}{27}\frac{1}{1-4z} + \frac{7}{9}\frac{1}{(1-z)^2} - \frac{2}{3}\frac{1}{(1-z)^3}\,.$$

Das Einsetzen der Reihenentwicklungen für die einzelnen Terme ergibt die Summendarstellung der erzeugenden Funktion:

$$F(z) = -\frac{8}{27}\sum_{n\geq 0}z^n + \frac{32}{27}\sum_{n\geq 0}4^n z^n + \frac{7}{9}\sum_{n\geq 0}(n+1)z^n - \frac{2}{3}\sum_{n\geq 0}\binom{n+2}{2}z^n$$

$$= \sum_{n\geq 0}\left(\frac{32}{27}4^n + \frac{7}{9}(n+1) - \frac{2}{3}\binom{n+2}{2} - \frac{8}{27}\right)z^n$$

Die Koeffizienten dieser Reihe sind die gesuchten Zahlen f_n. Wir erhalten

$$f_n = \frac{32}{27}4^n + \frac{7}{9}(n+1) - \frac{2}{3}\binom{n+2}{2} - \frac{8}{27}$$

$$= \frac{2}{27}4^{n+2} - \frac{1}{3}n^2 - \frac{2}{9}n - \frac{5}{27}\,.$$

Die Rekurrenzgleichung der Fibonacci-Folge

Im Folgenden wollen wir mit dieser Methode eine explizite Darstellung für die Folge der Fibonacci-Zahlen F_n, die der Rekurrenzbeziehung

$$F_n = F_{n-1} + F_{n-2} \qquad \text{für}\quad n \geq 2,$$
$$F_0 = 0\,, \quad F_1 = 1$$

genügen, ableiten. Es sei

$$F(z) = \sum_{n\geq 0}F_n z^n$$

die gewöhnliche erzeugende Funktion für die Folge $\{F_n\}$. Das Ersetzen von F_n in $F(z)$ durch die Rekurrenzgleichung der Fibonacci-Zahlen liefert

$$\sum_{n\geq 0}F_n z^n = \sum_{n\geq 2}(F_{n-1} + F_{n-2})z^n + z\,. \tag{3.6}$$

Hierbei haben wir die gegebenen Anfangswerte F_0 und F_1 bereits eingesetzt. Aus (3.6) folgt weiterhin

$$F(z) = z\sum_{n\geq 2}F_{n-1}z^{n-1} + z^2\sum_{n\geq 2}F_{n-2}z^{n-2} + z$$

$$= z\sum_{n\geq 1}F_n z^n + z^2\sum_{n\geq 0}F_n z^n + z$$

$$= z \sum_{n \geq 0} F_n z^n + z^2 \sum_{n \geq 0} F_n z^n + z$$

$$= zF(z) + z^2 F(z) + z \, .$$

Daraus resultiert die folgende Darstellung der erzeugenden Funktion:

$$F(z) = \frac{z}{1 - z - z^2}$$

Die Partialbruchzerlegung ergibt

$$F(z) = \frac{1}{\alpha - \beta} \left(\frac{1}{1 - \alpha z} - \frac{1}{1 - \beta z} \right) \, .$$

Die Nullstellen von $1 - z - z^2$ sind

$$\frac{1}{\alpha} = \frac{1 + \sqrt{5}}{2} \, , \quad \frac{1}{\beta} = \frac{1 - \sqrt{5}}{2} \, .$$

Damit folgt als Reihendarstellung von $F(z)$

$$F(z) = \frac{1}{\sqrt{5}} \left(\sum_{n \geq 0} \left(\frac{1 + \sqrt{5}}{2} \right)^n z^n - \sum_{n \geq 0} \left(\frac{1 - \sqrt{5}}{2} \right)^n z^n \right) \, .$$

Der Koeffizient vor z^n gibt uns die gesuchte Darstellung der Fibonacci-Zahlen:

$$F_n = \frac{1}{\sqrt{5}} \left(\left(\frac{1 + \sqrt{5}}{2} \right)^n - \left(\frac{1 - \sqrt{5}}{2} \right)^n \right) \tag{3.7}$$

Lösung mit exponentiellen erzeugenden Funktionen

Statt der gewöhnlichen erzeugenden Funktion können wir auch die exponentielle erzeugende Funktion zur Lösung einer Rekurrenzgleichung verwenden. Wir werden die Darstellung (3.7) nun auf diese Weise herleiten und dann die beiden Lösungswege vergleichen. Die exponentielle erzeugende Funktion für die Fibonacci-Folge sei

$$G(z) = \sum_{n \geq 0} F_n \frac{z^n}{n!} \, .$$

Die folgende Rechnung wird etwas einfacher, wenn wir die Rekurrenzbeziehung der Fibonacci-Zahlen in der Form

$$F_{n+2} = F_{n+1} + F_n \, , \quad n \geq 0$$

schreiben. Die Multiplikation dieser Gleichung mit $\frac{z^n}{n!}$ und das Summieren über alle n liefert

$$\sum_{n \geq 0} F_{n+2} \frac{z^n}{n!} = \sum_{n \geq 0} F_{n+1} \frac{z^n}{n!} + \sum_{n \geq 0} F_n \frac{z^n}{n!} \, .$$

Aus dem letzten Kapitel wissen wir, dass die erste Summe auf der rechten Seite die Ableitung von $G(z)$ ist. Die Summe links vom Gleichheitszeichen ist dann die zweite Ableitung, das heißt:

$$G''(z) = G'(z) + G(z). \tag{3.8}$$

Diese Gleichung ist eine lineare homogene Differentialgleichung zweiter Ordnung. Aus den Anfangswerten $F_0 = 0$, $F_1 = 1$ folgt

$$G(0) = 0, \quad G'(0) = 1.$$

Damit ist die Differentialgleichung (3.8) eindeutig lösbar. Wir erhalten

$$G(z) = \frac{1}{\sqrt{5}} e^{\frac{1+\sqrt{5}}{2}z} - \frac{1}{\sqrt{5}} e^{\frac{1-\sqrt{5}}{2}z}$$

$$= \frac{1}{\sqrt{5}} \left(\sum_{n \geq 0} \left(\frac{1+\sqrt{5}}{2} \right)^n \frac{z^n}{n!} - \sum_{n \geq 0} \left(\frac{1-\sqrt{5}}{2} \right)^n \frac{z^n}{n!} \right).$$

Der Ansatz über die gewöhnliche erzeugende Funktion führte zu einer algebraischen Gleichung. Die exponentielle erzeugende Funktion erfordert die Lösung einer Differentialgleichung. Welches der beiden Verfahren für eine gegebene Rekurrenzgleichung besser geeignet ist, hängt von der Struktur der Gleichung ab. Im vorliegenden Fall führen beide Methoden schnell zum Ziel.

Systeme von Rekurrenzgleichungen

Das vierte Beispiel aus Abschn. 3.1 führt auf ein System von rekurrenten Gleichungen. Die Anzahl der Türme b_n mit der Höhe n genügt dem System (3.1):

$$b_n = 2b_{n-1} + b_{n-2} + 4c_{n-1}, \quad n \geq 2$$
$$c_n = b_{n-1} + c_{n-1}, \quad n \geq 2$$
$$b_0 = 1$$
$$b_1 = 2$$
$$c_0 = c_1 = 1$$

Eine Möglichkeit für die Lösung dieses Gleichungssystems ist die Einführung von zwei gewöhnlichen erzeugenden Funktionen für die Folgen b_n und c_n, das heißt

$$B(z) = \sum_{n \geq 0} b_n z^n, \quad C(z) = \sum_{n \geq 0} c_n z^n.$$

Wir setzen die Anfangswerte in die erzeugenden Funktionen $B(z)$ und $C(z)$ ein und und substituieren dann b_n und c_n durch die gegebenen Rekurrenzgleichungen. Wir erhalten

$$B(z) = 1 + 2z + \sum_{n \geq 2} b_n z^n$$

$$= 1 + 2z + \sum_{n \geq 2} [2b_{n-1} + b_{n-2} + 4c_{n-1}] z^n,$$

$$C(z) = 1 + z + \sum_{n \geq 2} c_n z^n$$

$$= 1 + z + \sum_{n \geq 2} [b_{n-1} + c_{n-1}] z^n .$$

Das Ersetzen der Summen auf der rechten Seite durch die entsprechenden gewöhnlichen erzeugenden Funktionen liefert das lineare Gleichungssystem

$$(1 - 2z + z^2) B(z) - 4z C(z) = 1 - 4z,$$
$$-z B(z) + (1 - z) C(z) = 1 - z .$$

Die Lösung für B ist

$$B(z) = \frac{1 - z}{1 - 3z - 3z^2 + z^3} .$$

Die Reihenentwicklung mittels Partialbruchzerlegung liefert schließlich

$$b_n = \frac{1}{3}(-1)^n + \left(\frac{1}{6}\sqrt{3} + \frac{1}{3}\right)(2 + \sqrt{3})^n + \left(\frac{1}{3} - \frac{1}{6}\sqrt{3}\right)(2 - \sqrt{3})^n. \qquad (3.9)$$

Als Alternative zur Lösung des Systems von Rekurrenzgleichungen durch Einführung von mehreren erzeugenden Funktionen können wir das Gleichungssystem auch auf eine einzelne Rekurrenzgleichung höherer Ordnung überführen. Aus der ersten Gleichung des Gleichungssystems erhalten wir

$$b_{n-1} = 2b_{n-2} + b_{n-3} + 4c_{n-2} .$$

Die Subtraktion dieser Gleichung von der ersten Gleichung liefert

$$b_n - b_{n-1} = 2b_{n-1} - b_{n-2} - b_{n-3} + 4(c_{n-1} - c_{n-2}) .$$

Das Ersetzen von $c_{n-1} - c_{n-2}$ durch b_{n-2}, was aus der zweiten Gleichung des gegebenen Gleichungssystems folgt, liefert

$$b_n - b_{n-1} = 2b_{n-1} - b_{n-2} - b_{n-3} + 4b_{n-2}$$

oder

$$b_n = 3b_{n-1} + 3b_{n-2} - b_{n-3} .$$

Zusammen mit den Anfangswerten $b_0 = 1, b_1 = 2, b_2 = 9$ liefert diese Gleichung die bekannte Lösung (3.9).

Doppelfolgen

Untersuchen wir nun die Rekurrenzgleichung (3.2) für die Anzahl $i_{n,k}$ der Permutationen einer n-elementigen Menge mit genau k Inversionen. Diese Zahlen hängen hier von zwei Variablen (n und k) ab. Eine Möglichkeit zur Behandlung solcher rekurrenter Beziehungen ist die Einführung von erzeugenden Funktionen in mehreren Variablen. Im vorliegenden Fall könnten wir die gewöhnliche erzeugende Funktion

$$G(x, y) = \sum_{n \geq 0} \sum_{k \geq 0} i_{n,k} x^n y^k$$

verwenden. Ein weiterer Ansatz ist mit der exponentiellen erzeugenden Funktion

$$H(x, y) = \sum_{n \geq 0} \sum_{k \geq 0} i_{n,k} \frac{x^n}{n!} \frac{y^k}{k!}$$

gegeben. Auch gemischte Formen, die zum Beispiel im ersten Argument gewöhnliche und im zweiten Argument exponentielle erzeugende Funktionen verkörpern, sind möglich. Im Allgemeinen führen jedoch erzeugende Funktionen in mehreren Variablen zu Funktionalgleichungen oder partiellen Differentialgleichungen, die selten explizit lösbar sind (oder deren Lösung erhebliche Schwierigkeiten bereitet). Wir wenden deshalb eine andere Methode an.

Durch

$$F_n(z) = \sum_k i_{n,k} z^k \,, \quad n \in \mathbb{N}^+$$

ist eine Familie von erzeugenden Funktionen definiert. Im Folgenden werden wir die Rekurrenzbeziehung (3.2)

$$i_{n,k} = \sum_{j=k-n+1}^{k} i_{n-1,j} \,, \quad i_{n,0} = 1 \,, \quad i_{n,k} = 0 \quad \text{für} \quad k < 0 \,,$$

nutzen, um eine explizite Darstellung für die Funktion $F_n(z)$ zu bestimmen. Da eine Permutation von nur einem Element nur die identische Permutation sein kann, gilt $i_{1,0} = 1$ und $i_{1,k} = 0$ für $k \geq 1$. Damit erhalten wir auch $F_1(z) = 1$. Für $F_n(z)$ folgt

$$F_n(z) = \sum_k i_{n,k} z^k$$

$$= \sum_k \sum_{j=k-n+1}^{k} i_{n-1,j} z^k \,.$$

Die Betrachtung des Laufbereiches der zweiten Summe liefert die Ungleichung $k - n + 1 \leq j \leq k$. Damit folgt auch $j \leq k \leq j + n - 1$. Wir erhalten

$$F_n(z) = \sum_j i_{n-1,j} \sum_{k=j}^{j+n-1} z^k$$

$$= \sum_j i_{n-1,j} z^j \sum_{k=0}^{n-1} z^k$$

$$= \sum_j i_{n-1,j} z^j \frac{z^n - 1}{z - 1}$$

$$= F_{n-1}(z) \frac{z^n - 1}{z - 1}.$$

Das rekursive Einsetzen der Funktionen F_{n-1}, F_{n-2}, ... liefert unter Beachtung des Anfangswertes $F_1 = 1$ schließlich

$$F_n(z) = \frac{1}{(1 - z)^n} \prod_{k=1}^{n} (1 - z^k)$$

$$= \prod_{k=1}^{n-1} \sum_{j=0}^{k} z^j. \tag{3.10}$$

Die ersten Funktionen lauten damit

$$F_1(z) = 1,$$
$$F_2(z) = 1 + z,$$
$$F_3(z) = (1 + z)(1 + z + z^2),$$
$$F_4(z) = (1 + z)(1 + z + z^2)(1 + z + z^2 + z^3).$$

Die gesuchten Zahlen $i_{n,k}$ sind die Koeffizienten von $F_n(z)$. Somit gilt

$$i_{n,k} = \left[z^k \right] F_n(z).$$

Eine einfache explizite Formel erhalten wir aus $F_n(z)$ nicht. Eine genauere Betrachtung der Funktionen F_n lohnt sich dennoch. Der Koeffizient vor z entsteht in $F_n(z)$ durch Auswahl von genau einem z aus dem Produkt

$$(1 + z)(1 + z + z^2)(1 + z + z^2 + z^3) \cdots.$$

Da $F_n(z)$ aus $n - 1$ derartigen Faktoren besteht, folgt

$$i_{n,1} = [z] F_n(z) = n - 1.$$

Ebenso beobachtet man, dass man z^2 nur aus den letzten $n - 2$ Klammern wählen kann. Die Potenz z^2 entsteht aber auch, wenn aus zwei verschiedenen, der $n - 1$ Klammern z gewählt wird. Wir erhalten damit

$$i_{n,2} = \left[z^2 \right] F_n(z) = \binom{n - 1}{2} + (n - 2) = \binom{n}{2} - 1, \quad n \geq 2.$$

Für $k = 3$ liefert eine ähnliche Überlegung

$$i_{n,3} = \frac{n(n^2 - 7)}{6}, \quad n \geq 3.$$

Tab. 3.1 Anzahl der Inversionen $i_{n,k}$

$n \backslash k$	0	1	2	3	4	5	6	7	8	9	10
1	1										
2	1	1									
3	1	2	2	1							
4	1	3	5	6	5	3	1				
5	1	4	9	15	20	22	20	15	9	4	1
6	1	5	14	29	49	71	90	101	101	90	71
7	1	6	20	49	98	169	259	359	455	531	573
8	1	7	27	76	174	343	602	961	2493	1940	2493

Da jede Permutation höchstens $\binom{n}{2}$ Inversionen besitzt, gilt

$$\sum_{k=0}^{\binom{n}{2}} i_{n,k} = n!\,.$$

Damit folgt auch $F_n(1) = n!$, was sich leicht an Formel (3.10) nachweisen lässt. Wenn man in dem Produkt

$$\prod_{k=1}^{n-1} \sum_{j=0}^{k} z^j$$

jeweils z^j durch z^{k-j} ersetzt, bleibt das Produkt erhalten. Bei dieser Prozedur geht jede Potenz z^l des entstehenden Polynoms in $z^{\binom{n}{2}-l}$ über. Damit folgt auch

$$\left[z^l\right] F_n(z) = \left[z^{\binom{n}{2}-l}\right] F_n(z)$$

oder

$$i_{n,k} = i_{n,\binom{n}{2}-k}\,.$$

Diese Symmetrie kommt in Tab. 3.1 zum Ausdruck.

3.4 Lineare Rekurrenzgleichungen

Im Folgenden soll eine Klasse von Rekurrenzgleichungen untersucht werden, deren spezielle Struktur zu einfachen algebraischen Lösungsverfahren führt. Hierbei werden sich viele Parallelen zur Lösungstheorie gewöhnlicher Differentialgleichungen zeigen.

Es seien $k \in \mathbb{N}$ und $\alpha_1, \alpha_2, \ldots, \alpha_k \in \mathbb{R}$, $\alpha_k \neq 0$. Weiterhin sei $g : \mathbb{N} \to \mathbb{R}$ eine gegebene reellwertige Abbildung. Für eine Folge $\{f_n\}$ ist dann durch

$$f_n + \alpha_1 f_{n-1} + \cdots + \alpha_k f_{n-k} = g(n)\,, \quad n \geq k \qquad (3.11)$$

eine *lineare Rekurrenzgleichung* der Ordnung k mit konstanten Koeffizienten gegeben. Diese Gleichung heißt *homogen*, wenn $g(n) = 0$ für alle $n \geq 0$ gilt. Als

Lösung einer linearen Rekurrenzgleichung bezeichnen wir die explizite Darstellung $f_n = f(n)$ der Folge $\{f_n\}$. Die allgemeine Lösung enthält zunächst k frei wählbare Konstanten, die durch die zusätzliche Vorgabe von Anfangswerten $f_0, \ldots, f_{n-1}$ festgelegt werden.

3.4.1 Homogene lineare Rekurrenzgleichungen

Betrachten wir zunächst die homogene lineare Rekurrenzgleichung

$$f_n + \alpha_1 f_{n-1} + \cdots + \alpha_k f_{n-k} = 0. \tag{3.12}$$

Wenn f_n^* und f_n^{**} Lösungen dieser Gleichung sind, so ist auch jede Linearkombination dieser Folgen eine Lösung von (3.12), das heißt jede Folge der Form

$$A f_n^* + B f_n^{**}$$

mit beliebigen Konstanten $A, B \in \mathbb{C}$. Das lässt sich mit der folgenden Rechnung leicht zeigen:

$$
\begin{aligned}
(A f_n^* + B f_n^{**}) &+ \alpha_1 (A f_{n-1}^* + B f_{n-1}^{**}) + \cdots + \alpha_k (A f_{n-k}^* + B f_{n-k}^{**}) \\
&= A(f_n^* + \alpha_1 f_{n-1}^* + \cdots + \alpha_n f_{n-k}^*) \\
&\quad + B(f_n^{**} + \alpha_1 f_{n-1}^{**} + \cdots + \alpha_k f_{n-k}^{**}) \\
&= 0.
\end{aligned}
$$

Wir wollen nun zeigen, dass eine Folge mit der Darstellung $f_n = r^n$ eine Lösung der Gleichung (3.12) ist. Dazu setzen wir diesen Ansatz in (3.12) ein:

$$r^n + \alpha_1 r^{n-1} + \cdots + \alpha_k r^{n-k} = 0$$

Die Multiplikation mit r^{k-n} liefert

$$r^k + \alpha_1 r^{k-1} + \cdots + \alpha_k = 0. \tag{3.13}$$

Diese Gleichung heißt auch *charakteristische Gleichung* der homogenen linearen Rekurrenzgleichung (3.12). Die Konstante r des Lösungsansatzes $f_n = r^n$ ist eine Wurzel der charakteristischen Gleichung. Nehmen wir zunächst an, dass die charakteristische Gleichung k voneinander verschiedene Wurzeln $r_1, \ldots, r_k$ besitzt. Diese können auch komplex sein. Dann ist durch

$$f_n = C_1 r_1^n + C_2 r_2^n + \cdots + C_k r_k^n$$

die allgemeine Lösung der homogenen Gleichung (3.12) gegeben. Diesen Sachverhalt kann man zum Beispiel wieder durch Einführung einer erzeugenden Funktion beweisen. Zwei Beispiele sollen den vorgestellten Lösungsweg verdeutlichen.

Beispiel 3.6 (Unterschiedliche reelle Nullstellen)

Wir betrachten die lineare homogene Rekurrenzgleichung 3. Ordnung:

$$f_n - 6f_{n-1} + 11f_{n-2} - 6f_{n-3} = 0, \quad f_0 = 1, \ f_1 = 2, \ f_2 = 6.$$

Das charakteristische Polynom lautet hier

$$r^3 - 6r^2 + 11r - 6 = 0.$$

Die Nullstellen $r_1 = 1$, $r_2 = 2$, $r_3 = 3$ kann man leicht erraten. Allgemein kann eine Gleichung dritten Grades über die Cardanischen Formeln gelöst werden. Für Gleichungen höheren Grades sind meist numerische Verfahren erforderlich. Aus den Nullstellen erhalten wir die allgemeine Lösung

$$f_n = C_1 + C_2 \, 2^n + C_3 \, 3^n.$$

Das Einsetzen der Anfangswerte liefert das Gleichungssystem

$$1 = C_1 + C_2 + C_3$$
$$2 = C_1 + 2C_2 + 3C_3$$
$$6 = C_1 + 4C_2 + 9C_3.$$

Mit den Konstanten $C_1 = 1$, $C_2 = -1$ und $C_3 = 1$ folgt

$$f_n = 3^n - 2^n + 1. \qquad \blacksquare$$

Beispiel 3.7 (Komplexe Nullstellen)

$$f_n = 2\,(f_{n-1} - f_{n-2}), \quad n \geq 2,$$
$$f_0 = 1, \quad f_1 = 2$$

Die Gleichung

$$f_n - 2f_{n-1} + 2f_{n-2} = 0$$

führt auf das charakteristische Polynom $r^2 - 2r + 2$, dessen Nullstellen $r_1 = 1 + i$ und $r_2 = 1 - i$ komplex sind. Die allgemeine Lösung lässt sich folglich so darstellen:

$$f_n = C_1(1 + i)^n + C_2(1 - i)^n.$$

Das Einsetzen der Anfangswerte liefert in diesem Fall

$$f_0 = 1 = C_1 + C_2$$
$$f_1 = 2 = C_1(1 + i) + C_2(1 - i)$$

und damit

$$C_1 = \frac{1 - i}{2}, \quad C_2 = \frac{1 + i}{2}.$$

Die Lösung der Rekurrenzgleichung für die gegebenen Anfangswerte ist damit

$$f_n = \frac{1-i}{2}(1+i)^n + \frac{1+i}{2}(1-i)^n$$

$$= \frac{\sqrt{2}}{2}e^{-i\frac{\pi}{4}}\left(\sqrt{2}\right)^n e^{i\frac{n\pi}{4}} + \frac{\sqrt{2}}{2}e^{i\frac{\pi}{4}}\left(\sqrt{2}\right)^n e^{-\frac{in\pi}{4}}$$

$$= \left(\sqrt{2}\right)^{n+1}\cos\left(\frac{n-1}{4}\pi\right).$$

Die ersten Werte dieser Folge

$$\{1, 2, 2, 0, -4, -8, -8, 0, 16, 32, 32, 0, \ldots\}$$

zeigen das periodische Auftreten der Null mit alternierend auftretenden Zwischengliedern, deren Betrag exponentiell wächst. Komplexe Nullstellen der charakteristischen Gleichung weisen stets auf ein periodisches Verhalten der Folge hin, da sich der Imaginärteil nach der Eulerschen Formel stets durch Sinus- bzw. Cosinusfunktionen darstellen lässt. ∎

Das Auftreten von mehrfachen Nullstellen wollen wir zunächst an einem Beispiel untersuchen.

Beispiel 3.8 (Mehrfache reelle Nullstellen)
Wir betrachten die Rekurrenzgleichung

$$f_n + 3f_{n-1} + 3f_{n-2} + f_{n-3} = 0, \quad n \geq 3 \tag{3.14}$$

mit gegebenen Anfangswerten f_0, f_1, f_2.
   Die erzeugende Funktion der Folge f_n sei $F(z)$. Durch Multiplikation von (3.14) mit z^n und Bilden der Summe für $n \geq 3$ folgt

$$\sum_{n\geq 3} f_n z^n + 3\sum_{n\geq 3} f_{n-1}z^n + 3\sum_{n\geq 3} f_{n-2}z^n + \sum_{n\geq 3} f_{n-3}z^n = 0$$

und durch Einsetzen von $F(z)$ finden wir, dass der folgende Ausdruck identisch null sein muss:

$$\left(F(z) - f_0 - f_1 z - f_2 z^2\right) + 3z\left(F(z) - f_0 - f_1 z\right) + 3z^2\left(F(z) - f_0\right) + z^3 F(z).$$

Das Auflösen nach $F(z)$ liefert

$$F(z) = \frac{f_0 + (f_1 + 3f_0)z + (f_2 + 3f_1 + 3f_0)z^2}{(1+z)^3}$$

$$= \frac{f_2 + 3f_1 + 3f_0}{1+z} - \frac{2f_2 + 5f_1 + 3f_0}{(1+z)^2} + \frac{f_2 + 2f_1 + f_0}{(1+z)^3}.$$

Die explizite Darstellung der Folge f_n ist der Koeffizient vor z^n in $F(z)$:

$$
\begin{aligned}
f_n &= [z^n]\, F(z) \\
&= (f_2 + 3f_1 + 3f_0)(-1)^n - (2f_2 + 5f_1 + 3f_0)(n+1)(-1)^n \\
&\quad + (f_2 + 2f_1 + f_0)\binom{n+2}{2}(-1)^n \\
&= (-1)^n\left(f_0 - \left(\frac{3}{2}f_0 + 2f_1 + \frac{1}{2}f_2\right)n + \left(\frac{1}{2}f_2 + f_1 + \frac{1}{2}f_0\right)n^2\right) \quad \blacksquare
\end{aligned}
$$

Die entscheidende Beobachtung liegt nun darin, dass eine erzeugende Funktion der Form

$$
F(z) = \frac{p(z)}{(1-az)^k}\,,
$$

wobei $p(z)$ ein Polynom mit einem Grad kleiner als k ist, stets Koeffizienten vor z^n aufweist, die allgemein durch

$$
f_n = \left(C_1 + C_2 n + C_3 n^2 + \cdots + C_k n^{k-1}\right)a^n
$$

bestimmt sind. Dieser Sachverhalt folgt aus der Reihenentwicklung

$$
\frac{1}{(1-z)^k} = \sum_{n\geq 0}\binom{k-1+n}{k-1}z^n\,.
$$

Die Binomialkoeffizienten lassen sich als Polynom in n vom Grad $k-1$ darstellen. Auf diese Weise erhalten wir einen allgemeinen Ansatz für homogene lineare Rekurrenzgleichungen. Wir nehmen an, dass die charakteristische Gleichung die Nullstellen $\lambda_1, \lambda_2, \ldots, \lambda_l$ mit den Vielfachheiten $\beta_1, \beta_2, \ldots, \beta_l$ aufweist. Dann lautet der Lösungsansatz für die Rekurrenzgleichung

$$
\begin{aligned}
f_n &= C_{1,1}\,\lambda_1^n + C_{1,2}\,n\,\lambda_1^n + \cdots + C_{1,\beta_1}\,n^{\beta_1-1}\,\lambda_1^n \\
&\quad + C_{2,1}\,\lambda_2^n + C_{2,2}\,n\,\lambda_2^n + \cdots + C_{2,\beta_2}\,n^{\beta_2-1}\,\lambda_2^n \\
&\quad \cdots \\
&\quad + C_{l,1}\,\lambda_l^n + C_{l,2}\,n\,\lambda_l^n + \cdots + C_{l,\beta_l}\,n^{\beta_l-1}\,\lambda_l^n\,.
\end{aligned}
$$

Beispiel 3.9

Als Anwendung für diese Formel lösen wir die folgende Rekurrenzgleichung:

$$
f_n + 2f_{n-1} - 3f_{n-2} - 4f_{n-3} + 4f_{n-4} = 0\,, \quad n \geq 4
$$

mit den Anfangswerten

$$
f_0 = f_1 = 0\,, \quad f_2 = -3\,, \quad f_3 = 18\,.
$$

Die charakteristische Gleichung

$$\lambda^4 + 2\lambda^3 - 3\lambda^2 - 4\lambda + 4 = 0$$

besitzt die Lösung $\lambda_1 = 1$. Die Polynomdivision

$$(\lambda^4 + 2\lambda^3 - 3\lambda^2 - 4\lambda + 4) : (\lambda - 1) = \lambda^3 + 3\lambda^2 - 4$$

liefert wieder ein Polynom, das die Nullstelle 1 aufweist. Wir erhalten schließlich $\lambda_1 = \lambda_2 = 1$ und $\lambda_3 = \lambda_4 = -2$. Der Lösungsansatz für das Beispiel lautet folglich

$$f_n = C_1 + C_2 n + C_3 (-2)^n + C_4 n (-2)^n .$$

Mit den gegebenen Anfangswerten erhalten wir das Gleichungssystem:

$$
\begin{aligned}
f_0 &= 0 = C_1 + C_3 \\
f_1 &= 0 = C_1 + C_2 - 2C_3 - 2C_4 \\
f_2 &= -3 = C_1 + 2C_2 + 4C_3 + 8C_4 \\
f_3 &= 18 = C_1 + 3C_2 - 8C_3 - 24C_4
\end{aligned}
$$

Die Lösung $C_1 = C_4 = -1$ und $C_2 = C_3 = 1$ liefert die gesuchte Lösung der Rekurrenzgleichung:

$$f_n = n - 1 + (1 - n)(-2)^n \qquad \blacksquare$$

3.4.2 Die inhomogene Gleichung

Wir kehren nun wieder zur Untersuchung der inhomogenen linearen Rekurrenzgleichung (3.11) zurück:

$$f_n + \alpha_1 f_{n-1} + \cdots + \alpha_k f_{n-k} = g(n), \quad n \geq k .$$

Angenommen, wir kennen bereits eine spezielle Lösung $f_n^{(s)}$ dieser Gleichung. Dann ist auch jede Folge

$$f_n = f_n^{(s)} + f_n^{(h)} ,$$

wobei $f_n^{(h)}$ die allgemeine Lösung der zugehörigen homogenen Gleichung bezeichnet, eine Lösung von (3.11). Das folgt aus der Tatsache, dass jede Lösung der homogenen Gleichung den Beitrag null zur rechten Seite von (3.11) liefert. Damit erhalten wir die wichtige Aussage:

Die allgemeine Lösung einer inhomogenen linearen Rekurrenzgleichung ergibt sich als Summe einer speziellen Lösung der inhomogenen Gleichung und der allgemeinen Lösung der zugehörigen homogenen Gleichung.

Wie die homogene Gleichung gelöst wird, wissen wir bereits. Es bleibt zu klären, auf welchem Wege man eine spezielle Lösung der inhomogenen Gleichung erhält.

Wir wollen hier nur eine Methode zur Bestimmung einer speziellen Lösung darstellen. Für dieses Verfahren ist wieder ein Lösungsansatz erforderlich, der von der rechten Seite $g(n)$ abhängt.

Beispiel 3.10 (Eine inhomogene Rekurrenzgleichung)

Um einen Lösungsansatz für die Rekurrenzgleichung

$$f_n - 5f_{n-1} + 6f_{n-2} = g(n), \quad n \geq 2$$
$$f_0 = 0, \quad f_1 = 1$$

zu bestimmen, verwenden wir wieder erzeugende Funktionen.

Zunächst multiplizieren wir mit z^n und nehmen die Summe für $n \geq 2$:

$$\sum_{n \geq 2} f_n z^n - 5 \sum_{n \geq 2} f_{n-1} z^n + 6 \sum_{n \geq 2} f_{n-2} z^n = \sum_{n \geq 2} g(n) z^n .$$

Mit

$$F(z) = \sum_{n \geq 0} f_n z^n$$

und

$$G(z) = \sum_{n \geq 2} g(n) z^n$$

folgt daraus

$$(1 - 5z + 6z^2) F(z) - z = G(z)$$

oder, nach $F(z)$ aufgelöst,

$$F(z) = \frac{G(z) + z}{(1 - 2z)(1 - 3z)} . \tag{3.15}$$

Nun müssen wir natürlich wissen, was $G(z)$ ist. Betrachten wir zuerst ein Polynom $g(n) = n^2 - 2n$. In diesem Fall ist $G(z)$ die rationale Funktion

$$G(z) = \sum_{n \geq 2} (n^2 - 2n) z^n$$
$$= \sum_{n \geq 0} n^2 z^n - 2 \sum_{n \geq 0} n z^n + z$$
$$= \frac{z(1 + z)}{(1 - z)^3} - \frac{2z}{(1 - z)^2} + z .$$

Setzen wir diese Funktion in die Gleichung (3.15) ein, so erhalten wir

$$F(z) = \frac{z - 3z^2 + 6z^3 - 2z^4}{(1 - 2z)(1 - 3z)(1 - z)^3}$$
$$= \frac{-6}{1 - 2z} + \frac{2}{1 - 3z} + \frac{2}{1 - z} + \frac{1}{(z - 1)^2} + \frac{1}{(1 - z)^3} .$$

Die Reihenentwicklung des letzten Ausdrucks liefert die gesuchte Folge

$$f_n = 2 \cdot 3^n - 3 \cdot 2^{n+1} + \frac{1}{2}n^2 + \frac{5}{2}n + 4 \,.$$

Zu den Termen der homogenen Lösung (3^n und 2^n) kommt jetzt noch ein Polynom vom Grade 2 in n. Dieses ist eine unmittelbare Konsequenz aus der Reihenentwicklung von $G(z)$. Wir erhalten folglich die spezielle Lösung der inhomogenen Gleichung mit dem Ansatz

$$f_n^{(s)} = An^2 + Bn + C \,.$$

Setzen wir diesen in die Ausgangsgleichung ein, so folgt

$$An^2 + Bn + C - 5(A(n-1)^2 + B(n-1) + C) + 6(A(n-2)^2 + B(n-2) + C)$$
$$= n^2 - 2n \,.$$

Nach Potenzen von n geordnet, liefert das

$$2An^2 + (2B - 14A)n + (19A - 7B + 2C) = n^2 - 2n \,.$$

Aus dem Koeffizientenvergleich erhalten wir das Gleichungssystem

$$19A - 7B + 2C = 0$$
$$-14A + 2B = -2$$
$$2A = 1$$

mit der Lösung $A = \frac{1}{2}$, $B = \frac{5}{2}$ und $C = 4$. Die spezielle Lösung der inhomogenen Gleichung

$$f_n^{(s)} = \frac{1}{2}n^2 + \frac{5}{2}n + 4$$

wird damit bestätigt.

Betrachten wir nun den Fall $g(n) = 4^n$. Hier führt auf analoge Weise der Ansatz

$$f_n^{(s)} = A \cdot 4^n$$

zum Ziel. Das Einsetzen in die Ausgangsgleichung liefert

$$A4^n - 5A4^{n-1} + 6A4^{n-2} = 4^n \qquad | \cdot 4^{2-n}$$
$$A(4^2 - 5 \cdot 4 + 6) = 4^2$$
$$A = 8 \,.$$

Die spezielle Lösung der inhomogenen Gleichung lautet folglich

$$f_n^{(s)} = 8 \cdot 4^n \,.$$

Mit der Lösung der homogenen Gleichung

$$f_n^{(h)} = C_1 2^n + C_2 3^n$$

erhalten wir die allgemeine Lösung der inhomogenen Gleichung

$$f_n - 5f_{n-1} + 6f_{n-2} = 4^n .$$

Diese lautet

$$f_n = C_1 2^n + C_2 3^n + 8 \cdot 4^n .$$

Aus den gegebenen Anfangswerten ergeben sich die Konstanten $C_1 = 7$ und $C_2 = -15$.   ∎

Die rechte Seite $g(n)$ ist Lösung der homogenen Gleichung

Die Wahl des Lösungsansatzes auf die oben beschriebene Weise funktioniert jedoch nur dann, wenn die rechte Seite $g(n)$ nicht gleichzeitig auch eine Lösung der homogenen Gleichung ist. Betrachten wir dazu die Rekurrenzgleichung

$$f_n - 5f_{n-1} + 6f_{n-2} = 2^n , \quad n \geq 2,$$
$$f_0 = 0 , \quad f_1 = 1. \tag{3.16}$$

Die allgemeine Lösung der homogenen Gleichung

$$f_n^{(h)} = C_1 2^n + C_2 3^n$$

enthält ebenfalls den auf der rechten Seite stehenden Term 2^n. Der Ansatz $f_n^{(s)} = A \cdot C^n$ zum Bestimmen der speziellen Lösung der inhomogenen Gleichung schlägt hier fehl. Die Ursache dafür finden wir, wenn wir die Methode der erzeugenden Funktionen anwenden. Es folgt

$$(1 - 5z + 6z^2)F(z) - z = \sum_{n \geq 2} 2^n z^n = \frac{1}{1 - 2z} - 2z - 1$$

oder

$$F(z) = \frac{z(1 + 2z)}{(1 - 2z)^2(1 - 3z)} .$$

Die Partialbruchentwicklung ergibt

$$F(z) = \frac{5}{1 - 3z} - \frac{3}{1 - 2z} - \frac{2}{(1 - 2z)^2} .$$

Der letzte Term führt hierbei auf Koeffizienten der Form $n2^n$. Der Ansatz für die spezielle Lösung der inhomogenen Gleichung lautet damit

$$f_n^{(s)} = A \cdot n2^n .$$

Das Einsetzen von $f_n^{(s)}$ in die Ausgangsgleichung liefert

$$An2^n - 5A(n-1)2^{n-1} + 6A(n-2)2^{n-2} = 2^n \, .$$

Aus dem Koeffizientenvergleich folgt $A = -2$, sodass die allgemeine Lösung der inhomogenen Gleichung

$$f_n = C_1 2^n + C_2 3^n - 2n2^n$$

lautet. Die Anfangswerte $f_0 = 0$ und $f_1 = 1$ ermöglichen nun die Bestimmung der Konstanten C_1 und C_2. Die spezielle Lösung der Gleichung (3.16) für die gegebenen Anfangswerte ist

$$f_n = 5 \cdot 3^n - (5 + 2n)2^n \, .$$

Zusammenfassung zur Lösung inhomogener linearer Rekurrenzgleichungen

Die Lösung inhomogener linearer Rekurrenzgleichungen mit konstanten Koeffizienten erfordert die folgenden Schritte:

1. Löse die zugehörige homogene lineare Rekurrenzgleichung wie im Abschn. 3.4.1 beschrieben.
2. Wähle einen geeigneten *Ansatz* für die Bestimmung einer speziellen Lösung der inhomogenen Gleichung. Für einfache rechte Seiten gibt die folgende Tabelle den Ansatz.

Rechte Seite	Ansatz
Konstante	A
n^k	$A_0 + A_1 n + \ldots + A_k n^k$
c^n	$A c^n$
$n^k c^n$	$\left(A_0 + A_1 n + \ldots + A_k n^k\right) c^n$
$\sin \alpha n$	$A \sin \alpha n + B \cos \alpha n$
$\cos \alpha n$	$A \sin \alpha n + B \cos \alpha n$
$c^n \sin \alpha n$	$c^n \left(A \sin \alpha n + B \cos \alpha n\right)$
$c^n \cos \alpha n$	$c^n \left(A \sin \alpha n + B \cos \alpha n\right)$

3. Ist die rechte Seite eine Summe von Funktionen, so verwende die Summe der entsprechenden Ansätze.
4. Ist der Ansatz $a(n)$ gleichzeitig Lösung der homogenen Gleichung, so multipliziere den Ansatz mit der kleinsten Potenz n^k, sodass $n^k a(n)$ keine Lösung der homogenen Gleichung ist, und verwende den so entstandenen Produktansatz.
5. Ermittle die unbekannten Konstanten der Ansatzfunktion durch Lösung des linearen Gleichungssystems, das sich nach dem Einsetzen des Ansatzes in die inhomogene Gleichung aus dem Koeffizientenvergleich ergibt.

Ist der Ansatz nicht in der Tabelle enthalten oder sind die Koeffizienten der Rekurrenzgleichung nicht konstant, so kann die Methode der erzeugenden Funktionen eine Lösungsmöglichkeit sein.

3.5 Nichtlineare Rekurrenzgleichungen

Für die allgemeine nichtlineare Rekurrenzgleichung

$$F(f_n, f_{n-1}, \ldots, f_{n-k}) = 0 \tag{3.17}$$

kann man nur in wenigen Fällen eine explizite Lösung bestimmen. Wir wollen zunächst eine Form der Gleichung (3.17) untersuchen, die eine Linearisierung gestattet. Es sei $F : \mathbb{R} \to \mathbb{R}$ eine bijektive reellwertige Funktion. Eine Rekurrenzgleichung der Form

$$F(f_n) + \alpha_1 F(f_{n-1}) + \cdots + \alpha_k F(f_{n-k}) = g_n \tag{3.18}$$

kann mit der Substitution $h_n = F(f_n)$ in eine inhomogene lineare Rekurrenzgleichung mit konstanten Koeffizienten umgewandelt werden:

$$h_n + \alpha_1 h_{n-1} + \cdots + \alpha_k h_{n-k} = g_n \ .$$

Die Lösung dieser Gleichung liefert auch die gesuchte Lösung der Gleichung (3.18):

$$f_n = F^{-1}(h_n) \ .$$

Beispiel 3.11 (Substitution von f_n)

$$f_n - f_{n+1} + n f_n f_{n-1} = 0 \, , \quad n \geq 1$$
$$f_0 = 1 \ .$$

Wir dividieren die gegebene Gleichung zunächst durch $f_n f_{n-1}$, wobei wir $f_n \neq 0$ für alle $n \in \mathbb{N}$ voraussetzen. Es folgt

$$\frac{1}{f_{n-1}} - \frac{1}{f_n} + n = 0 \ .$$

Die Substitution $g_n = 1/f_n$ liefert

$$g_n - g_{n-1} = n \, , \quad n \geq 1$$
$$g_0 = 1 \ .$$

Die Lösung dieser inhomogenen linearen Rekurrenzgleichung ist

$$g_n = \frac{1}{2} n^2 + \frac{1}{2} n + 1 \ .$$

Die Rücksubstitution ergibt

$$f_n = \frac{1}{g_n} = \frac{2}{n^2 + n + 2} \ . \qquad \blacksquare$$

Beispiel 3.12 (Produktformen, allgemein)
Eine weitere, einfach zu lösende, nichtlineare Gleichung ist

$$f_n f_{n-1} = g_n, \tag{3.19}$$

wobei wieder der Anfangswert f_0 gegeben sei.
Durch wiederholtes Einsetzen der Gleichung erhält man

$$\begin{aligned}
f_n &= \frac{g_n}{f_{n-1}} \\
&= \frac{g_n}{g_{n-1}} f_{n-2} \\
&= \frac{g_n \cdot g_{n-2}}{g_{n-1} \cdot f_{n-3}} \\
&= \frac{g_n \cdot g_{n-2}}{g_{n-1} g_{n-3}} f_{n-4} \\
&\quad \cdots
\end{aligned}$$

Das Fortsetzen dieses Verfahrens bis zum Anfangswert f_0 liefert

$$\begin{aligned}
f_{2n} &= f_0 \prod_{i=1}^{n} \frac{g_{2i}}{g_{2i-1}}, \\
f_{2n+1} &= \frac{g_{2n+1}}{f_0} \prod_{i=1}^{n} \frac{g_{2i-1}}{g_{2i}}.
\end{aligned} \tag{3.20}$$

$\blacksquare$

Beispiel 3.13 (Produktform)
Wir betrachten die Gleichung

$$f_n f_{n-1} = 2^n, \quad f_0 = 1.$$

Da hier eine rekurrente Gleichung vom Typ (3.19) vorliegt, können wir direkt den Lösungsansatz (3.20) verwenden:

$$\begin{aligned}
f_{2n} &= \prod_{i=1}^{n} \frac{2^{2i}}{2^{2i-1}} = 2^n \\
f_{2n+1} &= 2^{2n+1} \prod_{i=1}^{n} \frac{2^{2i-1}}{2^{2i}} = 2^{n+1}
\end{aligned}$$

Die gesuchte Folge lautet damit

$$(1, 2, 2, 4, 4, 8, 8, 16, 16, \ldots).$$

$\blacksquare$

Rekurrenzgleichungen, die durch ein Polynom in f_n, f_{n-1}, ..., f_{n-k} gegeben sind, lassen sich oft durch Faktorisierung behandeln.

Beispiel 3.14 (Faktorisierung)

Wir betrachten die Rekurrenzgleichung

$$4f_n f_{n-1} - 6f_n f_{n-2} - 6f_{n-1}^2 + 9f_{n-1}f_{n-2} = 1,$$
$$f_0 = 1, \quad f_1 = 2.$$

Die faktorisierte Darstellung dieser Gleichung

$$(2f_n - 3f_{n-1})(2f_{n-1} - 3f_{n-2}) = 1$$

führt mit der Substitution $h_n = 2f_n - 3f_{n-1}$ auf eine nichtlineare Rekurrenzgleichung vom Typ (3.19):

$$h_n h_{n-1} = 1.$$

Mit den Anfangswerten

$$h_1 = 2f_1 - 3f_0 = 1$$

und

$$h_0 = \frac{1}{h_1} = 1$$

erhalten wir die Lösung für alle $n \in \mathbb{N}$

$$h_n = 1.$$

Die Lösung der Ausgangsgleichung ergibt sich damit aus der linearen Rekurrenzgleichung

$$2f_n - 3f_{n-1} = 1.$$

Wir erhalten

$$f_n = 2 \cdot \left(\frac{3}{2}\right)^n - 1. \qquad \blacksquare$$

Beispiel 3.15 (Konvolution von erzeugenden Funktionen)

Eine nichtlineare Rekurrenzgleichung, die auf alle Vorgängerwerte von f_n Bezug nimmt, ist

$$f_n = \frac{1}{2f_0}\left(1 - \sum_{k=1}^{n-1} f_k f_{n-k}\right), \quad f_0 = 1. \tag{3.21}$$

Für die Lösung dieser Gleichung ist die Einführung einer gewöhnlichen erzeugenden Funktion

$$F(z) = \sum_{n \geq 0} f_n z^n \tag{3.22}$$

zweckmäßig. Wir formen zunächst die Gleichung (3.21) so um, dass auch f_0 und f_n in die Summe eingeschlossen werden:

$$\sum_{k=0}^{n} f_k f_{n-k} = 1 .$$

Die Multiplikation mit z^n und das Bilden der Summe über alle n liefert

$$\sum_{n \geq 0} \sum_{k=0}^{n} f_k f_{n-k} z^n = \sum_{n \geq 0} z^n .$$

Die linke Seite dieser Gleichung ist ein Produkt von formalen Potenzreihen:

$$\left(\sum_{n \geq 0} f_n z^n \right) \left(\sum_{n \geq 0} f_n z^n \right) = \frac{1}{1-z} .$$

Nach dem Einsetzen der erzeugenden Funktion (3.22) erhalten wir schließlich

$$F(z) = \frac{1}{\sqrt{1-z}}$$

$$= \sum_{n \geq 0} \binom{-\frac{1}{2}}{n} (-1)^n z^n .$$

Daraus folgt die explizite Darstellung der Folge $\{f_n\}$:

$$f_n = \binom{-\frac{1}{2}}{n} (-1)^n = \frac{(2n)!}{4^n (n!)^2} \qquad \blacksquare$$

Aufgaben

3.1 Die Folge $\{f_n\}$ erfülle die Rekurrenzgleichung

$$f_n + (1-n)(f_{n-1} + f_{n-2}) = 0 .$$

Bestimme f_n für die Anfangswerte $f_0 = 1$ und $f_1 = 0$.

3.2 Welche Lösung besitzt die Rekurrenzgleichung

$$f_{n+2} + 2f_{n+1} - 3f_n = 4 + 5 \cdot 2^n$$

mit den Anfangswerten $f_0 = 2$ und $f_1 = 0$?

3.3 Bestimme die Lösung des Systems rekurrenter Gleichungen

$$f_{n+1} = -3g_n - 9h_n$$
$$g_{n+1} = 3f_n + 3h_n$$
$$h_{n+1} = -\frac{9}{5}f_n + \frac{3}{5}g_n$$

für die Anfangswerte $f_0 = 3$, $g_0 = -1$ und $h_0 = 0$.

3.4 Es sei T_n die Anzahl der verschiedenen Arten, mit denen man ein Schachbrett der Größe $3 \times n$ mit Dominosteinen der Größe 3×1 vollständig auslegen kann. Wie lautet die Rekurrenzgleichung für T_n?

3.5 Welche Lösung besitzt die folgende Rekurrenzgleichung?

$$F_n = \frac{1 + F_{n-1}}{F_{n-2}} \text{ für } n > 1$$
$$F_0 = 1, \ F_1 = 2$$

3.6 Zeige, dass die Fibonacci-Zahlen die folgenden Gleichungen erfüllen:

1. $F_{n+1}F_{n-1} - F_n^2 = (-1)^n$
2. $F_{2n} = F_n F_{n+1} + F_{n-1} F_n$
3. $F_{n+m} = F_{n-1} F_m + F_n F_{m+1}$

3.7 Welche allgemeinen Lösungen besitzen die folgenden inhomogenen linearen Rekurrenzgleichungen?

1. $f_{n+3} - 6f_{n+2} + 11f_{n+1} - 6f_n = 2$
2. $f_{n+2} + 4f_{n+1} + 3f_n = 5$

3.8 Wie heißt die Lösung der inhomogenen linearen Rekurrenzgleichung

$$f_{n+2} - 6f_{n+1} + 8f_n = n$$

mit den Anfangsbedingungen

$$f_0 = 2, \ f_1 = 1?$$

3.9 Bestimme die gewöhnliche erzeugende Funktion der Folge der *Catalan-Zahlen* aus der Rekurrenzgleichung

$$C_n = \sum_{i=1}^{n-1} C_i C_{n-i}, \ n > 1$$
$$C_0 = 0, \ C_1 = 1 \ .$$

3.10 Bestimme die exponentielle erzeugende Funktion für die die Folge $\{f_n\}$, wenn die Glieder der Folge die folgende Rekurrenzgleichung erfüllen:

$$f_n = f_{n-1} + (n-1)f_{n-2}, \; n > 1$$
$$f_0 = f_1 = 1$$

Zeige, dass f_n die Anzahl der Permutationen von n Elementen liefert, die ausschließlich aus Zyklen der Längen 1 und 2 bestehen. In diesem Falle werden höchstens Paare von Elementen getauscht.

3.11 Welche Lösung besitzt die Rekurrenzgleichung

$$f_{n+1} = 1 + \sum_{k=0}^{n-1} f_k, \; n \geq 0$$
$$f_0 = 1?$$

3.12 Bestimme die Rekurrenzgleichung für die Anzahl $f_{n,k}$ der markierten Partitionen der Menge $\{1,\ldots,n\}$ mit genau k Blöcken. Eine *markierte Partition* einer Menge ist eine Partition, in der jeder Block zusätzlich mit einer Markierung versehen werden kann. Die Menge $\{1,2\}$ besitzt die sechs markierten Partitionen:

$$\{1\}\{2\}, \; \{1\}^*\{2\}, \; \{1\}\{2\}^*, \; \{1\}^*\{2\}^*, \; \{1,2\}, \; \{1,2\}^*$$

Summen

4

Inhaltsverzeichnis

Die Lösung vieler kombinatorischer Probleme führt auf Summenformeln. In diesem Kapitel wollen wir Methoden zur Vereinfachung und Berechnung von Summen betrachten. Unter der Berechnung einer Summe verstehen wir das Bestimmen einer expliziten, nur von den Summationsgrenzen abhängigen Formel:

$$S_n = f(n) = \sum_{k=0}^{n} a_k$$

Leider ist einer Summe nicht immer anzusehen, ob sie eine Vereinfachung (mit einfachen Mitteln) zulässt oder nicht. So sollte man als Lösung eines Problems nicht eine Summe wie $\sum_{k=0}^{n} k$ angeben, da sich für diese Summe einfacher $\binom{n+1}{2}$ schreiben lässt. Andererseits ist keine einfache explizite Formel für die Summe $\sum_{k=1}^{n} \frac{k}{2^{k^2}}$ bekannt, sodass hier die Summenform als Lösung akzeptiert werden kann.

Die Berechnung von Summen ist oft trickreich. Für eine größere Klasse von Summenformeln gibt es jedoch eine einheitliche Theorie, die auf der Operatorenrechnung basiert. Neben einigen elementaren Methoden wird deshalb die Theorie der Differenzen- und Summenoperatoren der Hauptgegenstand der folgenden Darlegungen sein. Differenzen und Summen weisen eine enge Verwandtschaft zu den aus der Analysis bekannten Begriffen Ableitung und Integral auf. Eine ausführliche Darstellung der Summenrechnung bietet unter anderem das Buch von Spiegel (1982). Viele in der Kombinatorik auftretende Summen lassen sich heute bereits automatisch mit der Hilfe von Computeralgebrasystemen lösen. Die Grund-

© Springer-Verlag GmbH Deutschland, ein Teil von Springer Nature 2019   109
P. Tittmann, *Einführung in die Kombinatorik*, https://doi.org/10.1007/978-3-662-58921-2_4

lage für die automatisierte Behandlung von Summen ist die Theorie der hypergeo-
metrischen Funktionen. Einen sehr guten Überblick zu diesem Thema liefert das
Buch von Petkovšek, Wilf und Zeilberger (1996). Trotz dieser Fortschritte sind die
hier vorgestellten Methoden nicht überflüssig. Sie liefern nicht nur einen Einblick
in die klassische Summationstheorie, sondern bieten häufig auch mehr Verständnis für das Problem als ein automatisch geführter Beweis für eine Summenformel.

4.1 Elementare Methoden zur Berechnung von Summen

In diesem Abschnitt wollen wir eine kleine Sammlung von hilfreichen Verfahren
und „Tricks" für die Berechnung einfacher Summen bereitstellen. Zunächst betrachten wir einige elementare Eigenschaften.

Es sei $f : X \to \mathbb{R}$ eine gegebene reellwertige Abbildung, die auf einer beliebigen Menge X definiert ist, und $A \subseteq X$ eine endliche Teilmenge. Dann schreiben
wir

$$\sum_{x \in A} f(x)$$

für die Summe aller $f(x)$ mit $x \in A$. Die geforderte Endlichkeit der Menge A
sichert, dass der obige Ausdruck eine wohldefinierte reelle Zahl ist. Insbesondere
vereinbaren wir

$$\sum_{x \in A} f(x) = 0, \tag{4.1}$$

falls der Summationsbereich A die leere Menge ist. Ist X die Menge der ganzen
oder natürlichen Zahlen, so schreiben wir auch f_k statt $f(k)$ und

$$\sum_{k=m}^{n} f_k \quad \text{statt} \quad \sum_{k \in \{m,...,n\}} f(k) \; .$$

Aus der Konvention (4.1) folgt dann auch

$$\sum_{k=m}^{n} f_k = 0, \text{ falls } m > n \; .$$

Leser, die mehr mit der Algebra vertraut sind, werden bemerken, dass viele der
folgenden Ausführungen auch für Summen über Abbildungen mit Werten in beliebigen Körpern, kommutativen Ringen oder noch allgemeineren algebraischen
Strukturen gültig bleiben. Wir betrachten aus Gründen der Anschaulichkeit jedoch
im Folgenden nur reelle Funktionen.

Wir fassen hier einige elementare Regeln zum Umgang mit Summen über reelle Zahlenfolgen $\{f_k\}$ und $\{g_k\}$ zusammen, die der Leser leicht selbst beweisen kann:

$$\sum_{k=m}^{n} \alpha f_k = \alpha \sum_{k=m}^{n} f_k, \quad \alpha \in \mathbb{R}$$

$$\sum_{k=m}^{n} (f_k + g_k) = \sum_{k=m}^{n} f_k + \sum_{k=m}^{n} g_k$$

$$\sum_{k=m}^{n} f_k = \sum_{k=m}^{l} f_k + \sum_{k=l+1}^{n} f_k, \quad m \leq l \leq n$$

$$\sum_{k=m}^{n} f_k = \sum_{k=m+l}^{n+l} f_{k-l} = \sum_{k=m-l}^{n-l} f_{k+l}, \quad l \in \mathbb{N}$$

$$\sum_{k=m}^{n} f_k = \sum_{k=0}^{n-m} f_{n-k}$$

Für Summen über einen beliebigen endlichen Summationsbereich A finden wir analog

$$\sum_{x \in A} \alpha f(x) = \alpha \sum_{x \in A} f(x), \quad \alpha \in \mathbb{R},$$

$$\sum_{x \in A} (f(x) + g(x)) = \sum_{x \in A} f(x) + \sum_{x \in A} g(x),$$

$$\sum_{x \in A} f(x) = \sum_{x \in B} f(x) + \sum_{x \in C} f(x), \quad A = B \cup C, \ B \cap C = \emptyset.$$

Das Abspalten von Summanden

Einige Summen können auf algebraische Gleichungen überführt werden, deren Lösung dann eine explizite Summenformel liefert. Eine Methode zur Aufstellung der algebraischen Gleichung ist das Abspalten von Summanden. Als Beispiel betrachten wir die Summe

$$S_n = \sum_{k=0}^{n} k a^k \quad \text{mit} \quad a \neq 1. \tag{4.2}$$

Durch Erhöhen der oberen Summationsgrenze um 1 erhalten wir

$$\sum_{k=0}^{n+1} k \cdot a^k = (n+1)a^{n+1} + S_n. \tag{4.3}$$

Die linke Seite dieser Gleichung lässt sich durch das Verschieben des Summationsindexes auch so schreiben:

$$\sum_{k=0}^{n} (k+1)a^{k+1} \tag{4.4}$$

Durch Gleichsetzen von (4.3) und (4.4) folgt dann

$$(n + 1)a^{n+1} + S_n = \sum_{k=0}^{n}(k + 1)a^{k+1}$$

$$= a\sum_{k=0}^{n}ka^k + a\sum_{k=0}^{n}a^k$$

$$= aS_n + a\frac{a^{n+1} - 1}{a - 1} .$$

Der letzte Term ist hierbei die Summe einer geometrischen Reihe. Die Auflösung nach S_n liefert die explizite Formel

$$S_n = \frac{na^{n+2} - (n + 1)a^{n+1} + a}{(1 - a)^2} .$$

Ableitung einer bekannten Summe

Wenn sich die zu berechnende Summe als Ableitung einer bekannten Summe darstellen lässt, ist die Berechnung sehr einfach. Wir betrachten dazu das Beispiel

$$T_n = \sum_{k=0}^{n}\binom{n}{k}k \cdot x^k .$$

Diese Summe ist auf folgende Weise als Ableitung einer Summe darstellbar:

$$T_n = x\frac{d}{dx}\sum_{k=0}^{n}\binom{n}{k}x^k$$

Nach dem Binomialsatz (1.12) gilt für diese Summe

$$T_n = x\frac{d}{dx}(1 + x)^n = xn(1 + x)^{n-1} .$$

Summen mit Binomialkoeffizienten

Summen, die Binomialkoeffizienten enthalten, können in einigen Fällen durch geschicktes Umsortieren und Anwendung von elementaren Eigenschaften der Binomialkoeffizienten berechnet werden. Für die Summe

$$U_n = \sum_{k}\binom{n}{k}^2$$

nutzen wir zunächst die Symmetrie der Binomialkoeffizienten:

$$\sum_{k}\binom{n}{k}^2 = \sum_{k}\binom{n}{k}\binom{n}{n - k} \tag{4.5}$$

An dieser Stelle hilft die Vandermonde-Konvolution (1.14)

$$\sum_k \binom{r}{k}\binom{s}{n-k} = \binom{r+s}{n}$$

weiter. Die gesuchte Summe U_n ist mittels (1.14) leicht zu berechnen. Mit $r = s = n$ erhalten wir

$$U_n = \binom{2n}{n}.$$

Für weitere interessante Beispiele für Summen, die Binomialkoeffizienten enthalten, empfehlen wir dem Leser das Buch von Graham, Knuth und Patashnik (1991).

Einführen von Zwischensummen

Das Einführen von Zwischensummen führt zunächst zu komplexeren Ausdrücken, die aber in einigen Fällen weitreichende Vereinfachungen gestatten. Als Beispiel für diese Methode betrachten wir die Summe

$$\sum_{k=1}^{n} k2^k \, ,$$

die ein Spezialfall der Summe (4.2) ist. Wir ersetzen k durch eine weitere Summe und tauschen in der entstehenden Doppelsumme die Summationsreihenfolge:

$$\sum_{k=1}^{n} k2^k = \sum_{k=1}^{n}\sum_{j=1}^{k} 2^k$$

$$= \sum_{j=1}^{n}\sum_{k=j}^{n} 2^k$$

$$= \sum_{j=1}^{n} \left(2^{n+1} - 2^j\right)$$

$$= n2^{n+1} - \left(2^{n+1} - 2\right)$$

$$= (n-1)2^{n+1} + 2$$

Partialbruchentwicklung

Für die Summe

$$S_n = \sum_{k=1}^{n} \frac{(-1)^k k}{4k^2 - 1}$$

führen die *Partialbruchentwicklung* und das geschickte *Zusammenfassen von Termen* zum Erfolg. Die Partialbruchentwicklung des Summanden liefert

$$S_n = \frac{1}{4}\sum_{k=1}^{n}(-1)^k \left(\frac{1}{2k-1} + \frac{1}{2k+1}\right).$$

Die Lösung des Problems wird offensichtlich, wenn man diese Summe ausschreibt:

$$S_n = \frac{1}{4}\left(-\frac{1}{1}\underbrace{-\frac{1}{3}+\frac{1}{3}}_{0}+\underbrace{\frac{1}{5}-\frac{1}{5}}_{0}\underbrace{-\frac{1}{7}+\frac{1}{7}}_{0}+\cdots+(-1)^n\frac{1}{2n+1}\right)$$

$$= \frac{1}{4}\left(\frac{(-1)^n}{2n+1}-1\right)$$

Die bisherigen Ausführungen über die Berechnung von Summen erweckten sicher den Eindruck, dass jede Summe ein neues Verfahren (einen neuen Trick) erfordert. Der nächste Abschnitt wird aber zeigen, dass es für eine große Klasse von Summen eine einheitliche Theorie gibt.

4.2 Differenzen- und Summenoperatoren

Bevor wir wieder zur Berechnung von Summen zurückkehren, wollen wir den umgekehrten Vorgang, das Bilden von Differenzen, etwas genauer untersuchen. Um zu einer bequemen und nützlichen Schreibweise für die nachfolgenden Ausführungen zu kommen, führen wir zunächst den *Differenzenoperator* ein. Hier verstehen wir unter einem *Operator* eine Abbildung, die einer reellen Funktion wieder eine reelle Funktion zuordnet. Für eine beliebige reelle Funktion $f(x)$ sei

$$\Delta f(x) = f(x+1) - f(x)\,.$$

Ist $f = f_n$ eine Zahlenfolge (eine auf $\mathbb{N}$ definierte Funktion), so ist

$$\boxed{\Delta f_n = f_{n+1} - f_n}\,.$$

In Zweifelsfällen sollte man den Differenzenoperator in der Form Δ_x oder Δ_n schreiben, um die Variable für die Differenzenbildung zu kennzeichnen. Wir vereinbaren jedoch, dass der Differenzenoperator für jeden Ausdruck, der x enthält, auf x anzuwenden ist. Im Fall von Zahlenfolgen f_k oder f_n bezieht er sich auf den Index k oder n. Für eine Folge von Partialsummen

$$S_n = \sum_{k=0}^{n} a_k$$

liefert der Differenzenoperator

$$\Delta S_n = \sum_{k=0}^{n+1} a_k - \sum_{k=0}^{n} a_k = a_{n+1}\,.$$

Die Anwendung des Differenzenoperators (leider gibt es hier kein so schönes Wort
wie „Differenzieren" für die Anwendung des Differentialoperators) ist damit tatsächlich eine Umkehrung der Summenbildung. Aus der Folge der Partialsummen
$\{S_n\}$ gewinnt man mit dem Differenzenoperator die Folge $\{a_n\}$ der Glieder der
Summe zurück.

Die Berechnung von Differenzen bereitet im Gegensatz zur Summenrechnung
kaum Schwierigkeiten. Einige Beispiele sollen die Anwendung des Differenzenoperators illustrieren.

$$\Delta x^n = (x+1)^n - x^n = \sum_{k=0}^{n-1} \binom{n}{k} x^k$$

$$\Delta x^{\underline{k}} = (x+1)x(x-1)\cdots(x-k+2) - x(x-1)\cdots(x-k+2)(x-k+1)$$
$$= ((x+1)-(x-k+1))x(x-1)\cdots(x-k+2)$$
$$= k x^{\underline{k-1}}$$

$$\Delta a^k = a^{k+1} - a^k = a^k(a-1)$$

$$\Delta 2^k = 2^k$$

Translationsoperator und Identität

Ein weiterer Operator erweist sich für die folgende Darlegung als nützlich. Der
Translationsoperator (*Verschiebungsoperator*) E bewirkt die Abbildung

$$f(x) \mapsto f(x+1) \, .$$

Damit gilt

$$\mathbf{E} f(x) = f(x+1) \, .$$

Die *Identität* können wir ebenfalls als Operator schreiben:

$$\mathbf{I} f(x) = f(x)$$

Damit sind wir in der Lage, den Differenzenoperator durch eine *Operatorgleichung*
darzustellen:

$$\Delta = \mathbf{E} - \mathbf{I} \tag{4.6}$$

In der Tat ist

$$\Delta f(x) = (\mathbf{E} - \mathbf{I}) f(x) = \mathbf{E} f(x) - \mathbf{I} f(x) = f(x+1) - f(x) \, .$$

Auf diese Weise lassen sich auch Rekurrenzgleichungen darstellen. So sind

$$f_{n+2} - 2f_{n+1} + f_n = 2^n$$

und

$$\mathbf{E}^2 f_n - 2\mathbf{E} f_n + f_n = 2^n$$

äquivalente Schreibweisen. Die letzte Gleichung kann auch durch

$$\left(\mathbf{E}^2 - 2\mathbf{E} + \mathbf{I}\right) f_n = 2^n$$

oder mit (4.6) in der Form

$$\Delta^2 f_n = 2^n$$

dargestellt werden.

Eigenschaften linearer Operatoren

Die Operatoren Δ und $\mathbf{E}$ sind *lineare Operatoren*, das heißt, es gilt

$$\Delta(\alpha f(x) + \beta g(x)) = \alpha \Delta f(x) + \beta \Delta g(x),$$
$$\mathbf{E}(\alpha f(x) + \beta g(x)) = \alpha \mathbf{E} f(x) + \beta \mathbf{E} g(x) \,.$$

Hierbei sind $\alpha, \beta \in \mathbb{C}$ Konstanten. Die *Produktregel für den Differenzenoperator*

$$\Delta(f(x)g(x)) = \mathbf{E} f(x) \Delta g(x) + g(x) \Delta f(x) \tag{4.7}$$

ergibt sich aus der Rechnung

$$\begin{aligned}
\Delta(f(x)g(x)) &= f(x+1)g(x+1) - f(x)g(x) \\
&= f(x+1)(g(x+1) - g(x)) + g(x)(f(x+1) - f(x)) \\
&= \mathbf{E} f(x) \Delta g(x) + g(x) \Delta f(x) \,.
\end{aligned}$$

Nicht viel schwieriger ist auch der Beweis der *Quotientenregel für den Differenzenoperator*:

$$\Delta\left(\frac{f(x)}{g(x)}\right) = \frac{\mathbf{E} g(x) \Delta f(x) - \mathbf{E} f(x) \Delta g(x)}{g(x)\mathbf{E} g(x)}$$

Beide Regeln zeigen die enge Verwandtschaft des Differenzenoperators mit der Ableitung einer Funktion. *Differenzen höherer Ordnung* werden rekursiv durch

$$\Delta^n f(x) = \Delta(\Delta^{n-1} f(x)), \quad \Delta^0 f(x) = f(x)$$

definiert. Die Operatorgleichung (4.6) ermöglicht einen direkten Zugang zu Differenzen höherer Ordnung:

$$\Delta^n = (\mathbf{E} - \mathbf{I})^n = \sum_k \binom{n}{k} \mathbf{E}^k (-1)^{n-k}$$

Damit finden wir für die Differenz n-ter Ordnung der Funktion $f(x)$ die Darstellung

$$\Delta^n f(x) = \sum_k \binom{n}{k} (-1)^{n-k} f(x+k) \,.$$

Der Summenoperator

Für die Berechnung von Summen ist ein Operator erforderlich, der die Wirkung des Differenzenoperators umkehrt. Der *Summenoperator* Δ^{-1} hat genau diesen Effekt:

$$g(x) = \Delta f(x) \Longleftrightarrow \Delta^{-1} g(x) = f(x) + C \tag{4.8}$$

Ähnlich wie beim Übergang zur Stammfunktion taucht hier auf der rechten Seite noch eine Konstante C auf, da die Differenz von zwei Funktionen, die sich nur durch Addition einer Konstanten unterscheiden, gleich ist. Im Allgemeinen kann für C sogar eine Funktion der Periode 1 eingesetzt werden. So ist zum Beispiel

$$\Delta \left(x^2 + \sin(2\pi x)\right) = \Delta(x^2 + 7) = \Delta x^2 = 2x + 1 \,.$$

Es sei

$$g(x) = \Delta f(x) = f(x+1) - f(x) \,.$$

Die Schreibweise

$$\Delta^{-1} g(x)\Big|_a^b = \Delta^{-1} g(b) - \Delta^{-1} g(a)$$

verwenden wir für die Differenz der Werte von $\Delta^{-1} g(x)$ an den Stellen b und a. Für $b = a$ gilt

$$\Delta^{-1} g(x)\Big|_a^a = (f(a) + C) - (f(a) + C) = 0 \,.$$

Ist $b = a + 1$, so folgt

$$\Delta^{-1} g(x)\Big|_a^{a+1} = f(a+1) - f(a) = g(a) \,.$$

Weiterhin ist

$$\begin{aligned}
\Delta^{-1} g(x)\Big|_a^{a+2} &= f(a+2) - f(a) \\
&= (f(a+2) - f(a+1)) + (f(a+1) - f(a)) \\
&= g(a+1) + g(a) \,.
\end{aligned}$$

Allgemein erhalten wir durch vollständige Induktion:

$$\boxed{\Delta^{-1} g(x)\Big|_a^b = \sum_{k=a}^{b-1} g(k)}$$

Diese Formel ermöglicht die Berechnung von Summen auf einfache Weise. Die Voraussetzung dafür ist, dass wir den Summenoperator $\Delta^{-1} g(x)$ bestimmen können. Wie gelangt man zu Δ^{-1} für eine gegebene Funktion $g(x)$? Die Definition (4.8) zeigt uns einen Weg, um ein großes Repertoire von Summen bereitzustellen. Wir berechnen zunächst für eine Vielfalt von Funktionen die Differenzenfolgen und tragen diese in einer Tabelle ein. Zur Bestimmung des Summenoperators müssen wir dann nur in umgekehrter Richtung die Tabelle ablesen. Das soll an einigen Beispielen erläutert werden. Wir wissen bereits, dass

$$\Delta x^{\underline{k}} = k x^{\underline{k-1}} .$$

Die Umkehrung liefert uns sofort

$$\Delta^{-1} x^{\underline{k}} = \frac{1}{k+1} x^{\underline{k+1}} .$$

Damit können wir bereits Summen, die fallende Faktorielle oder gewöhnliche Potenzen enthalten, berechnen:

$$\sum_{k=0}^{n} k^{\underline{3}} = \Delta^{-1} k^{\underline{3}} \Big|_{0}^{n+1}$$

$$= \frac{1}{4} k^{\underline{4}} \Big|_{0}^{n+1}$$

$$= \frac{1}{4} (n+1)^{\underline{4}}$$

Beispiel 4.1 (Summe über Potenzen, Teil I)

$$\sum_{k=0}^{n} k^{3}$$

Für die gewöhnlichen Potenzen x^{n} kennen wir die Darstellung des Summenoperators nicht. Hier hilft jedoch Formel (1.21) weiter, die uns sagt, dass Potenzen als Summen von fallenden Faktoriellen dargestellt werden können:

$$x^{n} = \sum_{k \geq 0} \begin{Bmatrix} n \\ k \end{Bmatrix} x^{\underline{k}}$$

Die hierbei auftretenden Koeffizienten sind die Stirling-Zahlen zweiter Art, die wir der Tab. 1.3 entnehmen können. Für die angegebene Summe folgt

$$\sum_{k=0}^{n} k^{3} = \sum_{k=0}^{n} \left(k^{\underline{3}} + 3k^{\underline{2}} + k^{\underline{1}} \right)$$

$$= \frac{1}{4} k^{\underline{4}} + k^{\underline{3}} + \frac{1}{2} k^{\underline{2}} \Big|_{0}^{n+1}$$

$$= \frac{1}{4} (n+1)n(n-1)(n-2) + (n+1)n(n-1) + \frac{1}{2}(n+1)n$$

$$= \frac{1}{4} n^{4} + \frac{1}{2} n^{3} + \frac{1}{4} n^{2} . \qquad \blacksquare$$

Für die Berechnung weiterer Summen ist die Tab. 4.1 sehr hilfreich. Sie enthält eine Übersicht der Summenoperatoren für einige Funktionen. Das geheimnisvolle ψ in den letzten beiden Zeilen der Tabelle wird im folgenden Abschnitt näher untersucht.

Tab. 4.1 Der Summenoperator für verschiedene Folgen

f_n	$\Delta^{-1} f_n$
1	n
n	$\frac{1}{2}n(n-1)$
n^2	$\frac{1}{6}n(2n-1)(n-1)$
n^3	$\frac{1}{4}n^2(n-1)^2$
n^4	$\frac{1}{30}n(2n-1)(n-1)$
a^n	$\dfrac{a^n}{a-1}, \quad a \neq 1$
na^n	$\dfrac{a^n(na-n-a)}{(a-1)^2}, \quad a \neq 1$
$n^{\underline{k}}$	$\dfrac{n^{\underline{k+1}}}{k+1}, \quad \neq -1$
$a^n n^{\underline{k}}$	$\sum_{j=0}^{k}(-1)^j \dfrac{k^{\underline{j}} n^{\underline{k-j}} a^{n+j}}{(a-1)^{j+1}}, \quad a \neq 1, k \in \mathbb{N}$
$(an+b)^{\underline{k}}$	$\dfrac{(an+b)^{\underline{k+1}}}{a(k+1)}, \quad a \neq 0, k \neq -1$
$\dbinom{n}{k}$	$\dbinom{n}{k+1}$
$\frac{1}{n}$	$\psi(n)$
$\dfrac{1}{(n+a)^k}$	$(-1)^{k-1}\dfrac{\psi^{(k-1)}(n+a)}{(k+1)!}, \quad k \in \mathbb{N}$

4.3 Harmonische Zahlen

Eine Summe, die sehr einfach aussieht, deren Berechnung aber erhebliche Schwierigkeiten verursacht, ist

$$H_n = \sum_{k=1}^{n} \frac{1}{k}, \quad n \geq 0 .$$

Die Summen H_n treten in vielen Anwendungen auf. Diese Zahlen heißen auch *harmonische Zahlen*. Tab. 4.2 zeigt die ersten harmonischen Zahlen.

Tab. 4.2 Die harmonischen Zahlen

n	0	1	2	3	4	5	6	7	8	9	10
H_n	0	1	$\frac{3}{2}$	$\frac{11}{6}$	$\frac{25}{12}$	$\frac{137}{60}$	$\frac{49}{20}$	$\frac{363}{140}$	$\frac{761}{280}$	$\frac{7129}{2520}$	$\frac{7382}{2520}$

Die exakte Berechnung der Zahlen H_n über eine explizite Formel bereitet tatsächlich einige Schwierigkeiten. Zunächst kann man schnell feststellen, dass die harmonischen Zahlen beliebig groß werden können. Diese Tatsache folgt aus der Divergenz der *harmonischen Reihe*:

$$\sum_{k \geq 1} \frac{1}{k} = 1 + \underbrace{\frac{1}{2}}_{> \frac{1}{2}} + \frac{1}{3} + \frac{1}{4} + \underbrace{\frac{1}{5} + \frac{1}{6} + \frac{1}{7} + \frac{1}{8}}_{> \frac{1}{2}} + \underbrace{\frac{1}{9} + \cdots + \frac{1}{16}}_{> \frac{1}{2}} + \cdots$$

Durch Zusammenfassen der 2^n Terme

$$\frac{1}{2^n + 1} + \cdots + \frac{1}{2^{n+1}}$$

erhalten wir stets Terme, die größer als $\frac{1}{2}$ sind. Somit gilt

$$\sum_{k \geq 1} \frac{1}{k} > 1 + \frac{1}{2} + \frac{1}{2} + \frac{1}{2} + \cdots = \infty \, .$$

Untere und obere Schranken für die harmonischen Zahlen liefert die Integralrechnung. Wir vergleichen die Flächeninhalte zwischen der x-Achse und dem Graphen der Funktion $f(x) = \frac{1}{x}$ sowie zwischen der x-Achse und der Treppenfunktion $f(x) = \frac{1}{\lfloor x \rfloor}$. Abb. 4.1 veranschaulicht diesen Sachverhalt. Da $\frac{1}{x} < \frac{1}{\lfloor x \rfloor}$ für alle $x > 0$ ist, folgt

$$\int_{1}^{n+1} \frac{dx}{x} = \ln(n + 1) < H_n \, .$$

Verschiebt man den Graphen der Treppenfunktion $\frac{1}{\lfloor x \rfloor}$ um eine Einheit nach links im Koordinatensystem, so liegt er unterhalb der Funktion $f(x) = \frac{1}{x}$. Die gestrichelte Funktion in Abb. 4.1 illustriert diesen Zusammenhang. Wir erhalten so eine obere Schranke für die harmonischen Zahlen:

$$H_n < \int_{1}^{n} \frac{dx}{x} + 1 = \ln n + 1$$

Abb. 4.1 Treppenfunktionen – Konstruktion von Schranken für die harmonischen Zahlen

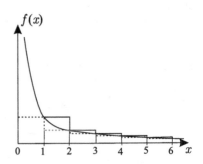

Die Gammafunktion

Um einer expliziten Darstellung der harmonischen Zahlen näherzukommen, müssen wir einen kleinen Ausflug in die Analysis unternehmen. Zunächst benötigen wir die von Euler eingeführte *Gammafunktion*, die durch ein Parameterintegral definiert ist:

$$\Gamma(z) = \int_0^\infty t^{z-1} e^{-t} dt \tag{4.9}$$

Hierbei ist z eine komplexe Variable mit positivem Realteil. Für die folgenden Betrachtungen genügt es, z als positive reelle Variable zu betrachten. Für $z = 1$ lässt sich das Integral (4.9) sehr schnell berechnen. Es gilt

$$\Gamma(1) = 1. \tag{4.10}$$

Weiterhin folgt durch partielle Integration:

$$\Gamma(z) = \frac{t^z}{z} e^{-t} \Big|_0^\infty + \int_0^\infty \frac{t^z}{z} e^{-t} dt$$

$$= \frac{1}{z} \int_0^\infty t^z e^{-t} dt$$

$$= \frac{1}{z} \Gamma(z+1)$$

Damit haben wir eine rekursive Beziehung zur Berechnung der positiven ganzzahligen Werte von $\Gamma(z)$:

$$\Gamma(z+1) = z\Gamma(z), \quad \Gamma(1) = 1 \tag{4.11}$$

Der Vergleich mit der Definition der Fakultät liefert

$$\Gamma(n) = (n-1)!, \quad n \in \mathbb{N}, n > 0.$$

Die Γ-Funktion ist in der Tat eine stetige Verallgemeinerung der Fakultät. Sie besitzt viele interessante Eigenschaften und Darstellungen. Wir wollen hier jedoch die Gammafunktion verwenden, um eine weitere, für die Summenrechnung erforderliche Funktion zu definieren. Die *Digammafunktion* oder *Psi-Funktion* ist durch

$$\psi(z) = \frac{\Gamma'(z)}{\Gamma(z)}$$

definiert. Wir kümmern uns zunächst nicht darum, wie man für gegebenes z die Werte von $\psi(z)$ berechnet, sondern wenden den Differenzenoperator auf $\psi(z)$ an. Das liefert

$$\Delta\psi(z) = \frac{\Gamma'(z+1)}{\Gamma(z+1)} - \frac{\Gamma'(z)}{\Gamma(z)}.$$

Wenn wir gemäß (4.11) $\Gamma(z)$ ersetzen, folgt

$$\Delta\psi(z) = \frac{\Gamma'(z+1) - z\Gamma'(z)}{\Gamma(z+1)}.$$

(4.12)

Für die Berechnung der Ableitung $\Gamma'(z+1)$ gehen wir ebenfalls von (4.11) aus und erhalten

$$\Gamma'(z+1) = z\Gamma'(z) + \Gamma(z).$$

Das liefert uns zusammen mit (4.12) die folgende Beziehung:

$$\Delta\psi(z) = \frac{\Gamma(z)}{\Gamma(z+1)} = \frac{1}{z}$$

Damit haben wir den Beweis der Gleichung

$$\Delta^{-1}\frac{1}{n} = \psi(n) + C$$

aus der Tab. 4.1 erbracht.

4.4   Weitere Methoden der Summenrechnung

Aus der Produktregel für den Differenzenoperator (4.7) erhalten wir durch Vertauschen von f und g

$$f(x)\Delta g(x) = \Delta(f(x)g(x)) - \Delta f(x)\mathbf{E}g(x).$$

Die Anwendung des Summenoperators auf beide Seiten dieser Beziehung liefert

$$\Delta^{-1}(f(x)\Delta g(x)) = f(x)g(x) - \Delta^{-1}(\Delta f(x)\mathbf{E}g(x)).$$

Die Indexschreibweise dieser Formel ist für viele Anwendungen vorteilhaft:

$$\boxed{\sum_{k=m}^{n} f_k \Delta g_k = f_{n+1}g_{n+1} - f_m g_m - \sum_{k=m}^{n} \Delta f_k g_{k+1}}$$

(4.13)

Die Gleichung (4.13) bezeichnet man auch als Regel der *partiellen Summation*. Diese Regel lässt sich nach Einsetzen von

$$\Delta g_n = g_{n+1} - g_n$$

und

$$\Delta f_n = f_{n+1} - f_n$$

durch direktes Nachrechnen leicht bestätigen. Wenn wir in der Gleichung (4.13)

$$g_k = \sum_{i=m}^{k-1} h_i$$

setzen, so folgt

$$\sum_{k=m}^{n} f_k h_k = f_{n+1} \sum_{i=m}^{n} h_i - \sum_{k=m}^{n} \left(\Delta f_k \sum_{i=m}^{k} h_i \right). \tag{4.14}$$

Diese Beziehung ist unter dem Namen *Abelsche Transformation* bekannt.

Beispiel 4.2 (Abelsche Transformation)

Wir berechnen mithilfe der Abelschen Transformation die Summe

$$\sum_{k=0}^{n} k\, f_k \ .$$

Die Anwendung von (4.14) liefert

$$\sum_{k=0}^{n} k\, f_k = (n+1) \sum_{k=0}^{n} f_k - \sum_{k=0}^{n} \sum_{i=0}^{k} f_i \ .$$

Wir erhalten damit eine Zerlegung einer Doppelsumme in einfache Summen:

$$\sum_{k=0}^{n} \sum_{i=0}^{k} f_i = (n+1) \sum_{k=0}^{n} f_k - \sum_{k=0}^{n} k\, f_k = \sum_{k=0}^{n} (n+1-k) f_k \tag{4.15}$$

Diese Formel wird leicht einprägsam, wenn man eine geometrische Darstellung der Summation verwendet. Wir schreiben dazu die innere Summe der linken Seite von (4.15) als Zeile einer Matrix.

$$
\begin{array}{cccccc}
f_0 & & & & & \\
f_0 & f_1 & & & & \\
f_0 & f_1 & f_2 & & & \\
f_0 & f_1 & f_2 & f_3 & & \\
\vdots & \vdots & \vdots & \vdots & & \\
f_0 & f_1 & f_2 & f_3 & \cdots & f_n
\end{array}
$$

Die Gesamtsumme ist dann die Summe der Zeilensummen dieser Matrix. Die rechte Seite von (4.15) nutzt dagegen den Umstand, dass die Einträge innerhalb einer Spalte dieser Matrix gleich sind, sodass die Spaltensumme $(n+1-k) f_k$ sofort bekannt ist. ∎

Summen und Differenzenoperatoren

Die Operatorgleichung (4.6) ist die Grundlage für eine weitere Beziehung, die insbesondere für die Berechnung von Summen über Polynome geeignet ist. Mit dem Verschiebungsoperator $\mathbf{E}$ können wir eine Summe auch folgendermaßen darstellen:

$$\sum_{k=0}^{n-1} f_k = f_0 + \mathbf{E} f_0 + \mathbf{E}^2 f_0 + \mathbf{E}^3 f_0 + \cdots + \mathbf{E}^{n-1} f_0$$

$$= (\mathbf{E}^0 + \mathbf{E}^1 + \mathbf{E}^2 + \mathbf{E}^3 + \cdots + \mathbf{E}^{n-1}) f_0$$

Die Operatorsumme vor f_0 erfüllt formal die Gleichung

$$(\mathbf{E} - \mathbf{I})(\mathbf{E}^0 + \mathbf{E}^1 + \mathbf{E}^2 + \mathbf{E}^3 + \cdots + \mathbf{E}^{n-1}) = \mathbf{E}^n - \mathbf{I}.$$

Das Einsetzen dieser Beziehung in (4.4) liefert

$$\sum_{k=0}^{n-1} f_k = \frac{\mathbf{E}^n - \mathbf{I}}{\mathbf{E} - \mathbf{I}} f_0.$$

Ersetzen wir nun $\mathbf{E}$ durch $\Delta + \mathbf{I}$, so folgt schließlich

$$\sum_{k=0}^{n-1} f_k = \frac{(\Delta + \mathbf{I})^n - \mathbf{I}}{(\Delta + \mathbf{I}) - \mathbf{I}} f_0$$

$$= \Delta^{-1}((\Delta + \mathbf{I})^n - \mathbf{I}) f_0$$

$$= \Delta^{-1} \left(\sum_{k=0}^{n} \binom{n}{k} \Delta^k - \mathbf{I} \right) f_0 \qquad (4.16)$$

$$= \sum_{k=1}^{n} \binom{n}{k} \Delta^{k-1} f_0.$$

Beispiel 4.3 (Summenberechnung durch Differenzenbildung)
Wir berechnen die Summe

$$\sum_{k=0}^{n-1} (3k^2 - 2k^3)$$

mithilfe der Gleichung (4.16).

Die Rechnung liefert

$$\sum_{k=0}^{n-1}(3k^2 - 2k^3) = \sum_{k=1}^{n}\binom{n}{k}\Delta^{k-1}(3k^2 - 2k^3)\Big|_{k=0}$$

$$= n\mathbf{I}(3k^2 - 2k^3)\Big|_{k=0} + \binom{n}{2}\Delta(3k^2 - 2k^3)\Big|_{k=0}$$

$$+ \binom{n}{3}\Delta^2(3k^2 - 2k^3)\Big|_{k=0} + \binom{n}{4}\Delta^3(3k^2 - 2k^3)\Big|_{k=0} \ .$$

Alle höheren Differenzen sind identisch null, sodass die Summe nach dem vierten Term abbricht. Das Berechnen der Differenzen liefert

$$\sum_{k=0}^{n-1}(3k^2 - 2k^3) = \binom{n}{2}(1 - 6k^2)\Big|_{k=0} + \binom{n}{3}(-12k - 6)\Big|_{k=0} + \binom{n}{4}(-12)\Big|_{k=0}$$

$$= \binom{n}{2} - 6\binom{n}{3} - 12\binom{n}{4}$$

$$= \frac{1}{2}n - 2n^2 + 2n^3 - \frac{1}{2}n^4 \ . \qquad \blacksquare$$

Die Summe über ein Polynom vom Grade m kann durch Anwendung von (4.16) auf die Berechnung von insgesamt $m + 1$ Differenzen zurückgeführt werden.

Die Euler-Maclaurinsche Summenformel

Wenn die Berechnung einer Summe über $f(k)$ schwierig ist, jedoch das Integral $\int f(x)dx$ vorliegt, stellt die Euler-Maclaurinsche Summenformel ein geeignetes Werkzeug zur Verfügung. Für die Begründung dieser Formel gehen wir von der aus der Analysis bekannten Taylor-Formel aus. Es sei $f : I \to \mathbf{R}$ eine auf einem reellen Intervall I definierte, beliebig oft stetig differenzierbare Funktion und $a \in I$; dann gilt

$$f(x) = f(a) + f'(a)(x - a) + \frac{f''(a)(x - a)^2}{2!} + \cdots \ .$$

Ersetzen wir x durch $x + a$, so folgt

$$f(x + a) = f(a) + f'(a)x + \frac{f''(a)x^2}{2!} + \cdots \ .$$

Mit $x = 1$ und $a = x$ erhalten wir

$$\mathbf{E} f(x) = \left(1 + D + \frac{D^2}{2!} + \frac{D^3}{3!} + \cdots\right) f(x)$$
$$= e^D f(x) \, .$$

Die resultierenden Operatorgleichungen $\mathbf{E} = e^D$ und $\Delta = e^D - 1$ liefern eine neue Darstellung des Summenoperators:

$$\Delta^{-1} = \frac{1}{e^D - 1} \tag{4.17}$$

In dieser Form ist der Summenoperator jedoch nicht für Summenberechnungen geeignet. Eine Reihenentwicklung von Δ^{-1} lässt sich aus der exponentiellen erzeugenden Funktion (2.19) für die Bernoullischen Zahlen ableiten:

$$\frac{z}{e^z - 1} = \sum_{n \geq 0} \frac{B_n z^n}{n!}$$

Vergleichen wir diese Reihe mit (4.17), so folgt

$$\Delta^{-1} = \sum_{n \geq 0} \frac{B_n D^{n-1}}{n!} \, . \tag{4.18}$$

Das erste Glied dieser Reihe, D^{-1}, ist der Integraloperator. Wir haben damit die *Euler-Maclaurinsche Summenformel* erhalten:

$$\sum_{a \leq k < b} f(k) = \int_a^b f(x)dx + \sum_{k \geq 1} \frac{B_k}{k!} \left(f^{(k-1)}(b) - f^{(k-1)}(a)\right)$$
$$= \int_a^b f(x)dx - \frac{1}{2}(f(b) - f(a)) + \frac{1}{12}(f'(b) - f'(a)) \tag{4.19}$$
$$- \frac{1}{720}(f'''(b) - f'''(a)) + \frac{1}{30240}(f^{(5)}(b) - f^{(5)}(a))$$
$$- \cdots$$

Die Euler-Maclaurinsche Summenformel gestattet die approximative Berechnung von Summen.

Beispiel 4.4 (Euler-Maclaurinsche Summenformel)

Wir nutzen die ersten drei Terme von (4.19) zur approximativen Berechnung der Summe

$$\sum_{k=100}^{1000} \frac{1}{k^4} \, .$$

Die Rechnung liefert

$$\sum_{k=100}^{1000} \frac{1}{k^4} \approx \int_{100}^{1001} \frac{1}{x^4} dx - \frac{1}{2}\left(\frac{1}{1001^4} - \frac{1}{100^4}\right) + \frac{1}{12}\left(-\frac{4}{1001^5} + \frac{4}{100^5}\right)$$

$$= 3{,}38033833800\ldots \cdot 10^{-7}.$$

Der Vergleich mit dem auf die ersten zehn Stellen genauen Wert der Summe, $3{,}380338313 \cdot 10^{-7}$, zeigt eine Übereinstimmung bis zur achten Nachkommastelle. ∎

Beispiel 4.5 (Summen über Potenzen, Teil II)
Wir kehren nochmals zum Beispiel 4.1 zurück. Diesmal berechnen wir die Summe

$$\sum_{k=0}^{n} k^3$$

mit der Euler-Maclaurinschen Summenformel.
   Wir erhalten die Summe

$$\sum_{k=0}^{n} k^3 = \int_{0}^{n+1} x^3 dx + \sum_{k=1}^{4} \frac{B_k}{k!} 3^{\underline{k-1}}(n+1)^{3-k+1}$$

$$= \frac{n^4}{4} + \frac{n^3}{2} + \frac{n^2}{4}.$$ ∎

Diese Formel lässt sich für Summen über beliebige Potenzen verallgemeinern. Da für x^k alle Ableitungen von höherer Ordnung als k verschwinden, liefert die Euler-Maclaurinsche Summenformel stets eine endliche Summe:

$$\boxed{\sum_{k=0}^{n-1} k^m = \frac{n^{m+1}}{m+1} + \sum_{k=1}^{n} \frac{B_k}{k!} m^{\underline{k-1}} n^{m-k+1}}$$

Beispiel 4.6 (Bernoulli-Zahlen)
Die Berechnung der Summe

$$\sum_{k=0}^{0} e^k = 1$$

mit der Euler-Maclaurinschen Summenformel (4.19) liefert, wenn wir $b = 1$ setzen,

$$\frac{1}{e-1} = \sum_{k \geq 0} \frac{B_k}{k!}.$$ ∎

Diese Formel erhalten wir auch für $z = 1$ aus der exponentiellen erzeugenden Funktion (2.19) der Bernoulli-Zahlen.

Aufgaben

4.1 Berechne die folgenden Summen:

$$\sum_{k=0}^{n}(k+2)(k-1)^2$$

$$\sum_{n\geq 0}\frac{(-1)^n}{(n+1)(n+3)}$$

$$\sum_{k=1}^{n}k(n-k)$$

$$\sum_{k=1}^{n}3^k(n-k)^2$$

$$\sum_{n\geq 1}\arctan\frac{1}{1+n+n^2}$$

4.2 Zeige durch Partialbruchentwicklung des Produktes

$$\prod_{k=1}^{m}\frac{1}{1-kz}$$

und Entwickeln für $z=0$ die Gültigkeit der folgenden Summendarstellung der Fakultät:

$$m!=\sum_{k}(k+1)^m(-1)^{m-k}\binom{m}{k}$$

4.3 Berechne die Summe

$$\sum_{k=1}^{n}k\,k!\;.$$

4.4 Die *Riemannsche Zetafunktion* ist in der Funktionen- und Zahlentheorie durch

$$\zeta(s)=\sum_{i\geq 1}\frac{1}{i^s}$$

definiert. Zeige, dass

$$\sum_{n\geq 2}(\zeta(n)-1)=1$$

gilt.

4.5 Bestimme die Summe

$$\frac{1}{1\cdot3\cdot5} + \frac{1}{3\cdot5\cdot7} + \frac{1}{5\cdot7\cdot9} + \cdots .$$

4.6 Welchen Wert liefert die Summe

$$\sum_{k=0}^{n} \binom{n}{k} k^2 \, ?$$

4.7 Berechne die Summe

$$\sum_{k=0}^{n} (k^2 - 3k + 2)3^k .$$

4.8 Berechne die Summe

$$\sum_{k=1}^{n} \frac{1+k}{k(k+1)(k+2)} .$$

Graphen

5

Inhaltsverzeichnis

Graphen treten als mathematische Beschreibungsform für eine Vielzahl unterschiedlicher Anwendungen auf. Dazu zählen Molekülstrukturen, Computernetze, neuronale Netze, Kombinationsmöglichkeiten von DNA-Sequenzen und viele weitere. In all diesen Gebieten treten auch kombinatorische Probleme auf. Eine Frage dieser Art ist: Wie viel Isomere einer gegebenen chemischen Verbindung gibt es? Diese Frage führt auf das Problem der Anzahlbestimmung von Graphen. In der Informatik haben Graphen spezieller Struktur (Bäume) eine große Bedeutung. Auch hier ist die Anzahlbestimmung von Bäumen mit bestimmten Eigenschaften wichtig, um zum Beispiel Aussagen über die Komplexität von Such- oder Sortieralgorithmen zu erhalten. Andererseits bilden die Graphen auch innerhalb der Kombinatorik ein wesentliches Werkzeug. Sie ermöglichen die Beschreibung von Permutationen, geordneten Mengen oder Abbildungen.

Leider wird der Begriff des Graphen in der Literatur recht unterschiedlich dargestellt, sodass auch heute noch viele Artikel zur Graphentheorie mit einer Klärung der Grundbegriffe beginnen. Abb. 5.1 stellt drei verschiedene Graphen anschaulich dar.

Diesen Bildern ist gemeinsam, dass jeweils zwei unterschiedliche Arten von Objekten auftreten: Knoten und Kanten. Die *Knoten*, dargestellt durch kleine Kreise, entsprechen zum Beispiel den Atomen einer chemischen Verbindung, den Terminals in einem Computernetz oder den Knotenpunkten in einer elektrischen Schaltung. Molekulare Bindungen, Übertragungsleitungen oder Zweige einer elektrischen Schaltung werden durch *Kanten* repräsentiert, die im Bild durch Linien oder Pfeile dargestellt sind. Sind den Knoten oder Kanten eines Graphen Zahlen zuge-

© Springer-Verlag GmbH Deutschland, ein Teil von Springer Nature 2019   131
P. Tittmann, *Einführung in die Kombinatorik*, https://doi.org/10.1007/978-3-662-58921-2_5

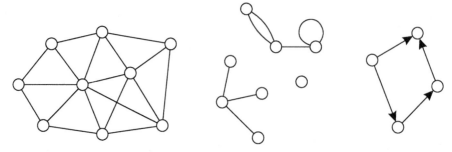

Abb. 5.1 Verschiedene Graphen

ordnet, so spricht man auch von einem *bewerteten Graphen* (Flussgraphen, Netzwerk). Bewertete Graphen sind die Grundlage für die Modellierung von Optimierungsproblemen auf Graphen. Eines der bekanntesten Optimierungsprobleme auf Graphen ist das *Rundreiseproblem* (auch TSP – **T**raveling **S**alesman **P**roblem), das die Bestimmung einer kürzesten Rundreise durch eine gegebene Menge von Städten (Knoten) zum Ziel hat. Die Bewertungen der Kanten des entsprechenden Graphen sind hierbei die Entfernungen zwischen den Städten.

Wir wollen jedoch unbewertete Graphen untersuchen. Den notwendigen Sprachgebrauch der Graphentheorie werden wir im ersten Abschnitt zur Verfügung stellen. In den weiteren Abschnitten werden dann *Invarianten* von Graphen vorgestellt und analysiert. Das sind Zahlen oder Eigenschaften eines Graphen, die nur von der Struktur, nicht jedoch von der Nummerierung der Knoten abhängen. Im Anschluss werden wir enumerative Probleme untersuchen, die aus der Zählung von Untergraphen mit gegebenen Eigenschaften resultieren.

Die Graphentheorie ist heute bereits so umfangreich entwickelt, dass es unmöglich ist, alle Aspekte dieser Theorie hier vorzustellen. Als einführende Werke auf dem Gebiet der Graphentheorie seien hier die Bücher von Brandstädt (1994), Gross und Yellen (1999), Krumpe und Noltemeier (2005) sowie Tittmann (2011) empfohlen. Für das weiterführende Studium eignen sich unter anderem Bollobás (1998), Bondy und Murty (2008), Chartrand und Zhang (2009) sowie Tutte (2001).

5.1 Grundbegriffe der Graphentheorie

Ein *ungerichteter Graph* $G = (V, E)$ besteht aus einer *Knotenmenge* V und aus einer *Kantenmenge* E, sodass jeder *Kante* $e \in E$ zwei (nicht notwendig verschiedene) Knoten aus V zugeordnet sind. Die Knoten- und Kantenmenge eines Graphen G bezeichnen wir auch mit $V(G)$ bzw. $E(G)$. Die Schreibweise $e = \{u, v\}$ mit $u, v \in V$ verweist auf die *Endknoten* der Kante e. Um einen Graphen exakt zu definieren, müssten wir G in der Form $G = (V, E, \psi)$ mit *Inzidenzfunktion* angeben. Eine Inzidenzfunktion ist eine Abbildung $\psi : E \rightarrow \binom{V}{2} \cup \binom{V}{1}$, die jeder Kante eine ein- oder zwei-elementige Menge von Endknoten zuordnet. Hierbei bezeichnet $\binom{V}{k}$

die Menge der k-elementigen Teilmengen von V. Eine Kante der Form $e = \{v, v\}$ heißt *Schlinge*. Wir werden im Folgenden jedoch stets annehmen, dass die Inzidenzfunktion eines Graphen aus dem Kontext bekannt ist und einfach $G = (V, E)$ schreiben.

Zwei Knoten u, v, die durch eine Kante $e = \{u, v\}$ verbunden sind, heißen *adjazent* (oder *benachbart*). Die Kante e und der Knoten u sind in diesem Falle *inzident* (ebenso e und v). Wenn die Knoten u und v adjazent sind, schreiben wir auch $u \leftrightarrow v$. Zwei verschiedene Kanten $e = \{u, v\}$ und $f = \{u, v\}$, deren Endknoten übereinstimmen, heißen *parallel*. Ein *schlichter Graph* enthält weder Schlingen noch parallele Kanten. Für einen schlichten Graphen gilt damit $E \subseteq \binom{V}{2}$. Ein *endlicher ungerichteter Graph* besitzt eine endliche Knotenmenge und eine endliche Kantenmenge. Wir werden im Weiteren, wenn nicht explizit anders festgelegt, nur endliche ungerichtete Graphen betrachten. Zur Abkürzung werden wir nur von Graphen sprechen. Ein *gerichteter Graph* besitzt gerichtete Kanten, graphisch durch Pfeile dargestellt, die wir als geordnete Knotenpaare der Form $e = \{u, v\}$ repräsentieren können. Der rechts in Abb. 5.1 dargestellte Graph ist gerichtet.

Wege und Kreise
Ein Graph $H = (W, F)$ heißt *Untergraph* eines Graphen $G = (V, E)$, wenn $W \subseteq V$ und $F \subseteq E$ gilt. Es sei $G = (V, E)$ ein Graph und $W \subseteq V$. Ein *aufspannender Untergraph* eines Graphen $G = (V, E)$ ist ein Untergraph $H = (V, F)$, dessen Knotenmenge mit der Knotenmenge des Ausgangsgraphen übereinstimmt. Der durch W *induzierte Untergraph* $G[W]$ von G besteht aus der Knotenmenge W und allen Kanten aus E, deren Endknoten beide in W liegen.

Eine *Kantenfolge* (u-v-*Kantenfolge*) in einem Graphen $G = (V, E)$ ist eine alternierende Folge von Knoten und Kanten

$$u = v_0, e_1, v_1, e_2, v_2, e_3, \ldots, e_{k-1}, v_{k-1}, e_k, v_k = v ,$$

für die stets $e_i = \{v_{i-1}, v_i\}$, $1 \leq i \leq k$ gilt. Die *Länge* der Kantenfolge ist die Anzahl der Kanten der Folge. Eine $v - v$-Kantenfolge, für die Anfangs- und Endknoten übereinstimmen, heißt *geschlossen*. Wenn in einer Kantenfolge keine Kante doppelt auftritt, spricht man von einem *Kantenzug*. Ein *Weg* ist eine Kantenfolge, die jeden Knoten höchstens einmal enthält. Trifft dies nur mit Ausnahme des Anfangs- und Endknotens zu (die dann übereinstimmen), so spricht man von einem *Kreis*. Ein Kreis, der alle Knoten des Graphen enthält, heißt *Hamilton-Kreis* (nach dem irischen Mathematiker und Physiker *Sir William Rowan Hamilton*, 1805–1865).

Abstandsmaße
Der *Abstand* $d(u, v)$ zweier Knoten u und v eines Graphen G ist die Länge eines kürzesten, u und v verbindenden Weges. Existiert kein Weg von u nach v, so setzt man $d(u, v) = \infty$. Der Abstand erfüllt die *Dreiecksungleichung*: Für alle $u, v, w \in V(G)$ gilt

$$d(u, v) \leq d(u, w) + d(w, v) .$$

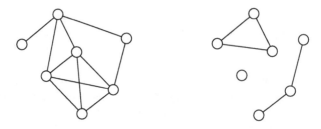

Abb. 5.2 Zusammenhängender (*links*) und unzusammenhängender (*rechts*) Graph

Das Maximum

$$d(G) = \max_{\{u,v\} \subseteq V(G)} d(u, v)$$

der paarweisen Knotenabstände heißt der *Durchmesser* des Graphen.

Ein Graph $G = (V, E)$, in dem zwischen je zwei Knoten $u, v \in V$ ein u und v verbindender Weg existiert, heißt *zusammenhängend*. Die Abb. 5.2 zeigt einen zusammenhängenden und einen unzusammenhängenden Graphen. Ein maximaler zusammenhängender Untergraph eines Graphen G heißt eine *Komponente* oder eine *Zusammenhangskomponente* von G. Ein zusammenhängender Graph besitzt genau eine Komponente. Der in Abb. 5.2 rechts dargestellte Graph besitzt drei Komponenten.

Bäume und Spannbäume

Ein *Baum* ist ein zusammenhängender Graph, der keinen Kreis besitzt. Die Abb. 5.3 zeigt verschiedene Bäume mit sechs Knoten. In einem Baum besteht zwischen je zwei Knoten genau ein Weg. Ein Baum mit n Knoten besitzt genau $n - 1$ Kanten, was sich durch Induktion leicht zeigen lässt. Ein *Spannbaum* oder *Gerüst* eines Graphen G ist ein aufspannender kreisfreier zusammenhängender Untergraph von G. Anders gesagt, ein Spannbaum eines Graphen G ist ein Untergraph von G, der alle

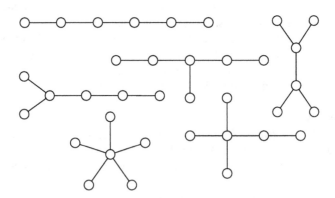

Abb. 5.3 Bäume

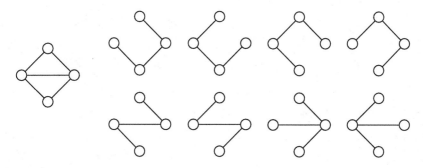

Abb. 5.4 Spannbäume

Knoten von G enthält und ein Baum ist. Ein unzusammenhängender Graph besitzt keinen Spannbaum. Die Abb. 5.4 zeigt einen Graphen und alle seine Spannbäume.

Spezielle Graphen

Die Anzahl der zu einem Knoten $v \in V(G)$ inzidenten Kanten des Graphen G nennt man *Grad* des Knotens v (Bezeichnung: $\deg v$). Ein Knoten vom Grad null heißt *isoliert*. Ein k-*regulärer Graph* ist ein Graph, dessen sämtliche Knoten den Grad k besitzen. Abb. 5.5 zeigt einige 3-reguläre Graphen.

Im Folgenden werden einige spezielle Graphen vorgestellt. Der *vollständige Graph* K_n besteht aus n Knoten und $\binom{n}{2}$ Kanten, die alle Knotenpaare des Graphen verbinden. Der vollständige Graph K_n ist ein $(n-1)$-regulärer Graph. Der Graph K_n besitzt $(n-1)!/2$ verschiedene Hamilton-Kreise. Jede Permutation der Knotenmenge bestimmt eindeutig einen Hamilton-Kreis. Diese Zuordnung ist jedoch nicht bijektiv. Permutationen, die nur durch zyklische Vertauschung auseinander hervorgehen, bestimmen denselben Hamilton-Kreis. So bestimmen zum Beispiel die Permutationen

$$\begin{pmatrix} 1 & 2 & 3 & 4 & 5 \\ 1 & 2 & 3 & 4 & 5 \end{pmatrix} \text{ und } \begin{pmatrix} 1 & 2 & 3 & 4 & 5 \\ 2 & 3 & 4 & 5 & 1 \end{pmatrix}$$

denselben Hamilton-Kreis des K_n (mit verändertem Startknoten). Schließlich kann auch jeder Hamilton-Kreis in zwei Richtungen durchlaufen werden, die jeweils zwei unterschiedliche Permutationsdarstellungen zur Folge haben. Abb. 5.6 zeigt vollständige Graphen mit bis zu sechs Knoten.

Abb. 5.5 3-reguläre Graphen

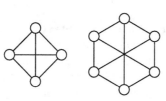
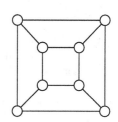

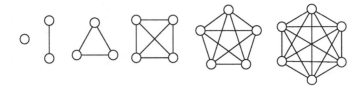

Abb. 5.6 Vollständige Graphen

Abb. 5.7 Vollständige bipartite Graphen

Es sei $G = (V, E)$ ein schlichter Graph. Das *Komplement* von G ist ein Graph $\overline{G}$ mit der derselben Knotenmenge V, in dem zwei Knoten genau dann adjazent sind, wenn sie in G nicht adjazent sind. Das Komplement des vollständigen Graphen K_n ist der *leere Graph* E_n, der nur aus isolierten Knoten besteht. Man definiert sogar einen Graphen, der weder Knoten noch Kanten besitzt. Das ist der *Nullgraph* $N = (\emptyset, \emptyset)$. Auch wenn diese Definition zunächst etwas witzig erscheint, so erweist sich der Nullgraph als äußerst nützliche Konstruktion, sowohl aus algebraischer Sicht als auch für den Entwurf von Graphenalgorithmen, siehe auch Harary und Read (1974).

Ein *bipartiter Graph* $G = (V \cup W, E)$ besitzt eine Knotenmenge, die aus zwei disjunkten Teilmengen V und W besteht. Alle Kanten aus E besitzen einen Endknoten aus V und einen Endknoten aus W. Der *vollständige bipartite Graph* $K_{m,n}$ besitzt $m + n$ Knoten und $m \cdot n$ Kanten, die jeden der ersten m Knoten mit jedem der weiteren n Knoten verbinden. Abb. 5.7 zeigt die bipartiten Graphen $K_{1,3}$, $K_{2,3}$ und $K_{3,3}$. In einem bipartiten Graphen $G = (V \cup W, E)$ besitzt jeder Weg, der zwei Knoten aus V (oder zwei Knoten aus W) verbindet, eine gerade Länge. Folglich haben auch alle Kreise eines bipartiten Graphen eine gerade Länge.

Ein *Kreis* C_n besitzt die Knotenmenge $\{v_1, \ldots, v_n\}$ und n Kanten der Form $\{v_i, v_{i+1}\}$, $i = 1, \ldots, n-1$ und $\{v_1, v_n\}$. Der Kreis C_n besitzt genau n Spannbäume, die jeweils durch Entfernen einer Kante aus C_n hervorgehen. Zwei Knoten $v, w \in V(C_n)$ sind durch genau zwei verschiedene Wege miteinander verbunden. Ein Spannbaum von C_n ist auch ein *Weg* P_n. Die Bezeichnungen C_n und P_n kommen von den englischen Begriffen *cycle* und *path*.

Viele kombinatorische Probleme in Graphen führen auf das Zählen von Untergraphen oder induzierten Untergraphen mit gegebenen Eigenschaften.

Beispiel 5.1 (Kreise in vollständigen bipartiten Graphen)
Als ein erstes Zählproblem in Graphen fragen wir nach der Anzahl der Kreise der Länge $k = 2l$ im vollständigen bipartiten Graphen $K_{p,q}$.

Wir wissen bereits, dass es für ungerades k keine Kreise der Länge k in bipartiten Graphen gibt. Es sei $V \cup W$ die Knotenmenge des Graphen $K_{p,q}$, sodass

$|V| = p$, $|W| = q$ gilt und jede Kante des Graphen einen Endknoten in V und einen Endknoten in W hat. Um einen Kreis der Länge $2l$ zu konstruieren, wählen wir einen Startknoten in V. Dafür gibt es p Möglichkeiten. Dann können wir den Kreis mit einem der q Knoten aus W fortsetzen, um von dort aus zu einem der verbleibenden $p - 1$ Knoten aus V zu wandern. Die Fortsetzung liefert

$$pq(p - 1)(q - 1) \cdots (p - l + 1) \cdot (q - l + 1) = p^L q^L$$

Möglichkeiten für die Wahl der Reihenfolge. Da jedoch jeder Kreis, infolge der Wahl des Startknotens in V und der Durchlaufrichtung bei dieser Zählung $2l$-mal berücksichtigt wird, gibt es

$$\frac{p^L q^L}{2l}$$

verschiedene Kreise der Länge $2l$ im vollständigen bipartiten Graphen $K_{p,q}$. ∎

5.2 Spannbäume

Für viele Anwendungen der Graphentheorie (elektrische Netzwerke, Zuverlässigkeitstheorie, Optimierungsprobleme auf Graphen) sind die Spannbäume eines Graphen von besonderem Interesse. Ein Spannbaum ist ein minimaler zusammenhängender Untergraph eines Graphen. Folglich wird ein Spannbaum weder Schlingen noch parallele Kanten aufweisen. Wir werden im Folgenden stets Graphen ohne Schlingen voraussetzen. Jeder Spannbaum eines Graphen $G = (V, E)$ besitzt genau $|V| - 1$ Kanten. Ein Graph ist genau dann ein Baum, wenn er genau einen Spannbaum besitzt.

Kanten- und Knotenoperationen in Graphen

Für die folgenden Ausführungen benötigen wir *Kantenoperationen* und *Knotenoperationen* in Graphen. Es sei $G = (V, E)$ ein Graph und $e = \{u, v\}$ eine Kante von G. Das *Entfernen einer Kante* ist eine Operation, die aus G einen neuen Graphen $G - e = (V, E \setminus \{e\})$ erzeugt, welcher die Kante e nicht besitzt. Eine Kante e eines zusammenhängenden Graphen G ist eine *Brücke* von G, wenn der Graph $G - e$ unzusammenhängend ist. In einem Baum ist jede Kante eine Brücke.

Die *Kontraktion* einer Kante $e = \{u, v\}$ von $G = (V, E)$ liefert einen Graphen G/e, der aus $G - e$ durch Identifizieren der Knoten u und v hervorgeht. Der neue Knoten, der durch das Identifizieren (Verschmelzen) der beiden Knoten hervorgeht, ist dann zu allen Kanten inzident, die vorher zu u oder zu v inzident waren. Abb. 5.8 zeigt das Entfernen und Kontrahieren einer Kante. Falls durch die Kontraktion einer Kante eine Schlinge entsteht, wird diese sofort entfernt; eventuell entstehende parallele Kanten bleiben jedoch erhalten. Wir weisen den Leser darauf hin, dass diese Definition der Kontraktion nicht einheitlich in der Graphentheorie verwendet wird. Je nach der beabsichtigten Anwendung der Kontraktionsoperation werden auch Schlingen erhalten oder entstehende parallele Kanten entfernt.

Abb. 5.8 Kantenoperationen

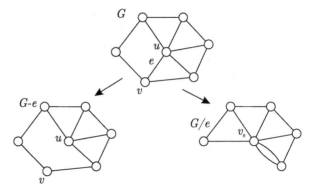

Es sei $v \in V$ ein Knoten. Der Graph $G - v$ entsteht aus G durch *Entfernen* des Knotens v sowie von allen zu v inzidenten Kanten in G. Es gilt damit

$$G - v = (V \setminus \{v\}, E \setminus (E \cap \{\{v, w\} \mid w \in V\})) \,.$$

Als Verallgemeinerung erhalten wir $G - X$ aus G durch Entfernen aller Knoten der Knotenteilmenge $X \subseteq V$ aus G. Eine *Artikulation* (oder ein *Schnittknoten*) ist ein Knoten v in einem zusammenhängenden Graphen G, sodass $G - v$ unzusammenhängend ist. In einem Baum ist jeder Knoten v mit deg $v > 1$ eine Artikulation.

Die Anzahl der Spannbäume

Es sei $t(G)$ die Anzahl der Spannbäume des Graphen $G = (V, E)$. Für einige spezielle Graphen können wir die Anzahl der Spannbäume leicht angeben. Wenn G unzusammenhängend ist, so gilt $t(G) = 0$. Für einen Baum T erhalten wir $t(T) = 1$. Ein Kreis der Länge n hat $t(C_n) = n$ Spannbäume. Eine Schlinge kommt in keinem Spannbaum vor. Wir werden deshalb voraussetzen, dass alle hier betrachteten Graphen schlingenfrei sind. Wir wählen nun eine Kante $e \in E(G)$ und teilen alle Spannbäume von G in zwei Klassen auf. Die erste Klasse beinhalte all jene Spannbäume, die die Kante e enthalten. Jedem Spannbaum dieser Klasse entspricht eindeutig ein Spannbaum des Graphen G/e, der aus G durch Kontraktion der Kante e hervorgeht. Diese Zuordnung ist bijektiv. Die zweite Klasse bilden wir nun aus all jenen Spannbäumen von G, welche die Kante e nicht enthalten. Ein Spannbaum, der die Kante e nicht enthält, ist stets auch ein Spannbaum des Graphen $G - e$. Damit folgt für jede Kante $e \in E$ die Beziehung

$$t(G) = t(G/e) + t(G - e). \tag{5.1}$$

Prinzipiell lässt sich mit dieser Gleichung die Anzahl der Spannbäume eines jeden Graphen berechnen. Praktisch ist dies jedoch für größere Graphen nicht möglich, da sich in jedem Schritt die Anzahl der zu lösenden Teilprobleme verdoppelt.

Eine Artikulation in einem Graphen G ist für die Bestimmung von $t(G)$ sehr nützlich. Angenommen, $H = (U, F)$ und $K = (W, J)$ sind zwei zusammenhängende Untergraphen von $G = (V, E)$ mit jeweils wenigstens zwei Knoten, sodass

Abb. 5.9 Ein Graph mit
Artikulationen

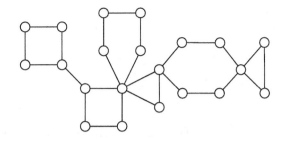

$G = H \cup K$ und $H \cap K = (\{v\}, \emptyset)$ gilt. Dann ist v eine Artikulation von G. Hierbei ist die *Vereinigung* $H \cup K$ und der *Durchschnitt* $H \cap K$ von H und K durch

$$H \cup K = (U \cup W, F \cup J) \text{ und } H \cap K = (U \cap W, F \cap J)$$

definiert. Da H und K keine Kante und genau einen Knoten gemeinsam haben, besteht jeder Spannbaum von G aus der Vereinigung eines Spannbaumes von H und eines Spannbaumes von K. Die beiden Spannbäume haben dann wieder nur die Artikulation v gemeinsam. Wir erhalten folglich

$$t(G) = t(H)t(K) .$$

Für den in Abb. 5.9 dargestellten Graphen können wir die Anzahl der Spannbäume nun einfach berechnen. Wir erhalten

$$t(G) = (t(C_4))^2 t(P_2) t(C_5)(t(C_3))^2 t(C_6) = 4^2 \cdot 1 \cdot 5 \cdot 3^2 \cdot 6 = 4320 .$$

Graphen mit regulärer Struktur
In einigen Fällen kann die Anzahl der Spannbäume eines Graphen als Lösung einer Rekursion gewonnen werden. Die Methode funktioniert für Graphen mit einer regulären Struktur. Die exakte Einführung des Begriffs „reguläre Struktur" erfordert einen hohen Beschreibungsaufwand. Wir wollen deshalb hier nur Beispiele betrachten, welche die wesentlichen Ideen veranschaulichen.

Beispiel 5.2 (Spannbäume eines Fächergraphen)
Wir wollen die Anzahl der Spannbäume des *Fächers*, das heißt des in Abb. 5.10 dargestellten Graphen, bestimmen. Dafür werden wir ein System von Rekurrenzgleichungen aufstellen.

Abb. 5.10 Ein Fächer

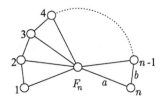

Abb. 5.11 Ein modifizierter
Fächer

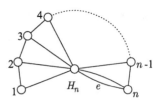

Wir bezeichnen die Anzahl der Spannbäume eines Fächers F_n mit $n + 1$ Knoten mit f_n. Es gilt $f_1 = 1$ und $f_2 = 3$, da F_2 ein Kreis der Länge 3 ist. Um eine Rekurrenzgleichung für $f_n = t(F_n)$ zu finden, betrachten wir die Kanten a und b, die inzident zum Knoten n des Fächers sind. Aus (5.1) erhalten wir

$$f_n = t(F_n - a) + t(F_n/a)$$
$$= t(F_n - a - b) + t(F_n - a/b) + t(F_n/a - b) + t(F_n/a/b) \,.$$

Hierbei ist $F_n - a/b$ der Graph, der aus F_n durch Entfernen von a und anschließender Kontraktion von b hervorgeht. Die anderen Bezeichnungen sind analog zu interpretieren. Es gilt $t(F_n - a - b) = 0$, da nach Entfernen der Kanten a und b ein isolierter Knoten entsteht. Außerdem sind die Graphen $F_n - a/b$ und $F_n/a - b$ identisch. Sie entsprechen in beiden Fällen dem Graphen F_{n-1}. Damit gilt also auch

$$f_n = 2f_{n-1} + t(F_n/a/b) \,.$$

Wenn wir in F_n die Kanten a und b kontrahieren, so erhalten wir den Graphen H_{n-2}, wobei H_n den modifizierten Fächer bezeichnet, der in Abb. 5.11 dargestellt ist. Wir setzen $h_n = t(H_n)$, womit die letzte Gleichung die folgende Form annimmt:

$$f_n = 2f_{n-1} + h_{n-2}$$

Die Anwendung der Kontraktions-Entfernungs-Formel (5.1) auf den Graphen H_n liefert

$$h_n = f_n + h_{n-1} \,.$$

Zusammen mit dem Anfangswert $h_1 = 2$ erhalten wir das System von Rekurrenzgleichungen

$$f_n = 2f_{n-1} + h_{n-2}$$
$$h_n = f_n + h_{n-1}$$
$$f_1 = 1$$
$$f_2 = 3$$
$$h_1 = 2 \,.$$

Mit den Lösungsmethoden aus Kap. 3 entdecken wir schnell, dass die gesuchten Anzahlen der Spannbäume des Fächergraphen Fibonacci-Zahlen sind, wobei genau jede zweite Fibonacci-Zahl als Anzahl der Spannbäume auftritt (1, 3, 8, 13, 21, ...). ∎

Abb. 5.12 Weitere Graphen mit regulärer Struktur

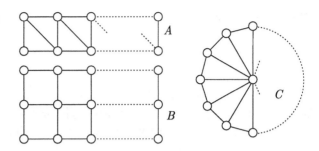

Abb. 5.12 zeigt weitere Graphen, für welche die Anzahl der Spannbäume ebenfalls mittels Rekurrenzgleichungen bestimmt werden kann. In einigen Fällen sind jedoch Systeme mit mehr als zwei Rekurrenzgleichungen erforderlich.

Um eine effiziente Bestimmung der Anzahl der Spannbäume für beliebige Graphen zu ermöglichen, ist die Darstellung von Graphen durch Matrizen eine wesentliche Voraussetzung.

5.3 Graphen und Matrizen

In diesem Abschnitt wollen wir einige Darstellungsmöglichkeiten für Graphen genauer beschreiben. Zunächst ist es jedoch wichtig, festzulegen, wann wir zwei Graphen als gleich betrachten wollen. Zwei Graphen $G = (V, E, \phi)$ und $H = (W, F, \psi)$ sind dann *gleich*, wenn ihre Knotenmengen, ihre Kantenmengen und ihre Inzidenzfunktionen (die wir hier ausnahmsweise mit angegeben haben) übereinstimmen. Die so definierte Gleichheit ist jedoch für viele Anwendungen ein zu strenger Begriff. Wir werden deshalb eine Art von Strukturgleichheit definieren, die oft weitaus zweckmäßiger ist.

▶ **Isomorphie von Graphen** Es seien $G = (V, E)$ und $H = (W, F)$ Graphen. Die Graphen G und H heißen *isomorph*, wenn eine bijektive Abbildung $f : V \to W$ existiert, sodass für alle $u, v \in V$ die Anzahl der Kanten zwischen u und v in G gleich der Anzahl der Kanten zwischen $f(u)$ und $f(v)$ in H ist. Die Abbildung f mit dieser Eigenschaft heißt ein *Isomorphismus*. ◆

Etwas anschaulicher ausgedrückt: Zwei Graphen sind isomorph, wenn sie sich nur durch die Bezeichnung ihrer Knoten und Kanten unterscheiden. Eine Grapheneigenschaft, die für jeweils alle isomorphen Graphen übereinstimmt, heißt *Grapheninvariante*. Beispiele für Grapheninvarianten sind die Anzahl der Spannbäume oder der Zusammenhang eines Graphen.

5.3.1 Die Adjazenzmatrix

Die *Adjazenzmatrix* $A(G)$ eines schlingenfreien Graphen $G = (V, E)$ mit der Knotenmenge $V = \{1, 2, \ldots, n\}$ ist eine $n \times n$-Matrix $A = (a_{ij})$, deren Element a_{ij}

Abb. 5.13 Ein Beispielgraph

gleich der Anzahl der Kanten zwischen den Knoten i und j ist. Wenn der betrachtete Graph aus dem Kontext hervorgeht, so schreiben wir einfach A statt $A(G)$. Die Adjazenzmatrix ist symmetrisch, $A^{\mathsf{T}} = A$. Die Zeilensumme der Zeile i ist gleich dem Grad des Knotens i.

Die Adjazenzmatrix des Graphen aus Abb. 5.13, der manchmal auch als *Diamantgraph* bezeichnet wird, ist

$$A = \begin{pmatrix} 0 & 1 & 1 & 0 \\ 1 & 0 & 1 & 1 \\ 1 & 1 & 0 & 1 \\ 0 & 1 & 1 & 0 \end{pmatrix}.$$

Die Adjazenzmatrix ist keine Grapheninvariante – zueinander isomorphe Graphen können unterschiedliche Adjazenzmatrizen besitzen. Es seien G und H zwei isomorphe Graphen. Dann gibt es einen Isomorphismus $\phi : V(G) \to V(H)$. Für die Adjazenzmatrizen bedeutet das, die Matrix $A(H)$ ist durch Permutation der Zeilen und Spalten gemäß ϕ aus $A(G)$ hervorgegangen. Es sei $P = (p_{ij})_{n,n}$ eine *Permutationsmatrix*; das ist eine Matrix, die in jeder Zeile und in jeder Spalte genau eine Eins und sonst nur Nullen als Eintragungen besitzt. Da eine Permutationsmatrix P auch eine orthogonale Matrix ist, gilt $P^{-1} = P^{\mathsf{T}}$. Für isomorphe Graphen G und H existiert stets eine Permutationsmatrix P, sodass

$$A(H) = P^{\mathsf{T}} A(G) P \tag{5.2}$$

gilt.

Die Elemente des Quadrates $A^2 = (a_{ij}^{(2)})$ der Adjazenzmatrix $A = A(G)$ erhalten wir aus

$$a_{ij}^{(2)} = \sum_{k=1}^{n} a_{ik} a_{kj}. \tag{5.3}$$

Nun ist aber $a_{ik} a_{kj}$ die Anzahl der Kantenfolgen der Länge 2 zwischen den Knoten i und j, die den Knoten k als mittleren Knoten enthalten. Die Summe (5.3) ist dann die Anzahl aller Kantenfolgen der Länge 2 zwischen i und j. Wenn $i \neq j$ ist, so zählt die Summe alle Wege der Länge 2 zwischen i und j. In einem schlichten Graphen gilt $a_{ii}^{(2)} = \deg i$. Ebenso kann man durch Induktion nach der Länge der Kantenfolge zeigen, dass die Eintragungen $a_{ij}^{(l)}$ der l-ten Potenz der Adjazenzmatrix die Anzahl aller Kantenfolgen der Länge l zwischen i und j liefern. Wenn zwischen zwei Knoten i und j keine Kantenfolge mit einer Länge kleiner als l, jedoch $a_{ij}^{(l)} > 0$ Kantenfolgen der Länge l existieren, so sind diese Kantenfolgen kürzeste Wege zwischen i und j. Folglich ist

$$d(i, j) = \min\{l \in \mathbb{N} \,|\, a_{ij}^{(l)} > 0\}$$

der Abstand zwischen den Knoten i und j.

5.3.2 Die Laplace-Matrix

Die *Gradmatrix* $D(G) = (d_{ij})_{n,n}$ ist eine Diagonalmatrix, deren Hauptdiagonalelemente die Knotengrade von G sind. Die *Laplace-Matrix* (oder *Admittanzmatrix*) $L(G)$ eines Graphen G ist $L(G) = D(G) - A(G)$. Für unseren Beispielgraphen aus Abb. 5.13 gilt

$$D = \begin{pmatrix} 2 & 0 & 0 & 0 \\ 0 & 3 & 0 & 0 \\ 0 & 0 & 3 & 0 \\ 0 & 0 & 0 & 2 \end{pmatrix}, \quad L = \begin{pmatrix} 2 & -1 & -1 & 0 \\ -1 & 3 & -1 & -1 \\ -1 & -1 & 3 & -1 \\ 0 & -1 & -1 & 2 \end{pmatrix}.$$

Der Name *Laplace-Matrix* resultiert aus der Verwandtschaft dieser Matrix zum Laplace-Operator Δ, der im Zusammenhang mit partiellen Differentialgleichungen auftritt. Das Wort *Admittanzmatrix* stammt von Anwendungen aus der Berechnung elektrischer Netzwerke, wobei *Admittanz* einen komplexen Leitwert bezeichnet. Man erkennt leicht, dass die Summe aller Zeilen der Laplace-Matrix L eines Graphen der Nullvektor ist. Somit ist L eine singuläre Matrix, es gilt det $L = 0$. Die Laplace-Matrix hat viele wunderbare Eigenschaften. Mit ihrer Hilfe kann der *algebraische Zusammenhang* eines Graphen definiert werden, der in enger Beziehung zur *Kantenzusammenhangszahl* $\lambda(G)$ (= minimale Anzahl von Kanten, deren Entfernen aus G den Zusammenhang zerstört) steht. Unter Verwendung der Laplace-Matrix eines Graphen G ist es möglich, räumliche Darstellungen von G im $\mathbb{R}^n$ zu bestimmen. Mehr darüber erfahren kann der interessierte Leser in den Büchern von Cvetković, Rowlingson und Simić (2010) sowie Godsil und Royle (2001). Wir wollen hier zeigen, dass die Laplace-Matrix einen eleganten Weg zur Bestimmung der Anzahl der Spannbäume eines Graphen liefert. Der folgende Satz wurde von *Gustav Robert Kirchhoff* im Jahre 1847 gefunden, siehe auch Kirchhoff (1847).

Der Satz von Kirchhoff

Matrix-Gerüst-Satz
Die Anzahl der Spannbäume eines Graphen G ist gleich der Determinante der Matrix L_i, die aus der Laplace-Matrix $L(G)$ durch Streichen der Zeile i und der Spalte i für ein beliebig gewähltes i hervorgeht.

▶ **Beweis** Es sei $G = (V, E)$ ein Graph mit der Knotenmenge $V = \{1, 2, \ldots, n\}$, $e \in E$ und $L = L(G) = (l_{ij})_{n,n}$ die Laplace-Matrix von G. Wir können ohne Beschränkung der Allgemeinheit davon ausgehen, dass $n - 1$ und n die Endknoten der Kante e sind. Andernfalls können wir durch eine geeignete Permutation der Knotenmenge zu einem isomorphen Graphen übergehen, für den diese Bedingung erfüllt ist. Für eine Matrix M sei im Folgenden M' die Matrix, die aus M durch Streichen der letzten Zeile und Spalte hervorgeht. Dann gilt $L_n(G) = L'(G)$. Außerdem sei $M'' = (M')'$. Weiterhin gilt

$$
\det L'(G - e) = \begin{vmatrix} l_{11} & l_{12} & \cdots & l_{1,n-1} \\ l_{21} & l_{22} & \cdots & l_{2,n-2} \\ \vdots & & & \\ l_{n-1,1} & l_{n-1,2} & \cdots & l_{n-1,n-1} - 1 \end{vmatrix}
$$

und $\det L'(G/e) = \det L''(G)$. Die Determinante $\det L''(G)$ ändert sich nicht, wenn wir auf folgende Weise eine Zeile und Spalte hinzufügen:

$$
\det L'(G/e) = \begin{vmatrix} l_{11} & l_{12} & \cdots & l_{1,n-2} & 0 \\ l_{21} & l_{22} & \cdots & l_{2,n-2} & 0 \\ \vdots & & & & \\ l_{n-2,1} & l_{n-2,2} & \cdots & l_{n-2,n-2} & 0 \\ l_{n-1,1} & l_{n-1,2} & \cdots & l_{n-1,n-2} & 1 \end{vmatrix}
$$

Wir bezeichnen diese erweiterte Matrix mit $L^*(G/e)$. Durch Entwickeln dieser Determinante nach der letzten Spalte erhalten wir die Determinante von $L''(G)$. Wir beobachten, dass die letzte Spalte der Matrix $L'(G)$ die Summe der letzten Spalte von $L'(G - e)$ und der letzten Spalte von $L^*(G/e)$ ist. Alle anderen Spalten dieser Matrizen stimmen überein. Aus der Multilinearität der Determinante folgt

$$
\det L'(G) = \det L'(G - e) + \det L^*(G/e)
$$
$$
= \det L'(G - e) + \det L'(G/e) .
$$

Der Satz ist für zusammenhängende Graphen ohne Kanten oder mit einer Kante wahr, wobei wir im ersten Falle die Determinante der leeren Matrix als 1 definieren. Die Graphen $G - e$ und G/e haben jeweils mindestens eine Kante weniger als G. Wenn wir nun voraussetzen, dass $t(G - e) = \det L'(G - e)$ und $t(G/e) = \det L'(G/e)$ gilt, so folgt die Aussage mit (5.1) durch Induktion nach der Kantenzahl. □

Tatsächlich lässt sich der Satz noch etwas eleganter unter Verwendung der Formel von *Cauchy* und *Binet* beweisen, was jedoch etwas mehr algebraische Vorarbeit verlangt, siehe auch Bondy und Murty (2008).

Als Folgerung aus dem Satz von Kirchhoff können wir die Anzahl aller Spannbäume des vollständigen Graphen bestimmen. Dieses Ergebnis wurde bereits in Cayley (1889) veröffentlicht.

Satz von Cayley
Der vollständige Graph K_n besitzt n^{n-2} Spannbäume.

Alternativ können wir diese Aussage auch so formulieren: Es gibt genau n^{n-2} verschiedene Bäume mit n Knoten. Der Beweis dieses Satzes erfolgt durch Berechnung der Determinante

$$\det L' = \begin{vmatrix} n-1 & -1 & \cdots & -1 \\ -1 & n-1 & \cdots & -1 \\ \vdots & \vdots & \ddots & \vdots \\ -1 & -1 & \cdots & n-1 \end{vmatrix}_{n-1,n-1} .$$

5.3.3 Weitere Anwendungen des Satzes von Kirchhoff

Wir können den Satz von Kirchhoff noch etwas erweitern. Anstatt Spannbäume zu zählen, kann die Determinante der reduzierten Laplace-Matrix die Spannbäume sogar auflisten. Alles, was dafür erforderlich ist, erreichen wir durch eine Anpassung der Laplace-Matrix. Zur Erklärung der Idee nutzen wir wieder das bereits bekannte Beispiel. Wir geben den Kanten des Graphen eine Individualität, indem wir die in Abb. 5.13 gewählten Kantenbezeichnungen als formale Variable betrachten und in die Laplace-Matrix einsetzen, sodass $l_{ij} = -e_{ij}$ für $i \neq j$ und

$$l_{ii} = \sum_{j=1}^{n} e_{ij}$$

für $i = 1, \ldots, n$ gilt. Hierbei bezeichnet e_{ij} die Variable für die Kante, welche die Knoten i und j verbindet. Existiert keine Kante zwischen i und j, so definieren wir $l_{ij} = 0$. Genau genommen, gilt diese Definition so nur für schlichte Graphen. Sie lässt sich jedoch auch leicht auf Graphen mit parallelen Kanten erweitern. Für den Beispielgraphen aus Abb. 5.13 erhalten wir

$$L(G) = \begin{pmatrix} a+b & -a & -b & 0 \\ -a & a+c+d & -c & -d \\ -b & -c & b+c+e & -e \\ 0 & -d & -e & d+e \end{pmatrix} .$$

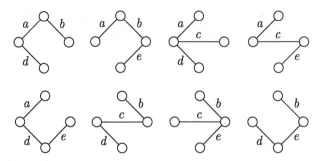

Abb. 5.14 Die Spannbäume des Diamantgraphen

Die Determinante der reduzierten Matrix ist

$$\det L' = abd + abe + acd + ace + ade + bcd + bce + bde,$$

wobei die acht Terme auf der rechten Seite symbolisch die Spannbäume des Graphen beschreiben. Abb. 5.14 zeigt die acht Spannbäume in derselben Reihenfolge wie die Terme des obigen Ausdrucks.

Nun wollen wir wieder Spannbäume eines Graphen G zählen, jedoch zusätzlich mit der Vorgabe, dass ein gegebener Knoten j einen vorgegebenen Grad in dem Spannbaum hat. Jetzt ist es erforderlich, einem Knoten eine Individualität zu verleihen. Wir schaffen das, indem wir dem Knoten j ein *Gewicht* w_j, in diesem Falle eine formale Variable, wie zum Beispiel x, zuordnen. Alle anderen Knoten erhalten das Gewicht 1. Nun konstruieren wir wieder eine modifizierte Laplace-Matrix, diesmal mit den Eintragungen

$$l_{ij} = \begin{cases} -w_i w_j, \text{ falls } \{i, j\} \in E(G) \\ \sum_{k \in V} w_i w_k, \text{ falls } i = j \\ 0, \text{ sonst.} \end{cases}$$

Für unseren Beispielgraphen nach Abb. 5.13 erhalten wir unter der Voraussetzung, dass Spannbäume bezüglich des Grades des Knotens 2 gezählt werden sollen, die modifizierte Laplace-Matrix

$$L(G) = \begin{pmatrix} 1+x & -x & -1 & 0 \\ -x & 3x & -x & -x \\ -1 & -x & 2+x & -1 \\ 0 & -x & -1 & 1+x \end{pmatrix}.$$

Die Determinante von L' ist $x^3 + 4x^2 + 3x$. Der Koeffizient vor x^k in diesem Polynom ist die Anzahl der Spannbäume von G, in denen der Knoten 2 den Grad k besitzt.

5.4 Das Zählen von Untergraphen – Graphenpolynome

In diesem Abschnitt wollen wir Untergraphen und insbesondere *induzierte Untergraphen* eines Graphen zählen. Als Werkzeug dafür eignen sich wieder gewöhnliche erzeugende Funktionen. Angenommen, $\mathcal{H}$ ist eine Klasse von Graphen und $f_i(G)$ bezeichnet die Anzahl aller Untergraphen eines gegebenen Graphen G, die genau i Kanten besitzen und der Klasse $\mathcal{H}$ angehören. Dann ist die gewöhnliche erzeugende Funktion für die Folge $\{f_n\}$ das Polynom

$$f(G, x) = \sum_{i=0}^{m} f_i(G)x^i \,,$$

wobei m die Anzahl der Kanten von G bezeichnet. Wir bezeichnen eine erzeugende Funktion dieser Art als *Graphenpolynom*. Wir werden uns hier nur auf *invariante Graphenpolynome* beschränken. Das sind Graphenpolynome, die unverändert bleiben, wenn wir statt G einen zu G isomorphen Graphen einsetzen. Wenn wir für $\mathcal{H}$ die Klasse aller Bäume oder aller Kreise einsetzen, so erhalten wir ein invariantes Graphenpolynom. Wenn $\mathcal{H}$ jedoch die Klasse aller Graphen ist, in der ein gegebener Knoten $v \in V(G)$ den Grad 3 besitzt, so ist das entstehende Graphenpolynom nicht invariant. Durch Einführung von weiteren Parametern in die Zählung der Untergraphen können wir auch Graphenpolynome mit zwei oder mehr Variablen erhalten. Es sei $f_{ijk}(G)$ die Anzahl aller Untergraphen aus $\mathcal{H}$ von G, die i Knoten, j Kanten und k Komponenten besitzen. Dann ist

$$f(G; x, y, z) = \sum_{i=0}^{n} \sum_{j=0}^{m} \sum_{k=0}^{n} f_{ijk}(G)x^i y^j z^k$$

ein Graphenpolynom in drei Variablen.

5.4.1 Das Unabhängigkeitspolynom

Wir betrachten zuerst die einfachste Klasse von Graphen – die leeren Graphen $\mathcal{H} = \{E_n \mid n \in \mathbb{N}\}$. Es sei $i_k(G)$ die Anzahl der induzierten Untergraphen von G mit k Knoten aus der Klasse $\mathcal{H}$. Was ist ein induzierter leerer Untergraph? In einem induzierten Untergraphen des Graphen $G = (V, E)$ liegen zusammen mit einer gewählten Knotenmenge $W \subseteq V$ stets auch alle Kanten von G, die beide Endknoten in W haben. Da aber der induzierte Untergraph $G[W]$ leer sein soll, sind alle Knoten aus W in G paarweise nichtadjazent. Eine solche Knotenteilmenge eines Graphen heißt auch *unabhängige Knotenmenge* von G. Folglich ist $i_k(G)$ auch die Anzahl der unabhängigen Knotenmengen der Mächtigkeit k von G. Das *Unabhängigkeitspolynom*, eingeführt in Gutman und Harary (1983), ist die gewöhnliche erzeugende

Abb. 5.15 Ein Graph mit
fünf Knoten

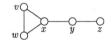

Funktion für die Folge $\{i_k(G)\}$:

$$I(G, x) = \sum_{k=0}^{n} i_k(G)x^k$$

Die leere Menge ist in jedem Graphen unabhängig. Somit ist der konstante Term des
Unabhängigkeitspolynoms stets 1. Da auch jeder einzelne Knoten eine unabhängige
Menge bildet, gilt in einem Graphen G mit n Knoten $i_1(G) = n$.

Beispiel 5.3 (Unabhängigkeitspolynom)

Der in Abb. 5.15 dargestellte Graph mit der Knotenmenge $V = \{v, w, x, y, z\}$
besitzt die unabhängigen Knotenmengen

$$\emptyset, \{v\}, \{w\}, \{x\}, \{y\}, \{z\}, \{v, y\}, \{v, z\}, \{w, y\}, \{w, z\}, \{x, z\} .$$

Es folgt $i_0(G) = 1$, $i_1(G) = 5$, $i_2(G) = 5$ und

$$I(G, x) = 1 + 5x + 5x^2 .$$ ∎

Der im Beispiel gewählte Weg zur Bestimmung des Unabhängigkeitspolynoms
entspricht natürlich nicht der Intention der Einführung einer erzeugenden Funktion.
Wenn wir alle Koeffizienten des Polynoms durch explizites Auflisten der entsprechenden Möglichkeiten der Wahl der unabhängigen Menge bestimmen, so haben
wir mit der Darstellung als Polynom nicht viel gewonnen. Wir untersuchen deshalb
im Folgenden Eigenschaften des Unabhängigkeitspolynoms, die seine Berechnung
erleichtern. Für einige spezielle Graphen können wir das Unabhängigkeitspolynom
sehr leicht angeben. Im leeren Graphen ist jede Knotenteilmenge unabhängig, das
heißt

$$I(E_n, x) = \sum_{k=0}^{n} \binom{n}{k} x^k = (1 + x)^n .$$

Im vollständigen Graphen gibt es keine unabhängige Menge mit zwei oder mehr
Knoten; es folgt

$$I(K_n, x) = 1 + nx .$$

Es sei nun G ein Graph mit den Komponenten $G_1, \ldots, G_r$. Eine unabhängige Menge von G ist eine Vereinigung von unabhängigen Mengen von $G_1, \ldots, G_r$, wobei
in jeder Komponente die unabhängige Menge unabhängig von den anderen Komponenten gewählt werden kann. Damit folgt

$$I(G, x) = \prod_{j=1}^{r} I(G_j, x) .$$

Knotennachbarschaften

Um weitere Aussagen über unabhängige Mengen einfacher darstellen zu können, definieren wir Knotennachbarschaften. Es sei $G = (V, E)$ ein Graph und $v \in V$. Die *offene Nachbarschaft* $N_G(v)$ von v in G ist die Menge aus allen zu v adjazenten Knoten in G. Wenn der Graph G aus dem Kontext bekannt ist, schreiben wir kurz $N(v)$ statt $N_G(v)$. Die *abgeschlossene Nachbarschaft* $N_G[v]$ oder kurz $N[v]$ ist die offene Nachbarschaft von v, ergänzt um v selbst:

$$N[v] = N(v) \cup \{v\}$$

Wir erweitern diese beiden Definitionen auf Teilmengen wie folgt. Es sei $W \subseteq V$ eine Knotenteilmenge von G. Dann definieren wir

$$N(W) = \bigcup_{w \in W} N(w) \setminus W$$

und

$$N[W] = N(W) \cup W \,.$$

Unter Verwendung dieser Definition können wir zum Beispiel feststellen, dass ein Graph $G = (V, E)$ genau dann zusammenhängend ist, wenn $\emptyset$ und V die einzigen Knotenteilmengen von G sind, für die $N(W) = \emptyset$ gilt.

Eine Rekurrenzgleichung für das Unabhängigkeitspolynom

Es sei nun v ein Knoten aus G. Jede unabhängige Menge von G, die v nicht enthält, ist auch eine unabhängige Menge des Graphen $G - v$, der aus G durch Entfernen von v hervorgeht. Umgekehrt ist auch jede unabhängige Knotenmenge von $G - v$ eine unabhängige Knotenmenge von G. Ist hingegen v in einer unabhängigen Menge X von G enthalten, so liegt kein Knoten aus $N(v)$ ebenfalls in X. Wir erhalten damit

$$I(G, x) = I(G - v, x) + x I(G - N[v], x), \tag{5.4}$$

wobei $G - N[v]$ aus G durch Entfernen aller Knoten der abgeschlossenen Nachbarschaft von v hervorgeht. Die Multiplikation des zweiten Terms auf der rechten Seite der Gleichung mit x berücksichtigt den Beitrag des Knotens v zur unabhängigen Menge.

Abb. 5.16 illustriert die Berechnung des Unabhängigkeitspolynoms durch Anwendung der Knotendekomposition nach (5.4). Wir müssen die Dekomposition nur so lange fortsetzen, bis wir auf einen bekannten Graphen stoßen, dessen Unabhängigkeitspolynom wir kennen. In diesem Falle sind das die vollständigen Graphen K_3 und K_4. Wir erhalten

$$
\begin{aligned}
I(G, x) &= I(G - v, x) + x I(G - N[v], x) \\
&= I(G - v - w, x) + x I(G - v - N[w], x) + x I(G - N[v], x) \\
&= I(K_4, x) + x I(K_3, x) + x I(K_3, x) \\
&= 1 + 4x + x(1 + 3x) + x(1 + 3x) \\
&= 1 + 6x + 6x^2 \,.
\end{aligned}
$$

Abb. 5.16 Die Berechnung des Unabhängigkeitspolynoms durch Knotendekomposition

Abb. 5.17 Die Verbindung von Graphen

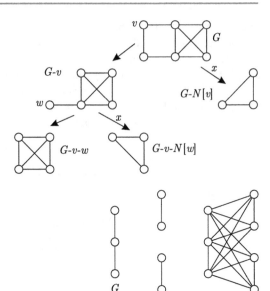

▶ **Die Verbindung von Graphen** Es seien $G = (V, E)$ und $H = (W, F)$ Graphen. Die *Verbindung* $G + H$ von G und H ist ein Graph mit der Knotenmenge $V \cup W$, der neben allen Kanten von G und allen Kanten von H zusätzlich je eine Kante von jedem Knoten aus V zu jedem Knoten aus W besitzt.   ◆

Man kann sich die Entstehung der Verbindung von G und H durch Einfügen der Kanten eines vollständigen bipartiten Graphen zwischen G und H vorstellen. In einigen Büchern wird die Verbindung von Graphen auch mit $G \vee H$ bezeichnet. Abb. 5.17 zeigt die Verbindung an einem Beispiel.

Für das Unabhängigkeitspolynom der Verbindung von zwei Graphen erhalten wir

$$I(G + H, x) = I(G, x) + I(H, x) - 1. \tag{5.5}$$

Eine unabhängige Knotenmenge der Verbindung $G + H$ kann nur Knoten aus einem der beiden Graphen G oder H, jedoch nicht aus beiden enthalten. Die einzige unabhängige Knotenmenge, die in beiden Polynomen $I(G, x)$ und $I(H, x)$ gezählt wird, ist die leere Menge, weshalb in obiger Formel der Term -1 auftaucht. Die Anwendung der Gleichung (5.5) auf die Verbindung leerer Graphen liefert das Unabhängigkeitspolynom des vollständigen bipartiten Graphen:

$$I(K_{pq}, x) = I(E_p + E_q, x) = I(E_p, x) + I(E_q, x) - 1 = (1 + x)^p + (1 + x)^q - 1 .$$

Das Unabhängigkeitspolynom eines Graphen G hält einige interessante Informationen über G für uns bereit. Der Grad des Unabhängigkeitspolynoms liefert die *Unabhängigkeitszahl* $\alpha(G)$. Das ist die größte Mächtigkeit einer unabhängigen

Abb. 5.18 Cliquen und
unabhängige Mengen

G $\overline{G}$

Menge von G. Wir betrachten nun ausschließlich schlichte Graphen. Eine *Clique* von G ist ein vollständiger Untergraph von G. Abb. 5.18 zeigt einen Graphen G mit einer schwarz gekennzeichneten unabhängigen Knotenmenge. Auf der rechten Seite sehen wir das Komplement des Graphen, in dem diese vier Knoten eine Clique induzieren. Damit können wir folgern, dass der Koeffizient vor x^k in dem Polynom $I(\overline{G}, x)$ die Anzahl der Cliquen mit k Knoten von G liefert.

Für einige Graphen kann das Unabhängigkeitspolynom als Lösung einer Rekurrenzgleichung bestimmt werden.

Beispiel 5.4 (Unabhängigkeitspolynom eines Weges)

Es sei p_n das Unabhängigkeitspolynom des Weges P_n mit n Knoten. Dann gilt $p_0 = 1$ und $p_1 = 1 + x$. Weiterhin folgt aus der Dekompositionsgleichung (5.4), angewendet auf einen Endknoten des Weges,

$$p_n = p_{n-1} + x p_{n-2} \, . \qquad \blacksquare$$

5.4.2 Das Matchingpolynom

Der Graph K_2 besteht aus zwei Knoten und einer Kante. Wir bezeichnen nun für eine beliebige natürliche Zahl n mit $n K_2$ den Graphen, der aus n Kanten und $2n$ Knoten besteht, sodass dabei n Komponenten entstehen, die isomorph zum K_2 sind. Es sei $\mathcal{M} = \{n K_2 \mid n \in \mathbb{N}\}$ die Klasse aller Graphen dieser Art. Weiterhin sei $m_k(G)$ für jeden gegebenen Graphen G die Anzahl der Untergraphen von G mit genau k Kanten, die der Klasse $\mathcal{M}$ angehören. Wir meinen damit Untergraphen von G, die isomorph zu einem Graphen aus $\mathcal{M}$ sind. Anders gesagt, ist $m_k(G)$ die Anzahl der Möglichkeiten, k Kanten in G so auszuwählen, dass keine zwei Kanten der Auswahl einen gemeinsamen Endknoten besitzen. Eine Kantenteilmenge mit dieser Eigenschaft heißt ein *Matching* von G. Wir definieren das *Matchingpolynmom* von G durch

$$M(G, x) = \sum_{k=0}^{n} m_k(G) x^k \, .$$

Im Gegensatz zur Einführung des Unabhängigkeitspolynoms betrachten wir hier Untergraphen, nicht induzierte Untergraphen, die in $\mathcal{M}$ liegen. Es ist auch möglich, induzierte Matchings zu zählen; das liefert jedoch ein anderes Polynom. Offenbar kann kein Matching in einem Graphen mit n Knoten mehr als $n/2$ Kanten besitzen, da jede Matchingkante zwei Knoten „verbraucht". Ein Matching, dass genau $n/2$

Kanten besitzt, heißt *perfekt*. Ein perfektes Matching kann offensichtlich nur in Graphen gerader Knotenanzahl existieren. Das Matchingpolynom wurde im Zusammenhang mit Fragen der theoretischen Physik in Heilman und Lieb (1972) eingeführt. Für den leeren Graphen gilt $M(E_n, x) = 1$. Da jede einzelne Kante ein Matching bildet, ist der Koeffizient vor x^1 in $M(G, x)$ die Anzahl der Kanten von G.

Beispiel 5.5 (Matchingpolynom des vollständigen Graphen)

Auf wie viel Arten können wir ein Matching mit k Kanten im vollständigen Graphen K_n wählen? Es gibt

$$\binom{n}{2k}$$

Arten, die Knotenmenge für die k Matchingkanten zu wählen. Anschließend lassen sich die $2k$ Knoten auf

$$\frac{(2k)!}{2^k \, k!}$$

Arten in k Blöcke zu je zwei Knoten partitionieren. Das gesuchte Matchingpolynom ist folglich

$$M(K_n, x) = \sum_{k=0}^{n} \frac{n^{\underline{2k}}}{2^k \, k!} x^k \; . \qquad \blacksquare$$

Rekurrenzgleichungen für das Matchingpolynom

Es sei $G = (V, E)$ ein Graph und $e = \{u, v\} \in E$. Wir definieren den Graphen $G \dagger e = G - u - v$ und sagen, $G \dagger e$ geht durch *Extraktion* der Kante e aus G hervor. Es sei M ein Matching von G. Wenn die Kante e nicht in M liegt, so ist M auch ein Matching von $G - e$. Gilt jedoch $e \in M$, so gehört keine andere Kante von G, die einen Endknoten mit e gemeinsam hat, ebenfalls zu M. Folglich finden wir alle weiteren Kanten des Matchings M auch in $G \dagger e$. Damit folgt

$$M(G, x) = M(G - e, x) + x M(G \dagger e, x). \qquad (5.6)$$

Abb. 5.19 zeigt die Anwendung der Rekurrenz an einem Beispielgraphen. Der Leser möge sich selbst überzeugen, dass dieser Graph das Matchingpolynom $1 + 9x + 16x^2 + 3x^3$ besitzt.

Eine weitere Rekurrenzgleichung für das Matchingpolynom erhalten wir durch folgende Überlegung. Wir wählen einen Knoten $v \in V$. Jedes Matching von G, dass

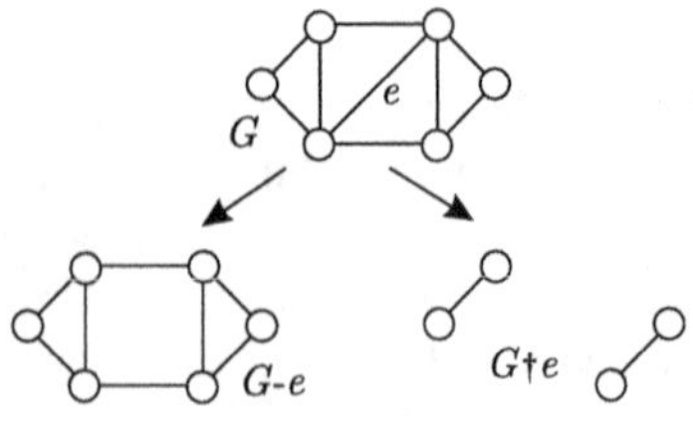

Abb. 5.19 Zur Berechnung des Matchingpolynoms

Abb. 5.20 Der Radgraph W_9

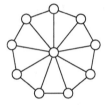

keine zu v inzidente Kante enthält, ist auch ein Matching von $G - v$. Alle anderen Matchings von G enthalten dann genau eine Kante von v zu einem Nachbarknoten von v, womit wir

$$m_k(G) = m_k(G - v) + \sum_{w \in N(v)} m_{k-1}(G - v - w), \ k \geq 1$$

erhalten. Für das Matchingpolynom folgt damit

$$M(G, x) = M(G - v, x) + x \sum_{w \in N(v)} M(G - v - w, x). \tag{5.7}$$

Beispiel 5.6 (Matchingpolynom eines Radgraphen)
Ein *Radgraph* W_n ist ein Graph mit $n + 1$ Knoten, der als Verbindung eines isolierten Knotens K_1 und eines Kreises C_n dargestellt werden kann, das heißt $W_n = C_n + K_1$. Die Anwendung der Gleichung (5.7) auf den Mittelknoten des Rades liefert

$$M(W_n, x) = M(C_n, x) + n x M(P_{n-1}, x), \ n \geq 3 \ .$$

Abb. 5.20 zeigt einen Radgraphen mit zehn Knoten. ∎

Der Kantengraph
Eine weitere Operation mit Graphen, der Übergang zum Kantengraphen, liefert eine Möglichkeit, das Matchingpolynom mit dem Unabhängigkeitspolynom eines Graphen in Verbindung zu bringen.

▶ **Der Kantengraph** Es sei $G = (V, E)$ ein Graph. Der *Kantengraph* $L(G)$ von G ist ein Graph mit der Knotenmenge E, in dem zwei Knoten genau dann adjazent sind, wenn die entsprechenden Kanten in G einen gemeinsamen Endknoten besitzen. ◆

Die Bezeichnung $L(G)$ hat ihren Ursprung in dem englischen Begriff *line graph*. Wir hatten die Notation $L(G)$ bereits früher als Laplace-Matrix eines Graphen eingeführt. Aus dem Zusammenhang sollte jedoch die Bedeutung stets erkennbar sein.

Abb. 5.21 zeigt einen Graphen zusammen mit seinem Kantengraphen. Wir erkennen leicht, dass ein Matching eines Graphen G in eine unabhängige Knotenmenge des Kantengraphen $L(G)$ übergeht. Umgekehrt entspricht jeder unabhängigen

Abb. 5.21 Ein Graph und
sein Kantengraph

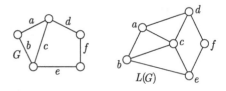

Knotenmenge von $L(G)$ eindeutig ein Matching in G. Damit folgt

$$M(G, x) = I(L(G), x) .$$

Wir können folglich das Matchingpolynom eines Graphen bestimmen, in dem wir
das Unabhängigkeitspolynom seines Kantengraphen berechnen. Die Umkehrung
funktioniert jedoch nicht. Der Grund ist, dass es Graphen gibt, die nicht der Kantengraph irgendeines Graphen sein können. Der Leser kann sich leicht selbst überzeugen, dass der Graph $K_{1,3}$ nicht Kantengraph eines Graphen sein kann. Man
kann sogar leicht zeigen, dass ein Graph kein Kantengraph ist, wenn er einen induzierten Untergraph isomorph zu $K_{1,3}$ besitzt. Genauere Charakterisierungen von
Kantengraphen findet man zum Beispiel in West (2000). Für weitere interessante
Ergebnisse zu Matchings and Matchingpolynomen in Graphen empfehlen wir das
Buch von Lovász und Plummer (1986).

5.4.3   Das chromatische Polynom

Bevor wir zu dem in der Überschrift angekündigten chromatischen Polynom kommen, definieren wir ein Polynom, welches eine enge Beziehung zum chromatischen
Polynom besitzt. Es sei $\mathcal{H}$ die Klasse aller Graphen, deren Komponenten ausschließlich vollständige Graphen sind. Für einen gegebenen Graphen G sei $h_k(G)$
die Anzahl der in $\mathcal{H}$ liegenden aufspannenden Untergraphen von G mit genau
k Komponenten. Im Unterschied zu bisher eingeführten Polynomen verwenden
wir diesmal die Anzahl der Komponenten als Parameter für die Zählung. Jeder
Untergraph H von G, der zur Klasse $\mathcal{H}$ gehört, entspricht einer Partition π der
Knotenmenge von G, sodass jeder Block von π eine Clique in G induziert. Das
Cliquenpartitionspolynom von G ist

$$h(G, x) = \sum_{k=0}^{n} h_k(G) x^k .$$

In der Literatur heißt dieses Polynom auch *adjungiertes Polynom*, was jedoch ein
nichtssagender Name ist, solange wir dieses Polynom nicht zu anderen Polynomen
in Beziehung setzen. Das Cliquenpartitionspolynom hat (außer für den Nullgra-
phen) keinen konstanten Term.

Betrachten wir nun das Cliquenpartitionspolynom des komplementären Graphen:

$$h(\overline{G}, x) = \sum_{k=0}^{n} h_k(\overline{G}) x^k$$

Der Koeffizient von x^k in diesem Polynom liefert die Anzahl der Partitionen der Knotenmenge V von G, sodass jeder Block der Partition eine unabhängige Menge in G ist. Ersetzen wir nun die Potenz x^k durch die fallende Faktorielle $x^{\underline{k}}$, so erhalten wir das *chromatische Polynom* von G:

$$P(G, x) = \sum_{k=0}^{n} h_k(\overline{G}) x^{\underline{k}} \tag{5.8}$$

▶ **Zulässige Färbung** Es sei $G = (V, E)$ ein Graph, $x \in \mathbb{N}$ und $X = \{1, \dots, x\}$. Wir bezeichnen X als Menge der *Farben*. Eine *Knotenfärbung* oder kurz *Färbung* von G ist eine Abbildung $f : V \to X$, die jedem Knoten eine Farbe zuordnet. Ein Färbung f von G heißt *zulässig*, wenn aus $\{u, v\} \in E$ stets $f(u) \neq f(v)$ folgt. ◆

Der Name *chromatisches* Polynom erklärt sich nun wie folgt. Es sei π eine Partition der Knotenmenge V, sodass jeder Block von π eine unabhängige Knotenmenge von G ist. Wir nennen eine solche Partition auch eine *unabhängige Partition* von G. Wir ordnen nun jeweils allen Knoten eines Blockes von π dieselbe Farbe aus der Farbmenge X zu, jedoch Knoten aus verschiedenen Blöcken stets unterschiedliche Farben. Dann können wir den ersten Block von π mit x verschiedenen Farben belegen. Für die Knoten des zweiten Blocks verbleiben dann noch $x - 1$ Farben usw. Schließlich erhalten wir $x^{\underline{k}}$ Möglichkeiten für eine solche Färbung der Blöcke von π. Offensichtlich ist die entstandene Färbung zulässig in G. Da jede zulässige Färbung von G auf diese Weise erzeugt werden kann, ist $P(G, x)$ die Anzahl der zulässigen Färbungen von G mit maximal x Farben. Es sei $\Pi_I(G)$ die Menge aller unabhängigen Partitionen von G. Dann folgt

$$P(G, x) = \sum_{\pi \in \Pi_I(G)} x^{\underline{|\pi|}}. \tag{5.9}$$

Das chromatische Polynom wurde bereits vor über 100 Jahren von Birkhoff (1912) eingeführt. Es war ursprünglich als Werkzeug zum Beweis des *Vierfarbensatzes* gedacht. Dieser Satz besagt, dass man jeden *planaren Graphen* zulässig mit nur vier Farben färben kann. Etwas anschaulich ausgedrückt, ist ein Graph planar, wenn er sich ohne Kantenüberkreuzungen in die Ebene zeichnen lässt.

Beispiel 5.7 (Das chromatische Polynom)

Der in Abb. 5.22 präsentierte Graph besitzt die unabhängigen Partitionen

$$a/b/c/d/e, \ ad/b/c/e, \ ae/b/c/d, \ a/b/cd/e, \ ae/cd/e.$$

Abb. 5.22 Ein Beispielgraph

Es folgt nach (5.9),

$$P(G, x) = x^{\underline{5}} + 3x^{\underline{4}} + x^{\underline{3}}$$
$$= x^5 - 7x^4 + 18x^3 - 20x^2 + 8x \ .$$ ■

Für einige spezielle Graphen können wir das chromatische Polynom leicht bestimmen. Im leeren Graphen ist jede Färbung zulässig; wir erhalten $P(E_n, x) = x^n$. Im vollständigen Graphen können keine zwei Knoten gleich gefärbt werden. Der K_n besitzt genau eine unabhängige Partition, nämlich die Partition bestehend aus n Einer-Blöcken. Wir erhalten $P(K_n, x) = x^{\underline{n}}$. Jeder Baum mit n Knoten besitzt das chromatische Polynom $x(x - 1)^{n-1}$. Dies sehen wir wie folgt ein. Wir wählen einen beliebigen Knoten v des Baumes. Dieser kann auf x verschiedene Arten gefärbt sein. Wir setzen nun die Färbung des Baumes so fort, dass wir immer einen Nachbarknoten eines bereits gefärbten Knotens färben. Dieser darf jede Farbe mit Ausnahme der Farbe seines bereits gefärbten Nachbarn erhalten. Also bleiben für jeden weiteren Knoten $x - 1$ Färbungsmöglichkeiten.

Rekurrenzgleichungen für das chromatische Polynom

Es sei $G = (V, E)$ und $e = \{u, v\} \in E$. Wir betrachten eine zulässige Färbung von $G - e$. Wenn die Knoten u und v unterschiedlich gefärbt sind, so ist die Färbung auch zulässig in G selbst. Haben u und v jedoch die gleiche Farbe, so erhalten wir durch Fusionieren der beiden Knoten eine zulässige Färbung von G/e. Umgekehrt kann auch jede zulässige Färbung von G/e in eine zulässige Färbung von $G - e$ umgewandelt werden, indem wir den Vorgang der Kantenkontraktion rückgängig machen und dann e entfernen. Es folgt

$$P(G - e, x) = P(G, x) + P(G/e, x) \tag{5.10}$$

oder, aufgelöst nach $P(G, x)$,

$$P(G, x) = P(G - e, x) - P(G/e, x). \tag{5.11}$$

Da für die Zulässigkeit einer Färbung die Anzahl der Kanten zwischen zwei adjazenten Knoten irrelevant ist, können wir bei der Kontraktion einer Kante eventuell entstehende Parallelkanten sofort durch eine Einzelkante ersetzen. Wenn die beiden Knoten u und v in G nicht adjazent sind, so können wir die Gleichung (5.10) auch in der Form

$$P(G, x) = P(G + \{u, v\}, x) + P(G/\{u, v\}, x) \tag{5.12}$$

schreiben, wobei der Graph $G + \{u, v\}$ durch Einfügen einer Kante zwischen den Knoten u und v aus G hervorgeht. Den Graphen $G/\{u, v\}$ erhalten wir durch Fusion von u und v in G. Als Anfangswert für die Rekursion (5.11) eignet sich das chromatische Polynom des leeren Graphen; für die Rekursion (5.12) verwenden wir das chromatische Polynom des vollständigen Graphen.

Es sei v ein fest gewählter Knoten eines Graphen G. Wir erhalten eine weitere Rekurrenzgleichung für das chromatische Polynom von G durch Unterscheidung der Knoten von G, welche dieselbe Farbe wie v besitzen. Da für jede zulässige Färbung die Menge W aller Knoten, die wie v gefärbt sind, unabhängig ist, folgt

$$P(G, x) = x \sum_{\substack{W: \{v\} \subseteq W \subseteq V \\ W \text{ unabh. in } G}} P(G - W, x - 1). \qquad (5.13)$$

Die Summe läuft hierbei über alle unabhängigen Mengen von G, die v enthalten.

Beispiel 5.8 (Chromatisches Polynom und unabhängige Mengen)
Wir berechnen erneut das chromatische Polynom des Graphen G aus Abb. 5.22, diesmal mit der Rekurrenzgleichung (5.13). Wir wählen $v = b$, da es nur genau eine unabhängige Menge in G gibt, die den Knoten b enthält. Damit folgt

$$P(G, x) = x P(G - b, x - 1) = x P(P_4, x - 1),$$

da der Graph $G - b$ isomorph zum Weg P_4 ist. Da P_4 auch ein Baum ist, folgt $P(P_4, x) = (x - 1)(x - 2)^3$ und somit

$$P(G, x) = x(x - 1)(x - 2)^3 = x^5 - 7x^4 + 18x^3 - 20x^2 + 8x. \qquad \blacksquare$$

Die *chromatische Zahl* $\chi(G)$ eines Graphen G ist die kleinste Anzahl von Farben, für die G eine zulässige Färbung besitzt. Aus dem chromatischen Polynom erhalten wir

$$\chi(G) = \min\{x \in \mathbb{N} \mid P(G, x) > 0\}.$$

Das chromatische Polynom besitzt viele weitere faszinierende Eigenschaften, Anwendungen und Verallgemeinerungen, siehe dazu auch Biggs (1974) sowie Welsh (1993).

5.4.4 Zusammenhängende aufspannende Untergraphen, das Zuverlässigkeitspolynom

Es sei $G = (V, E)$ ein Graph mit m Kanten. Im Folgenden bezeichnen wir die Menge aller endlichen zusammenhängenden Graphen mit $\mathcal{Z}$. Das Polynom

$$f(G, x) = \sum_{F \subseteq E} [(V, F) \in \mathcal{Z}] x^{|F|} = \sum_{k=0}^{m} c_k(G) x^k \qquad (5.14)$$

Abb. 5.23 Ein Graph mit 4
Knoten und 5 Kanten

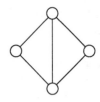

ist die gewöhnliche erzeugende Funktion für die Anzahl $c_k(G)$ der zusammenhängenden aufspannenden Untergraphen von G mit k Kanten. Wir nennen dieses
Polynom das *Zusammenhangspolynom* von G.

   Wir betrachten den in Abb. 5.23 dargestellten Graphen. Er hat 8 zusammenhängende aufspannende Untergraphen mit 3 Kanten (Spannbäume). Alle aufspannenden Untergraphen mit 4 oder 5 Kanten sind zusammenhängend. das
liefert $c_3(G) = 8, c_4(G) = 5, c_5(G) = 1$ und $c_k(G) = 0$ für alle $k < 3$.
Das resultierende Zusammenhangspolynom ist

$$f(G, x) = 8x^3 + 5x^4 + x^5. \qquad \blacksquare$$

Die Kantendekomposition

Wir können die Summe in der Darstellung von $f(G; x)$ in Teilsummen bezüglich
einer beliebig gewählten Kante $e = \{u, v\}$ von G wie folgt zerlegen:

$$f(G; x) = \sum_{F \subseteq E \setminus \{e\}} [(V, F) \in Z]x^{|F|} + \sum_{F: e \in F \subseteq E} [(V, F) \in Z]x^{|F|}$$

$$= f(G - e; x) + x \sum_{F \subseteq E \setminus \{e\}} [(V, F \cup \{e\}) \in Z]x^{|F|}$$

$$= f(G - e, x) + x\, f(G/e, x)$$

Der Graph G/e ist zusammenhängend genau dann, wenn der Graph, der aus $G - e$
durch Einfügen der Kante $e = \{u, v\}$ erhalten wird, zusammenhängend ist. Das
beweist die letzte Gleichheit in obiger Formel. Die Gleichung

$$f(G; x) = f(G - e, x) + x\, f(G/e, x) \qquad (5.15)$$

ist ein Beispiel einer *Kantendekomposition*, die in ähnlicher Form für andere wichtige Graphenpolynome gilt.

Die rekursive Definition

Wir können die Gleichung (5.15) verwenden, um das f-Polynom in einer rekursiven Weise zu definieren,

$$f(G; x) = \begin{cases} 0, \text{ falls } G \text{ unzusammenhängend ist,} \\ 1, \text{ falls } G \text{ ein isolierter Knoten ist,} \\ f(G - e; x) + x\, f(G/e; x), \text{ andernfalls,} \end{cases} \qquad (5.16)$$

wobei e eine beliebige Kante von G ist. Eine Schlinge kann aus G entfernt oder zu G hinzugefügt werden, ohne Zusammenhangseigenschaften von G zu verändern. Damit folgt, wenn e eine Schlinge von G ist, so gilt

$$f(G;x) = (1+x)f(G-e;x) = (1+x)f(G/e;x). \tag{5.17}$$

Das Entfernen einer Brücke aus G liefert einen unzusammenhängenden Graphen, woraus

$$f(G;x) = xf(G/e;x) \tag{5.18}$$

folgt. Wir nennen eine Kante von G, die weder Schlinge noch Brücke ist, einen *Link* von G. Aus den Gleichungen (5.16), (5.17) und (5.18), erhalten wir

$$f(G;x) = \begin{cases} 0, \text{ falls } G \text{ unzusammenhängend ist,} \\ 1, \text{ falls } G \text{ ein isolierter Knoten ist,} \\ (1+x)f(G-e;x), \text{ falls } e \text{ eine Schlinge von } G \text{ ist,} \\ xf(G/e;x), \text{ falls } e \text{ eine Brücke von } G \text{ ist,} \\ f(G-e;x) + x\,f(G/e;x), \text{ falls } e \text{ ein Link von } G \text{ ist.} \end{cases} \tag{5.19}$$

Bemerkung 5.1
Die Definition des Zusammenhangspolynoms $f(G;x)$ kann leicht modifiziert werden, um auch für unzusammenhängende Graphen nichttriviale Ergebnisse zu erhalten. Es sei $k(G)$ die Anzahl der Komponenten des Graphen G. Wir definieren f auf eine neue Weise durch

$$f(G;x) = \sum_{F \subseteq E(G)} [k((V,F)) = k(G)]x^{|F|}. \tag{5.20}$$

Es ist leicht zu verifizieren, dass dieses Polynom $f(G;x)$ nach wie vor alle oben gegebenen Eigenschaften besitzt, vorausgesetzt, wir ersetzen die Bedingung „(V,F) ist zusammenhängend" durch „$k((V,F)) = k(G)$". Damit erhalten wir die folgende schöne zusätzliche Eigenschaft des f-Polynoms. Wenn $G_1, \ldots, G_k$ die Komponenten von G sind, so gilt

$$f(G;x) = \prod_{i=1}^{k} f(G_i;x). \tag{5.21}$$

Da jedoch fast alle Anwendungen des Zusammenhangspolynoms von zusammenhängenden Graphen ausgehen, behalten wir im Folgenden die ursprüngliche Definition bei.

Spezielle Graphen
Für einige Graphen von spezieller Struktur kann das Zusammenhangspolynom leicht berechnet werden.

Abb. 5.24 Der Schlingengraph L_6

Zusammenhangspolynom spezieller Graphen

1. Der *Schlingengraph* L_m besteht aus einem Knoten, an welchem m Schlingen hängen, siehe Abb. 5.24:

$$f(L_m, x) = (1 + x)^m$$

2. Für einen Baum der Ordnung n gilt

$$f(G, x) = x^{n-1}.$$

3. Der Kreis der Länge n hat das Zusammenhangspolynom

$$f(C_n, x) = x^n + nx^{n-1}.$$

4. Für zwei Knoten, die durch m parallele Kanten verbunden sind, gilt

$$f(G, x) = (1 + x)^m - 1.$$

Der vollständige Graph

Satz 5.1
Das Zusammenhangspolynom der vollständigen Graphen K_n erfüllt die rekursive Beziehung

$$f(K_n, x) = (1 + x)^{\binom{n}{2}} - \sum_{j=1}^{n-1} \binom{n-1}{j-1} f(K_j, x)(1 + x)^{\binom{n-j}{2}}.$$

Der folgende Beweis basiert auf einer Idee von Gilbert, die er im Kontext der Untersuchung von Zufallsgraphen verwendete, Gilbert (1959).

▶   **Beweis** Wir betrachten die Menge $\mathcal{G}_n$ von allen (nicht notwendig zusammenhängenden) schlichten Graphen der Ordnung n. Die gewöhnliche erzeugende Funktion für $\mathcal{G}_n$ bezüglich der Anzahl der Kanten ist

$$(1 + x)^{\binom{n}{2}},$$

da jeder Graph aus $\mathcal{G}_n$ ein aufspannender Untergraph des K_n ist. Wir legen einen Knoten, zum Beispiel den Knoten v des Graphen, fest und zerlegen die Menge $\mathcal{G}_n$ bezüglich der Anzahl der Knoten, die mit v in einer gemeinsamen Komponente liegen. Angenommen, v liegt mit genau $j-1$ anderen Knoten in einer Komponente. Dann gibt es $\binom{n-1}{j-1}$ Möglichkeiten, die Knotenteilmenge auszuwählen, die eine Komponente mit v bildet. Nachdem wir die Knotenteilmenge ausgewählt haben, zählen wir die zusammenhängenden Graphen mit dieser Knotenmenge. Das leistet das Zusammenhangspolynom $f(K_j, x)$. Die verbleibenden $n-j$ Knoten bilden dann einen beliebigen schlichten Graphen, deren Anzahlfolge die gewöhnliche erzeugende Funktion

$$(1+x)^{\binom{n-j}{2}}$$

hat. Wenn wir j zwischen 1 und n variieren, erhalten wir irgendwann jeden Graphen aus $\mathcal{G}_n$, woraus schließlich

$$\sum_{j=1}^{n} \binom{n-1}{j-1} f(K_j, x)(1+x)^{\binom{n-j}{2}} = (1+x)^{\binom{n}{2}}$$

folgt. Das Abspalten des letzten Terms der Summe liefert nun die Aussage des Satzes. $\square$

Beispiel 5.10

Satz 5.1 liefert für $n = 1, \ldots, 5$:

$$f(K_1, x) = 1$$
$$f(K_2, x) = x$$
$$f(K_3, x) = x^2 + 3\,x^2$$
$$f(K_4, x) = x^6 + 6\,x^5 + 15\,x^4 + 16\,x^3$$
$$f(K_5, x) = x^{10} + 10\,x^9 + 45\,x^8 + 120\,x^7 + 205\,x^6 + 222\,x^5 + 125\,x^4 \quad \blacksquare$$

Das Zuverlässigkeitspolynom

Wir betrachten im Folgenden *zufällige Untergraphen* eines Graphen $G = (V, E)$. Der Raum der Elementarereignisse für dieses Modell ist die Menge aller aufspannenden Untergraphen von G,

$$\Omega = \{(V, F) \mid F \subseteq E\}.$$

Die Wahrscheinlichkeitsverteilung definieren wir in Abhängigkeit von einem Parameter $p \in [0, 1]$ durch

$$P(H) = p^{|E(H)|}(1 - p)^{|E(G)| - |E(H)|}$$

für jeden Untergraphen H von G. In der Zuverlässigkeitstheorie wird $1 - p$ als Ausfallwahrscheinlichkeit der Kante e bezeichnet. Wenn wir annehmen, dass die Kanten von G stochastisch unabhängig ausfallen, so ist $P(H)$ genau die Wahrscheinlichkeit dafür, dass der Untergraph H nach Kantenausfall verbleibt. Hierbei nehmen wir an, dass eine ausgefallene Kante, aus G entfernt wird. Die Wahrscheinlichkeit für das Auftreten eines zusammenhängenden aufspannenden Untergraphen von G heißt *Zusammenhangswahrscheinlichkeit* oder *Zuverlässigkeitspolynom* von G, siehe Welsh (1993). Das Zuverlässigkeitspolynom wird mit $R(G, p)$ bezeichnet, es ist durch

$$R(G, p) = \sum_{F \subseteq E} [(V, F) \text{ ist zusammenhängend}] p^{|F|} (1 - p)^{|E| - |F|} \qquad (5.22)$$

definiert. Der Vergleich dieser Darstellung mit der Definition des Zusammenhangspolynoms, gegeben in (5.14), führt auf die folgende Relation

$$R(G, p) = (1 - p)^{|E(G)|} f\left(G; \frac{p}{1 - p}\right). \qquad (5.23)$$

Aus (5.15) können wir auch die Dekompositionsgleichung,

$$R(G, p) = p\, R(G/e, p) + (1 - p)\, R(G - e, p), \qquad (5.24)$$

ableiten, welche für jede Kante e des Graphen G gültig ist. Da wir jedoch nun mit Wahrscheinlichkeiten arbeiten, ist (5.24) auch eine einfache Konsequenz aus der Formel der totalen Wahrscheinlichkeit. Wir können $R(G/e, p)$ als Wahrscheinlichkeit dafür, dass G zusammenhängend ist, wenn wir voraussetzen, dass die Kante e intakt ist, interpretieren. In ähnlicher Weise können wir $R(G - e, p)$ als bedingte Wahrscheinlichkeit für den Zusammenhang von G unter der Voraussetzung, dass e ausgefallen ist, ansehen.

Aufgaben

5.1 Wie viel Kanten besitzt ein kreisfreier Graph (ein *Wald*) mit genau c Komponenten und n Knoten?

5.2 Durch wie viel verschiedene Wege sind zwei Knoten im vollständigen Graphen K_n verbunden?

5.3 Gib eine Übersicht über alle nichtisomorphen schlichten ungerichteten Graphen mit fünf Knoten.

5.4 Wie viel nichtisomorphe Bäume mit 8 Knoten gibt es?

5.5 Wie viel Spannbäume besitzt der Graph $K_n - e$, der aus dem vollständigen Graphen K_n durch Entfernen einer beliebigen Kante hervorgeht?

5.6 Es sei G ein schlichter Graph mit n Knoten und t Spannbäumen. Der Graph H gehe aus G durch Verdoppeln jeder Kante hervor, das heißt, wir legen zu jeder Kante eine zweite Kante parallel. Wie viel Spannbäume besitzt H?

5.7 Es sei $G = K_i \cup K_j$ mit $K_i \cap K_j = K_2$, $i \geq 3$, $j \geq 3$. Somit ist G die Vereinigung von zwei vollständigen Graphen, die genau eine Kante und zwei Knoten gemeinsam haben. Wie viel Spannbäume besitzt G?

5.8 Es sei $G = (V, E)$ ein Graph und $v \in V$. Zeige, dass die Unabhängigkeitszahl von G der Rekurrenzgleichung

$$\alpha(G) = \max\{\alpha(G - v), \alpha(G - N[v]) + 1\}$$

genügt.

5.9 Wie viel unabhängige Mengen mit k Knoten besitzt der Weg P_n?

5.10 Es sei $G = (V, E)$ ein Graph und $e \in E$. Zeige, dass das Unabhängigkeitspolynom die Rekurrenzgleichung

$$I(G, x) = I(G - e, x) - x[I(G/e, x) - I(G \dagger e, x)]$$

erfüllt.

5.11 Es sei $G = (V, E)$ ein Graph mit n Knoten und wenigstens einer Kante. Zeige, dass

$$I(G, x) = x^n \int_0^{1/x} t^{n-1} \sum_{v \in V} I\left(G - v, \frac{1}{t}\right) dt .$$

5.12 Zeige, dass die Ableitung des Unabhängigkeitspolynoms eines Graphen $G = (V, E)$ der folgenden Gleichung genügt:

$$\frac{d}{dx} I(G, x) = \sum_{v \in V} I(G - N[v], x)$$

5.13 Bestimme das Matchingpolynom des vollständigen bipartiten Graphen $K_{n,n}$.

5.14 Bestimme eine Rekurrenzgleichung für das Matchingpolynom des Kreises C_n.

5.15 Wir definieren ein Graphenpolynom, das *induzierte* Matchings in einem Graphen G zählt. In diesem Falle dürfen keine zwei Knoten verschiedener Matchingkanten adjazent in G sein. Es sei $\hat{M}$ dieses Polynom. Wir betrachten für einen Graphen G und eine Kante e von G die Rekurrenzgleichung

$$\hat{M}(G, x) = \hat{M}(G - e, x) + x\hat{M}(G - N[e], x) \,,$$

wobei $N[e]$ die Vereinigung der abgeschlossenen Nachbarschaften der Endknoten der Kante e bezeichnet. Warum ist diese Gleichung nicht für jede Kante von G gültig?

5.16 Zeige, dass die kleinste im chromatischen Polynom $P(G, x)$ vorkommende Potenz von x gleich der Anzahl der Komponenten des Graphen G ist.

5.17 Für einen jeden Graphen G ist das Absolutglied des Polynoms

$$\frac{1}{x}P(G, x)$$

durch $(\chi(G) - 1)!$ teilbar. Beweise diese Aussage.

5.18 Es seien G und H zwei Graphen, sodass $G \cap H = K_r$ gilt. Zeige, dass für das chromatische Polynom von $G \cup H$ die Beziehung

$$P(G \cup H, x) = \frac{P(G, x)P(H, x)}{P(K_r, x)}$$

gilt.

Geordnete Mengen

6

Inhaltsverzeichnis

Die wohl bekannteste geordnete Menge ist die Menge der natürlichen Zahlen. Die in dieser Menge definierte Ordnung ermöglicht uns das Zählen und Vergleichen. Die Ordnung der natürlichen Zahlen besitzt viele interessante Eigenschaften. Für drei Zahlen $m, n, p \in \mathbb{N}$ folgt stets aus $m \leq n$ und $n \leq p$, dass auch $m \leq p$ gilt. Diese als Transitivität bekannte Eigenschaft ist charakteristisch für alle in diesem Kapitel betrachteten Ordnungen (und überhaupt für alle Ordnungen). Für natürliche Zahlen gilt weiterhin, dass stets genau eine der drei Relationen $m < n$, $m = n$ oder $m > n$ zutrifft. Für die Kombinatorik sind jedoch auch geordnete Mengen von Bedeutung, die diese Eigenschaft nicht besitzen.

Der Gegenstand des ersten Abschnitts sind Grundbegriffe und wesentliche Aussagen der Ordnungstheorie. Für ein tieferes Studium der Ordnungstheorie sind die Bücher Stanley (1997) und Aigner (1975) sehr zu empfehlen. Wir werden uns hier auf die Untersuchung endlicher Mengen beschränken. Im weiteren werden dann spezielle geordnete Mengen, die Verbände, im Vordergrund der Betrachtungen stehen. Die Brücke zu den Anwendungen in der Kombinatorik bildet schließlich eine Klasse von Funktionen, die auf einer geordneten Menge definiert sind. Hierbei erweist sich die Möbius-Funktion als besonders nützlich.

© Springer-Verlag GmbH Deutschland, ein Teil von Springer Nature 2019   165
P. Tittmann, *Einführung in die Kombinatorik*, https://doi.org/10.1007/978-3-662-58921-2_6

6.1 Grundbegriffe

Eine *binäre Relation* R auf einer Menge A ist eine Teilmenge des Kreuzproduktes $A^2 = A \times A = \{(a, b) \mid a, b \in A\}$. Statt $(a, b) \in R$ schreibt man häufig kurz aRb. Analog soll $a\bar{R}b$ die Aussage $(a, b) \notin R$ kennzeichnen. Eine binäre Relation $R \subseteq A^2$ heißt

- *reflexiv*, wenn aRa für alle $a \in A$ gilt,
- *antisymmetrisch*, wenn aRb und $a \neq b$ stets $b\bar{R}a$ impliziert,
- *transitiv*, wenn für alle $a, b, c \in A$ aus aRb und bRc stets aRc folgt.

Eine *Ordnungsrelation* ist eine reflexive, transitive und antisymmetrische Relation. Eine *geordnete Menge* oder *Ordnung* $(P, \leq)$ ist eine Menge P zusammen mit einer auf P definierten Ordnungsrelation $\leq$. Wenn die Ordnung aus dem Kontext klar hervorgeht, bezeichnen wir die Ordnung kurz mit P anstelle von $(P, \leq)$.

Wir schreiben $x < y$, wenn $x \leq y$ und $x \neq y$ für zwei Elemente $x, y \in P$ gilt.

Beispiel 6.1 (Ordnung durch Inklusion)

Es sei 2^A die Potenzmenge der Menge $A = \{1, 2, 3, 4\}$. Dann ist $(2^A, \subseteq)$ eine geordnete Menge. Die Ordnungsrelation ist in diesem Fall die Inklusion $\subseteq$. Für die Mengen $A_1 = \{1, 2\}$ und $A_2 = \{2, 3\}$ gilt weder $A_1 \subseteq A_2$ noch $A_2 \subseteq A_1$. ∎

Jeder Ordnung $(P, \leq)$ können wir einen gerichteten Graphen $H = (P, E)$ zuordnen. Die Knoten des Graphen H sind die Elemente der Ordnung P. Das Paar (x, y) ist genau dann ein *Bogen* (eine gerichtete Kante) von H, wenn x *Vorgänger* von y in P ist. In diesem Fall ist $x < y$ und es existiert kein $z \in P$ mit $x < z < y$. Wenn x Vorgänger von y ist, schreiben wir auch $x \lessdot y$. Es ist üblich, den Graphen $H = (P, E)$ so darzustellen, dass größere Elemente von P stets oberhalb der jeweils kleineren Elemente stehen. Damit verlaufen alle Bögen von H von unten nach oben, sodass keine Pfeile für die Darstellung der Bögen erforderlich sind. Diese Repräsentation der Ordnung P durch einen gerichteten Graphen heißt das *Hasse-Diagramm* von P.

Beispiel 6.2 (Hasse-Diagramm)

Es sei $(P, \leq)$ eine Ordnung, deren Vorgängerrelation durch

$$\{(a, c), (b, d), (c, e), (d, e), (d, f)\}$$

gegeben ist. Das Hasse-Diagramm dieser Ordnung ist in Abb. 6.1 zu sehen. Aus diesem Hasse-Diagramm können wir zum Beispiel $a < e$ und $b < f$ ablesen. ∎

Ketten – Teilordnungen – Filter

Zwei Elemente x, y einer Ordnung $(P, \leq)$, für die weder $x \leq y$ noch $y \leq x$ gilt, heißen *unvergleichbar*. Andernfalls, wenn $x \leq y$ oder $y \leq x$ gilt, heißen x und y *vergleichbare Elemente*. Sind in einer Ordnung P je zwei beliebige Elemente

Abb. 6.1 Ein Hasse-Diagramm

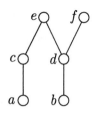

vergleichbar, so heißt P eine *total geordnete Menge, totale Ordnung* oder *Kette*.
Eine Ordnung $(P, \leq)$ *induziert* in jeder Teilmenge Q von P eine Ordnungsrelation.
Für $x, y \in Q$ gilt in der induzierten Ordnung $x \leq y$ genau dann, wenn auch in
P die Relation $x \leq y$ erfüllt ist. Eine Teilmenge einer Ordnung zusammen mit
der in dieser Teilmenge induzierten Ordnungsrelation nennen wir eine *Teilordnung*.
Eine Kette $Q = (x < z_1 < z_2 < \cdots < z_k < y)$, die als Teilordnung einer
Ordnung P auftritt, heißt *nicht unterteilbar*, wenn keine x und y verbindende Kette
in P existiert, die Q echt enthält.

Es sei $(P, \leq)$ eine Ordnung. Ein *Intervall* ist eine Teilordnung von P, die durch

$$[x, y] = \{z \in P \mid x \leq z \leq y\}$$

definiert ist. Eine Teilordnung F von P ist ein *Filter*, wenn aus $x \in F$ und $y \geq x$
stets $y \in F$ folgt. Das von x erzeugte *Hauptfilter* ist die Menge

$$P_{\geq x} = \{y \in P \mid y \geq x\} \,.$$

Isomorphe Ordnungen
Zwei Ordnungen $(P, \leq_P)$ und $(Q, \leq_Q)$ sind *isomorph*, wenn eine *ordnungserhal-
tende* Bijektion zwischen P und Q existiert, das heißt eine Bijektion $f : P \to Q$
mit

$$x \leq_P y \iff f(x) \leq_Q f(y) \,.$$

Abb. 6.2 zeigt die Hasse-Diagramme aller nichtisomorphen Ordnungen mit genau
vier Elementen.

Die Produktordnung
Das *Produkt* $P \times Q$ zweier Ordnungen P und Q ist die Menge aller geordneten
Paare (x, y) mit $x \in P$, $y \in Q$ zusammen mit der Ordnungsrelation

$$(s, t) \leq (x, y) \iff s \leq_P x \text{ und } t \leq_Q y \,.$$

Abb. 6.3 zeigt zwei Ordnungen P und Q und die Produktordnung $P \times Q$.

Eine Ordnung besitzt ein *Nullelement* $\hat{0}$, wenn für alle $x \in P$ stets $x \geq \hat{0}$ gilt.
Ein Element $\hat{1} \in P$ heißt *Einselement* von P, wenn $x \leq \hat{1}$ für alle $x \in P$ gilt.
Eine *obere Schranke* der Elemente $x, y \in P$ ist ein Element $z \in P$ mit $z \geq x$ und
$z \geq y$. Das *Supremum* (die kleinste obere Schranke) der Elemente $x, y \in P$ ist eine
obere Schranke z von x und y, sodass für jede obere Schranke s von x und y stets

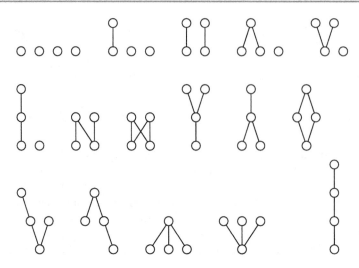

Abb. 6.2 Nichtisomorphe Ordnungen mit vier Elementen

Abb. 6.3 Die Produktordnung

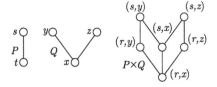

$s \geq z$ gilt. Das Supremum von x und y wird mit $x \vee y$ bezeichnet. Analog sind die Begriffe *untere Schranke* und *Infimum* $x \wedge y$ (die größte untere Schranke von x und y) definiert.

Es sei P eine Ordnung mit Nullelement $\hat{0}$. Wenn jedem Element von P durch die Vorschrift

$$f(\hat{0}) = 0,$$
$$f(x) = f(y) + 1, \text{ falls } y \lessdot x$$

eindeutig eine natürliche Zahl zugeordnet werden kann, so heißt die Abbildung $f : P \rightarrow \mathbb{N}$ eine *Rangfunktion*. Der *Rang* eines Elementes $x \in P$ ist der Funktionswert $f(x)$. Die Anzahl W_k der Elemente vom Rang k in P heißt auch die k-te *Whitney-Zahl zweiter Art* von P. Im Hasse-Diagramm einer Ordnung entspricht der Rang eines Elementes dem Abstand dieses Elementes vom Nullelement. Eine Ordnung P^*, die durch Umkehrung der Ordnungsrelation aus einer Ordnung P hervorgeht, heißt die zu P *duale Ordnung*.

Ein *Verband* ist eine Ordnung, in der je zwei Elemente ein Infimum und ein Supremum besitzen. Da wir hier nur endliche Ordnungen und damit auch nur endliche Verbände betrachten, folgt aus dieser Definition auch, dass jeder Verband ein Null- und ein Einselement besitzt.

6.2 Grundlegende Verbände

Kombinatorische Objekte, wie Teilmengen, Permutationen und Partitionen, bilden in natürlicher Weise auch Elemente geordneter Mengen. Wir werden im Folgenden die wichtigsten Ordnungen im Einzelnen darstellen.

6.2.1 Der Boolesche Verband

Der *Boolesche Verband* oder *Teilmengenverband* $\mathbb{B}_n$ einer Menge A der Mächtigkeit n ist die Ordnung $\left(2^A, \subseteq\right)$, das heißt die Menge aller Teilmengen von A geordnet durch die Inklusion (Enthaltenseinsrelation). Der Boolesche Verband $\mathbb{B}_4$ ist im folgenden Hasse-Diagramm dargestellt, siehe Abb. 6.4.

Das Einselement im Booleschen Verband $\left(2^A, \subseteq\right)$ ist die Menge A selbst; die leere Menge repräsentiert das Nullelement. Das Supremum der Mengen A_1 und A_2 ist die kleinste Menge, die sowohl A_1 als auch A_2 enthält. Damit gilt

$$A_1 \vee A_2 = A_1 \cup A_2 \, .$$

Das Infimum ist durch den Durchschnitt der Mengen bestimmt:

$$A_1 \wedge A_2 = A_1 \cap A_2$$

Die Mächtigkeit des Booleschen Verbandes $\mathbb{B}_n$ ist 2^n. Die Whitney-Zahlen zweiter Art sind im Booleschen Verband $\mathbb{B}_n$ durch die Binomialkoeffizienten gegeben:

$$W_k = \binom{n}{k}$$

Wir betrachten nun die Menge $\{0, 1\}^n$ aller n-dimensionalen 0-1-Vektoren. Eine Ordnungsrelation kann auf $\{0, 1\}^n$ durch

$$x \leq y \; \Leftrightarrow \; x_i \leq y_i \text{ für } i = 1, \ldots, n$$

Abb. 6.4 Der Boolesche Verband

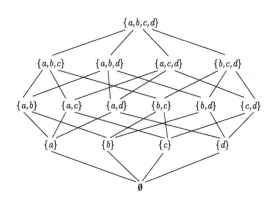

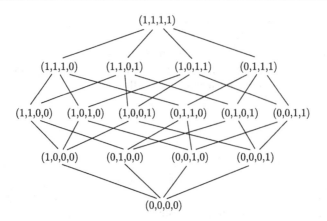

Abb. 6.5 Ein zu $\mathbb{B}_4$ isomorpher Verband

eingeführt werden. Die auf diese Weise auf $\{0, 1\}^4$ definierte Ordnung ist in Abb. 6.5 dargestellt.

Diese Ordnung ist isomorph zu $\mathbb{B}_4$. Dieser Zusammenhang gilt allgemein; die hier definierte Ordnung $(\{0, 1\}^n, \leq)$ ist isomorph zum Booleschen Verband $\mathbb{B}_n$. Die Isomorphie erhält man, indem man jeder Teilmenge X der Menge $A = \{a_1, \ldots, a_n\}$ einen Vektor $x = (x_1, .., x_n)$ auf folgende Weise zuordnet:

$$x_i = \begin{cases} 1, & \text{falls} \quad a_i \in X \\ 0, & \text{falls} \quad a_i \notin X \end{cases}$$

Tauscht man jede 0 gegen 1 aus und umgekehrt und invertiert gleichzeitig die Ordnungsrelation, so geht der Verband $\mathbb{B}_n$ in sich über. Der Boolesche Verband $\mathbb{B}_n$ ist folglich isomorph zum dualen Verband $\mathbb{B}_n^*$. Man sagt auch, $\mathbb{B}_n$ ist *selbstdual*.

Der Boolesche Verband $\mathbb{B}_n$ lässt sich auch als Produkt (genauer als n-fache Potenz) der Verbände $\mathbb{B}_1$ in der Form

$$\mathbb{B}_n = \mathbb{B}_1^n$$

darstellen. Die Konstruktion dieses Produktes für $n = 4$ zeigt die Abb. 6.6.

6.2.2   Der Partitionsverband

Es sei A eine Menge mit $|A| = n$. Die Menge aller Partitionen von A sei $\Pi(A)$. Eine Partition $\pi \in \Pi(A)$ heißt *Verfeinerung* der Partition $\sigma \in \Pi(A)$, wenn jeder Block (jede Teilmenge) von π Teilmenge eines Blockes von σ ist. Wir definieren $\sigma \leq \pi$ genau dann ,wenn σ eine Verfeinerung von π ist. Mit dieser Ordnungsrelation ist $(\Pi(A), \leq)$ ein Verband, der *Partitionsverband* von A. Das Einselement von $\Pi(A)$ ist die Partition mit genau einem Block. Das Nullelement ist die feinste

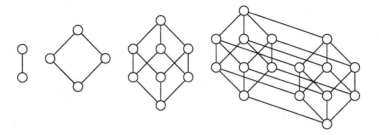

Abb. 6.6 Der Boolesche Verband als Produkt

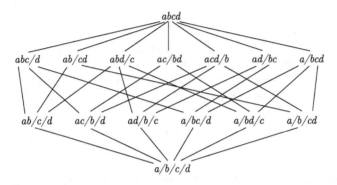

Abb. 6.7 Der Partitionsverband

Partition, die aus n Einerblöcken besteht. Der Partitionsverband $\Pi(\{a, b, c, d\})$ ist als Hasse-Diagramm in Abb. 6.7 dargestellt. Die Schreibweise $ac/b/d$ ist hierbei eine Kurzdarstellung für die Partition $\{\{a, c\}, \{b\}, \{d\}\}$.

Wenn man nur die Eigenschaften des Partitionsverbandes betrachtet, die nicht direkt auf die Elemente von A Bezug nehmen, schreibt man auch kurz Π_n statt $\Pi(A)$. Der Index n bezeichnet hierbei die Mächtigkeit der Menge A. Nach Abschn. 1.3 gilt dann

$$|\Pi_n| = B(n),$$

$$W_k = \left\{ \begin{matrix} n \\ n - k \end{matrix} \right\}.$$

6.2.3 Der Teilerverband

Es sei $\mathbb{T}_n$ die Menge aller Teiler der natürlichen Zahl n. Für zwei Zahlen $x, y \in \mathbb{T}_n$ setzen wir $x \leq y$ genau dann, wenn x ein Teiler von y ist, das heißt

$$x \leq y \iff x \mid y.$$

Abb. 6.8 Der Teilerverband

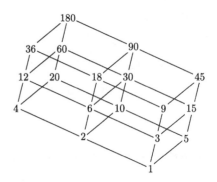

Mit dieser Ordnung ist $\mathbb{T}_n$ ein Verband – der *Teilerverband* der Zahl n. Für $\mathbb{T}_{180}$ ergibt sich das in Abb. 6.8 dargestellte Bild.

Eine Zahl $x \in \mathbb{T}_n$ besitzt genau dann den Rang $f(x) = k$, wenn x ein Produkt aus k Primfaktoren ist. Der Teilerverband einer Zahl $n \in \mathbb{N}$ mit der Primfaktorzerlegung

$$n = \prod_{i=1}^{s} p_i^{k_i} \tag{6.1}$$

lässt sich als direktes Produkt von s Ketten der Form $\left(1 < p_i < p_i^2 < \ldots < p_i^{k_i}\right)$ darstellen. Wir erhalten für die Mächtigkeit des Teilerverbandes

$$|\mathbb{T}_n| = \prod_{i=1}^{s} (k_i + 1). \tag{6.2}$$

Die Gleichung (6.2) liefert damit auch die Anzahl der Teiler einer Zahl n mit der Primfaktorzerlegung (6.1).

6.3 Die Inzidenzalgebra

Es sei P eine endliche geordnete Menge. Die *Riemannsche Zetafunktion* ist für alle $x, y \in P$ auf folgende Weise definiert:

$$\zeta(x, y) = \begin{cases} 1 & \text{, falls} \quad x \le y \\ 0 & \text{sonst} \end{cases} \tag{6.3}$$

Die Zetafunktion charakterisiert die Ordnungsstruktur von P vollständig. Da P endlich ist, können wir $\zeta(x, y)$ auch in Matrixform

$$Z = (\zeta(x, y))$$

angeben. Die hier eingeführte Riemannsche Zetafunktion ist nicht zu verwechseln mit der Riemannschen Zetafunktion der Zahlentheorie.

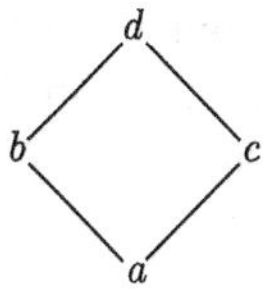

Abb. 6.9 Eine geordnete
Menge

Beispiel 6.3 (Zetafunktion)

Für die geordnete Menge $P = \{a, b, c, d\}$, deren Ordnungsstruktur in Abb. 6.9 dargestellt ist, erhalten wir die Zetafunktion

$$
Z = \begin{pmatrix}
1 & 1 & 1 & 1 \\
0 & 1 & 0 & 1 \\
0 & 0 & 1 & 1 \\
0 & 0 & 0 & 1
\end{pmatrix}.
$$

Die Indizierung der Zeilen und Spalten der Matrix erfolgte hierbei in der Reihenfolge a, b, c, d. ∎

Die *Kronecker-Funktion* $\delta : P \times P \rightarrow \{0, 1\}$ ist durch

$$
\delta(x, y) = \begin{cases} 1, & \text{falls} \quad x = y \\ 0 & \text{sonst} \end{cases}
\tag{6.4}
$$

definiert. Die bisher eingeführten Funktionen können wir als Spezialfall einer allgemeinen Klasse von Funktionen, die auf einer beliebigen Ordnung definiert sind, betrachten. Es sei $\mathbb{F}(P)$ die Menge aller Funktionen

$$
f : P \times P \rightarrow \mathbb{C} \text{ mit } f(x, y) = 0, \text{ falls } x \not\leq y \ .
$$

Derartige Funktionen heißen *Inzidenzfunktionen* auf P. Anstelle der komplexen Zahlen $\mathbb{C}$ kann auch ein beliebiger Körper $\mathbb{K}$ verwendet werden. In $\mathbb{F}(P)$ sind durch

$$
(f + g)(x, y) = f(x, y) + g(x, y)
$$
$$
(\alpha f)(x, y) = \alpha(f(x, y)), \ \alpha \in \mathbb{C}
$$

eine Summe und ein skalares Produkt erklärt.

Konvolution

Das *Produkt* der Funktionen $f, g \in \mathbb{F}(P)$ (auch *Konvolution* oder *Faltungsprodukt* genannt) ist durch

$$
(f * g)(x, y) = \sum_{x \leq z \leq y} f(x, z) g(z, y)
$$

definiert. Mit diesen Operationen bildet $\mathbb{F}(P)$ eine Algebra (eine spezielle algebraische Struktur), die *Inzidenzalgebra* von P. Es sei $f \in \mathbb{F}(P)$. Wenn es eine Funktion $g \in \mathbb{F}(P)$ mit

$$f * g = \delta$$

gibt, so heißt $g = f^{-1}$ die *Inverse* von f. Wenn f eine Inverse in $\mathbb{F}(P)$ besitzt, so folgt aus

$$f(x, x) \cdot f^{-1}(x, x) = \delta(x, x) = 1 \,,$$

dass $f(x, x) \neq 0$ für alle $x \in P$ gilt. Andererseits erhalten wir aus $f(x, x) \neq 0$ für alle $x \in P$

$$f^{-1}(x, x) = \frac{1}{f(x, x)}. \tag{6.5}$$

Für $x < y$ gilt dann

$$\sum_{x \leq z \leq y} f^{-1}(x, z) f(z, y) = \delta(x, y) = 0 \,.$$

Das Abspalten des letzten Summanden ($z = y$) und Umstellen nach $f^{-1}(x, y)$ liefert

$$f^{-1}(x, y) = -\frac{1}{f(y, y)} \sum_{x \leq z < y} f^{-1}(x, z) f(z, y). \tag{6.6}$$

Die Formeln (6.5) und (6.6) liefern damit eine rekursive Berechnungsvorschrift für die Inverse einer Funktion $f \in \mathbb{F}(P)$. Aus dem Produkt

$$f^2(x, y) = (f * f)(x, y) = \sum_{x \leq z \leq y} f(x, z) f(z, y)$$

erhält man durch vollständige Induktion für die k-fache Iterierte $f^k(x, y)$ einer Inzidenzfunktion $f \in \mathbb{F}(P)$ die Beziehung

$$f^k = \sum_{x \leq z_1 \leq z_2 \leq \cdots \leq z_{k-1} \leq y} f(x, z_1) f(z_1, z_2) \cdots f(z_{k-1}, y). \tag{6.7}$$

6.4 Die Möbius-Funktion

Eine für die Anwendungen in der Kombinatorik überaus wichtige Inzidenzfunktion ist die *Möbius-Funktion*. Die Möbius-Funktion $\mu(x, y)$ ist die Inverse der Riemannschen Zetafunktion:

$$\boxed{\mu * \zeta = \zeta * \mu = \delta} \tag{6.8}$$

Aus den Gleichungen (6.5) und (6.6) folgt unmittelbar

$$\mu(x, y) = \delta(x, y) - \sum_{x \leq z < y} \mu(x, z)$$

$$= \begin{cases} 1, & \text{falls } x = y \\ -\sum_{x \leq z < y} \mu(x, z), & \text{falls } x < y \\ 0 & \text{sonst.} \end{cases} \tag{6.9}$$

Der Produktsatz

Es seien P und Q zwei Ordnungen mit $r, s \in P$ und $x, y \in Q$. Da wir im Folgenden Inzidenzfunktionen in verschiedenen Ordnungen betrachten, indizieren wir die jeweilige Funktion mit der Ordnung. Gilt dann in der Produktordnung die Relation $(r, x) \leq (s, y)$, so folgt nach (6.9)

$$\mu_{P \times Q}((r, x), (s, y)) = \delta_{P \times Q}((r, x), (s, y)) - \sum_{(r,x) \leq (t,z) < (s,y)} \mu_{P \times Q}((r, x), (t, z)) \,.$$

Beziehen wir hier die linke Seite in die Summe ein, so erhalten wir

$$\sum_{(r,x) \leq (t,z) \leq (s,y)} \mu_{P \times Q}((r, x), (t, z)) = \delta_{P \times Q}((r, x), (s, y)). \tag{6.10}$$

Dieser Gleichung genügen aber auch die Möbius-Funktionen in P und in Q:

$$\sum_{r \leq t \leq s} \mu_P(r, t) = \delta_P(r, s)$$

$$\sum_{x \leq z \leq y} \mu_Q(x, z) = \delta_Q(x, y)$$

Das Produkt dieser beiden Gleichungen liefert

$$\delta_P(r, s)\delta_Q(x, y) = \delta_{P \times Q}((r, x), (s, y))$$

$$= \left(\sum_{r \leq t \leq s} \mu_P(r, t)\right)\left(\sum_{x \leq z \leq y} \mu_Q(x, z)\right) \tag{6.11}$$

$$= \sum_{(r,x) \leq (t,z) \leq (s,y)} \mu_P(r, t)\mu_Q(x, z).$$

Da sowohl (6.9) als auch (6.10) die Möbius-Funktion eindeutig bestimmt, folgt

$$\boxed{\mu_{P \times Q}((r, x), (s, y)) = \mu_P(r, s)\mu_Q(x, y)} \tag{6.12}$$

Die Gleichung (6.12) heißt auch der *Produktsatz der Möbius-Funktion*.

Die Möbius-Funktion einer Kette

Aus der rekursiven Berechnungsvorschrift (6.9) für die Möbius-Funktion lässt sich unmittelbar die Möbius-Funktion einer Kette ($x_1 < x_2 < \ldots < x_n$) ableiten. Es gilt

$$\mu(x_i, x_j) = \begin{cases} 1, & \text{falls} \quad x_i = x_j, \\ -1, & \text{falls} \quad x_i \lessdot x_j, \\ 0 & \text{sonst.} \end{cases} \tag{6.13}$$

Die Möbius-Funktion im Booleschen Verband

Der Boolesche Verband lässt sich als n-te Potenz einer zweielementigen Kette $\mathbb{B}_1$ darstellen. Nach dem Produktsatz ist die Möbius-Funktion folglich durch

$$\boxed{\mu(A, B) = (-1)^{|B|-|A|}, \qquad A \subseteq B} \tag{6.14}$$

bestimmt. Hierbei nutzen wir aus, dass das Intervall $[A, B]$ im Booleschen Verband isomorph zu dem von der Menge $B - A$ erzeugten Booleschen Verband mit $|B| - |A|$ Elementen ist.

Die Möbius-Funktion im Teilerverband

Auch der Teilerverband $\mathbb{T}_n$ ist ein Produkt von Ketten der Form

$$\left(1 < p_i < p_i^2 < \ldots < p_i^{k_i} \right),$$

wobei p_i die Primfaktoren von n durchläuft. Für zwei Zahlen $x, y \in \mathbb{T}_n$ folgt damit

$$\mu(x, y) = \begin{cases} 1, & \text{falls } x = y \\ (-1)^k, & \text{falls } \dfrac{x}{y} \text{ das Produkt von } k \text{ verschiedenen Primzahlen ist} \\ 0, & \text{falls ein quadratischer Faktor in } \dfrac{x}{y} \text{ enthalten ist} \end{cases} .$$

$$\tag{6.15}$$

Die Möbius-Funktion $\mu(x, y)$ im Teilerverband hängt offensichtlich nur vom Quotienten $d = x/y$ der Zahlen x und y ab. In der Zahlentheorie setzt man deshalb

$$\mu(d) = \begin{cases} 1, & \text{falls } d = 1 \\ (-1)^k, & \text{falls } d \text{ das Produkt von } k \text{ verschiedenen Primzahlen ist} \\ 0 & \text{sonst} \end{cases} .$$

$$\tag{6.16}$$

Die Möbius-Inversion

Bevor wir die Möbius-Funktion für eine weitere Ordnung bestimmen, soll zunächst eine interessante Anwendung dieser Funktion betrachtet werden. Es sei P eine endliche Ordnung; $f, g : P \to \mathbb{C}$ seien zwei auf P definierte komplexwertige Funktionen derart, dass

$$g(x) = \sum_{y \leq x} f(y)$$

für alle $x \in P$ gilt. Dann folgt

$$
\begin{aligned}
\sum_{y \leq x} g(y)\mu(y,x) &= \sum_{y \leq x} \sum_{z \leq y} f(z)\mu(y,x) \\
&= \sum_{y \leq x} \sum_{z \in P} f(z)\zeta(z,y)\mu(y,x) \\
&= \sum_{z \in P} f(z)\delta(z,x) = f(x) \, .
\end{aligned}
$$

Damit erhalten wir folgende Beziehung zwischen f und g:

$$
g(x) = \sum_{y \leq x} f(y) \ \Leftrightarrow \ f(x) = \sum_{y \leq x} g(y)\mu(y,x) \tag{6.17}
$$

Diese Beziehung heißt *Möbius-Inversion* (*von unten*). Analog erhält man auch die *Möbius-Inversion von oben*:

$$
g(x) = \sum_{y \geq x} f(y) \ \Leftrightarrow \ f(x) = \sum_{y \geq x} g(y)\mu(x,y) \tag{6.18}
$$

Im folgenden Abschnitt untersuchen wir eine der wichtigsten Anwendungen der Möbius-Inversion.

6.5 Das Prinzip der Inklusion-Exklusion

Im vorangestellten Abschnitt wurde die Möbius-Inversion allgemein eingeführt. Das Inklusions-Exklusions-Prinzip ist eine Methode zur Abzählung kombinatorischer Objekte, die der Möbius-Inversion im Booleschen Verband entspricht. Dieses Verfahren wird oft auch als *Siebmethode* bezeichnet.

Die Idee des Inklusions-Exklusions-Prinzips lässt sich an einem einfachen Beispiel erklären: Angenommen, eine endliche Menge M enthält Elemente, die zwei verschiedene Eigenschaften, p und q, besitzen können. Hierbei ist es auch möglich, dass ein Element von M beide Eigenschaften oder keine der Eigenschaften aufweist. Wir können nun die Anzahl der Elemente von M, die weder die Eigenschaft p noch die Eigenschaft q aufweisen, bestimmen, indem wir von der Gesamtzahl der Elemente von M die Anzahl der Elemente mit Eigenschaft p und die Anzahl der Elemente mit Eigenschaft q abziehen. Bei dieser Prozedur unterlief uns jedoch ein Fehler. Alle Elemente von M, die beide Eigenschaften besitzen, wurden zweimal subtrahiert. Also addieren wir wieder die Anzahl aller Elemente, die p und q aufweisen. Für den allgemeinen Fall von mehr als zwei möglichen Eigenschaften liefert diese Methode eine alternierende Summe, in der in jedem Term abwechselnd Elemente eingeschlossen oder ausgeschlossen werden.

Das Inklusions-Exklusions-Prinzip erscheint zunächst umständlich. Für viele interessante Anzahlprobleme ist es jedoch wesentlich einfacher, die Anzahl der Elemente, die wenigstens eine vorgegebene Eigenschaft besitzen, zu bestimmen, als die Anzahl der Elemente, die genau nur diese Eigenschaft besitzen.

Es sei M eine endliche Menge mit genau n Elementen. Die Elemente von M mögen s verschiedene Eigenschaften aufweisen. Die Menge der Eigenschaften sei E, $|E| = s$. Für jede Teilmenge $F \subseteq E$ sei $m_=(F)$ die Anzahl der Elemente von M, die genau die Eigenschaften aus F und keine sonst aufweisen. Mit $m_\geq(F)$ und $m_\leq(F)$ bezeichnen wir die Menge der Elemente aus M, die mindestens bzw. höchstens die Eigenschaften aus F besitzen. Damit gilt für jede Teilmenge $F \subseteq E$

$$m_\geq(F) = \sum_{A \supseteq F} m_=(A) \tag{6.19}$$

$$m_\leq(F) = \sum_{A \subseteq F} m_=(A). \tag{6.20}$$

Im Booleschen Verband erhalten wir mit der Möbius-Funktion (6.14) und der Möbius-Inversion (6.17) die folgende Beziehung:

$$\boxed{m_\leq(F) = \sum_{A \subseteq F} m_=(A) \;\Leftrightarrow\; m_=(F) = \sum_{A \subseteq F} (-1)^{|F|-|A|} m_\leq(A)} \tag{6.21}$$

Analog folgt auch:

$$\boxed{m_\geq(F) = \sum_{A \supseteq F} m_=(A) \;\Leftrightarrow\; m_=(F) = \sum_{A \supseteq F} (-1)^{|A|-|F|} m_\geq(A)} \tag{6.22}$$

Als Spezialfall der letzten Formel erhalten wir die Anzahl aller Elemente aus M, die keine der Eigenschaften aus E besitzen:

$$m_=(\emptyset) = \sum_{A \subseteq E} (-1)^{|A|} m_\geq(A) \tag{6.23}$$

Die Beziehungen (6.21) bis (6.23) nennen wir auch das *Prinzip der Inklusion-Exklusion*.

Beispiel 6.4 (Inklusion-Exklusion)

Wie viel ganze Zahlen zwischen 1 und 1000 (einschließlich) sind weder durch 2 noch durch 3 noch durch 5 teilbar? Die Grundmenge ist hier $M = \{1, \ldots, 1000\}$. Hier sind offenbar genau drei Teilbarkeitseigenschaften von Bedeutung. Wir definieren deshalb für jedes $k \in \mathbb{N}^+$ die Menge

$$M_k = \{ j \in M \mid j \text{ ist durch } k \text{ teilbar} \} \, .$$

Die Mächtigkeiten dieser Mengen lassen sich leicht bestimmen. Für jedes $k \in \mathbb{N}$ gilt

$$|\{ j \in M \mid j \text{ ist durch } k \text{ teilbar}\}| = \left\lfloor \frac{|M|}{k} \right\rfloor \, .$$

Weiterhin gilt zum Beispiel $M_2 \cap M_3 = M_6$. Damit erhalten wir

$$|M_2| = 500, \ |M_3| = 333, \ |M_5| = 200$$
$$|M_6| = 166, \ |M_{10}| = 100, \ |M_{15}| = 66$$
$$|M_{30}| = 33 \, .$$

Mit dem Inklusions-Exklusions-Prinzip folgt für die Anzahl der ganzen Zahlen in M, die nicht durch 2, 3 oder 5 teilbar sind,

$$
\begin{aligned}
|\overline{M}_2 \cap \overline{M}_3 \cap \overline{M}_5| &= |M| - |M_2| - |M_3| - |M_5| + |M_2 \cap M_3| + |M_2 \cap M_5| \\
&\quad + |M_3 \cap M_5| - |M_2 \cap M_3 \cap M_5| \\
&= 1000 - 500 - 333 - 200 + 166 + 100 + 66 - 33 \\
&= 266 \, . \quad \blacksquare
\end{aligned}
$$

Beispiel 6.5 (Eulersche φ-Funktion)
Gegeben sei eine natürliche Zahl $n \geq 2$. Eine Zahl $m \in \mathbb{N}$ heißt *relativ prim* zu n, wenn der größte gemeinsame Teiler von m und n 1 ist. Man sagt auch, m und n sind *teilerfremd*. Wie viel natürliche Zahlen m mit $1 \leq m \leq n$ sind relativ prim zu n?

Zunächst ist folgende Beobachtung wichtig: m ist relativ prim zu n, wenn die Primfaktordarstellung von m keine Primzahl enthält, die auch in der Primfaktorzerlegung von n vorkommt. Es sei

$$n = p_1^{\alpha_1} p_2^{\alpha_2} \cdots p_k^{\alpha_k}$$

die Primfaktorzerlegung von n. Damit m relativ prim zu n ist, darf m durch keine der Zahlen $p_1, \ldots, p_k$ teilbar sein. Nun sind aber genau $\frac{n}{p_1}$ Zahlen aus $\{1, \ldots, n\}$ durch p_1 teilbar; $\frac{n}{p_2}$ Zahlen sind durch p_2 teilbar usw. Bezeichnen wir die Anzahl der natürlichen Zahlen $\leq n$, die relativ prim zu n sind, mit $\varphi(n)$, so folgt nach dem Inklusions-Exklusions-Prinzip:

$$\varphi(n) = n - \frac{n}{p_1} - \frac{n}{p_2} - \cdots - \frac{n}{p_k}$$
$$+ \frac{n}{p_1 p_2} + \frac{n}{p_1 p_3} + \cdots + \frac{n}{p_{k-1} p_k}$$
$$- \frac{n}{p_1 p_2 p_3} - \cdots$$
$$\vdots$$
$$+ (-1)^k \frac{n}{p_1 p_2 \cdots p_k}$$
$$= n \left(1 - \frac{1}{p_1}\right) \left(1 - \frac{1}{p_2}\right) \cdots \left(1 - \frac{1}{p_k}\right)$$

Die Funktion $\varphi(n)$ wird in der Zahlentheorie auch *Eulersche φ-Funktion* genannt. ∎

Wir wenden die Beziehungen (6.22) nun an, um die Anzahl f_k der Elemente aus M, die genau k der s Eigenschaften aus E aufweisen, zu bestimmen. Für $|F| = k$ liefert die Formel (6.22) die Anzahl der Elemente von M, die genau die k in F enthaltenen Eigenschaften besitzen. Die Gesamtzahl ist folglich die Summe

$$f_k = \sum_{F \subseteq M : |F| = k} \sum_{A \supseteq F} (-1)^{|A| - |F|} m_{\geq}(A). \qquad (6.24)$$

In dieser Summe durchläuft A alle Teilmengen von M, deren Mächtigkeit mindestens k ist. Jede Teilmenge A mit $|A| = k$ wird genau einmal in die Summe einbezogen. Eine Teilmenge A mit $|A| = j \geq k$ tritt insgesamt $\binom{j}{k}$-mal in der Summe (6.24) auf, da A genau $\binom{j}{k}$ verschiedene Teilmengen F mit $|F| = k$ überdeckt. Mit der Abkürzung

$$s_k = \sum_{A : |A| = k} m_{\geq}(A)$$

erhalten wir damit

$$f_k = \sum_{j=k}^{s} \binom{j}{k} (-1)^{j-k} s_j. \qquad (6.25)$$

Beispiel 6.6 (Fixpunkte von Permutationen)
Wie viel Permutationen von $\mathbb{N}_n$ besitzen genau k Fixpunkte?

Sehr leicht zu bestimmen ist zunächst die Anzahl der Permutationen mit mindestens k Fixpunkten. Wir können auf $\binom{n}{k}$ Arten die k Fixpunkte wählen und die verbleibenden $n - k$ Stellen beliebig permutieren. Somit gilt

$$s_k = \binom{n}{k} (n - k)! = n^{\underline{n-k}}.$$

Das Einsetzen dieser Beziehung in (6.25) liefert die gesuchte Anzahl der Permutationen mit genau k Fixpunkten:

$$f_k = \sum_{j=k}^{n} \binom{j}{k} (-1)^{j-k} \binom{n}{j} (n-j)!$$

$$= \frac{n!}{k!} \sum_{j=0}^{n-k} \frac{(-1)^j}{j!}$$

Da die Summe aller f_k für $k = 0, \ldots, n$ gleich der Anzahl der Permutationen von $\mathbb{N}_n$ sein muss, folgt auch

$$\sum_{k=0}^{n} \sum_{j=0}^{n-k} \frac{(-1)^j}{j! k!} = 1 \ . \qquad \blacksquare$$

Beispiel 6.7 (Binomialidentitäten)

Wir betrachten nun eine Menge M, die genau ein Element besitzt. Dieses Element besitze alle Eigenschaften der Menge $E = \{e_1, \ldots, e_n\}$.

Für jede Menge $A \subseteq E$ von Eigenschaften gilt $m_\geq(A) = 1$. Damit folgt

$$s_k = \sum_{|A|=k} 1 = \binom{n}{k}$$

und

$$f_k = \delta_{0n} = \sum_{j=k}^{n} \binom{j}{k} (-1)^{j-k} \binom{n}{j}$$

$$= \frac{n!}{k!} \sum_{j=k}^{n} \frac{(-1)^{j-k}}{(j-k)!(n-j)!}$$

$$= \frac{n!}{k!} \sum_{i=0}^{n-k} \frac{(-1)^i}{i!(n-k-i)!} \ .$$

Diese Beziehung ist identisch zu

$$\sum_{i=0}^{m} (-1)^i \binom{m}{i} = \delta_{0m} \ .$$

Dieses Ergebnis erhielten wir bereits als Folgerung aus dem Binomialsatz in der Gleichung (1.13). $\qquad \blacksquare$

6.6   Die Möbius-Inversion im Partitionsverband

Die Anwendungen der Möbius-Inversion im Partitionsverband für die Lösung kombinatorischer Probleme sind ebenso reichhaltig wie die des Inklusions-Exklusions-Prinzips. Da Partitionen in natürlicher Weise als Strukturierung der Urbildmenge einer Abbildung auftreten, lassen sich Anzahlprobleme auf vielfältige Weise durch Partitionen beschreiben. Bevor wir jedoch eines dieser Probleme lösen können, müssen wir zunächst die Möbius-Funktion für den Partitionsverband bereitstellen.

Die Möbius-Funktion im Partitionsverband

Im Folgenden berechnen wir die Möbius-Funktion für den Partitionsverband Π_n. Das Einselement dieses Verbandes ist die Partition π_1, die genau einen n-elementigen Block besitzt. Die Anzahl der Blöcke einer Partition $\pi \in \Pi_n$ sei $|\pi|$. Wir betrachten das Haupfilter

$$F_\pi = \{\sigma \in \Pi_n \mid \sigma \geq \pi\}$$

einer Partition $\pi \in \Pi_n$. Alle Elemente von F_π entstehen durch Verschmelzen (Vereinigen) von Blöcken der Partition π zu neuen größeren Blöcken. Ein Block von π bleibt bei dieser Prozedur jedoch stets zusammen, das heißt wir können die Elemente eines jeden Blockes von π identifizieren. Somit ist F_π isomorph zu $\Pi_{|\pi|}$. Abb. 6.10 veranschaulicht diesen Zusammenhang.

Der Wert der Möbius-Funktion $\mu(\pi, \pi_1)$ in Π_n ist daher gleich $\mu(\pi_0, \pi_1)$ in $\Pi_{|\pi|}$. Hierbei bezeichnet π_0 das Nullelement des Partitionsverbandes. Wir setzen im Folgenden zur Abkürzung

$$\mu_k = \mu(\pi_0, \pi_1) \text{ mit } \pi_0, \pi_1 \in \Pi_k .$$

Auf einem Niveau des Partitionsverbandes sind alle Werte $\mu(\pi, \pi_1)$ der Möbius-Funktion gleich. Die Mächtigkeit eines Niveaus (das heißt die Menge der Partitionen gleichen Ranges) ist durch die Stirling-Zahlen zweiter Art gegeben. Zur Vereinfachung der folgenden Ableitung zählen wir jetzt die Niveaus von oben nach unten, mit 1 beginnend im Partitionsverband. Das heißt, wir finden im Niveau $k = 1$ nur das maximale Element des Verbandes. Aus der Definition der Möbius-Funktion und aus (6.9) folgt damit

$$\sum_{k=1}^{n} \mu_k \begin{Bmatrix} n \\ k \end{Bmatrix} = \delta_{1n}. \tag{6.26}$$

Abb. 6.10 Isomorphie von Partitionsverbänden

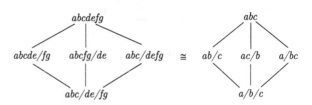

Für $n \geq 2$ erhalten wir aus dieser Gleichung durch Anwendung der Rekursionsbeziehung (1.19) für die Stirling-Zahlen zweiter Art

$$
\begin{aligned}
0 &= \sum_{k=1}^{n} \mu_k \left(\left\{ {n-1 \atop k-1} \right\} + k \left\{ {n-1 \atop k} \right\} \right) \\
&= \sum_{k=2}^{n} \mu_k \left\{ {n-1 \atop k-1} \right\} + \sum_{k=1}^{n-1} \mu_k k \left\{ {n-1 \atop k} \right\} \\
&= \sum_{k=1}^{n-1} \mu_{k+1} \left\{ {n-1 \atop k} \right\} + \sum_{k=1}^{n-1} \mu_k k \left\{ {n-1 \atop k} \right\} \\
&= \sum_{k=1}^{n-1} (\mu_{k+1} + k \mu_k) \left\{ {n-1 \atop k} \right\}.
\end{aligned}
\tag{6.27}
$$

Als Folgerung ergibt sich die Rekursionsbeziehung

$$
\begin{aligned}
\mu_{k+1} &= -k \, \mu_k, \, k \geq 1, \\
\mu_1 &= 1 \, .
\end{aligned}
$$

Die explizite Darstellung der Zahlen μ_k lautet folglich

$$
\mu_k = (-1)^{k+1} (k-1)! \, .
\tag{6.28}
$$

Das Einsetzen dieser Beziehung in (6.26) liefert eine interessante Summenformel für die Stirling-Zahlen zweiter Art:

$$
\sum_{k=1}^{n} (-1)^{k+1} (k-1)! \left\{ {n \atop k} \right\} = \delta_{1n}.
\tag{6.29}
$$

Mit der Beziehung (6.28) sind wir nun in der Lage, alle Werte der Möbius-Funktion $\mu(\pi, \pi_1)$, die Bezug auf das Einselement des Partitionsverbandes nehmen, zu berechnen. Der Wert der Möbius-Funktion $\mu(\pi, \sigma)$; $\pi, \sigma \in \Pi_n$, ist nur von Werten der Möbius-Funktion innerhalb des Intervalls $[\pi, \sigma]$ abhängig. Jedes Intervall $[\pi, \sigma]$, $\pi \leq \sigma$, lässt sich als Produkt von Hauptfiltern in Partitionsverbänden über die Blöcke von π darstellen. Abb. 6.11 zeigt diesen Zusammenhang an einem Beispiel.

Aus dem Produktsatz (6.12) und (6.28) erhalten wir die Darstellung der Möbius-Funktion im Partitionsverband

$$
\mu(\pi, \sigma) = (-1)^{|\pi|-|\sigma|} \prod_{i=1}^{|\sigma|} (p_i - 1)! \, ,
\tag{6.30}
$$

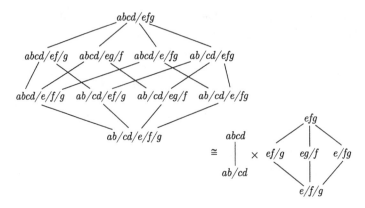

Abb. 6.11 Produktdarstellung eines Intervalles des Partitionsverbandes

wobei p_i die Anzahl der Blöcke von π angibt, die im i-ten Block von σ enthalten sind.

Beispiel 6.8 (Das chromatische Polynom)

Wir erinnern an das im Abschn. 5.4.3 eingeführte chromatische Polynom $P(G, x)$ eines Graphen $G = (V, E)$, welches die Anzahl der zulässigen Färbungen von G mit höchstens x Farben zählt. Es sei nun $F(G, \pi, x)$ die Menge der Färbungen von G mit höchstens x Farben, sodass alle Knoten eines Blockes von $\pi \in \Pi(V)$ gleichfarbig sind. Unterschiedliche Blöcke von π, die durch wenigstens eine Kante von G verbunden sind, seien jedoch unterschiedlich gefärbt. Die Anzahl der Färbungen in $F(G, \pi, x)$ sei $f(G, \pi, x)$. Eine Knotenteilmenge $W \subseteq V$ von G heißt *zusammenhängend*, wenn der induzierte Untergraph $G[W]$ von G zusammenhängend ist. Eine Partition $\pi \in \Pi(V)$ heißt *zusammenhängend*, wenn alle Blöcke von π zusammenhängende Mengen in G sind. Es sei $\Pi_{\mathrm{con}}(G)$ die Menge aller zusammenhängenden Partitionen von G. Für eine gegebene Partition $\pi \in \Pi(V)$ gehe der Graph G/π durch Fusion jeweils aller Knoten eines Blockes von π hervor. Aus diesen Definitionen folgt:

- Die Partition $\pi = \hat{0}$ ist die einzige Partition aus $\Pi_{\mathrm{con}}(G)$, für die Färbungen aus $F(G, \pi, x)$ zulässig in G sind. Da alle Färbungen aus $F(G, \hat{0}, x)$ zulässig in G sind, ist $P(G, x) = f(G, \hat{0}, x)$ das chromatische Polynom von G.
- Für jedes $\pi \in \Pi_{\mathrm{con}}(G)$ gilt $f(G, \pi, x) = P(G/\pi, x)$.
- Für jede Färbung $\phi : V \to \{1, \dots, x\}$ von G existiert genau ein $\pi \in \Pi_{\mathrm{con}}(G)$, sodass $\phi \in F(G, \pi, x)$. Wir erhalten diese Partition π, indem wir als Blöcke die Knotenmengen des aufspannenden Untergraphen von G wählen, dessen Kantenmenge aus allen monochromatischen Kanten von ϕ besteht.
- Für jede Färbung $\phi : V(G/\pi) \to \{1, \dots, x\}$ von G/π existiert genau ein $\sigma \in \Pi_{\mathrm{con}}(G)$, $\sigma \geq \pi$, sodass $\phi \in F(G/\pi, \sigma, x)$. Die Färbung ϕ ist genau dann zulässig, wenn $\sigma = \pi$.

Wir erhalten

$$\sum_{\substack{\sigma \geq \pi \\ \sigma \in \Pi_{\text{con}}(G)}} P(G/\sigma, x) = x^{|\pi|} .$$

Durch Möbius-Inversion folgt

$$P(G/\pi, x) = \sum_{\substack{\sigma \geq \pi \\ \sigma \in \Pi_{\text{con}}(G)}} \mu(\pi, \sigma) x^{|\sigma|} .$$

Als Spezialfall ergibt sich die Darstellung des chromatischen Polynoms

$$P(G, x) = P(G/\hat{0}, x) = \sum_{\sigma \in \Pi_{\text{con}}(G)} \mu(\hat{0}, \sigma) x^{|\sigma|}, \tag{6.31}$$

die von Rota (1964) vorgestellt wurde.   ■

Bei der im letzten Beispiel abgeleiteten Formel von Rota (6.31) ist zu beachten, dass sich die Möbius-Funktion auf den Verband der zusammenhängenden Partitionen von G, nicht aber auf den Partitionsverband der Knotenmenge bezieht. Diese beiden Verbände stimmen nur dann überein, wenn jede Partition der Knotenmenge von G zusammenhängend ist.

Aufgaben

6.1 Wir führen in der Menge S_n aller Permutationen von $\mathbb{N}_n$ eine Ordnung ein. Es sei $\pi \lessdot \sigma$ genau dann, wenn σ durch genau eine Transposition eines Paares benachbarter Elemente $\pi_i < \pi_{i+1}$ aus π hervorgeht. Das kleinste Element der Ordnung sei die identische Permutation. Bestimme das Hasse-Diagramm dieser Ordnung für S_4. Ist diese Ordnung ein Verband? Welche kombinatorische Interpretation besitzen die Whitney-Zahlen zweiter Art?

6.2 Wie viel Ordnungen, nichtisomorphe Ordnungen, Verbände und nichtisomorphe Verbände kann man auf einer Menge von vier Elementen bilden?

6.3 Wie viel nichtunterteilbare Ketten gibt es im Teilerverband $\mathbb{T}_n$ zwischen 1 und n?

6.4 Es sei $(P, \leq)$ eine Ordnung mit $P = \{x_1, \ldots, x_n\}$ und $Z = (\zeta(x_i, x_j))$ die Matrix der Riemannschen Zetafunktion. Zeige, dass die Indizierung der Elemente von P stets so gewählt werden kann, dass Z eine untere Dreiecksmatrix ist.

6.5 Es sei $M = \{1, 2, 3\}$ und $\Pi(M)$ der Partitionsverband von M. Für alle $\pi \in \Pi(M)$ definieren wir

$$x^{|\pi|} = \sum_{\sigma \leq \pi} h(\sigma) x^{|\sigma|} \ .$$

Bestimme für alle $\pi \in \Pi(M)$ die Werte der Funktion $h(\pi)$.

6.6 Zeige durch Möbius-Inversion im Booleschen Verband die Gültigkeit der folgenden Inversionsbeziehung:

$$f_n = \sum_k \binom{n}{k} g_k \ \Leftrightarrow \ g_n = \sum_k (-1)^{n-k} \binom{n}{k} f_k$$

6.7 Es sei $\{f_k\}$ eine Zahlenfolge, die der folgenden Beziehung genügt:

$$m^n = \sum_{k \mid n} k f_k$$

Bestimme eine explizite (Summen-)Darstellung für diese Folge.

6.8 Wir ordnen die Menge $\mathbb{N}^3 = \{(a, b, c), a, b, c \in \mathbb{N}\}$ der Tripel natürlicher Zahlen wie folgt:

$$(a_1, b_1, c_1) \leq (a_2, b_2, c_2) \ \Leftrightarrow \ a_1 \leq a_2, b_1 \leq b_2, c_1 \leq c_2$$

Bestimme die Möbius-Funktion der geordneten Menge $\mathbb{N}^3$.

6.9 Wie viel verschiedene Wörter mit k Buchstaben kann man aus den 26 lateinischen Kleinbuchstaben bilden, wenn diese Wörter stets die Buchstaben a,b,c enthalten sollen?

6.10 In einer Gruppe von 30 Menschen sprechen 22 Deutsch, 18 Französisch und 24 Englisch. Bestimme die Mindest- und Höchstzahl der Personen in der Gruppe, die alle drei Sprachen sprechen.

6.11 Wie viel natürliche Zahlen n, $1 \leq n \leq 100.000$ sind weder Quadratzahlen noch dritte oder vierte Potenzen natürlicher Zahlen?

6.12 Auf wie viel Arten kann man die Buchstaben A,A,A,B,B,C,C,D,E,F permutieren, sodass nie zwei gleiche Buchstaben nebeneinander stehen?

6.13 Wie viel Permutationen der Menge $\{1, \ldots, 13\}$ haben genau vier Fixpunkte?

Kombinatorische Klassen – Ein allgemeiner Zugang zu erzeugenden Funktionen

7

Inhaltsverzeichnis

In diesem Kapitel werden wir erzeugende Funktionen von einem allgemeineren Standpunkt betrachten. Zunächst werden wir genau definieren, welche Voraussetzungen erforderlich sind, um Objekte einer (allgemein unendlichen) Menge zählen zu können. Dazu führen wir sogenannte *kombinatorische Klassen* nach einer Idee von Philippe Flajolet Flajolet und Sedgewick (2009) ein. Dann werden wir untersuchen, wie man mit kombinatorischen Klassen operieren kann, um neue kombinatorische Objekte zu erzeugen. Dabei wird sich zeigen, dass viele wichtige Operationen mit kombinatorischen Klassen in äquivalente Operationen mit erzeugenden Funktionen „übersetzt" werden können.

7.1   Einfache kombinatorische Klassen

▶ **Definition (einfache kombinatorische Klasse)** Eine *kombinatorische Klasse* ist ein Paar $(\mathcal{A}, \alpha)$, bestehend aus einer abzählbaren Menge $\mathcal{A}$ und einer Abbildung $\alpha : \mathcal{A} \to \mathbb{N}$, welche der Bedingung $|\alpha^{-1}(n)| < \infty$ für alle $n \in \mathbb{N}$ genügt. Wir interpretieren den Wert $\alpha(X)$ als die *Größe* des *kombinatorischen Objektes* $X \in \mathcal{A}$.

♦

Die Forderung $|\alpha^{-1}(n)| < \infty$ sichert, dass nur endlich viele kombinatorische Objekte einer gegebenen Größe existieren. Eine kombinatorische Klasse kann auch als eine Menge von Paaren $\tilde{\mathcal{A}} = \{(X, \alpha(X)) \mid X \in \mathcal{A}\}$ betrachtet werden. Oft werden wir die Größe eines kombinatorischen Objektes X mit $|X|$ statt mit $\alpha(X)$ bezeichnen. Wenn die Größenfunktion aus dem Kontext bekannt ist, schreiben wir kurz $\mathcal{A}$ statt $(\mathcal{A}, \alpha)$.

© Springer-Verlag GmbH Deutschland, ein Teil von Springer Nature 2019
P. Tittmann, *Einführung in die Kombinatorik*, https://doi.org/10.1007/978-3-662-58921-2_7

Beispiel 7.1

Es sei $\mathcal{A}$ die Menge aller Partitionen natürlicher Zahlen, das heißt

$$\mathcal{A} = \{(1),(1,1),(2),(1,1,1),(2,1),(3),(1,1,1,1),(2,1,1),\ldots\}.$$

Für jede Partition $\lambda \in \mathcal{A}$ definieren wir $\alpha(\lambda) = n$ genau dann, wenn $\lambda \vdash n$.

Eine alternative Definition der Größenfunktion $\alpha(\lambda)$ wäre die Anzahl der Teile von λ. Jedoch repräsentiert $(\mathcal{A}, \alpha)$ in diesem Falle keine kombinatorische Klasse. Um dies einzusehen, genügt es,

$$\alpha^{-1}(1) = \{(1),(2),(3),\ldots\},$$

zu betrachten. Wir erhalten offensichtlich keine endliche Menge.   ∎

Für viele Anwendungen benötigen wir kombinatorische Klassen, für welche die Größenfunktion von mehreren Parametern abhängt. Als ein Beispiel betrachten wir die Menge der schlichten Graphen mit n Knoten, k Komponenten, und m Kanten. Die folgende Verallgemeinerung der Definition 7.1 gestattet es, auch diesen Fall zu behandeln.

▶ **Definition (kombinatorische Klasse)** Es sei k eine positive ganze Zahl. Eine *kombinatorische Klasse* ist ein Paar $(\mathcal{A}, \alpha)$, bestehend aus eine abzählbaren Menge $\mathcal{A}$ und einer Abbildung $\alpha : \mathcal{A} \to \mathbb{N}^k$, welche die Bedingung $|\alpha^{-1}(\mathbf{n})| < \infty$ für alle $\mathbf{n} \in \mathbb{N}^k$ erfüllt. Wir interpretieren den Wert $\alpha(X)$ als *Multigröße* eines kombinatorischen Objektes $X \in \mathcal{A}$.   ◆

Bemerkung 7.1 Die Mindestanforderung an die Größenfunktion ist, dass wir in der Lage sein sollten, Größen zu addieren und dass wir Objekte der Größe 0 definieren können. Folglich genügt es, $\mathbb{N}^k$ durch ein beliebiges kommutatives Monoid zu ersetzen.

Beispiel 7.2

Es sei Π_n die Menge aller Partitionen von $\{1,\ldots,n\}$ und

$$\Pi = \bigcup_{n=0}^{\infty} \Pi_n.$$

Für jedes $\pi \in \Pi$ sei

$$\alpha(\pi) = \left(\left| \bigcup_{X \in \pi} X \right|, |\pi| \right).$$

Dann ist (Π, α) eine kombinatorische Klasse. Die Menge $\alpha^{-1}(n,k)$ ist die Menge aller Partitionen von $\{1,\ldots,n\}$ mit genau k Blöcken. Damit erhalten wir

$$|\alpha^{-1}(n,k)| = \begin{Bmatrix} n \\ k \end{Bmatrix}.$$ ∎

▶ **Definition (äquivalente kombinatorische Klassen)** Es seien $(\mathcal{A}, \alpha)$ und $(\mathcal{B}, \beta)$ kombinatorische Klassen. Diese Klassen sind *äquivalent*, wenn eine Bijektion f : $\mathcal{A} \to \mathcal{B}$ existiert, sodass $\alpha(X) = \beta(f(X))$ für jedes $X \in \mathcal{A}$ erfüllt ist. ◆

Beispiel 7.3

Es sei n eine gegebene positive ganze Zahl und S eine Menge der Mächtigkeit n. Wir definieren die kombinatorische Klasse $(\mathcal{A}, \alpha)$ durch

$$\mathcal{A} = 2^S = \{T \mid T \subseteq S\}$$

und $\alpha(T) = |T|$ für jedes $T \in \mathcal{A}$.

Wir definieren eine weitere kombinatorische Klasse $(\mathcal{B}, \beta)$ als Menge aller Binärwörter (Wörter über dem Alphabet $\{0, 1\}$) der Länge n, wobei $\beta(w)$ die Anzahl der Einsen des Wortes w ist.

Die Bijektion $f : \mathcal{A} \to \mathcal{B}$ ist wie folgt definiert. Wir ordnen die Elemente von S linear: $S = \{s_1, \ldots, s_n\}$. Dann ordnen wir jeder gegebenen Teilmenge $T \subseteq S$ ein Wort $w = f(T) = w_1, \ldots, w_n$ mittels

$$w_i = \begin{cases} 1 \text{ falls } s_i \in T, \\ 0 \text{ sonst.} \end{cases}$$

zu. Die Abbildung f ist bijektiv, da wir aus jedem Wort die Teilmenge eindeutig rekonstruieren können. Die Anzahl der Einsen des Wortes $f(T)$ stimmt mit der Mächtigkeit von T überein, woraus $\alpha(T) = \beta(f(T))$ für jedes $T \in \mathcal{A}$ folgt. ■

▶ **Definition (Anzahlfolge)** Es sei $(\mathcal{A}, \alpha)$ eine kombinatorische Klasse. Die *Anzahlfolge* von $\mathcal{A}$ ist $(a_n)_{n \in \mathbb{N}} = (a_0, a_1, a_2, \ldots)$ mit $a_n = |\alpha^{-1}(n)|$ für jedes $n \in \mathbb{N}$.
◆

Für eine kombinatorische Klasse $(\mathcal{A}, \alpha)$ führen wir die folgende Bezeichnung ein:

$$\mathcal{A}_n = \{X \in \mathcal{A} \mid \alpha(X) = n\}.$$

Dann ist die Anzahlfolge der kombinatorischen Klasse durch

$$a_n = |\mathcal{A}_n|$$

bestimmt. Wir orientieren uns ebenfalls an der in Flajolet und Sedgewick (2009) eingeführten Bezeichnungskonvention, das heißt, wir verwenden jeweils gleiche Buchstabengruppen für zusammengehörige Objekte. Wenn, zum Beispiel, $\mathcal{C}$ eine kombinatorische Klasse bezeichnet, so bezeichnen wir ihre Anzahlfolge mit c_n und ihre erzeugende Funktion mit $C(z)$.

▶ **Definition (gewöhnliche erzeugende Funktion)** Es sei $(\mathcal{A}, \alpha)$ eine kombinatorische Klasse mit der Anzahlfolge $(a_n)_{n \in \mathbb{N}}$. Die *gewöhnliche erzeugende Funktion* von $\mathcal{A}$ ist die formale Potenzreihe

$$A(z) = \sum_{n \geq 0} a_n z^n.$$
◆

▶ **Definition (exponentielle erzeugende Funktion)** Es sei $(\mathcal{A}, \alpha)$ eine kombinatorische Klasse mit der Anzahlfolge $(a_n)_{n\in\mathbb{N}}$. Die *exponentielle erzeugende Funktion* von $\mathcal{A}$ ist die formale Potenzreihe

$$\hat{A}(z) = \sum_{n\geq 0} a_n \frac{z^n}{n!}.$$ ◆

Die leere Klasse Die *leere Klasse* $\varnothing = \{\}$ enthält kein Objekt. Ihre Anzahlfolge ist die Nullfolge $(0, 0, 0, \dots)$. Die gewöhnliche und die exponentielle erzeugende Funktion ist 0.

Die neutrale Klasse Die *neutrale Klasse* $\mathcal{E} = \{\epsilon\}$ enthält genau ein Objekt, bezeichnet mit ϵ, der Größe 0, womit wir die Anzahlfolge $(1, 0, 0, \dots)$ erhalten. Die gewöhnliche und die exponentielle erzeugende Funktion der neutralen Klasse sind folglich

$$E(z) = \hat{E}(z) = 1.$$

Die atomare Klasse Die *atomare Klasse* $\mathcal{U} = \{A\}$ enthält genau ein Objekt der Größe 1 (ein *Atom*). Die zugehörige Anzahlfolge ist $(0, 1, 0, 0, \dots)$. Damit erhalten wir die erzeugenden Funktionen $U(z) = \hat{U}(z) = z$.

7.2 Kombinatorische Konstruktionen

Es sei Ω die Menge aller kombinatorischen Klassen und $k \in \mathbb{N}$. Eine k-stellige *kombinatorische Konstruktion* ist ein Paar von k-stelligen Funktionen $\psi = (\psi_1, \psi_2) : \Omega^k \to \Omega$, das jeder Folge $((\mathcal{A}_1, \alpha_1), \dots, (\mathcal{A}_k, \alpha_k)) \in \Omega^k$ kombinatorischer Klassen eine neue Klasse $(\psi_1(\mathcal{A}_1, \dots, \mathcal{A}_k), \psi_2(\alpha_1, \dots, \alpha_k))$ zuordnet. Kombinatorische Konstruktionen bilden das fundamentale Werkzeug zur Erzeugung komplexer kombinatorischer Objekte, ausgehend von elementaren kombinatorischen Klassen.

7.2.1 Die disjunkte Vereinigung

▶ **Definition (disjunkte Vereinigung)** Die *disjunkte Vereinigung* $\mathcal{A} + \mathcal{B}$ von zwei kombinatorischen Klassen $(\mathcal{A}, \alpha)$ und $(\mathcal{B}, \beta)$ ist die kombinatorische Klasse $(\mathcal{A} \cup \mathcal{B}, \gamma)$, wobei γ durch

$$\gamma(X) = \begin{cases} \alpha(X) \text{ falls } X \in \mathcal{A} \\ \beta(X) \text{ falls } X \in \mathcal{B} \end{cases}$$

für alle $X \in \mathcal{A} \cup \mathcal{B}$ definiert ist. Hierbei ist $\mathcal{A} \cup \mathcal{B}$ eine *disjunkte* Vereinigung, das heißt, wir erzeugen eine Kopie von $\mathcal{B}$, die disjunkt zu $\mathcal{A}$ ist und führen erst dann die Vereinigungsoperation aus.   ◆

Aus dieser Definition folgt, dass Ausdrücke wie $\mathcal{A} \cup \mathcal{A}$, die wir auch durch $2\mathcal{A}$ abkürzen, wohldefiniert sind. Die Anzahlfolge von $\mathcal{A} \cup \mathcal{B}$ ist $(a_n + b_n)_{n \in \mathbb{N}}$. Folglich erhalten wir $A(z) + B(z)$ und $\hat{A}(z) + \hat{B}(z)$ als gewöhnliche und exponentielle erzeugende Funktion von $\mathcal{A} \cup \mathcal{B}$. Die kombinatorische Interpretation der disjunkten Vereinigung $\mathcal{A} \cup \mathcal{B}$ besteht in den Möglichkeiten für die Auswahl eines Objektes, entweder aus $\mathcal{A}$ oder aus $\mathcal{B}$.

Beispiel 7.4

Die Seite eines Spielwürfels kann als eine kombinatorische Klasse aufgefasst werden, die genau ein Objekt enthält:

$$\left\{ \left(\boxed{\cdot}, 1 \right) \right\} \text{ oder } \left\{ \left(\boxed{\cdot\cdot}, 2 \right) \right\}$$

Die Größe eines Objektes (einer Seite des Spielwürfels) ist gleich der Augenzahl. Die (disjunkte) Vereinigung dieser Klassen erzeugt die kombinatorische Klasse

$$\tilde{D} = \left\{ \left(\boxed{\cdot}, 1 \right), \left(\boxed{\cdot\cdot}, 2 \right), \left(\boxed{\cdot\cdot\cdot}, 3 \right), \left(\boxed{\cdots}, 4 \right), \left(\boxed{\cdots}, 5 \right), \left(\boxed{\vdots}, 6 \right) \right\},$$

welche den gesamten Spielwürfel repräsentiert. Die gewöhnliche erzeugende Funktion eines Würfels ist folglich

$$D(z) = z + z^2 + z^3 + z^4 + z^5 + z^6. \quad \blacksquare$$

7.2.2 Das kartesische Produkt

▶ **Definition** Das *kartesische Produkt* von zwei kombinatorischen Klassen $(\mathcal{A}, \alpha)$ und $(\mathcal{B}, \beta)$ ist eine kombinatorische Klasse, die durch

$$(\mathcal{A}, \alpha) \times (\mathcal{B}, \beta) = (\mathcal{A} \times \mathcal{B}, \alpha + \beta)$$

definiert ist. Wir nutzen die Abkürzung $\mathcal{A} \times \mathcal{B}$ für das kartesische Produkt von kombinatorischen Klassen immer dann, wenn die Größenfunktionen aus dem Kontext bekannt sind. ◆

Das kartesische Produkt der kombinatorischen Klasse $(\mathcal{A}, \alpha)$ mit der neutralen Klasse $(\mathcal{E}, 0)$ liefert

$$\mathcal{A} \times \mathcal{E} = (\{(X, \epsilon) \mid X \in \mathcal{A}\}, \alpha) \cong \mathcal{A}.$$

Wenn wir äquivalente kombinatorische Klassen identifizieren, so können wir $\mathcal{A} \times \mathcal{E} = \mathcal{A}$ schreiben, was den Namen *neutrale* Klasse für $\mathcal{E}$ rechtfertigt. Wir verwenden die übliche Notation für mehrfache kartesische Produkte einer kombinatorischen Klasse mit sich selbst:

$$\mathcal{A}^n = \underbrace{\mathcal{A} \times \mathcal{A} \times \cdots \times \mathcal{A}}_{n \text{ mal}}$$

Die Objekte von $\mathcal{A}^n$ sind Folgen der Länge n, deren Elemente Objekte aus $\mathcal{A}$ sind. Im Falle $n = 0$ definieren wir $\mathcal{A}^0 = \mathcal{E} = (\{\epsilon\}, 0)$ – die neutrale Klasse.

Für einige Anwendungen kann es sinnvoll sein, ein Objekt von $\mathcal{A}^n$ als *Wort* der Länge n über dem *Alphabet* $\mathcal{A}$ aufzufassen, wobei die *Länge* eines Wortes die Anzahl seiner Buchstaben ist. In diesem Zusammenhang betrachten wir ϵ als das *leere Wort* der Länge null.

Angenommen, C ist das kartesische Produkt der kombinatorischen Klassen $\mathcal{A}$ und $\mathcal{B}$:

$$C = \mathcal{A} \times \mathcal{B}$$

Dann erhalten wir

$$
\begin{aligned}
C(z) &= \sum_{n \geq 0} c_n z^n \\
&= \sum_{(X,Y) \in \mathcal{A} \times \mathcal{B}} z^{\alpha(X)+\beta(Y)} \\
&= \sum_{n \geq 0} \sum_{k=0}^{n} \sum_{X \in \mathcal{A}_k} \sum_{Y \in \mathcal{B}_{n-k}} z^n \\
&= \sum_{n \geq 0} \sum_{k=0}^{n} a_k b_{n-k} z^n \\
&= A(z) B(z).
\end{aligned}
$$

Als Konsequenz erhalten wir die folgende Aussage.

Satz 7.1

Es seien $(\mathcal{A}, \alpha)$ und $(\mathcal{B}, \beta)$ kombinatorische Klassen mit den gewöhnlichen erzeugenden Funktionen $A(z)$ und $B(z)$. Dann ist $C(z) = A(z)B(z)$ die gewöhnliche erzeugende Funktion der kombinatorischen Klasse $C = \mathcal{A} \times \mathcal{B}$. Die kombinatorische Klasse $\mathcal{A}^k$ hat die gewöhnliche erzeugende Funktion $A^k(z)$.

Beispiel 7.5

Die atomare Klasse $\mathcal{U}$ kann durch $\mathcal{U} = \{(\circ, 1)\}$ dargestellt werden. Wir erhalten $\mathcal{U}^2 = \{((\circ, \circ), 2)\}$, $\mathcal{U}^3 = \{((\circ, \circ, \circ), 3)\}$ usw. Wenn wir diese Folgen als Wörter über dem (ziemlich armen) Alphabet $\mathcal{A} = \{\circ\}$ lesen, können wir die Darstellung zu $\mathcal{U}^2 = \{(\circ\circ, 2)\}$, $\mathcal{U}^3 = \{(\circ\circ\circ, 3)\}$ usw. Wir können dann $\mathcal{U}^n$ als Darstellung der natürlichen Zahl n durch eine kombinatorische Klasse auffassen. ∎

7.2.3 Die Folgen-Konstruktion

▶ **Definition (Folge)** Es sei $\mathcal{A}$ eine kombinatorische Klasse. Die *Folgen-Konstruktion* liefert eine neue kombinatorische Klasse $\mathrm{SEQ}(\mathcal{A})$, die durch

$$\mathrm{SEQ}(\mathcal{A}) = \bigcup_{k \geq 0} \mathcal{A}^k$$

definiert ist. Wir definieren auch eine Konstruktion für endliche Folgen mit gegebener Längenbeschränkung durch

$$\mathrm{SEQ}_{\leq n}(\mathcal{A}) = \bigcup_{k=0}^{n} \mathcal{A}^k. \qquad\blacklozenge$$

Weitere Varianten der Folgen-Konstruktion sind selbsterklärend:

$$\mathrm{SEQ}_{\geq n}(\mathcal{A}) = \bigcup_{k \geq n} \mathcal{A}^k$$

$$\mathrm{SEQ}_{[m,n]}(\mathcal{A}) = \bigcup_{k=m}^{n} \mathcal{A}^k$$

Beispiel 7.6

Eine Folge von Atomen ist durch

$$\mathrm{SEQ}(\mathcal{U}) = \mathrm{SEQ}(\{\circ\})$$
$$= \{\epsilon, \circ, \circ\circ, \circ\circ\circ, \circ\circ\circ\circ, \ldots\}$$

gegeben. Ihre Anzahlfolge ist $(1, 1, 1, \ldots)$; wir erhalten die gewöhnliche erzeugende Funktion

$$F(z) = \sum_{n \geq 0} z^n = \frac{1}{1-z}.$$

Wir können $\mathrm{SEQ}(\mathcal{U})$ als Klasse der natürlichen Zahlen interpretieren. Die exponentielle erzeugende Funktion der Klasse $\mathrm{SEQ}(\mathcal{U})$ ist

$$\hat{F}(z) = \sum_{n \geq 0} \frac{z^n}{n!} = e^z. \qquad\blacksquare$$

Satz 7.2

Es sei $\mathcal{A}$ eine kombinatorische Klasse mit der gewöhnlichen erzeugenden Funktion $A(z)$. Dann ist

$$\frac{1}{1 - A(z)}$$

die gewöhnliche erzeugende Funktion der Klasse $\text{SEQ}(\mathcal{A})$.

▶   **Beweis** Es gilt

$$\text{Seq}(\mathcal{A}) = \mathcal{A}^0 \cup \mathcal{A}^1 \cup \mathcal{A}^2 \cup \mathcal{A}^3 \cup \dots.$$

Folglich ist die gewöhnliche erzeugende Funktion der Klasse $\text{Seq}(\mathcal{A})$ die Summe der gewöhnlichen erzeugenden Funktionen von $\mathcal{A}^k$ über k. Gemäß Satz 7.1 folgt damit

$$\sum_{k \geq 0} A^k(z) = \frac{1}{1 - A(z)}. \qquad \square$$

Beispiel 7.8 (Treppen)

Auf wie viele Arten können wir eine Treppe mit n Stufen hinaufsteigen, wenn wir mit jedem Schritt ein oder zwei Stufen nehmen? Die zwei möglichen Arten für einen Schritt bilden die Objekte der elementaren kombinatorischen Klasse:

$$S = \left\{ (\ulcorner, 1), \left(\ulcorner^\urcorner, 2 \right) \right\}$$

Wenn wir die Größe eines Schrittes als die Anzahl der Stufen, die wir mit diesem Schritt nehmen, festlegen, so erhalten wir die gewöhnliche erzeugende Funktion $S(z) = z + z^2$ für die Schritte. Ein Treppenaufstieg $\mathcal{T}$ (ein Gang die Treppe hinauf) ist eine Folge von Schritten, das heißt $\mathcal{T} = \text{SEQ}(S)$. Die gewöhnliche erzeugende Funktion erhalten wir aus der Folgen-Konstruktion:

$$
\begin{aligned}
T(z) &= \frac{1}{1 - S(z)} \\
&= \frac{1}{1 - z - z^2} \\
&= 1 + z + 2z^2 + 3z^3 + 5z^4 + 8z^5 + 13z^6 + \cdots
\end{aligned}
$$

Das ist auch die gewöhnliche erzeugende Funktion für die Fibonacci-Folge.

Die Zählung lässt sich auf folgende Weise verfeinern. Wir verwenden jetzt eine Multigröße (α_1, α_2) für jeden Schritt, wobei α_1 die Anzahl der Schritte und

Abb. 7.1 Eine Parkettierung eines Rechtecks mit Domino- steinen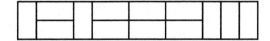

α_2 die Anzahl der Stufen angibt. Damit ist die Stufenklasse nun

$$S = \left\{ (\ulcorner, (1,1)), \left(\ulcorner\urcorner, (1,2)\right) \right\}.$$

Sie hat die gewöhnliche erzeugende Funktion $S(x,z) = x(z + z^2)$. Aus der Folgen-Konstruktion erhalten wir

$$
\begin{aligned}
T(z) &= \frac{1}{1 - S(x,z)} \\
&= \frac{1}{1 - x(z + z^2)} \\
&= 1 + xz + xz^2 + x^2z^2 + 2x^2z^3 + x^2z^4 + x^3z^3 + 3x^3z^4 + 3x^3z^5 + \cdots
\end{aligned}
$$

Aus dieser Funktion lernen wir zum Beispiel, dass es drei Möglichkeiten gibt, um 4 Stufen mit 3 Schritten zu erklimmen.   ∎

Beispiel 7.9 (Domino-Parkettierungen)

Angenommen, wir parkettieren ein $(2 \times n)$-Rechteck mit Dominosteinen der Größe 2×1. Abb. 7.1 zeigt eine Domino-Parkettierung eines Rechtecks vom Format 2×13. Eine Domino-Parkettierung ist entweder leer, $\{\epsilon\}$, oder beginnt am linken Rand mit einem senkrecht gesetzten Dominostein oder mit zwei horizontalen Dominosteinen, gefolgt von einer beliebigen Domino-Parkettierung des verbleibenden Rechtecks. Es sei $\mathcal{D}$ die kombinatorische Klasse aller Domino-Parkettierungen eines $(2 \times n)$-Rechtecks. Dann erhalten wir die rekursive Darstellung.

$$\mathcal{D} = \mathcal{E} \ \cup \ \{\square\} \times \mathcal{D} \ \cup \ \{\boxminus\} \times \mathcal{D}.$$

Diese Darstellung entspricht der Gleichung

$$D(z) = 1 + zD(z) + z^2D(z)$$

für die gewöhnliche erzeugende Funktion. Wir erhalten

$$D(z) = \frac{1}{1 - z - z^2},$$

was wiederum die gewöhnliche erzeugende Funktion der Folge der Fibonacci-Zahlen ist.   ∎

7.2.4 Markierung von kombinatorischen Objekten

Es sei $\mathcal{A}$ eine kombinatorische Klasse. Ein Element $X \in \mathcal{A}$ der Größe n kann als ein einzelnes kombinatorisches Objekt oder als ein zusammengesetztes Objekt, das aus n *Bausteinen* oder *Komponenten* besteht, betrachtet werden. Wenn wir letztere Sichtweise wählen, so können wir gewisse Bausteine des Objektes markieren oder mit einem *Label* versehen. Auf diese Weise ist es möglich, einzelne Bausteine (Komponenten) auszuzeichnen. Wenn wir nur genau ein Label verwenden dürfen, so können wir aus einem gegebenen kombinatorischen Objekt der Größe n genau n neue markierte Objekte herstellen. Diese Operation nennen wir die *Label-Konstruktion*. Die Label-Konstruktion transformiert die kombinatorische Klasse $\mathcal{A} = \{\circ\circ, \circ\circ\circ\circ\}$ in die markierte Klasse $\Theta\mathcal{A} = \{\bullet\circ, \circ\bullet, \bullet\circ\circ\circ, \circ\bullet\circ\circ, \circ\circ\bullet\circ, \circ\circ\circ\bullet\}$. Hierbei benutzen wir die Schwarzfärbung, um einen Baustein zu markieren. Eine andere Darstellung derselben Klasse ist

$$\Theta\mathcal{A} = \{\overset{\downarrow}{\circ}\circ, \circ\overset{\downarrow}{\circ}, \overset{\downarrow}{\circ}\circ\circ\circ, \circ\overset{\downarrow}{\circ}\circ\circ, \circ\circ\overset{\downarrow}{\circ}\circ, \circ\circ\circ\overset{\downarrow}{\circ}\}.$$

Satz 7.3

Es sei $\mathcal{A}$ eine kombinatorische Klasse mit der gewöhnlichen erzeugenden Funktion $A(z)$. Die aus der Label-Konstruktion gewonnene Klasse sei $\Theta\mathcal{A}$; sie hat die gewöhnliche erzeugende Funktion

$$z\mathbf{D}A(z),$$

wobei $\mathbf{D}$ den formalen Diffentialoperator (bezüglich z) bezeichnet.

▶ **Beweis** Der Beweis folgt direkt aus der Tatsache, dass $(n\,a_n)$ die Anzahlfolge von $\Theta\mathcal{A}$ ist, wenn (a_n) die Anzahlfolge von $\mathcal{A}$ ist. Folglich erhalten wir

$$B(z) = \sum_{n\geq 0} n a_n z^n = z \sum_{n\geq 0} a_n n z^{n-1} = z \sum_{n\geq 0} a_n \mathbf{D}z^n = z\mathbf{D}A(z). \qquad \square$$

Im Falle von erzeugenden Funktionen in mehreren Variablen oder mit Parametern schreiben wir $\mathbf{D}_z A(z)$ statt $\mathbf{D}A(z)$.

In einigen Anwendungen (speziell für Graphen und Bäume) bezeichnen wir die kombinatorischen Objekte, die durch die Label-Konstruktion entstehen, als *gewurzelte Objekte* oder *Wurzelobjekte*. In diesem Falle ist der Baustein (die Komponente, das Element), das markiert wurde, die *Wurzel* des Objektes.

Was passiert, wenn wir eine bereits markierte Klasse markieren? Falls wir die wiederholte Markierung desselben Bausteins zulassen und die Labels unterscheidbar sind, kann die zweite Markierung als eine unabhängige neue Markierung betrachtet werden. Die Label-Konstruktion ist damit exakt dieselbe wie im ersten Fall. Eine kombinatorische Klasse $\mathcal{A}$, die zweimal markiert wird, erzeugt eine neue Klasse $\mathcal{B} = \Theta\Theta\mathcal{A} = \Theta^2\mathcal{A}$ mit der gewöhnlichen erzeugenden Funktion $(z\mathbf{D})^2 A(z)$. Hierbei ist zu beachten, dass allgemein $(z\mathbf{D})^2 \neq z^2\mathbf{D}^2$ gilt. Wenn wir das wiederholte Markieren desselben Bausteins verbieten, dann erzeugt ein Objekt der Größe n genau $n(n-1)$ markierte Objekte bei der doppelten Label-Konstruktion. Wir bezeichnen die auf diese Weise generierte kombinatorische Klasse mit $C = \Theta_2\mathcal{A}$. Ihre gewöhnliche erzeugende Funktion ist $z^2\mathbf{D}^2 A(z)$. Schließlich können wir auch zwei identische Label verwenden, jedoch doppelte Markierung eines Bausteins ausschließen. Wir bezeichnen diese Klasse mit

$$\binom{\Theta}{2}\mathcal{A}.$$

Der Binomialkoeffizient zeigt an, dass wir zwei zu markierende Bausteine auswählen, wobei die Reihenfolge der Auswahl uninteressant ist. Die gewöhnliche erzeugende Funktion dieser Klasse ist

$$\frac{1}{2}z^2\mathbf{D}^2 A(z).$$

Eine naheliegende Erweiterung dieser Klasse ist

$$\binom{\Theta}{k}\mathcal{A},$$

wobei k eine feste natürliche Zahl ist. Die zugehörige erzeugende Funktion ist

$$\frac{1}{k!}z^k\mathbf{D}^k A(z). \tag{7.1}$$

Beispiel 7.10 (Label-Konstruktion)
Wir betrachten nochmals die kombinatorische Klasse $\mathcal{A} = \{\circ\circ, \circ\circ\circ\circ\}$. Durch Markierung können wir drei neue Klassen gewinnen:

$$\Theta^2\mathcal{A} = \{\overset{\downarrow}{\bullet}\overset{\downarrow}{\circ}, \overset{\downarrow}{\bullet}\overset{\downarrow}{\circ}, \overset{\downarrow}{\circ}\overset{\downarrow}{\bullet}, \overset{\downarrow}{\circ}\overset{\downarrow}{\bullet}, \overset{\downarrow}{\bullet}\overset{\downarrow}{\circ}\circ\circ, \overset{\downarrow}{\bullet}\circ\overset{\downarrow}{\circ}\circ, \overset{\downarrow}{\bullet}\circ\circ\overset{\downarrow}{\circ}, \overset{\downarrow}{\bullet}\circ\circ\overset{\downarrow}{\circ}, \overset{\downarrow}{\circ}\overset{\downarrow}{\bullet}\circ\circ, \overset{\downarrow}{\circ}\overset{\downarrow}{\bullet}\circ\circ, \overset{\downarrow}{\circ}\bullet\circ\overset{\downarrow}{\circ}, \overset{\downarrow}{\circ}\bullet\circ\overset{\downarrow}{\circ},$$
$$\overset{\downarrow}{\circ}\,\circ\bullet\overset{\downarrow}{\circ}, \circ\overset{\downarrow}{\circ}\bullet\overset{\downarrow}{\circ}, \circ\circ\overset{\downarrow}{\bullet}\overset{\downarrow}{\circ}, \circ\circ\overset{\downarrow}{\bullet}\overset{\downarrow}{\circ}, \overset{\downarrow}{\circ}\circ\circ\overset{\downarrow}{\bullet}, \circ\overset{\downarrow}{\circ}\circ\overset{\downarrow}{\bullet}, \circ\circ\overset{\downarrow}{\circ}\overset{\downarrow}{\bullet}, \circ\circ\circ\overset{\downarrow}{\bullet}\}$$

$$\Theta_2\mathcal{A} = \{\overset{\downarrow}{\bullet}\overset{\downarrow}{\circ}, \overset{\downarrow}{\circ}\overset{\downarrow}{\bullet}, \overset{\downarrow}{\bullet}\overset{\downarrow}{\circ}\circ\circ, \overset{\downarrow}{\bullet}\circ\overset{\downarrow}{\circ}\circ, \overset{\downarrow}{\bullet}\circ\circ\overset{\downarrow}{\circ}, \overset{\downarrow}{\circ}\overset{\downarrow}{\bullet}\circ\circ, \overset{\downarrow}{\circ}\bullet\overset{\downarrow}{\circ}\circ, \overset{\downarrow}{\circ}\bullet\circ\overset{\downarrow}{\circ}, \overset{\downarrow}{\circ}\circ\overset{\downarrow}{\bullet}\circ, \circ\overset{\downarrow}{\circ}\overset{\downarrow}{\bullet}\circ, \circ\circ\overset{\downarrow}{\bullet}\overset{\downarrow}{\circ},$$
$$\overset{\downarrow}{\circ}\,\circ\circ\bullet, \circ\overset{\downarrow}{\circ}\circ\overset{\downarrow}{\bullet}, \circ\circ\overset{\downarrow}{\circ}\overset{\downarrow}{\bullet}\}$$

$$\binom{\Theta}{2}\mathcal{A} = \{\bullet\bullet, \bullet\bullet\circ\circ, \bullet\circ\bullet\circ, \bullet\circ\circ\bullet, \circ\bullet\bullet\circ, \circ\bullet\circ\bullet, \circ\circ\bullet\bullet\} \qquad \blacksquare$$

Die Klasse $\binom{\Theta}{k}\mathcal{A}$ kann durch Summation über alle möglichen Wahlen von k erweitert werden:

$$2^{\Theta}\mathcal{A} = \sum_k \binom{\Theta}{k}\mathcal{A}$$

Die zugehörige gewöhnliche erzeugende Funktion folgt aus Gleichung (7.1),

$$\sum_{k \geq 0} \frac{1}{k!} z^k \mathbf{D}^k A(z).$$

7.2.5 Substitutionen

Es seien $(\mathcal{A}, \alpha)$ und $(\mathcal{B}, \beta)$ kombinatorische Klassen, sodass $\mathcal{B}$ kein Objekt der Größe null enthält. Die Klasse $\mathcal{A}[\mathcal{B}]$ entsteht aus $\mathcal{A}$ durch *Substitution* jeder Komponente (jedes Atoms) eines jeden Objektes aus $\mathcal{A}$ durch ein Objekt aus $\mathcal{B}$. Wenn $A(z)$ und $B(z)$ die gewöhnlichen erzeugenden Funktionen der kombinatorischen Klassen $(\mathcal{A}, \alpha)$ und $(\mathcal{B}, \beta)$ sind, dann ist $A(B(z))$ die gewöhnliche erzeugende Funktion der Klasse $\mathcal{A}[\mathcal{B}]$.

Beispiel 7.11 (gefärbte Domino-Parkettierungen)

Wir betrachten wieder die Klasse $\mathcal{D}$ aller Domino-Parkettierungen eines $(2 \times n)$-Rechtecks, siehe Beispiel 7.9. Wir kennen bereits die gewöhnliche erzeugende Funktion für dieses Problem, nämlich

$$D(z) = \frac{1}{1 - z - z^2}.$$

Nun nehmen wir an, dass wir drei verschieden gefärbte Dominosteine in beliebiger Anzahl vorrätig haben. Auf wie viele Arten können wir das $(2 \times n)$-Rechteck mit diesen gefärbten Dominosteinen parkettieren? Ein Beispiel einer solchen Parkettierung ist in Abb. 7.2 dargestellt. Die Klasse der verfügbaren Dominosteine sei $\mathcal{B}$; wir können sie so repäsentieren:

$$\mathcal{B} = \left\{ \boxed{}, \boxed{}, \blacksquare \right\}$$

Die Größe jedes Dominosteins legen wir mit 1 fest. Damit erhalten wir die gewöhnliche erzeugende Funktion

$$B(z) = 3z.$$

Abb. 7.2 Eine gefärbte Domino-Parkettierung eines Rechtecks

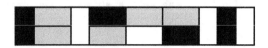

Die Substitution von $\mathcal{B}$ in $\mathcal{D}$ liefert die Klasse der gefärbten Domino-Parkettierungen, $\mathcal{T} = \mathcal{D}[\mathcal{B}]$. Wir erhalten

$$T(z) = D(B(z)) = \frac{1}{1 - 3z - 9z^2}.$$ ∎

Beispiel 7.12 (fehlerhafte Anwendung der Substitution)
Eine Variante des letzten Beispiels erhalten wir durch eine andere Klasse verfügbarer Bausteine:

$$\mathcal{B}' = \left\{ \boxed{}, \boxed{} \right\}$$

Anstelle von drei verschieden gefärbten Dominosteinen haben wir jetzt einen Dominostein und ein Quadrat zur Verfügung, sodass ein Dominostein genau die Größe von zwei aneinandergelegten Quadraten hat. Die neue erzeugende Funktion ist $B'(z) = z + z^2$, wobei wir die überdeckte Fläche als Größenfunktion verwenden. Wir setzen hierbei voraus, dass das Quadrat ein Einheitsquadrat ist. Die aus der Substitution folgende gewöhnliche erzeugende Funktion,

$$T'(z) = D(B'(z)) = \frac{1}{1 - z - 2z^2 - 2z^3 - z^4}$$
$$= 1 + z + 3z^2 + 7z^3 + 16z^4 + \cdots$$

ist jedoch völlig nutzlos. Der Koeffizient von z^k in der Reihenentwicklung liefert nicht die gewünschte Information über die Anzahl der Domino-Quadrat-Parkettierungen. Der Koeffizient von z^4, also 16, ist nicht die Anzahl der Parkettierungen eines Rechtecks vom Format 2×2, da er teilweise aus Parkettierungen eines (2×3)- und (2×4)-Rechtecks resultiert. Der Koeffizient liefert auch nicht die Anzahl der Parkettierungen irgendeiner Fläche der Größe 4, da einige Parkettierungen mehrfach gezählt werden. So kann beispielsweise ein (2×2)-Rechteck, das komplett mit Quadraten ausgelegt ist aus Domino-Parkettierungen gewonnen werden, die entweder nur horizontal oder nur vertikal platzierte Dominosteine haben. ∎

Teilmengen endlicher Klassen Es sei $\mathcal{A}$ eine endliche kombinatorische Klasse. Wir betrachten die Substitution $X \mapsto X + \epsilon$, die auf jedes Atom X von $\mathcal{A}$ angewendet wird. Die Substitutionsklasse ist demzufolge $\mathcal{U} \cup \mathcal{E}$ mit der gewöhnlichen erzeugenden Funktion $1 + z$. Die neue erzeugende Funktion, $A(1 + z)$, zählt kombinatorische Objekte, die Teilmengen von $\mathcal{A}$ entsprechen. Die Substitution $X \mapsto X + \epsilon$ vermittelt die Option, ein Atom X an seinem Platz zu belassen oder es mit einem Objekt der Größe null zu ersetzen.

Die hier vorgestellte Teilmengenkonstruktion ist auf endliche Mengen beschränkt. Der nächste Abschnitt präsentiert einen allgemeineren Weg zur Konstruktion von Klassen kombinatorischer Objekte.

Mehrfache Kopien von kombinatorischen Objekten Es sei k eine positive ganze Zahl. Angenommen, wir ersetzen jedes Objekt a einer kombinatorischen Klasse $\mathcal{A}$ durch eine Folge $(a, a, \ldots, a)$ von k identischen Objekten. Wir können diese Listen von kombinatorischen Objekten als eine neue kombinatorische Klasse $\mathcal{B}$ betrachten. Die gewöhnliche erzeugende Funktion dieser Klasse ist

$$B(z) = \sum_{b \in \mathcal{B}} z^{|b|} = \sum_{a \in \mathcal{A}} z^{k|a|} = A(z^k).$$

Dieselbe Konstruktion ist für Wörter mit jeweils k aufeinanderfolgenden identischen Buchstaben oder für Multimengen, die jeweils k Kopien eines Elementes enthalten, anwendbar.

7.2.6 Mengen

Es sei $\mathcal{A}$ eine kombinatorische Klasse und $\mathcal{B}$ die Klasse aller zweielementigen Teilmengen von $\mathcal{A}$. Wenn wir zunächst geordnete Paare (Folgen der Länge 2) von Objekten aus $\mathcal{A}$ zählen, so zählen wir jede zweielementige Teilmenge (jedes ungeordnete Paar) aus $\mathcal{A}$ zweimal. Außerdem zählen wir Paare der Form (a, a) für alle $a \in \mathcal{A}$, die keiner zweielementigen Menge entsprechen. Folglich ist die gewöhnliche erzeugende Funktion für die kombinatorische Klasse $\mathcal{B}$

$$B(z) = \frac{1}{2} A^2(z) - \frac{1}{2} A(z^2). \tag{7.2}$$

Wir verwenden im Folgenden die Notation $\text{SET}_k(\mathcal{A})$ für die Klasse aller Teilmengen von $\mathcal{A}$, welche die Mächtigkeit k besitzen und definieren

$$\text{SET}(\mathcal{A}) = \bigcup_{k \geq 0} \text{SET}_k(\mathcal{A}).$$

Im Weiteren werden wir ein allgemeineres Resultat als jenes in Gleichung (7.2) präsentieren. Dafür benötigen wir Partitionen natürlicher Zahlen, die wir mit $\lambda = (\lambda_1, \ldots, \lambda_k) = 1^{k_1} 2^{k_2} 3^{k_3} \cdots$ bezeichnen. In der Produktdarstellung ist k_i die Anzahl der Teile der Größe i. Wir schreiben $\lambda \vdash n$, um anzuzeigen, dass λ eine Partition der positiven ganzen Zahl n ist. Die Anzahl der Teile von λ bezeichnen wir mit $|\lambda|$. Wir vereinbaren, dass sich eine Summe oder ein Produkt der Form

$$\sum_{j \in \lambda} f(j) \text{ oder } \prod_{j \in \lambda} f(j)$$

stets über alle Teile (mit Wiederholung) der Partition λ erstreckt.

Mengenpartitionen Wir verwenden auch Mengenpartitionen. Es sei X eine Menge der Mächtigkeit n und $\Pi(X)$ die Menge aller Partitionen von X. Im Falle $X = \{1, \ldots, n\}$ schreiben wir Π_n statt $\Pi(X)$. Der *Typ* einer Mengenpartition $\pi \in \Pi(X)$ ist eine Zahlpartition $\lambda(\pi) = (\lambda_1, \ldots, \lambda_k)$, deren Teile die Größen der Blöcke von π sind. Es sei $\lambda \vdash n$ eine gegebene Partition von n. Dann gibt es genau

$$\begin{Bmatrix} n \\ \lambda \end{Bmatrix} = \begin{pmatrix} n \\ \lambda_1, \ldots, \lambda_k \end{pmatrix} \frac{1}{k_1! k_2! \cdots k_n!} \tag{7.3}$$

unterschiedliche Mengenpartitionen mit dem Typ λ in $\Pi(X)$, was durch einfache kombinatorische Argumente beweisbar ist. Wir verstehen die Gleichung (7.3) als Definition des Symbols $\begin{Bmatrix} n \\ \lambda \end{Bmatrix}$, das an die Bezeichnung $\begin{Bmatrix} n \\ k \end{Bmatrix}$ für die Stirling-Zahlen der zweiten Art erinnert. Die Menge $\Pi(X)$ kann mit einer Ordnungsrelation ausgestattet werden. Es sei $\pi, \sigma \in \Pi(X)$; es sei $\pi \leq \sigma$ genau dann, wenn π eine Verfeinerung von σ ist. Die Menge $\Pi(X)$ zusammen mit der Verfeinerungsrelation ist ein Verband – der *Partitionsverband* von X. Das kleinste Element ist die Partition $\hat{0}$, die nur aus Einerblöcken besteht. Das größte Element $\hat{1}$ von $\Pi(X)$ ist die Partition $\{X\}$, die genau einen Block hat. Die Möbius-Funktion ist durch

$$\mu(\pi, \sigma) = (-1)^{|\pi| - |\sigma|} \prod_{i=1}^{|\sigma|} (p_i - 1)!,$$

definiert, wobei $\pi, \sigma \in \Pi(X)$ mit $\pi \leq \sigma$ gilt und p_i die Anzahl der Blöcke π, die im i-ten Block von σ enthalten sind, bezeichnet. Diese Gleichung impliziert

$$\mu(\hat{0}, \pi) = (-1)^{n - |\pi|} \prod_{X \in \pi} (|X| - 1)! \tag{7.4}$$

für jede Partition $\pi \in \Pi_n$.

Satz 7.4

Es sei $\mathcal{A}$ eine kombinatorische Klasse, $n \in \mathbb{N}$ und $\mathcal{B} = \mathrm{SET}_n(\mathcal{A})$. Dann gilt

$$B(z) = \frac{1}{n!} \sum_{\lambda \vdash n} (-1)^{n - |\lambda|} \begin{Bmatrix} n \\ \lambda \end{Bmatrix} \prod_{j \in \lambda} (j - 1)! A(z^j).$$

▶ **Beweis** Unter Verwendung von Gleichung (7.3) können wir die Aussage des Satzes als Summe über Mengenpartitionen schreiben, das heißt

$$B(z) = \frac{1}{n!} \sum_{\pi \in \Pi_n} (-1)^{n - |\pi|} \prod_{X \in \pi} (|X| - 1)! A(z^{|X|}). \tag{7.5}$$

Wir wählen eine Partition $\pi \in \Pi_n$. Es sei $f(\pi, k)$ die Anzahl aller Folgen $(s_1, \ldots, s_n)$ der Größe k von Objekten aus $\mathcal{A}$, sodass die Gleichheit $s_i = s_j$ genau dann erfüllt ist, wenn ein Block $X \in \pi$ mit $i \in X$ und $j \in X$ existiert. Wir definieren für jedes $\pi \in \Pi_n$,

$$g(\pi, k) = \sum_{\sigma \geq \pi} f(\sigma, k). \tag{7.6}$$

Die gewöhnliche erzeugende Funktion der Folge $\{g(\pi, k)\}$ ist

$$G_\pi(z) = \sum_{k \geq 0} g(\pi, k) z^k = \prod_{X \in \pi} A(z^{|X|}). \tag{7.7}$$

Die Substitution $z \mapsto z^{|X|}$ in $A(z)$ bewirkt, dass jedes Objekt a der Größe w aus $\mathcal{A}$ die neue Größe $w|X|$ erhält, was die $|X|$ Elemente in $(s_1, \ldots, s_n)$ berücksichtigt, die alle identisch zu a sind. Durch Möbius-Inversion erhalten wir aus Gleichung (7.6) die Beziehung

$$f(\pi, k) = \sum_{\sigma \geq \pi} \mu(\pi, \sigma) g(\sigma, k), \tag{7.8}$$

wobei μ die Möbius-Funktion des Patitionsverbandes Π_n bezeichnet. Ein Folge von Elementen aus $\mathcal{A}$ der Länge n kann nur dann eine Menge repräsentieren, wenn alle ihre Elemente unterschiedlich sind, wobei in diesem Falle jede Menge der Mächtigkeit n genau $n!$ verschiedene Darstellungen als Folge besitzt. Wir erhalten die Anzahl der Teilmengen von $\mathcal{A}$ mit der Mächtigkeit n folglich aus

$$\frac{1}{n!} f(\hat{0}, k) = \frac{1}{n!} \sum_{\pi \in \Pi_n} \mu(\hat{0}, \pi) g(\pi, k). \tag{7.9}$$

Für die gesuchte erzeugende Funktion folgt

$$B(z) = \sum_{k \geq 0} \frac{1}{n!} f(\hat{0}, k) z^k$$

$$\overset{(7.9)}{=} \sum_{k \geq 0} \frac{1}{n!} \sum_{\pi \in \Pi_n} \mu(\hat{0}, \pi) g(\pi, k) z^k$$

$$= \frac{1}{n!} \sum_{\pi \in \Pi_n} \mu(\hat{0}, \pi) \sum_{k \geq 0} g(\pi, k) z^k$$

$$\overset{(7.7)}{=} \frac{1}{n!} \sum_{\pi \in \Pi_n} \mu(\hat{0}, \pi) G_\pi(z)$$

$$\overset{(7.7)}{=} \frac{1}{n!} \sum_{\pi \in \Pi_n} \mu(\hat{0}, \pi) \prod_{X \in \pi} A(z^{|X|})$$

$$\overset{(7.4)}{=} \frac{1}{n!} \sum_{\pi \in \Pi_n} (-1)^{n-|\pi|} \prod_{X \in \pi} (|X| - 1)! A(z^{|X|}). \qquad \square$$

Beispiel 7.13 (Mengen kleiner Mächtigkeit)
Wir erhalten aus Satz 7.4:

$$n = 2: \quad \frac{1}{2}[A^2(z) - A(z^2)]$$

$$n = 3: \quad \frac{1}{6}[A^3(z) - 3A(z)A(z^2) + 2A(z^3)]$$

$$n = 4: \quad \frac{1}{24}[A^4(z) - 6A^2(z)A(z^2) + 3A^2(z^2) + 8A(z)A(z^3) - 6A(z^4)]$$

$$n = 5: \quad \frac{1}{120}[A^5(z) - 10A^3(z)A(z^2) + 15A(z)A^2(z^2) + 20A^2(z)A(z^3)$$
$$- 20A(z^2)A(z^3) - 30A(z)A(z^4) + 24A(z^5)] \qquad \blacksquare$$

Mengen ohne Mächtigkeitsbeschränkung Es sei $\mathcal{A}$ eine kombinatorische Klasse ohne Objekte der Größe null. Die Substitution $X \mapsto X + \epsilon$ für jedes Objekt von $X \in \mathcal{A}$ liefert die Klasse aller Mengen mit Elementen aus $\mathcal{A}$,

$$\mathcal{B} = \text{Set}(\mathcal{A}) = \prod_{X \in \mathcal{A}} [\{\epsilon\} \cup \{X\}],$$

welche die gewöhnliche erzeugende Funktion

$$B(z) = \prod_{X \in \mathcal{A}} (1 + z^{|X|}) = \prod_{n \geq 1} (1 + z^n)^{a_n}$$

besitzt. Die Anwendung des Logarithmus auf beide Seiten der Gleichung liefert

$$\ln B(z) = \sum_{n \geq 1} a_n \ln(1 + z^n)$$

$$= \sum_{n \geq 1} a_n \sum_{k \geq 1} (-1)^{k-1} \frac{z^{kn}}{k}$$

$$= \sum_{k \geq 1} (-1)^{k-1} \sum_{n \geq 1} a_n \frac{z^{kn}}{k}$$

$$= \sum_{k \geq 1} \frac{(-1)^{k-1}}{k} A(z^k).$$

Damit erhalten wir die folgende Aussage.

Satz 7.5 (Flajolet und Sedgewick (2009))

Es sei $\mathcal{A}$ eine kombinatorische Klasse ohne Objekte der Größe null und $\mathcal{B} = \text{SET}(\mathcal{A})$ die Klasse aller Teilmengen von $\mathcal{A}$. Dann gilt

$$B(z) = \exp\left(\sum_{k \geq 1} \frac{(-1)^{k-1}}{k} A(z^k)\right).$$

7.3 Kombinatorische Klassen markierter Objekte

Wir markieren nun jedes Objekt X der Größe k einer kombinatorischen Klasse $\mathcal{A}$ mit k verschiedenen Labels, sodass wir $k!$ verschiedene markierte Objekte erhalten. Die $|X|$ Labels werden hierbei auf die Bausteine (Atome) des Objektes verteilt, sodass jeder Baustein genau ein Label erhält. Alternativ können wir uns vorstellen, dem gesamten Objekt X eine Folge von genau $|X|$ Labels zuzuordnen. Wir nennen die neue kombinatorische Klasse $\hat{\mathcal{A}}$ eine *markierte Klasse*. Wenn $(a_k)_{k \in \mathbb{N}}$ die Anzahlfolge der unmarkierten Klasse $\mathcal{A}$ ist, so ist $(k! a_k)_{k \in \mathbb{N}}$ die Anzahlfolge der markierten Klasse $\hat{\mathcal{A}}$. Die exponentielle erzeugende Funktion der Klasse $\hat{\mathcal{A}}$ ist

$$\hat{A}(z) = \sum_{k \geq 0} k! a_k \frac{z^k}{k!} = \sum_{k \geq 0} a_k z^k = A(z).$$

Beispiel 7.14

Die Markierung aller Objekte der kombinatorischen Klasse

$$\mathcal{A} = \text{SEQ}(\mathcal{U}) = \{\epsilon, \circ, \circ\circ, \circ\circ\circ, \circ\circ\circ\circ, \dots\}$$

liefert

$$\hat{\mathcal{A}} = \{\epsilon, ①, ①②, ②①, ①②③, ①③②, ②①③, ②③①, ③①②, \\ ③②①, ①②③④, \dots\}.$$

Die resultierende markierte Klasse kann als die Klasse aller Permutationen betrachtet werden. Ihre exponentielle erzeugende Funktion ist

$$\hat{A}(z) = \sum_{n \geq 0} n! \frac{z^n}{n!} = \sum_{n \geq 0} z^n = \frac{1}{1-z}.$$

Wir erkennen an diesem Beispiel, dass exponentielle erzeugende Funktionen in natürlicher Weise mit markierten Klassen verbunden sind.

Permutationen

8

Inhaltsverzeichnis

Wir haben bisher verschiedene Methoden zur Anzahlbestimmung kombinatorischer Objekte kennengelernt. Einen wesentlichen Aspekt des Abzählens beherrschen wir jedoch noch nicht – die *Symmetrie*. Wie zählen wir kombinatorische Konfigurationen (Graphen, Permutationen, Partitionen, Wörter, . . .), wenn zwei Konfigurationen, die symmetrisch zueinander sind, als nicht unterscheidbar angesehen werden? Eine Symmetrie entsteht zum Beispiel dann, wenn eine Konfiguration bei einer Drehung (einem zyklischen Tausch) oder einer Spiegelung erhalten bleibt.

Eine Voraussetzung für die Lösung von Symmetrieproblemen ist die genaue Bestimmung der Anzahl von Permutationen mit einer gegebenen inneren Struktur (zum Beispiel Anzahl und Länge der Zyklen). Auch andere kombinatorische Probleme erfordern die Abzählung von Permutationen mit speziellen Eigenschaften. Einige Beispiele lernten wir bereits kennen: Permutationen ohne Fixpunkte (Derangement-Problem) und Permutationen mit einer gegebenen Anzahl von Inversionen. Im ersten Abschnitt wollen wir nun weitere Klassen von Permutationen betrachten. Dabei lernen wir eine neue fundamentale Zahlenfolge der Kombinatorik kennen – die Stirling-Zahlen erster Art.

Gruppentheoretische Methoden erweisen sich als leistungsfähige Mittel zur Untersuchung kombinatorischer Probleme, die Symmetrien aufweisen. Ein Beispiel für derartige Probleme ist die Frage: Wie viel Möglichkeiten gibt es, die Seitenflächen eines Würfels mit vier verschiedenen Farben zu färben, wenn zwei Färbungen dann als identisch angesehen werden, wenn sie sich durch Drehung des Würfels ineinander überführen lassen? Eine Drehung, die den Würfel in sich überführt, kann auch als Permutation seiner Seitenflächen beschrieben werden. Im zweiten

© Springer-Verlag GmbH Deutschland, ein Teil von Springer Nature 2019
P. Tittmann, *Einführung in die Kombinatorik*, https://doi.org/10.1007/978-3-662-58921-2_8

Abschnitt dieses Kapitels werden wir die für die Lösung kombinatorischer Probleme notwendigen Grundbegriffe und Sätze der Gruppentheorie vorstellen.

In den weiteren Abschnitten werden wir uns dann den Zyklenzeiger als ein wesentliches Werkzeug für das Zählen unter Symmetrie kennenlernen.

Die Abzählung symmetrischer Konfigurationen ist ein Grundwerkzeug für die Abzählung von Graphen, die ihrerseits zum Beispiel Modelle für Moleküle sind. So kann die Frage nach der Anzahlbestimmung der Isomere einer gegebenen chemischen Verbindung auf die Abzählung von Isomorphieklassen von Graphen oder auf die Bestimmung der Anzahl knotengefärbter Graphen zurückgeführt werden. Hierbei entsprechen die farbigen Knoten den Atomen einer Verbindung. Probleme der Chemie bilden auch den Hintergrund für eine der ersten Arbeiten auf dem Gebiet der Abzähltheorie symmetrischer Strukturen, nämlich bei Pólya (1937). Die Abzählung von Graphen werden wir im nächsten Kapitel genauer betrachten.

8.1   Die Stirling-Zahlen erster Art

Permutationen der Menge $\mathbb{N}_n$ bezeichnen wir im Folgenden mit kleinen griechischen Buchstaben $\pi, \sigma, \tau, \ldots$ Die Menge aller Permutationen von $\mathbb{N}_n$ sei S_n. Eine Permutation $\pi \in S_n$ kann in *Tabellenform* dargestellt werden:

$$\pi = \begin{pmatrix} 1 & 2 & 3 & \cdots & n \\ \pi(1) & \pi(2) & \pi(3) & \cdots & \pi(n) \end{pmatrix}$$

Hierbei bezeichnet $\pi(i)$ für $i = 1, \ldots, n$ das Bild von i, das heißt den Platz, auf den das Element i bei der Permutation π wandert. Eine Permutation lässt sich auch graphisch darstellen. Den Elementen von $\mathbb{N}_n$ werden dabei die Knoten eines *gerichteten Graphen* zugeordnet. Zwei Knoten i und j werden genau dann durch einen *Bogen* (durch eine gerichtete Kante) verbunden, wenn $\pi(i) = j$ gilt. Die Abb. 8.1 zeigt die Graphen einiger Permutationen aus S_4.

Die Zyklendarstellung von Permutationen
Da eine Permutation eine bijektive Abbildung ist, beginnt und endet in jedem Knoten genau ein Bogen. Ein Graph, der eine Permutation repräsentiert, ist folglich eine disjunkte Vereinigung von Zyklen (gerichteten Kreisen). Diese Eigenschaft legt eine andere Schreibweise für Permutationen nahe. Die *Zyklendarstellung* einer Permutation gibt jeweils in der Reihenfolge des Durchlaufens die Elemente eines Zyklus in runden Klammern an. Wir vereinbaren dabei, jeden Zyklus

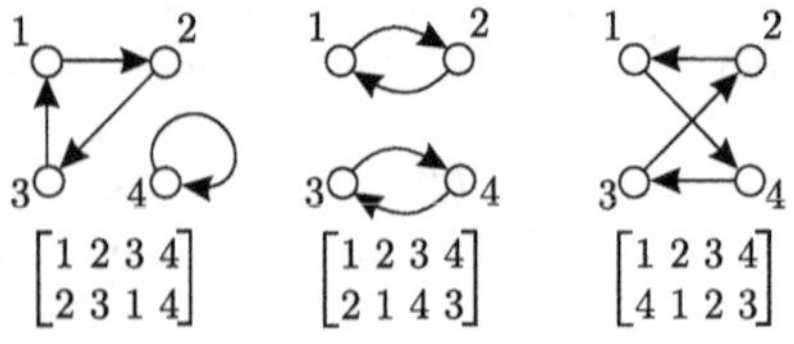

Abb. 8.1 Darstellung von Permutationen als gerichteter Graph

$$\begin{bmatrix} 1\,2\,3\,4 \\ 2\,3\,1\,4 \end{bmatrix} \qquad \begin{bmatrix} 1\,2\,3\,4 \\ 2\,1\,4\,3 \end{bmatrix} \qquad \begin{bmatrix} 1\,2\,3\,4 \\ 4\,1\,2\,3 \end{bmatrix}$$

mit dem kleinsten darin vorkommenden Element zu beginnen. So gilt zum Beispiel:

$$\begin{pmatrix} 1 & 2 & 3 & 4 \\ 2 & 3 & 1 & 4 \end{pmatrix} = (1, 2, 3)(4)$$

$$\begin{pmatrix} 1 & 2 & 3 & 4 \\ 2 & 1 & 4 & 3 \end{pmatrix} = (1, 2)(3, 4)$$

$$\begin{pmatrix} 1 & 2 & 3 & 4 \\ 4 & 1 & 2 & 3 \end{pmatrix} = (1, 4, 3, 2)$$

Durch Weglassen der Einerzyklen, die wir auch *Fixpunkte* nennen, erhalten wir die *verkürzte Zyklendarstellung*.

Die Stirling-Zahlen erster Art

Die Anzahl der Permutationen von $\mathbb{N}_n$ mit genau k Zyklen bezeichnen wir mit

$$\begin{bmatrix} n \\ k \end{bmatrix}.$$

Diese Zahlen heißen auch *Stirling-Zahlen erster Art*. Die angegebene moderne Schreibweise $\begin{bmatrix} n \\ k \end{bmatrix}$ wird unter anderm in Graham, Knuth und Patashnik (1991) sowie Wilf (1994) verwendet. In älteren Monografien findet man auch $c(n, k)$, $s_{n,k}$, S_k^n oder $s(n, k)$, wobei in den letzten drei Fällen meist die vorzeichenbehaftete Variante $(-1)^k \begin{bmatrix} n \\ k \end{bmatrix}$ gemeint ist. Einige spezielle Werte der Stirling-Zahlen erster Art lassen sich leicht berechnen. Es gibt für jedes $n > 0$ genau eine Permutation in S_n, die n Fixpunkte und somit auch n Zyklen besitzt, nämlich die identische Permutation. Folglich gilt

$$\begin{bmatrix} n \\ n \end{bmatrix} = 1.$$

Die Anzahl der Permutationen einer n-elementigen Menge mit genau $n - 1$ Zyklen ist

$$\begin{bmatrix} n \\ n - 1 \end{bmatrix} = \binom{n}{2},$$

da genau ein Zyklus der Länge 2 ausgewählt wird. Aus jeder Permutation $\pi \in S_n$ erhalten wir mit $(\pi(1), \pi(2), \ldots, \pi(n))$ eine Zyklendarstellung einer Permutation aus S_n mit genau einem Zyklus. Diese Darstellung beginnt jedoch nicht notwendig mit dem kleinsten Element des Zyklus. Sie unterscheidet sich von der Standarddarstellung durch eine zyklische Vertauschung. Auf diese Weise existieren für jeden Zyklus der Länge n auch n verschiedene Darstellungen. Folglich gibt es $(n - 1)!$

Permutationen mit genau einem Zyklus:

$$\begin{bmatrix} n \\ 1 \end{bmatrix} = (n-1)!$$

Für die Berechnung der Anzahl der Permutationen von $\mathbb{N}_n$ mit genau zwei Zyklen wählen wir zunächst den ersten Zyklus der Länge k auf $\binom{n}{k}(k-1)!$ Arten und multiplizieren dies mit der Anzahl der Zyklendarstellungen des verbleibenden Zyklus der Länge $n-k$. Wenn wir beachten, dass hierbei jede Permutation mit zwei Zyklen doppelt gezählt wird, folgt

$$
\begin{aligned}
\begin{bmatrix} n \\ 2 \end{bmatrix} &= \frac{1}{2}\sum_{k=1}^{n-1}\binom{n}{k}(k-1)!(n-k-1)! \\
&= \frac{(n-2)!}{2}\sum_{k=1}^{n-1}\frac{\binom{n}{k}}{\binom{n-2}{k-1}} \\
&= \frac{(n-2)!}{2}\sum_{k=1}^{n-1}\frac{n(n-1)}{k(n-k)} \\
&= \frac{(n-1)!}{2}\sum_{k=1}^{n-1}\left(\frac{1}{k}+\frac{1}{n-k}\right) \\
&= (n-1)!\, H_{n-1}\,.
\end{aligned}
\tag{8.1}
$$

Diese Rechnung liefert einen interessanten Zusammenhang zwischen den Stirling-Zahlen erster Art und den harmonischen Zahlen H_n.

Eine Rekurrenzbeziehung für die Stirling-Zahlen erster Art lässt sich auf folgende Weise gewinnen. Jede Permutation von n Objekten mit genau k Zyklen kann auf zwei Arten aus einer Permutation von $\mathbb{N}_{n-1}$ erzeugt werden. Wenn das n-te Objekt einen Zyklus der Länge 1 bildet, dann müssen die restlichen $n-1$ Elemente $k-1$ Zyklen bilden. Andernfalls kann die Permutation von $\mathbb{N}_n$ mit k Zyklen aus einer Permutation von $\mathbb{N}_{n-1}$ mit k Zyklen gebildet werden, indem das n-te Element in einen bestehenden Zyklus aufgenommen wird. Wir erhalten aus dem Zyklus $(1,2,3)$ die drei neuen Zyklen $(1,4,2,3)$, $(1,2,4,3)$ und $(1,2,3,4)$. Allgemein kann jeder Zyklus der Länge k auf genau k verschiedene Arten zu einem Zyklus der Länge $k+1$ erweitert werden. Somit gibt es $n-1$ Möglichkeiten, um das n-te Element in einem der Zyklen der Permutation von $\mathbb{N}_{n-1}$ aufzunehmen. Die *Rekurrenzbeziehung für die Stirling-Zahlen erster Art* lautet folglich:

$$\boxed{\begin{bmatrix} n \\ k \end{bmatrix} = \begin{bmatrix} n-1 \\ k-1 \end{bmatrix} + (n-1)\begin{bmatrix} n-1 \\ k \end{bmatrix},\ n>0}\tag{8.2}$$

Tab. 8.1 Stirling-Zahlen erster Art

n	$\begin{bmatrix} n \\ 0 \end{bmatrix}$	$\begin{bmatrix} n \\ 1 \end{bmatrix}$	$\begin{bmatrix} n \\ 2 \end{bmatrix}$	$\begin{bmatrix} n \\ 3 \end{bmatrix}$	$\begin{bmatrix} n \\ 4 \end{bmatrix}$	$\begin{bmatrix} n \\ 5 \end{bmatrix}$	$\begin{bmatrix} n \\ 6 \end{bmatrix}$	$\begin{bmatrix} n \\ 7 \end{bmatrix}$	$\begin{bmatrix} n \\ 8 \end{bmatrix}$
0	1	0	0	0	0	0	0	0	0
1	0	1	0	0	0	0	0	0	0
2	0	1	1	0	0	0	0	0	0
3	0	2	3	1	0	0	0	0	0
4	0	6	11	6	1	0	0	0	0
5	0	24	50	35	10	1	0	0	0
6	0	120	274	225	85	15	1	0	0
7	0	720	1764	1624	735	175	21	1	0
8	0	5040	13068	13132	6769	1960	322	28	1
9	0	40320	109584	118124	67284	22449	4536	546	36

Außerdem erweist sich folgende Definition als nützlich:

$$\begin{bmatrix} 0 \\ 0 \end{bmatrix} = 1$$

Beachtet man, dass $\begin{bmatrix} n \\ 0 \end{bmatrix} = 0$ für alle $n > 0$ und $\begin{bmatrix} n \\ k \end{bmatrix} = 0$ für $n < k$ gilt, so liefert (8.2) eine Grundlage für die Berechnung der Stirling-Zahlen erster Art. Die Tab. 8.1 gibt einen Überblick über diese Zahlen. Die Summe der Zahlen $\begin{bmatrix} n \\ k \end{bmatrix}$ über alle k ist gleich der Anzahl der Permutationen von $\mathbb{N}_n$:

$$\sum_{k=1}^{n} \begin{bmatrix} n \\ k \end{bmatrix} = \sum_{k} \begin{bmatrix} n \\ k \end{bmatrix} = n! \tag{8.3}$$

Steigende Faktorielle

Für die *steigende Faktorielle* einer Zahl $x \in \mathbb{C}$,

$$\boxed{x^{\overline{n}} = x(x+1)\cdots(x+n-1),\ n \in \mathbb{N}}\,,$$

erhalten wir mit den Stirling-Zahlen erster Art die Entwicklung nach Potenzen von x:

$$\boxed{x^{\overline{n}} = \sum_{k} \begin{bmatrix} n \\ k \end{bmatrix} x^k,\ n \geq 0} \tag{8.4}$$

Die Gleichung (8.4) lässt sich durch vollständige Induktion beweisen. Für $n = 0$ ist die Gleichung offensichtlich richtig. Mit der Rekurrenzbeziehung (8.2) folgt für

$n > 0$

$$x^{\overline{n}} = (x + n - 1)x^{\overline{n-1}} = (x + n - 1)\sum_k \begin{bmatrix} n-1 \\ k \end{bmatrix} x^k$$

$$= \sum_k \begin{bmatrix} n-1 \\ k \end{bmatrix} x^{k+1} + \sum_k (n-1)\begin{bmatrix} n-1 \\ k \end{bmatrix} x^k$$

$$= \sum_k \begin{bmatrix} n-1 \\ k-1 \end{bmatrix} x^k + \sum_k (n-1)\begin{bmatrix} n-1 \\ k \end{bmatrix} x^k$$

$$= \sum_k \begin{bmatrix} n \\ k \end{bmatrix} x^k \ .$$

Steigende und fallende Faktorielle lassen sich mit der Beziehung

$$x^{\overline{n}} = (-1)^n (-x)^{\underline{n}} \tag{8.5}$$

leicht ineinander umrechnen. Setzen wir (8.5) in (8.4) ein, so folgt

$$\boxed{x^{\underline{n}} = \sum_k \begin{bmatrix} n \\ k \end{bmatrix} (-1)^{n-k} x^k} \ . \tag{8.6}$$

Für die Umkehrung dieser Beziehung leistet die Rekurrenzgleichung für die Stirling-Zahlen zweiter Art (1.19) wertvolle Dienste. Ebenfalls durch vollständige Induktion lässt sich die Darstellung

$$x^n = \sum_k \begin{Bmatrix} n \\ k \end{Bmatrix} x^{\underline{k}} \tag{8.7}$$

der Potenzen von x durch fallende Faktorielle beweisen. Das Einsetzen der Gleichung (8.5) in (8.7) liefert

$$\sum_k \sum_j \begin{Bmatrix} n \\ k \end{Bmatrix} \begin{bmatrix} k \\ j \end{bmatrix} (-1)^{k-j} x^j = x^n \ .$$

Durch Koeffizientenvergleich und anschließender Multiplikation mit $(-1)^{n-j}$ erhalten wir eine Beziehung zwischen den beiden Arten von Stirling-Zahlen:

$$\sum_k \begin{Bmatrix} n \\ k \end{Bmatrix} \begin{bmatrix} k \\ j \end{bmatrix} (-1)^{n-k} = \delta_{jn} \tag{8.8}$$

Aus der Gleichung (8.6) folgt für $x = 1$ die Beziehung

$$\sum_k \begin{bmatrix} n \\ k \end{bmatrix} (-1)^k = 0, \ \ n > 1. \tag{8.9}$$

Der Typ einer Permutation

Jeder Permutation $\pi \in S_n$ können wir eine Partition $\lambda(\pi) \vdash n$ zuordnen, sodass die Teile von λ die Längen der Zyklen von π angeben. Wir nennen $\lambda(\pi)$ den *Typ der Permutation π*. Wir schreiben den Typ einer Permutation π auch in der Form $\left(1^{k_1}2^{k_2}\cdots n^{k_n}\right)$, wobei k_i die Anzahl der Zyklen der Länge i von π bezeichnet. Wie viel Permutationen aus S_n sind vom Typ $\left(1^{k_1}2^{k_2}\cdots n^{k_n}\right)$? Eine Voraussetzung dafür, dass wenigstens eine solche Permutation existiert, ist offensichtlich die Bedingung

$$1k_1 + 2k_2 + \cdots + nk_n = n. \tag{8.10}$$

Die Gleichung (8.10) besagt einfach, dass die Summe der Längen aller Zyklen der Permutation gleich n ist. Jeder Zyklus der Länge i kann auf genau i verschiedene Arten als geordnete Auswahl von i aus n Elementen dargestellt werden. Eine Permutation, die genau k_i Zyklen der Länge i besitzt, kann auf $k_i!$ Arten, die sich nur durch eine Permutation dieser Zyklen unterscheiden, dargestellt werden. Folglich gibt es insgesamt

$$\frac{n!}{1^{k_1}k_1!2^{k_2}k_2!\cdots n^{k_n}k_n!} \tag{8.11}$$

Permutationen des Typs $\left(1^{k_1}2^{k_2}\cdots n^{k_n}\right)$ in S_n. Als unmittelbare Folge von (8.11) erhalten wir eine weitere Darstellung für die Stirling-Zahlen erster Art:

$$\begin{bmatrix} n \\ k \end{bmatrix} = n! \sum \frac{1}{k_1!2^{k_2}k_2!\cdots n^{k_n}k_n!}. \tag{8.12}$$

Die Summe erstreckt sich über alle n-Tupel $(k_1, \ldots, k_n)$, die den Bedingungen

$$\sum_{i=1}^{n} ik_i = n \text{ und } \sum_{i=1}^{n} k_i = k$$

genügen. Das sind alle Partitionen von n mit genau k Teilen.

Beispiel 8.1 (Typ einer Permutation)

Für $n = 6$ gibt es genau 3 Partitionen mit 3 Teilen:

$$\begin{aligned} 6 = 4 + 1 + 1 &= (1^2 4^1) \\ = 3 + 2 + 1 &= (1^1 2^1 3^1) \\ = 2 + 2 + 2 &= (2^3) \end{aligned}$$

Die Anzahl der Permutationen aus S_6 mit genau 3 Zyklen ist nach (8.12) gleich

$$\begin{bmatrix} 6 \\ 3 \end{bmatrix} = 6! \left(\frac{1}{2!4^1 1!} + \frac{1}{1!2^1 1!3^1 1!} + \frac{1}{2^3 3!} \right) = 225. \qquad \blacksquare$$

8.2   Die symmetrische Gruppe

Aus Kap. 1 ist bekannt, dass eine Permutation der Menge $\mathbb{N}_n$ auch als Bijektion $\pi : \mathbb{N}_n \rightarrow \mathbb{N}_n$ aufgefasst werden kann. Folglich existiert zu jeder Permutation π auch eine inverse Permutation π^{-1}, sodass die Hintereinanderausführung (Verknüpfung, Multiplikation) $\pi \circ \pi^{-1} = e$ ergibt. Hierbei bezeichnet e die identische Permutation, die jedes Element von $\mathbb{N}_n$ auf sich abbildet. Für die Verknüpfung von drei Permutationen gilt außerdem $(\pi \circ \sigma) \circ \tau = \pi \circ (\sigma \circ \tau)$. Diese Eigenschaft folgt aus der Assoziativität der Verknüpfung von Abbildungen. Die Menge der Permutationen bildet mit der Hintereinanderausführung als Verknüpfung eine Gruppe – die *symmetrische Gruppe S_n*.

Eine *Gruppe* $(G, \circ)$ ist eine Menge G zusammen mit einer in G definierten Operation (einer Abbildung) $\circ : G \times G \rightarrow G$, die den folgenden Eigenschaften genügt:

1. Die Operation $\circ$ ist *assoziativ*, das heißt für alle $a, b, c \in G$ gilt

$$(a \circ b) \circ c = a \circ (b \circ c) .$$

2. In G existiert ein *Einselement* (*neutrales Element*) e, sodass für alle $a \in G$ stets $a \circ e = e \circ a = a$ gilt.
3. Zu jedem $a \in G$ existiert ein *inverses Element* $a^{-1} \in G$ mit $a \circ a^{-1} = a^{-1} \circ a = e$.

Aus den Eigenschaften (1), (2) und (3) folgt auch, dass das Einselement und das inverse Element eines Elementes $a \in G$ eindeutig bestimmt sind. Wir schreiben für eine Gruppe im Folgenden stets G statt $(G, \circ)$, da die Operation aus dem Zusammenhang klar hervorgehen wird. Die Operation $\circ$ bezeichnen wie auch als *Multiplikation*. Für das Produkt $a \circ b$ schreiben wir auch kurz ab.

Die Multiplikation von Permutationen

In der symmetrischen Gruppe S_n aller Permutationen der Menge $\mathbb{N}_n$ ist die Multiplikation die Hintereinanderausführung von Permutationen. Die Permutationen aus S_3 sind

$$\pi_1 = \begin{pmatrix} 1 & 2 & 3 \\ 1 & 2 & 3 \end{pmatrix}, \ \pi_2 = \begin{pmatrix} 1 & 2 & 3 \\ 2 & 1 & 3 \end{pmatrix}, \ \pi_3 = \begin{pmatrix} 1 & 2 & 3 \\ 3 & 2 & 1 \end{pmatrix},$$

$$\pi_4 = \begin{pmatrix} 1 & 2 & 3 \\ 1 & 3 & 2 \end{pmatrix}, \ \pi_5 = \begin{pmatrix} 1 & 2 & 3 \\ 3 & 1 & 2 \end{pmatrix}, \ \pi_6 = \begin{pmatrix} 1 & 2 & 3 \\ 2 & 3 & 1 \end{pmatrix}.$$

Eine Verknüpfung $\pi_i \pi_j$ von zwei Permutationen aus S_n lesen wir stets *von rechts nach links*: Erst wird π_j, dann π_i ausgeführt. Diese Schreibweise stimmt in der Reihenfolge mit der üblichen Klammernotation für Funktionen überein. Für $\pi_i, \pi_j \in S_n$ und $k \in \mathbb{N}_n$ folgt $(\pi_i \pi_j)(k) = \pi_i(\pi_j(k))$. Wir erhalten zum Beispiel

$$\pi_2 \pi_5 = \begin{pmatrix} 1 & 2 & 3 \\ 3 & 2 & 1 \end{pmatrix} = \pi_3 \text{ und } \pi_5 \pi_2 = \begin{pmatrix} 1 & 2 & 3 \\ 1 & 3 & 2 \end{pmatrix} = \pi_4 .$$

Tab. 8.2 Gruppentafel von S_3

$\circ$	π_1	π_2	π_3	π_4	π_5	π_6
π_1	π_1	π_2	π_3	π_4	π_5	π_6
π_2	π_2	π_1	π_5	π_6	π_3	π_4
π_3	π_3	π_6	π_1	π_5	π_4	π_2
π_4	π_4	π_5	π_6	π_1	π_2	π_3
π_5	π_5	π_4	π_2	π_3	π_6	π_1
π_6	π_6	π_3	π_4	π_2	π_1	π_5

Das Produkt $\pi_i \pi_j$ hängt allgemein von der Reihenfolge der Faktoren ab. Die Verknüpfung von Permutationen ist damit eine nichtkommutative Operation. Das Aufschreiben aller möglichen Produkte von Permutationen aus S_3 liefert die folgende Übersicht.

Eine Aufstellung aller Produkte einer Gruppe G heißt auch *Gruppentafel* von G. Bei der Betrachtung der Gruppentafel von S_3, siehe Tab. 8.2, fällt auf, dass jede Zeile und jede Spalte jedes Element der Gruppe genau einmal enthält. Das ist eine Eigenschaft, welche die Gruppentafel einer beliebigen Gruppe erfüllt. Zur Begründung dieser Tatsache betrachten wir die Gleichung $x \, y = z$, wobei x, y und z Elemente einer Gruppe G seien. Diese Gleichung ist durch Multiplikation mit y^{-1} von rechts (bzw. x^{-1} von links) stets eindeutig nach x (bzw. nach y) auflösbar. Anders gesagt, für gegebenes $y \in G$ lässt sich jedes $z \in G$ eindeutig als Produkt $z = xy$ darstellen. Damit folgt auch, dass $xy = xz$ stets $y = z$ nach sich zieht. Das entspricht aber gerade der beschriebenen Eigenschaft der Gruppentafel.

Die Permutationen von S_3 lassen sich auch durch Kongruenzabbildungen eines gleichseitigen Dreiecks veranschaulichen. Wir nummerieren die Ecken eines gleichseitigen Dreiecks mit $1, 2, 3$. Welche Abbildungen der Ebene bringen dieses Dreieck mit sich selbst zur Deckung? Wir erhalten neben der identischen Abbildung, die das Dreieck unverändert lässt, drei Spiegelungen und zwei Drehungen, die in Abb. 8.2 dargestellt sind.

Untergruppen

Eine Teilmenge H einer Gruppe G, die selbst eine Gruppe bildet, heißt eine *Untergruppe* von G. Jede nichtleere Teilmenge H der symmetrischen Gruppe S_n, die bezüglich der Multiplikation abgeschlossen ist (Ein Produkt von Permutationen aus H ist wieder eine Permutation aus H.), bildet eine Untergruppe von S_n. In der Gruppentafel von S_3 findet man durch Streichen der Zeilen und Spalten von π_2, π_3 und π_4 die Untergruppe $C_3 = \{\pi_1, \pi_5, \pi_6\}$. Das ist die *Drehgruppe* des gleichseitigen Dreiecks. In der Tat ist Hintereinanderausführung von Drehungen wieder eine Drehung. Die Spiegelungen bilden hingegen keine Gruppe.

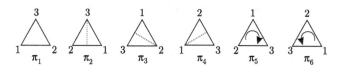

Abb. 8.2 Symmetrien eines Dreiecks

Nebenklassen

Eine *Linksnebenklasse von* einer Gruppe G *nach* einer Untergruppe H von G ist eine Menge der Form:

$$gH = \{gh \mid h \in H\}$$

für ein fest gewähltes $g \in G$. Analog definiert man die *Rechtsnebenklasse von G nach H*:

$$Hg = \{hg \mid h \in H\}$$

Die Linksnebenklassen von S_3 nach C_3 sind

$$\pi_1 C_3 = \pi_5 C_3 = \pi_6 C_3 = \{\pi_1, \pi_5, \pi_6\},$$
$$\pi_2 C_3 = \pi_3 C_3 = \pi_4 C_3 = \{\pi_2, \pi_3, \pi_4\}\,.$$

Zwei Nebenklassen aH und bH einer endlichen Gruppe G nach einer Untergruppe H stimmen entweder vollständig überein oder sind disjunkt. Die Gruppe G kann somit in disjunkte Linksnebenklassen nach H zerlegt werden:

$$G = \bigcup_{i=1}^{k} g_i H$$

Hierbei ist k die Anzahl der verschiedenen Nebenklassen und die Elemente g_i sind geeignet gewählt, sodass jede Nebenklasse genau einmal in der Vereinigung auftritt.

Außerdem gilt für alle $a, b \in G$ stets $|aH| = |bH|$. Die Anzahl der verschiedenen Nebenklassen einer solchen Zerlegung heißt *Index* von H in G und wird mit $[G : H]$ bezeichnet. Die Anzahl der Elemente einer Gruppe G nennt man auch *Ordnung* von G. Aus der beschriebenen Zerlegung von G in Linksnebenklassen nach H erhalten wir die folgende Aussage.

Satz von Lagrange
Für die Ordnung $|H|$ einer Untergruppe H der endlichen Gruppe G gilt

$$|G| = [G : H] \cdot |H|\,.$$

Die Ordnung einer Untergruppe ist stets ein Teiler der Gruppenordnung.

Die Wirkung

Es sei nun außer der Gruppe G eine nichtleere Menge X gegeben. Eine *Wirkung* (auch *Operation*) von G auf X ist eine Abbildung, die jedem Paar $(g, x) \in G \times X$ ein Element $gx \in X$ zuordnet, sodass für alle $g, h \in G$ und für alle $x \in X$ stets $(gh)x = g(hx)$ und $ex = x$ gilt. Der *Orbit* eines Elementes $x \in X$ ist die Menge

$$G(x) = \{gx \mid g \in G\}\,.$$

Abb. 8.3 Gefärbte Graphen

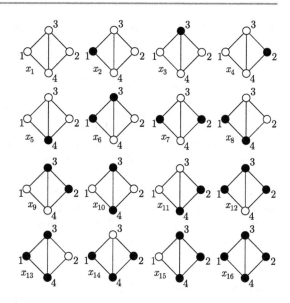

Die Orbits zweier Elemente $x, y \in X$ sind entweder disjunkt oder stimmen vollständig überein. Somit liefert die Menge $G \setminus\!\setminus X$ aller Orbits von Elementen aus X eine Partition von X. Der *Stabilisator* eines Elementes $x \in X$ ist die Untergruppe von G, definiert durch

$$G_x = \{g \mid gx = x\} \, .$$

Beispiel 8.2 (Gefärbte Graphen I)

Wir betrachten als Beispiel für die eben eingeführten Begriffe den ungerichteten Graphen $B = (V, E)$, der in Abb. 8.3 dargestellt ist. Wir bezeichnen diesen Graphen hier mit B, da G in diesem Kapitel immer eine Gruppe symbolisiert. Die 16 in dieser Abbildung gezeigten Graphen zeigen alle möglichen Zuordnungen von zwei Farben (Schwarz und Weiß) zu den Knoten aus $V = \{1, 2, 3, 4\}$. Im Folgenden wollen wir die Anzahl der gefärbten Graphen bestimmen, wobei jedoch zwei gefärbte Graphen, die durch eine Symmetrieoperation auseinander hervorgehen, als gleich angesehen werden. ■

Symmetrie

Bevor wir das im letzten Beispiel gestellte Problem lösen können, müssen wir den Begriff *Symmetrie* exakter fassen. Es sei G die Menge aller Permutationen der Knotenmenge $V = \{1, 2, 3, 4\}$ von B, die die Adjazenz von Knoten erhalten. Für jede Permutation $\pi \in G$ muss damit

$$\{i, j\} \in E(B) \quad \Leftrightarrow \quad \{\pi(i), \pi(j)\} \in E(B)$$

gelten, wobei $E(B)$ die Kantenmenge von B bezeichnet. Die Menge G bildet, wie man leicht nachweisen kann, eine Gruppe – die *Automorphismengruppe* von G. Ein

Automorphismus ist eine bijektive Abbildung einer algebraischen Struktur in sich, die bestimmte Eigenschaften (Operationen, Relationen) erhält. Die Gruppe $G \subseteq S_4$ umfasst folglich die folgenden vier Permutationen:

$$e, \ a = (1, 2), \ b = (3, 4), \ c = (1, 2)(3, 4)$$

Wir können diese vier Permutationen auch geometrisch interpretieren, wobei wir nun von dem in die Ebene gezeichneten Graphen ausgehen. Die identische Permutation e lässt den Graphen unverändert. Die Permutation $a = (1, 2)$ bewirkt eine eine Spiegelung an einer vertikalen Symmetrieachse. Eine Spiegelung des Graphen (genauer seiner geometrischen Darstellung) an einer horizontalen Symmetrieachse repräsentiert die Permutation $b = (3, 4)$. Schließlich liefert $c = (1, 2)(3, 4)$ eine Drehung um $180°$ um den Mittelpunkt der Figur. Jede dieser Bewegungen (Permutationen) bringt das Bild des Graphen mit sich selbst zur Deckung. Wir können die Ordnung der Automorphismengruppe eines Graphen (oder auch eines geometrischen Objektes) als ein Maß für die Symmetrie ansehen.

Beispiel 8.3 (Gefärbte Graphen II)

Wir kehren zu den knotengefärbten Graphen (oder kurz Färbungen) aus Abb. 8.3 zurück. Die Färbungen werden in einer Menge $X = \{x_1, \ldots, x_{16}\}$ zusammengefasst. Jeder Färbung aus X wird durch eine Permutation der Knoten von B wieder eine Färbung aus X zugeordnet. So gilt zum Beispiel $bx_3 = x_5$. Auf diese Weise ist eine Wirkung von $G = \{e, a, b, c\}$ auf X definiert. Die Menge aller Orbits ist dann

$$G \setminus\!\!\setminus X = \{\{x_1\}, \{x_2, x_4\}, \{x_3, x_5\}, \{x_6, x_8, x_9, x_{11}\}, \{x_7\}, \{x_{10}\},$$
$$\{x_{12}, x_{14}\}, \{x_{13}, x_{15}\}, \{x_{16}\}\} \ .$$

Färbungen innerhalb eines der 9 Orbits unterscheiden sich nur durch die Nummerierung der Knoten. Wenn wir die Nummerierung der Knoten des Graphen B entfernen, sind nur noch Färbungen unterscheidbar, die zu verschiedenen Orbits von X gehören. Die Bestimmung der Anzahl $|G \setminus\!\!\setminus X|$ der Orbits ist damit ein kombinatorisches Problem. Die direkte Auflistung dieser Orbits ist jedoch im Allgemeinen sehr mühevoll. ∎

Das Lemma von Burnside

Betrachten wir nun den Stabilisator. Die Elemente x_1, x_2 bzw. x_6 besitzen den Stabilisator

$$G_{x_1} = G,$$
$$G_{x_2} = \{e, b\},$$
$$G_{x_6} = \{e\} \ .$$

Der Stabilisator G_x eines Elementes $x \in X$ ist stets eine Untergruppe von G. (Warum?) Es sei für jedes $x \in X$

$$G/G_x = \{gG_x \mid g \in G\}$$

die Menge aller Nebenklassen von G_x in G. Weiterhin sei $\omega : G(x) \rightarrow G/G_x$ eine Abbildung, definiert durch $\omega(gx) = gG_x$ für jedes $gx \in G(x)$. Es gilt die Relation $gx = hx$ für zwei Permutationen $g, h \in G$ genau dann, wenn $h^{-1}g \in G_x$. Andererseits ist $h^{-1}g \in G_x$ äquivalent zu $hG_x = gG_x$ oder, zusammengefasst,

$$gx = hx \iff gG_x = hG_x \,.$$

Damit folgt, dass verschiedene Elemente des Orbits $G(x)$ auch verschiedene Nebenklassen von G_x hervorbringen. Da G/G_x eine Partition von G ist und alle Nebenklassen gleichmächtig sind, folgt

$$|G(x)|\,|G_x| = |G|\,. \tag{8.13}$$

Für die Anzahl der Orbits folgt damit auch

$$|G \setminus\!\!\setminus X| = \sum_{x \in X} \frac{1}{|G(x)|} = \frac{1}{|G|} \sum_{x \in X} |G_x|\,. \tag{8.14}$$

Für eine Permutation $g \in G$ sei X_g die Menge der Fixpunkte aus X:

$$X_g = \{x \in X \mid gx = x\} \,.$$

Dann folgt

$$\sum_{g \in G} |X_g| = \sum_{g \in G} \sum_{x \in X_g} 1 = \sum_{x \in X} \sum_{g \in G_x} 1 = \sum_{x \in X} |G_x|\,. \tag{8.15}$$

Die hier vorgenommene Vertauschung der Summationsreihenfolge basiert auf der einfachen Äquivalenz

$$x \in X_g \Leftrightarrow g \in G_x \,.$$

Durch Einsetzen von (8.15) in (8.14) erhalten wir das *Lemma von Burnside*:

$$\boxed{|G \setminus\!\!\setminus X| = \frac{1}{|G|} \sum_{g \in G} |X_g|} \tag{8.16}$$

Diese Beziehung ist auch unter dem Namen *Lemma von Cauchy-Frobenius* bekannt. Dieses Lemma erweist sich als ein sehr leistungsfähiges Werkzeug, wenn man eine einfache Methode zur Bestimmung der Anzahlen $|X_g|$ der Fixpunkte der Permutationen aus G kennt. Eine solche Methode werden wir im nächsten Abschnitt kennenlernen.

8.3 Der Zyklenzeiger

Es sei G eine Permutationsgruppe und $G \subseteq S_n$. Die Anzahl der Zyklen der Länge k einer Permutation $\pi \in G$ bezeichnen wir mit $c_k(\pi)$. Der *Zyklenzeiger* von G ist das Polynom

$$Z(G) = \frac{1}{|G|} \sum_{\pi \in G} \prod_{k=1}^{n} x_k^{c_k(\pi)} \,. \tag{8.17}$$

Für die im letzten Abschnitt betrachtete Gruppe

$$G = \{e, (1,2), (3,4), (1,2)(3,4)\} \subseteq S_4$$

erhalten wir den Zyklenzeiger

$$Z(G) = \frac{1}{4} \left(x_1^4 + 2x_1^2 x_2 + x_2^2 \right). \tag{8.18}$$

Wenn wir die Variablen des Zyklenzeigers sichtbar machen wollen, schreiben wir auch $Z(G; x_1, \ldots, x_n)$ statt $Z(G)$.

Die symmetrische Gruppe

Aus der Beziehung (8.11) folgt der *Zyklenzeiger der symmetrischen Gruppe S_n*:

$$Z(S_n) = \frac{1}{n!} \sum_{(1^{k_1} 2^{k_2} \cdots n^{k_n}) \vdash n} \frac{n!}{1^{k_1} k_1! 2^{k_2} k_2! \cdots n^{k_n} k_n!} x_1^{k_1} \cdots x_n^{k_n} \tag{8.19}$$

Die Summe erstreckt sich hierbei über alle Partitionen von n. Eine einfache rekursive Formel für den Zyklenzeiger der symmetrischen Gruppe erhalten wir auf folgende Weise. Das Polynom $(n-1)! Z(S_{n-1})$ enthält für jede Permutation σ aus S_{n-1} ein Monom der Form

$$\prod_{k=1}^{n-1} x_k^{c_k(\sigma)} \,.$$

Andererseits wird in (8.19) jede Permutation $\pi \in S_n$, in der das n-te Element einen Fixpunkt (einen Zyklus der Länge 1) bildet, durch ein Produkt der Form

$$x_1 \prod_{k=1}^{n-1} x_k^{c_k(\sigma)}, \ \sigma \in S_{n-1}$$

repräsentiert. Damit liefert

$$\frac{1}{n!} x_1 (n-1)! Z(S_{n-1}) = \frac{1}{n} x_1 Z(S_{n-1})$$

den Teil des Zyklenzeigers von S_n, der alle Permutationen von $\mathbb{N}_n$ umfasst, in denen n Fixpunkt ist. Es gibt weiterhin $n - 1$ verschiedene Zyklen der Länge 2 in S_n, die das n-te Element enthalten. Diese führen auf Produkte der Form

$$x_2 \prod_{k=1}^{n-2} x_k^{c_k(\sigma)}, \ \sigma \in S_{n-2} \ .$$

Der Gesamtbeitrag derartiger Permutationen zum Zyklenzeiger von S_n ist

$$\frac{1}{n!}(n-1)x_2(n-2)!Z(S_{n-2}) = \frac{1}{n}x_2 Z(S_{n-2}) \ .$$

Die Fortsetzung dieser Überlegung für den Fall, dass n in einem Zyklus der Länge $3, 4, \ldots, n$ enthalten ist, liefert

$$\boxed{Z(S_n) = \frac{1}{n}\sum_{k=1}^{n} x_k Z(S_{n-k}), \ Z(S_0) = 1} \ . \tag{8.20}$$

Aus der rekurrenten Beziehung (8.20) für den Zyklenzeiger von S_n erhalten wir für $n = 0, \ldots, 6$

$$Z(S_0) = 1,$$
$$Z(S_1) = x_1$$
$$Z(S_2) = \frac{1}{2}x_1^2 + \frac{1}{2}x_2,$$
$$Z(S_3) = \frac{1}{6}x_1^3 + \frac{1}{2}x_1 x_2 + \frac{1}{3}x_3,$$
$$Z(S_4) = \frac{1}{24}x_1^4 + \frac{1}{4}x_1^2 x_2 + \frac{1}{3}x_1 x_3 + \frac{1}{8}x_2^2 + \frac{1}{4}x_4,$$
$$Z(S_5) = \frac{1}{120}x_1^5 + \frac{1}{12}x_1^3 x_2 + \frac{1}{6}x_1^2 x_3 + \frac{1}{8}x_1 x_2^2 + \frac{1}{4}x_1 x_4 + \frac{1}{6}x_2 x_3 + \frac{1}{5}x_5,$$
$$Z(S_6) = \frac{1}{720}x_1^6 + \frac{1}{48}x_1^4 x_2 + \frac{1}{18}x_1^3 x_3 + \frac{1}{16}x_1^2 x_2^2 + \frac{1}{8}x_1^2 x_4 + \frac{1}{6}x_1 x_2 x_3,$$
$$+ \frac{1}{5}x_1 x_5 + \frac{1}{48}x_2^3 + \frac{1}{8}x_2 x_4 + \frac{1}{18}x_3^2 + \frac{1}{6}x_6 \ .$$

Bevor wir die Zyklenzeiger für weitere Gruppen aufstellen, wollen wir die Eigenschaften des Zyklenzeigers genauer untersuchen. Da jede Permutation einer Gruppe G durch genau ein Monom im Zyklenzeiger $Z(G)$ repräsentiert wird, gilt stets

$$Z(G; 1, \ldots, 1) = 1 \ .$$

In der symmetrischen Gruppe S_n erhalten wir weiterhin aus den Gleichungen (8.12) und (8.19) durch Gleichsetzen aller Variablen des Zyklenzeigers

$$Z(S_n; t, \ldots, t) = \frac{1}{n!}\sum_{k=1}^{n} \begin{bmatrix} n \\ k \end{bmatrix} t^k \ . \tag{8.21}$$

Die Anzahl der Orbits

Aus dem Zyklenzeiger können wir auch wertvolle Informationen über die Fixpunkte einer Permutation ableiten. Wir kehren zunächst wieder zu dem Beispiel aus dem letzten Abschnitt zurück. Die hierbei auftretende Gruppe G operiert auf der Knotenmenge $V = \{1, 2, 3, 4\}$ des Diamantgraphen B. Die Menge $X = \{x_1, \ldots, x_{16}\}$ der knotengefärbten Graphen können wir auch als Menge $\{s, w\}^V$ aller Abbildungen $f : V \to \{s, w\}$ interpretieren, wobei die Symbole s und w die Farben Schwarz bzw. Weiß bezeichnen. Wann ist nun eine Färbung $x_i \in \{s, w\}^V$ Fixpunkt einer Permutation $\pi \in G$? Genau dann, wenn alle Knoten innerhalb eines Zyklus von π gleichfarbig sind. Die Menge X_π der Fixpunkte von π erhalten wir folglich, indem wir den Zyklen von π alle möglichen Farbauswahlen zuordnen. Wenn $c(\pi)$ die Anzahl der Zyklen von π und t die Anzahl der Farben bezeichnet, gilt folglich

$$|X_\pi| = t^{c(\pi)} \, .$$

Da $c(\pi) = c_1(\pi) + \cdots + c_n(\pi)$ gilt, liefern die Terme des Zyklenzeigers (8.17) für $x_1 = \ldots = x_n = t$ die Summe der Anzahlen der Fixpunkte:

$$Z(G; t, \ldots, t) = \frac{1}{|G|} \sum_{\pi \in G} t^{c(\pi)} = \frac{1}{|G|} \sum_{\pi \in G} |X_\pi| \tag{8.22}$$

Der Vergleich dieser Formel mit dem Lemma von Burnside (8.16) liefert die gesuchte Anzahl der Orbits:

$$\boxed{|G \setminus\!\setminus X| = Z(G; t, \ldots, t)}$$

Diese Beziehung bildet ein leistungsfähiges Hilfsmittel für die Bestimmung der Anzahl von Färbungen. Statt sämtliche Färbungen aufzulisten, verbleibt nun nur noch die Konstruktion des Zyklenzeigers als Hauptarbeit.

Beispiel 8.4 (Gefärbte Graphen III)

Für das bereits mehrmals betrachtete Beispiel folgt aus (8.18)

$$Z(G; t, \ldots, t) = \frac{1}{4}(t^4 + 2t^3 + t^2) \, .$$

Für $t = 2$ folgt speziell $|G \setminus\!\setminus X| = 9$. Analog erhalten wir 36 bzw. 100 verschiedene Färbungen für 3 bzw. 4 Farben. ∎

Wir färben nun statt des bisher betrachteten Diamantgraphen B die Knoten des vollständigen Graphen K_n mit t Farben. Die Automorphismengruppe des vollständigen Graphen ist die symmetrische Gruppe S_n. Zwei Färbungen des K_n unterscheiden sich nur dann, wenn sich die Auswahl der Farben unterscheidet. Da die Farben hier wiederholt gewählt werden dürfen, folgt mit (1.16)

$$Z(S_n; t, \ldots, t) = \binom{n + t - 1}{t} \, .$$

Abb. 8.4 Der Kreis C_8

Dieses Ergebnis erhält man auf andere Weise auch aus der Darstellung der steigenden Faktoriellen (8.4) und aus (8.21).

Die Einführung erzeugender Funktionen in den Zyklenzeiger einer Gruppe ist die Grundlage für die Lösung weiterer Anzahlprobleme.

Beispiel 8.5 (Gefärbte Ketten)

Als Beispiel betrachten wir den zyklischen Graphen C_8, siehe auch Abb. 8.4. Je zwei Knoten dieses Graphen sollen grün bzw. rot gefärbt werden und die verbleibenden 4 Knoten gelb. Wie viel solche Färbungen gibt es, wenn zwei Färbungen, die durch zyklische Vertauschung der Knoten auseinander hervorgehen, als identisch angesehen werden? Die Permutationsgruppe bezeichnen wir ebenfalls mit C_8, da keine Verwechslungen zu befürchten sind. Wir erhalten

$$C_8 = \{e, (1,2,3,4,5,6,7,8), (1,3,5,7)(2,4,6,8), (1,4,7,2,5,8,3,6),$$
$$(1,5)(2,6)(3,7)(4,8), (1,6,3,8,5,2,7,4), (1,7,5,3)(2,8,6,4),$$
$$(1,8,7,6,5,4,3,2)\} \ .$$

Die acht Permutationen entsprechen jeweils Drehungen des Kreises um $k\frac{\pi}{4}$ für $k = 0, \dots, 7$ im Uhrzeigersinn. Der Zyklenzeiger lautet folglich

$$Z(C_8) = \frac{1}{8} \left(x_1^8 + x_2^4 + 2x_4^2 + 4x_8 \right) \ .$$

Um die erzeugende Funktion für die Anzahl der Färbungen zu finden, führen wir zunächst drei Variable ein: x für Grün, y für Rot und z für Gelb. Der Koeffizient vor $x^2 y^2 z^4$ soll dann die gesuchte Anzahl der Färbungen liefern. Wie wir bereits wissen, zählt der Zyklenzeiger mit der Anzahl der Fixpunkte auch die Anzahl der Färbungen (Orbits). Eine Färbung ist aber nur dann ein Fixpunkt einer Permutation $\pi \in C_8$, wenn alle Knoten, die in einem Zyklus von π liegen, gleichfarbig sind. Wenn wir x_k im Zyklenzeiger durch x^k ersetzen, ist gewährleistet, dass alle Knoten des Zyklus mit derselben Farbe (in diesem Falle Grün) gefärbt werden. Um auch die anderen möglichen Farben zu berücksichtigen, ersetzen wir x_k durch $x^k + y^k + z^k$. So geht zum Beispiel x_2^4 über in

$$(x^2 + y^2 + z^2)^4 = x^8 + \dots + 12x^2 y^2 z^4 + \dots + z^8 \ .$$

Der Term $12x^2y^2z^4$ liefert in diesem Fall die Anzahl der Fixpunkte der Permutationen des Typs (2^4). Es folgt

$$Z(C_8; x + y + z, \ldots, x^8 + y^8 + z^8)$$
$$= \frac{1}{8}\left[(x + y + z)^8 + (x^2 + y^2 + z^2)^4 + 2(x^4 + y^4 + z^4)^2 + 4(x^8 + y^8 + z^8)\right]$$
$$= x^8 + \cdots + 54x^2y^2z^4 + \cdots + z^8 \ .$$

Es gibt 54 Färbungen, die den geforderten Bedingungen an die Verteilung der Farben genügen.   ∎

Beispiel 8.6 (Knotenbewertungen von Graphen)

Für ein weiteres Abzählproblem kehren wir erneut zum Diamantgraphen B zurück. Diesmal sollen den Knoten von B positive ganze Zahlen zugeordnet werden, sodass die Summe aller Knotenbewertungen 8 beträgt.

Auch hier helfen wieder Erfahrungen im Umgang mit erzeugenden Funktionen. Wir ersetzen x_k im Zyklenzeiger durch

$$x^k + x^{2k} + x^{3k} + \cdots = \frac{x^k}{1 - x^k} \ ,$$

da alle Knoten eines Zyklus dieselbe Bewertung erfahren. In der so aus dem Zyklenzeiger (8.18) hervorgehenden erzeugenden Funktion liefert der Koeffizient vor x^8 die gesuchte Lösung:

$$Z\left(G; \frac{x}{1 - x}, \frac{x^2}{1 - x^2}\right) = \frac{x^4}{(1 - x^2)^2(1 - x)^2}$$
$$= x^4 + 2x^5 + 5x^6 + 8x^7 + 14x^8 + \cdots$$

Eine explizite Auflistung der 14 möglichen Bewertungen zeigt die Richtigkeit des gefundenen Resultats, siehe Abb. 8.5.   ∎

Die zyklische Gruppe

Die Berechnung des Zyklenzeigers ist oft der erste Schritt der Lösung eines Anzahlproblems für eine symmetrische Struktur. im Folgenden wollen wir deshalb für einige weitere interessante Gruppen die Zyklenzeiger ermitteln. Wir beginnen mit dem allgemeinen Fall der *zyklischen Gruppe* C_n, die wir auch als Drehgruppe eines regelmäßigen n-Ecks, siehe Abb. 8.6, interpretieren können.

Jeder Drehung des n-Ecks um Vielfache des Winkels $\frac{2\pi}{n}$ entspricht eine Permutation der Eckenmenge $\{1, \ldots, n\}$. Die Drehgruppe C_n kann auf folgende Weise durch Potenzen der Permutation $\pi = (1, \ldots, n)$ dargestellt werden:

$$C_n = \{e = \pi^0, \pi^1, \pi^2, \ldots, \pi^{n-1}\}$$

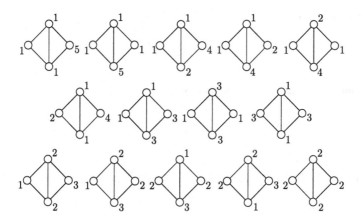

Abb. 8.5 Graphen mit Knotengewichten

Abb. 8.6 Regelmäßiges
n-Eck

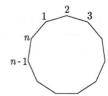

Man sagt auch, C_n wird von der Permutation π *erzeugt*. Welche Zyklenstruktur besitzen die Elemente von C_n, das heißt die Potenzen π^k? Für den größten gemeinsamen Teiler von k und n gelte

$$\gcd(k, n) = \frac{n}{d}.$$

Dann existiert ein $c \in \mathbb{N}$ mit $k = c \cdot \frac{n}{d}$. Es folgt

$$\pi^{nc} = e = (\pi^k)^d.$$

Da d die kleinste Zahl mit dieser Eigenschaft ist, zerfällt π^k in genau n/d Zyklen der Länge d. Für $n = 8$ und $k = 2$ erhalten wir genau 2 Zyklen der Länge 4, nämlich $(1, 3, 5, 7)$ und $(2, 4, 6, 8)$. Es bleibt nur noch zu untersuchen, wie viel Permutationen aus C_n genau n/d Zyklen aufweisen. Jede natürliche Zahl k zwischen 1 und n, deren größter gemeinsamer Teiler mit n genau n/d ist, liefert eine solche Permutation. Aus $\gcd(k, n) = n/d$ folgt aber $\gcd\left(c\frac{n}{d}, d\frac{n}{d}\right) = \frac{n}{d}$ und somit auch $\gcd(c, d) = 1$. Die Konsequenz dieser Tatsache ist, dass jede zu d teilerfremde Zahl c eine Permutation π^k mit genau n/d Zyklen der Länge d liefert. Die Anzahl $\varphi(d)$ der zu d teilerfremden Zahlen, die gleich oder kleiner d sind, heißt auch *Eulersche Phi-Funktion*. Mit dieser Funktion erhält der Zyklenzeiger von C_n die folgende Darstellung:

$$Z(C_n) = \frac{1}{n} \sum_{d \mid n} \varphi(d) x_d^{n/d} \qquad (8.23)$$

Für eine natürliche Zahl d mit der Primfaktorzerlegung

$$d = \prod_{i=1}^{l} p_i^{k_i}$$

kann der Wert der Eulerschen Phi-Funktion mit der Beziehung

$$\varphi(d) = d \prod_{i=1}^{l} \left(1 - \frac{1}{p_i}\right)$$

bestimmt werden. Den Beweis dieser Beziehung haben wir bereits als Anwendung des Prinzips der Inklusion-Exklusion erhalten. Für eine Primzahl p vereinfacht sich der Zyklenzeiger (8.23) zu

$$Z(C_p) = \frac{1}{p}(x_1^p + (p-1)x_p) \ .$$

Die Drehgruppe des Würfels

Auch die Symmetrieeigenschaften räumlicher Figuren werden durch Kongruenz-abbildungen beschrieben. Als Beispiel betrachten wir einen Würfel. Jeder Drehung oder Spiegelung, die den Würfel mit sich selbst zur Deckung bringt, entspricht eine Permutation der Ecken, der Seitenflächen oder der Kanten. Bei einer Drehung des Würfels kann die Drehachse durch die Mittelpunkte gegenüberliegender Seitenflächen, durch die Mittelpunkte zweier nichtbenachbarter Kanten oder durch die Raumdiagonale verlaufen. Abb. 8.7 zeigt diese Fälle zusammen mit der Anzahl der Möglichkeiten, um die Drehachse festzulegen und mit der Angabe der Drehwinkel.

Wir betrachten nun die durch die Drehungen des Würfels verursachten Permutationen der Würfelecken. Die Drehgruppe des Würfels kann auf diese Weise als

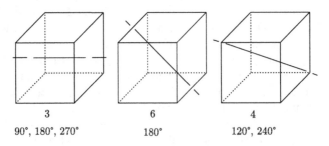

| 3 | 6 | 4 |
| 90°, 180°, 270° | 180° | 120°, 240° |

Abb. 8.7 Drehsymmetrie des Würfels

Untergruppe der symmetrischen Gruppe S_8 dargestellt werden. Eine Drehung um 90° (bzw. 270°) liefert zwei Zyklen der Länge 4. Der Gesamtbeitrag dieser Drehungen zum Zyklenzeiger ist $6x_4^2$. Eine 180°-Drehung kann keinen Zyklus einer Länge größer als 2 besitzen, da die Hintereinanderausführung von zwei Drehungen um 180° die identische Permutation ist. Da aber auch keine der Drehungen um 180° einen Fixpunkt besitzt, erhalten wir den Beitrag von $9x_2^4$ zum Zyklenzeiger. Die Drehungen um 120° und 240° besitzen je zwei Fixpunkte sowie zwei Zyklen der Länge 3. Der daraus folgende Anteil am Zyklenzeiger ist $8x_1^2x_3^2$. Die Addition dieser Terme plus x_1^8 für die identische Permutation liefert

$$Z(D_W) = \frac{1}{24}\left(x_1^8 + 8x_1^2x_3^2 + 9x_2^4 + 6x_4^2\right). \tag{8.24}$$

Eine Darstellung der Drehgruppe des Würfels durch Permutationen der Seitenflächen liefert eine Untergruppe von S_6 mit dem Zyklenzeiger

$$Z(D_W^*) = \frac{1}{24}\left(x_1^6 + 3x_1^2x_2^2 + 6x_1^2x_4 + 6x_2^3 + 8x_3^2\right).$$

Weitere Beispiele für Zyklenzeiger von Permutationsgruppen folgen in den Aufgaben am Ende dieses Kapitels.

Beispiel 8.7 (Farbige Würfel)
Wie viel bis auf Drehsymmetrie unterscheidbare farbige Würfel kann man herstellen, wenn insgesamt t Farben für die Färbung der Seitenflächen zur Verfügung stehen?

Die Antwort folgt direkt aus dem Zyklenzeiger der Drehgruppe des Würfels. Wir erhalten

$$Z(D_W^*; t, \ldots, t) = \frac{1}{24}\left(t^6 + 3t^4 + 12t^3 + 8t^2\right)$$

verschiedene gefärbte Würfel.   ■

8.4 Geschachtelte Symmetrie

Als erstes Problem wollen wir die Bestimmung des Zyklenzeigers der Automorphismengruppe eines ungerichteten schlichten Graphen betrachten. Einige Beispiele dafür haben wir bereits im letzten Abschnitt kennengelernt. Die Aufstellung der Automorphismengruppe eines Graphen ist im Allgemeinen eine mühevolle Aufgabe. In einigen Fällen ist es jedoch möglich, den Zyklenzeiger eines Graphen ohne explizite Kenntnis der Automorphismengruppe zu konstruieren.

Ein Automorphismus eines Graphen $G = (V, E)$ ist, wie wir bereits wissen, eine Bijektion der Knotenmenge auf sich, die die Adjazenzrelation von G erhält. Wenn die Adjazenz von zwei Knoten bei einer solchen Abbildung erhalten bleibt, so bleibt auch die „Nichtadjazenz"erhalten. Das bedeutet, dass die Automorphismengruppe eines Graphen (und damit auch der Zyklenzeiger) mit der Automorphismengruppe des Komplementärgraphen übereinstimmt.

Produkte von Gruppen

Es sei nun G ein Graph, der aus den Komponenten $G_1, \ldots, G_c$ besteht. Wie kann man den Zyklenzeiger der Automorphismengruppe von G bestimmen, wenn man die Zyklenzeiger der Automorphismengruppen der Komponenten G_i kennt? Wir nehmen zunächst an, dass die Automorphismengruppen von G_1 bis G_c alle unterschiedlich (genauer: nicht isomorph) sind. Dann können wir die Automorphismengruppe von G als *Produkt* der Automorphismengruppen von $G_1, \ldots, G_c$ darstellen. Das Produkt zweier Permutationsgruppen K und H, die auf den disjunkten Mengen X und Y wirken, ist die Gruppe $K \cdot H = \{\pi\sigma \mid \pi \in K, \sigma \in H\}$, wobei die Permutation $\pi\sigma$ für jedes $x \in X \cup Y$ durch

$$\pi\sigma(x) = \begin{cases} \pi(x), \text{falls } x \in X \\ \sigma(x), \text{falls } x \in Y \end{cases}$$

bestimmt ist. Die Zyklenstruktur einer Permutation $\pi\sigma$ ist vollständig durch die Zyklenstruktur von π und σ bestimmt. Für die Anzahl der Zyklen c_i der Länge i folgt

$$c_i(\pi\sigma) = c_i(\pi) + c_i(\sigma) \,.$$

Damit erhalten wir den Zyklenzeiger von $K \cdot H$:

$$Z(K \cdot H) = Z(K)Z(H)$$

Die Ordnung der Produktgruppe ist das Produkt der Ordnungen der Ausgangsgruppen, das heißt $|KH| = |K||H|$. Der Zyklenzeiger der Automorphismengruppe des Graphen G ergibt sich aus

$$Z(G) = \prod_{i=1}^{c} Z(G_i) \,.$$

Beispiel 8.8 (Produktgruppe)
Betrachten wir als Beispiel den in Abb. 8.8 dargestellten Graphen, dessen Komponenten vollständige Graphen mit vier und drei Knoten sind. Die Automorphismengruppe des vollständigen Graphen K_n ist die symmetrische Gruppe S_n.

Abb. 8.8 Graph mit zwei nichtisomorphen Komponenten

Folglich gilt

$$Z(G) = Z(S_4)Z(S_3)$$

$$= \left(\frac{1}{24}x_1^4 + \frac{1}{4}x_1^2x_2 + \frac{1}{3}x_1x_3 + \frac{1}{8}x_2^2 + \frac{1}{4}x_4\right)\left(\frac{1}{6}x_1^3 + \frac{1}{2}x_1x_2 + \frac{1}{3}x_3\right)$$

$$= \frac{1}{144}x_1^7 + \frac{1}{16}x_1^5x_2 + \frac{7}{48}x_1^3x_2^2 + \frac{1}{16}x_1x_2^3 + \frac{5}{72}x_1^4x_3 + \frac{1}{24}x_1^3x_4$$

$$+ \frac{1}{4}x_1^2x_2x_3 + \frac{1}{8}x_1x_2x_4 + \frac{1}{9}x_1x_3^2 + \frac{1}{24}x_2^2x_3 + \frac{1}{12}x_3x_4 .$$

Das ist übrigens auch der Zyklenzeiger für die Automorphismengruppe des vollständigen bipartiten Graphen $K_{3,4}$. (Warum?) ∎

Das Kranzprodukt

Betrachten wir nun einen Graphen G, der aus n gleichartigen (das heißt isomophen) Komponenten besteht. H sei die Automorphismengruppe einer Komponente von G. Wie kann ein Automorphismus von G entstehen? Zunächst kann für jede Komponente (unabhängig von allen anderen Komponenten) eine Permutation $\pi \in H$ der Knoten dieser Komponente gewählt werden. Anschließend können wir auch die Komponenten untereinander permutieren. Damit erhalten wir $|S_n| |H|^n$ verschiedene Permutationen für die Automorphismengruppe von G.

Um diesen Sachverhalt genauer zu beschreiben, führen wir eine weitere Operation für Gruppen ein. Es seien (H, X) und (K, Y) zwei Permutationsgruppen. Die Schreibweise (H, X) kennzeichnet die Gruppe H und die Menge X, auf der H wirkt. Wir können ohne Beschränkung der Allgemeinheit annehmen, dass $X = \{1, \ldots, m\}$ gilt. Jedes Element der Gruppe H bewirkt eine Permutation der Elemente aus X. Das *Kranzprodukt* $(H, X) \wr (K, Y)$ der Permutationsgruppen (H, X) und (K, Y) ist eine Permutationsgruppe, die auf dem Kreuzprodukt $X \times Y$ wirkt. Eine Permutation aus $(H, X) \wr (K, Y)$ hat die folgende Gestalt:

$$(\pi, \sigma_1, \ldots, \sigma_m), \ \pi \in H, \ \sigma_1, \ldots, \sigma_m \in K, \ m = |X| \tag{8.25}$$

Diese Permutation ordnet einem Paar $(i, j) \in X \times Y$ das Paar $(\pi(i), \sigma_i(j))$ zu. Die Menge der durch Beziehung (8.25) gegebenen Permutationen bildet tatsächlich wieder eine Gruppe. Das neutrale Element ist die Permutation $(e, e', \ldots, e')$ mit $e \in H$ und $e' \in K$. Die Verknüpfung von zwei Permutationen aus $(H, X) \wr (K, Y)$ ist durch

$$(\pi; \sigma_1, \ldots, \sigma_m) \circ (\rho;, \tau_1, \ldots, \tau_m) = (\pi\rho; \sigma_{\rho(1)}\tau_1, \ldots, \sigma_{\rho(m)}\tau_m)$$

gegeben. Die inverse Permutation von $(\pi; \sigma_1, \ldots, \sigma_m)$ ist die Permutation

$$\left(\pi^{-1}; \sigma_{\pi^{-1}(1)}^{-1}, \ldots, \sigma_{\pi^{-1}(m)}^{-1}\right) .$$

Abb. 8.9 Graph mit isomorphen Komponenten

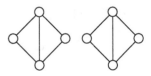

Die Automorphismengruppe $\mathrm{Aut}(G)$ eines Graphen G, der aus n gleichen Komponenten mit der Automorphismengruppe H besteht, kann als Kranzprodukt geschrieben werden:

$$\mathrm{Aut}(G) = (S_n, \mathbb{N}_n) \wr (H, \mathbb{N}_m)$$

Hierbei ist m die Anzahl der Knoten einer Komponente von G. Die Knoten von G bezeichnen wir durch Paare (i, j) mit $i \in \mathbb{N}_n$ und $j \in \mathbb{N}_m$. Der Zyklenzeiger des Kranzproduktes $(H, \mathbb{N}_n) \wr (K, \mathbb{N}_m)$ kann direkt aus den Zyklenzeigern der Gruppen H und K bestimmt werden. Es gilt

$$Z(H \wr K; x_1, \ldots, x_{mn}) = Z(H; Z(K, x_1, \ldots, x_m), \ldots, Z(K; x_n, \ldots, x_{mn})).$$
(8.26)

Anschaulich können wir diese Beziehung wie folgt begründen. Ein Element aus $X \times Y$, das einen Zyklus der Länge k der „äußeren" Gruppe H durchläuft, kann erst wieder auf seinem Platz ankommen, wenn es auch den „inneren" Zyklus in K durchlaufen hat. Daher treten Zyklenlängen nun als Vielfache der Zyklenlängen der Permutationen von K auf. Statt eines Beweises werden wir hier einige Beispiele für die Anwendung aufzeigen. Den Beweis kann man unter anderem in dem Buch von Kerber (1991) nachlesen. Der Zyklenzeiger des Kranzproduktes $H \wr K$ resultiert aus dem Zyklenzeiger von H, wobei jede Variable x_i durch den Zyklenzeiger von K in der Form $Z(K; x_i, \ldots, x_{im})$ ersetzt wird. In $Z(K)$ wird jede Variable x_j hierbei durch x_{ij} ersetzt.

Beispiel 8.9 (Kranzprodukt)

Als Beispiel betrachten wir den folgenden Graphen, bestehend aus zwei Komponenten mit Diamantstruktur.

Wir beschreiben die Konstruktion des Zyklenzeigers für diesen Beispielgraphen, dessen Automorphismengruppe das Kranzprodukt $S_2 \wr H$ ist. (H ist die Automorphismengruppe des Diamantgraphen.) Es gilt

$$Z(S_2; x_1, x_2) = \frac{1}{2}x_1^2 + \frac{1}{2}x_2$$

$$Z(H; x_1, x_2) = \frac{1}{4}x_1^4 + \frac{1}{2}x_1^2 x_2 + \frac{1}{4}x_2^2 \, .$$

Damit folgt

$$Z(S_2 \wr H; x_1, \ldots, x_8) = \frac{1}{2}\left(\frac{1}{4}x_1^4 + \frac{1}{2}x_1^2x_2 + \frac{1}{4}x_2^2\right)^2$$

$$+ \frac{1}{2}\left(\frac{1}{4}x_2^4 + \frac{1}{2}x_2^2x_4 + \frac{1}{4}x_4^2\right)$$

$$= \frac{1}{32}x_1^8 + \frac{1}{8}x_1^6x_2 + \frac{3}{16}x_1^4x_2^2 + \frac{1}{8}x_1^2x_2^3$$

$$+ \frac{5}{32}x_2^4 + \frac{1}{4}x_2^2x_4 + \frac{1}{8}x_4^2 .$$

■

Aufgaben

8.1 Wie kann man $\begin{bmatrix} n \\ n-2 \end{bmatrix}$ für $n > 2$ durch Binomialkoeffizienten darstellen?

8.2 Wie lassen sich die folgenden Summen vereinfachen?

$$\text{a) } \sum_k (-1)^k \begin{bmatrix} n \\ k \end{bmatrix} \qquad \text{b) } \sum_k 2^k \begin{bmatrix} n \\ k \end{bmatrix}$$

8.3 Es ist zu beweisen: Aus der Beziehung (8.4) erhalten wir die folgende Darstellung für die Stirling-Zahlen erster Art:

$$\begin{bmatrix} n \\ k \end{bmatrix} = \sum_{\substack{A \subseteq \mathbb{N}_{n-1} \\ |A|=n-k}} \prod_{i \in A} i$$

8.4 Es sei H eine Untergruppe der endlichen Gruppe G. Zeige, dass für alle $a, b \in G$ entweder $aH = bH$ oder $aH \cap bH = \emptyset$ gilt und dass in jedem Falle $|aH| = |bH|$ ist.

8.5 Bestimme den Zyklenzeiger der Automorphismengruppe des in Abb. 8.10 dargestellten Graphen. Auf wie viel verschiedene bezüglich der Symmetrie nicht äquivalente Arten können die Knoten dieses Graphen mit $k \leq 8$ Farben gefärbt werden, wenn jede Farbe wenigstens einmal verwendet werden soll? Wie lautet das Ergebnis, wenn von $k \geq 8$ Farben jede höchstens einmal genutzt werden darf?

Abb. 8.10 Beispielgraph

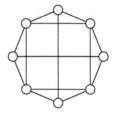

8.6 Finde eine kombinatorische Begründung der Beziehung

$$Z\left(S_n, \frac{x}{1-x}, \frac{x^2}{1-x^2}, \ldots, \frac{x^n}{1-x^n}\right) = x^n \prod_{k=1}^{n} \frac{1}{1-x^k}$$

für den Zyklenzeiger der symmetrischen Gruppe S_n.

8.7 Beweise, dass der Zyklenzeiger der zyklischen Gruppe C_m, $m = p^n$, der Beziehung

$$Z(C_m; t, t, \ldots, t) = \frac{1}{m}\left(t^m + (p-1)\sum_{i=0}^{n-1} p^{n-i-1} t^{\left(p^i\right)}\right)$$

genügt, wenn p eine Primzahl ist.

8.8 Wie lautet der Zyklenzeiger der Gruppe $C_p \wr C_p$, wenn C_p die zyklische Gruppe und p eine Primzahl ist?

8.9 Ein Quadrat wird durch zusätzliche Linien in 16 gleich große kleinere Quadrate zerlegt. Auf wie viel Arten können diese 16 kleinen Quadrate mit zwei Farben gefärbt werden? Hierbei sollen Färbungen, die durch Dreh- oder Spiegelsymmetrie des Quadrates ineinander überführbar sind, als identisch angesehen werden.

8.10 Ein Würfelset besteht aus drei gleich großen Würfeln gleicher Farbe. Die Seiten der Würfel sollen mit den Zahlen 1,...,6 beschriftet werden. Hierbei darf eine Zahl beliebig oft auf den Seitenflächen vorkommen. Wie viel verschiedene Würfelsets kann man herstellen, wenn symmetrische Konfigurationen als identisch angesehen werden? Wir sehen hier zwei Würfelsets als identisch an, wenn sie sich durch Drehungen einzelner Würfel oder durch Vertauschen der Würfel auseinander ergeben.

8.11 Wie lautet der Zyklenzeiger der Drehgruppe eines regulären Tetraeders bezogen auf Permutationen der Ecken?

8.12 Wie lautet der Zyklenzeiger der Symmetriegruppe eines Würfels bezogen auf Permutationen seiner Kanten?

Abb. 8.11 Beispielgraph

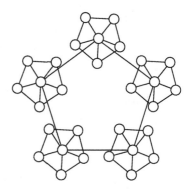

8.13 Die *Kleinsche Vierergruppe* ist eine Untergruppe von S_4, welche die Permutationen e, $(1,2)(3,4)$, $(1,3)(2,4)$ und $(1,4)(2,3)$ enthält. Ist diese Gruppe die Automorphismengruppe eines schlichten Graphen?

8.14 Wie kann man den Zyklenzeiger der Automorphismengruppe des Graphen aus Abb. 8.11 bestimmen?

Abzählen von Graphen und Bäumen

9

Inhaltsverzeichnis

Die Bestimmung der Anzahl einer speziellen Klasse von Graphen liefert interessante Beispiele für die Anwendung der in den ersten Kapiteln betrachteten Methoden der Kombinatorik. Neben erzeugenden Funktionen und Rekurrenzgleichungen werden wir speziell auch auf Methoden der Gruppentheorie zurückgreifen.

Die erste Frage, die wir hier näher untersuchen werden, ist: Wie viel Graphen mit n Knoten gibt es? Die Lösung dieses Problems wird jedoch erst möglich, wenn klar ist, was wir unter einem Graphen verstehen. Beschränken wir uns auf schlichte ungerichtete Graphen, so bleibt immer noch zu klären, wann zwei Graphen als identisch angesehen werden. Für viele Probleme der Graphentheorie werden zueinander isomorphe Graphen identifiziert. Wir sprechen dann von einer *Isomorphieklasse von Graphen*.

Wenn wir im Folgenden einfach von Graphen sprechen, liegen stets Abzählprobleme vor, für die unterschiedliche Nummerierungen der Knoten wesentlich sind. So gibt es zum Beispiel 8 schlichte Graphen mit 3 Knoten, aber nur 4 Isomorphieklassen von Graphen mit 3 Knoten. Abb. 9.1 zeigt diesen Sachverhalt.

Das Abzählen von Graphen mit vorgegebenen Eigenschaften (zusammenhängende Graphen, Graphen mit k Komponenten, Bäume, . . .) führt auf viele weitere Probleme. Meist sind die Anzahlaufgaben für Graphen wesentlich leichter lösbar als für Isomorphieklassen von Graphen, da im letzteren Falle stets die Automorphismen des Graphen betrachtet werden müssen. Eine ausführliche Übersicht über die Anzahlbestimmung von Graphen (auch für gerichtete Graphen) gibt das Buch von Harary und Palmer (1973). Weitere Ausführungen zum Abzählen von Bäumen und Graphen findet man auch in Berge (1985) und Riordan (1958).

© Springer-Verlag GmbH Deutschland, ein Teil von Springer Nature 2019   233
P. Tittmann, *Einführung in die Kombinatorik*, https://doi.org/10.1007/978-3-662-58921-2_9

Abb. 9.1 Graphen und Isomorphieklassen von Graphen

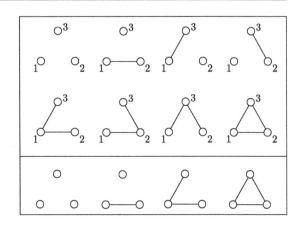

9.1 Graphen

Wir betrachten im Folgenden ausschließlich ungerichtete schlichte Graphen. Das einfachste Anzahlproblem der Graphentheorie ist die Bestimmung der Anzahl g_n von allen Graphen mit n Knoten. Die maximale Kantenzahl eines schlichten Graphen mit n Knoten ist $m = \binom{n}{2}$. Jede Teilmenge dieser maximalen Kantenmenge definiert einen Graphen. Folglich gibt es

$$g_n = 2^m = 2^{\binom{n}{2}} \tag{9.1}$$

Graphen mit n Knoten. Die Anzahl g_{nk} der Graphen mit n Knoten und k Kanten ist $\binom{m}{k}$. Die gewöhnliche erzeugende Funktion für die Anzahlen g_{nk} ist

$$G(z) = \sum_k \binom{\binom{n}{2}}{k} z^k = (1 + z)^{\binom{n}{2}} .$$

Ein *Wurzelgraph* ist ein Graph, in dem ein spezieller Knoten (die *Wurzel*) ausgezeichnet ist. Ein Graph mit n Knoten kann auf n verschiedene Arten zu einem Wurzelgraphen werden. Die Anzahl der Wurzelgraphen mit n Knoten ist folglich ng_n. Es sei nun c_n die Anzahl der zusammenhängenden Graphen mit n Knoten. Zur Bestimmung der Anzahl c_n betrachten wir alle Wurzelgraphen, in denen die Wurzel in einer Komponente mit genau k Knoten liegt. Zunächst wählen wir k aus n Knoten aus. Auf diesen k Knoten können wir c_k verschiedene zusammenhängende Graphen bilden. In jedem dieser Graphen kann einer der k Knoten zur Wurzel erklärt werden. Folglich gibt es $k\, c_k \binom{n}{k} g_{n-k}$ Wurzelgraphen, deren Wurzel in einer Komponente mit genau k Knoten liegt. Die Gesamtzahl der Wurzelgraphen mit n Knoten ist damit

$$\sum_{k=1}^n k \binom{n}{k} c_k g_{n-k} = ng_n. \tag{9.2}$$

Beachten wir (9.1), so erhalten wir

$$\sum_{k=1}^{n} k \binom{n}{k} c_k 2^{\binom{n-k}{2}} = n \, 2^{\binom{n}{2}}$$

oder

$$c_n = 2^{\binom{n}{2}} - \frac{1}{n} \sum_{k=1}^{n-1} k \binom{n}{k} 2^{\binom{n-k}{2}} c_k. \tag{9.3}$$

Diese Beziehung ermöglicht eine einfache rekursive Berechnung der Anzahl der zusammenhängenden Graphen mit n Knoten.

9.1.1 Die Exponentialformel

Einen anderen Weg zur Berechnung der Zahlen c_n bietet die *Exponentialformel*. Diese Formel, die wir hier speziell aus einem Anzahlproblem für Graphen ableiten, hat viele Anwendungen in der Kombinatorik. Eine gute Übersicht dazu liefert das Buch von Wilf (1994). Es sei

$$C(z) = \sum_{n \geq 1} c_n \frac{z^n}{n!}$$

die exponentielle erzeugende Funktion für die Anzahl der zusammenhängenden Graphen. Welche Bedeutung hat dann die Funktion $C^2(z)$? Wir erhalten zunächst

$$C^2(z) = \sum_{n \geq 1} \sum_{k=1}^{n-1} \binom{n}{k} c_k c_{n-k} \frac{z^n}{n!} .$$

Die Summe

$$\frac{1}{2} \sum_{k=1}^{n-1} \binom{n}{k} c_k c_{n-k} \tag{9.4}$$

ist die Anzahl der Graphen mit genau zwei Komponenten. Das sieht man wie folgt ein: Die erste Komponente enthalte genau k Knoten. Diese k Knoten können auf $\binom{n}{k}$ Arten gewählt werden. Auf dieser Knotenmenge mit k Knoten können wir c_k verschiedene zusammenhängende Graphen bilden. Die verbleibenden $n-k$ Knoten liefern ganz analog c_{n-k} zusammenhängende Graphen. Damit besitzt jeder Graph genau zwei Komponenten. Die Summe über alle k von 1 bis $n-1$ liefert die doppelte Gesamtzahl der Graphen mit zwei Komponenten, da jeder derartige Graph für beide möglichen Reihenfolgen der Komponenten gezählt wird.

Auf gleiche Weise erhalten wir

$$C^p(z) = \sum_{n \geq 1} \sum_{\substack{k_1+\ldots+k_p=n \\ k_1,\ldots,k_p>0}} \binom{n}{k_1,\ldots,k_p} c_{k_1} \cdots c_{k_p} \frac{z^n}{n!} .$$

Das ist die exponentielle erzeugende Funktion für die Anzahl der Graphen mit n Knoten und p geordneten Komponenten. Das bedeutet, dass die Reihenfolge der Komponenten wesentlich ist. Die exponentielle erzeugende Funktion für die Anzahl der zusammenhängenden Graphen mit genau p Komponenten und n Knoten (ohne Berücksichtigung der Reihenfolge der Komponenten) ist damit

$$\frac{C^p(z)}{p!} .$$

Es sei $H(z)$ die exponentielle erzeugende Funktion der Anzahl g_n der Graphen mit n Knoten. Da jeder Graph mit n Knoten mindestens eine und höchstens n Komponenten besitzt, folgt

$$H(z) = 1 + \sum_{p=1}^{n} \frac{C^p(z)}{p!} = \sum_{p \geq 0} \frac{C^p(z)}{p!}. \tag{9.5}$$

Aus dieser Gleichung lesen wir die gesuchte Exponentialformel ab:

$$\boxed{H(z) = e^{C(z)}} \tag{9.6}$$

Diese Formel liefert eine Beziehung zwischen den Koeffizienten der Reihen $H(z)$ und $C(z)$. Wir setzen zunächst die Reihendarstellungen in (9.6) ein:

$$\sum_{n \geq 0} g_n \frac{z^n}{n!} = \exp\left(\sum_{n \geq 1} c_n \frac{z^n}{n!}\right)$$

$$= 1 + \left(\sum_{k \geq 1} c_k \frac{z^k}{k!}\right) + \frac{1}{2}\left(\sum_{k \geq 1} c_k \frac{z^k}{k!}\right)^2 + \frac{1}{6}\left(\sum_{k \geq 1} c_k \frac{z^k}{k!}\right)^3 + \ldots$$

Der Koeffizientenvergleich liefert

$$\frac{g_n}{n!} = \sum_{k=1}^{n} \frac{1}{k!} \sum_{\substack{i_1 + \ldots + i_k = n \\ i_1, \ldots, i_k > 0}} \frac{c_{i_1}}{i_1!} \cdots \frac{c_{i_k}}{i_k!}. \tag{9.7}$$

Die Summe auf der rechten Seite erstreckt sich über alle Darstellungen von n als eine geordnete Summe von positiven natürlichen Zahlen. Eine solche Zerlegung von n in geordnete Summanden nennen wir auch eine *Komposition* von n. Wir schreiben im Folgenden $\lambda \vDash n$, wenn $\lambda = (\lambda_1, \ldots, \lambda_s)$ eine Komposition von n ist. Mit $|\lambda| = s$ bezeichnen wir die Anzahl der *Teile* (Summanden) der Komposition λ. Für eine Partition $\lambda = (\lambda_1, \ldots, \lambda_s) \vdash n$ oder für eine Komposition $\lambda = (\lambda_1, \ldots, \lambda_s) \vDash n$ sei

$$\binom{n}{\lambda} = \binom{n}{\lambda_1, \ldots, \lambda_s}$$

der Multinominalkoeffizient. Damit können wir die Gleichung (9.7) kürzer darstellen:

$$g_n = \sum_{\lambda \vDash n} \binom{n}{\lambda} \frac{1}{|\lambda|!} \prod_{i=1}^{|\lambda|} c_{\lambda_i}$$

Berücksichtigen wir, dass das Produkt und auch der Multinomialkoeffizient in dieser Formel nicht von der Reihenfolge der Teile λ_i abhängt, so können wir g_n auch als Summe über alle Partitionen von n darstellen. Dabei seien $\lambda = \left(1^{k_1} \cdots n^{k_n}\right) = (\lambda_1, \ldots, \lambda_{|\lambda|}) \vdash n$ die Darstellungen der Partition λ. Wir erhalten

$$g_n = \sum_{\lambda \vdash n} \binom{n}{\lambda} \frac{1}{k_1! \cdots k_n!} \prod_{i=1}^{|\lambda|} c_{\lambda_i}. \tag{9.8}$$

Diese Formel lässt sich auch nach den Koeffizienten c_n auflösen. Dazu invertieren wir die Exponentialformel (9.6):

$$C(z) = \ln H(z)$$

Das Einsetzen der Reihenentwicklungen und der Koeffizientenvergleich liefern

$$c_n = \sum_{\lambda \vdash n} \binom{n}{\lambda} \binom{|\lambda|}{\underline{k}} \frac{(-1)^{|\lambda|+1}}{|\lambda|} \prod_{i=1}^{|\lambda|} g_{\lambda_i}. \tag{9.9}$$

Für größere n entsteht jedoch ein hoher Berechnungsaufwand, da die Anzahl der Partitionen exponentiell mit n wächst. Eine rekurrente Beziehung, die diese Berechnung vereinfacht, erhalten wir durch *logarithmisches Differenzieren* der Exponentialformel (9.6). Dazu nehmen wir zunächst den natürlichen Logarithmus auf beiden Seiten dieser Gleichung, differenzieren nach z und multiplizieren anschließend mit z. Wir erhalten

$$\frac{\displaystyle\sum_{n \geq 0} \frac{g_n}{(n-1)!} z^n}{\displaystyle\sum_{n \geq 0} \frac{g_n}{n!} z^n} = \sum_{n \geq 1} \frac{c_n}{(n-1)!} z^n.$$

Multiplikation mit der Nennerreihe und Koeffizientenvergleich liefern

$$c_n = g_n - \sum_{k=1}^{n-1} \binom{n-1}{k} g_k c_{n-k}. \tag{9.10}$$

9.1.2 Verfeinerungen der Exponentialformel

Damit sind die Variationen zum Thema Exponentialformel noch nicht erschöpft. Eine Verfeinerung der Exponentialformel wird möglich, wenn wir Graphen mit einer vorgegebenen Anzahl von Komponenten untersuchen. Es sei g_{nk} die Anzahl

Tab. 9.1 Anzahl markierter Graphen mit n Knoten und k Komponenten

$n \setminus k$	1	2	3	4
1	1	0	0	0
2	1	1	0	0
3	4	3	1	0
4	38	19	6	1
5	728	230	55	10
6	26 704	5 098	825	125
7	1 866 256	207 536	20 818	2 275
8	251 548 592	15 891 372	925 036	64 673
9	66 296 291 072	2 343 580 752	76 321 756	3 102 204
10	34 496 488 594 816	675 458 276 144	12 143 833 740	272 277 040

der Graphen mit n Knoten und k Komponenten. Die erzeugende Funktion für die Doppelfolge g_{nk} sei

$$H(y, z) = \sum_{n \geq 0} \sum_{k \geq 0} g_{nk} y^k \frac{z^n}{n!} \, .$$

Das ist eine gemischte erzeugende Funktion. Sie ist eine gewöhnliche erzeugende Funktion bezüglich y und eine exponentielle erzeugende Funktion bezüglich z. Wir erhalten insbesondere durch Einsetzen die exponentielle erzeugende Funktion für alle Graphen mit n Knoten $H(1, z) = H(z)$.

Der Koeffizient von y^k in $H(y, z)$ zählt alle Graphen mit genau k Komponenten. In der Gleichung (9.5) ist zu erkennen, dass Graphen mit genau k Komponenten durch den Anteil $\frac{C^k}{k!}$ der erzeugenden Funktion berücksichtigt werden. Wir erhalten damit

$$H(y, z) = 1 + \sum_{n \geq 1} \frac{y^n C^n(z)}{n!}$$

oder

$$H(y, z) = e^{y C(z)}. \tag{9.11}$$

Aus dieser Gleichung lässt sich durch logarithmisches Differenzieren und Koeffizientenvergleich vor y^2 wieder die Gleichung (9.4) für die Anzahl der Graphen mit genau zwei Komponenten gewinnen. Tab. 9.1 gibt eine Übersicht über die Zahlen g_{nk}.

9.1.3 Der Partitionsverband

Einen einfacheren Weg zur Ableitung der Formel (9.9) bietet der Partitionsverband der Knotenmenge. Den Partitionsverband der Knotenmenge $V = \mathbb{N}_n$ bezeichnen wir wieder mit $\Pi(V)$. Es sei $c(\pi)$ die Anzahl aller schlichten ungerichteten Graphen G mit der Knotenmenge V, für die zwei Knoten u und v genau dann in einer Komponente von G liegen, wenn u und v in ein und demselben Block von $\pi \in \Pi(V)$ enthalten sind. Weiterhin sei $g(\pi)$ die Anzahl der Graphen, für die nie zwei Knoten aus unterschiedlichen Blöcken von π in einer gemeinsamen Komponente liegen. Dann gilt

$$g(\pi) = \sum_{\sigma \leq \pi} c(\sigma) = \sum_{\sigma \in \Pi(V)} \zeta(\sigma, \pi) c(\sigma) .$$

Durch Möbius-Inversion erhalten wir

$$c(\pi) = \sum_{\sigma \in \Pi(V)} \mu(\sigma, \pi) g(\sigma) .$$

Nun ist aber $c_n = c(\hat{1})$. Damit folgt auch

$$c_n = \sum_{\sigma \in \Pi(V)} \mu(\sigma, \hat{1}) g(\sigma) .$$

Die Zahl $g(\sigma)$ lässt sich einfach aus dem *Typ* $\lambda(\sigma) \vdash n$ der Partition $\sigma \in \Pi(V)$ berechnen. Die Teile der Zahlpartition λ geben hierbei an, wie viele Elemente in jedem Block von σ enthalten sind. Da jeder Block σ_i einem beliebigen Graphen mit λ_i Knoten entspricht, gilt

$$g(\sigma) = \prod_{i=1}^{|\sigma|} 2^{\binom{|\sigma_i|}{2}} = \prod_{i=1}^{|\lambda|} 2^{\binom{\lambda_i}{2}} .$$

Den Wert $\mu(\sigma, \hat{1})$ der Möbius-Funktion im Partitionsverband erhalten wir durch Spezialisierung der Formel (6.30):

$$\mu(\sigma, \hat{1}) = (-1)^{|\sigma|+1} (|\sigma| - 1)!$$

Die Anzahl der zusammenhängenden Graphen mit n Knoten genügt folglich der Beziehung

$$c_n = \sum_{\sigma \in \Pi(V)} (-1)^{|\sigma|+1} (|\sigma| - 1)! \prod_{i=1}^{|\sigma|} 2^{\binom{|\sigma_i|}{2}} .$$

Ein genaues Betrachten der Terme der Summe zeigt, dass diese nur vom Typ der Partition $\sigma \in \Pi(V)$ abhängen. Wie viele Partitionen aus $\Pi(V)$ haben einen gegebenen Typ $\lambda \vdash n$? Die Anzahl der Aufteilungen einer n-elementigen Menge, sodass die erste Teilmenge λ_1 Elemente, ..., die i-te Teilmenge λ_s Elemente enthält ($s = |\lambda|$), liefert der Multinomialkoeffizient. In einer Partition der Menge Π_n sind jedoch die Blöcke gleicher Größe nicht unterscheidbar. Setzen wir wieder $\lambda = (\lambda_1, \ldots, \lambda_s) = (1^{k_1} \cdots n^{k_n})$, so folgt

$$c_n = \sum_{\lambda \vdash n} \frac{1}{k_1! \cdots k_n!} \binom{n}{\lambda} (-1)^{|\lambda|+1} (|\lambda| - 1)! \prod_{i=1}^{|\lambda|} 2^{\binom{\lambda_i}{2}}$$

$$= \sum_{\lambda \vdash n} \binom{|\lambda|}{\underline{k}} \binom{n}{\lambda} (-1)^{|\lambda|+1} \frac{1}{|\lambda|} \prod_{i=1}^{|\lambda|} 2^{\binom{\lambda_i}{2}} .$$

Damit haben wir die Gleichung (9.9) auf andere Weise und ohne die Anwendung der Exponentialformel gewonnen.

Beispiel 9.1 (Anzahl der zusammenhängenden Graphen)

Die Anzahl g_n der Graphen mit n Knoten ist nach (9.1) für $n = 1, 2, \ldots, 5$ jeweils 1, 2, 8, 64, 1024. Nach (9.9) erhalten wir damit

$$
c_5 = \binom{5}{5}\binom{1}{1}\frac{1}{1} \cdot 1024 + \binom{5}{4,1}\binom{2}{1,1}\frac{-1}{2} \cdot 64 \cdot 1 + \binom{5}{3,2}\binom{2}{1,1}\frac{-1}{2} \cdot 8 \cdot 2
$$

$$
+ \binom{5}{3,1,1}\binom{3}{2,1}\frac{1}{3} \cdot 8 \cdot 1^2 + \binom{5}{2,2,1}\binom{3}{1,2}\frac{1}{3} \cdot 2^2 \cdot 1
$$

$$
+ \binom{5}{2,1,1,1}\binom{4}{3,1}\frac{-1}{4} \cdot 2 \cdot 1^3 + \binom{5}{1,1,1,1,1}\binom{5}{5}\frac{1}{5} \cdot 1^5
$$

$$
= 1024 - 320 - 160 + 160 + 120 - 120 + 24
$$

$$
= 728.
$$ ∎

9.2 Die Gruppe $S_n^{(2)}$

Für die Vorbereitung von Abzählproblemen für Isomorphieklassen von Graphen ist eine tiefere Untersuchung der symmetrischen Gruppe S_n erforderlich. Wir betrachten die symmetrische Gruppe S_n wieder als Gruppe aller Permutationen der Menge $\mathbb{N}_n = \{1, \ldots, n\}$. Es sei $\mathbb{N}_n^{(2)} = \{\{1, 2\}, \{1, 3\}, \ldots, \{n-1, n\}\}$ die Menge aller zweielementigen Teilmengen von $\mathbb{N}_n$. Jede Permutation aus S_n bewirkt auch eine Permutation der Elemente von $\mathbb{N}_n^{(2)}$. Als Beispiel erhalten wir aus der Permutation $(1, 2)(3, 4) \in S_4$ die folgende Permutation der Elemente von $\mathbb{N}_n^{(2)}$:

$$
\begin{pmatrix} \{1,2\} & \{1,3\} & \{1,4\} & \{2,3\} & \{2,4\} & \{3,4\} \\ \{1,2\} & \{2,4\} & \{2,3\} & \{1,4\} & \{1,3\} & \{3,4\} \end{pmatrix}
$$

Die Menge aller Permutationen von $\mathbb{N}_n^{(2)}$, die durch Permutationen aus S_n induziert werden, sei $S_n^{(2)}$. Für eine Permutation $\pi \in S_n$ sei $\tilde{\pi} \in S_n^{(2)}$ die zugeordnete Permutation der Zweiermengen. Die identische Permutation von S_n liefert auch die identische Permutation von $S_n^{(2)}$. Weiterhin gilt

$$
\widetilde{\pi \circ \sigma} = \tilde{\pi} \circ \tilde{\sigma} \text{ und } \widetilde{\pi^{-1}} = \tilde{\pi}^{-1} .
$$

Die Permutationen aus $S_n^{(2)}$ bilden folglich eine Gruppe oder, genauer, eine Untergruppe von $S_{\binom{n}{2}}$, die zu S_n isomorph ist.

Die zweielementigen Mengen aus $\mathbb{N}_n^{(2)}$ werden wir später als Kanten eines Graphen interpretieren. Für die Berechnung der Anzahl der Isomorphieklassen ungerichteter Graphen nutzen wir dann wieder die Abzähltheorie nach Pólya. Das heißt,

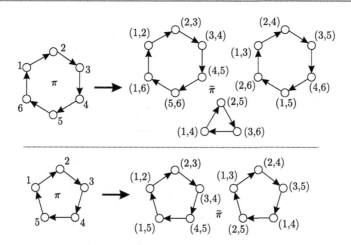

Abb. 9.2 Gemeinsamer Zyklus

wir benötigen den Zyklenzeiger der Gruppe $S_n^{(2)}$. Wie können wir den Zyklenzeiger $Z(S_n^{(2)})$ aus dem Zyklenzeiger der symmetrischen Gruppe S_n erhalten? Wir gehen von einer festen Permutation $\pi \in S_n$ aus. Für ein Paar $\{u, v\} \in \mathbb{N}_n^{(2)}$ können wir zwei Fälle unterscheiden:

1. Die Elemente u und v liegen in ein und demselben Zyklus von π.
2. Die Elemente u und v gehören unterschiedlichen Zyklen von π an.

Betrachten wir zunächst den ersten Fall. Wenn u und v im selben Zyklus von π liegen, wandert das Paar $\{u, v\}$ ebenfalls im Zyklus mit. Da diese Paare jedoch ungeordnet sind, kann ein Paar, falls der Zyklus eine gerade Länge l besitzt, bereits nach $l/2$ Schritten seine Ausgangslage wieder erreichen. Das trifft genau für jene Paare zu, deren Elemente $l/2$ Schritte im Zyklus auseinanderliegen. Abb. 9.2 zeigt diesen Sachverhalt.

Zyklen gerader Länge l der Permutation π erzeugen $\frac{l-2}{2}$ Zyklen der Länge l und einen Zyklus der Länge $\frac{l}{2}$ in $\tilde{\pi}$. Zyklen ungerader Länge l der Permutation π erzeugen $\frac{l-1}{2}$ Zyklen der Länge l in $\tilde{\pi}$. Für den Zyklenzeiger bedeutet das, jede Variable x_l in $Z(S_n)$ generiert den Term

$$x_{l/2} x_l^{\frac{l}{2}-1}, \text{ falls } l \text{ gerade,}$$

$$x_l^{\frac{l-1}{2}}, \text{ falls } l \text{ ungerade.}$$

Untersuchen wir nun den zweiten Fall. Was geschieht mit einem Paar $\{u, v\}$, wenn u in einem Zyklus der Länge k und v in einem anderen Zyklus der Länge l von π liegt? Einige Varianten zeigt Abb. 9.3.

Ein Paar $\{u, v\}$ erreicht wieder seine Ausgangsposition, wenn gleichzeitig u den Zyklus der Länge k und v den Zyklus der Länge l durchlaufen haben. Das geschieht

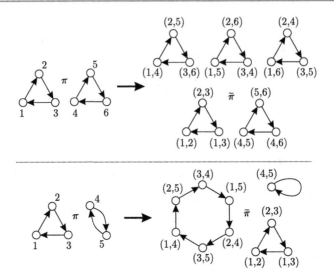

Abb. 9.3 Getrennte Zyklen

erstmals nach $\mathrm{kgV}(k,l)$ Schritten. Da insgesamt $k \cdot l$ Paare mit je einem Element in den beiden Zyklen existieren, erhalten wir $\mathrm{ggT}(k,l)$ Zyklen der Länge $\mathrm{kgV}(k,l)$ in $\tilde{\pi}$. Hierbei ist zu beachten, dass

$$\mathrm{kgV}(k,l) \cdot \mathrm{ggT}(k,l) = k \cdot l$$

gilt. Das bedeutet, dass jedes Produkt $x_k x_l$ in $Z(S_n)$ den Term

$$x_{\mathrm{kgV}(k,l)}^{\mathrm{ggT}(k,l)}$$

im Zyklenzeiger $Z\left(S_n^{(2)}\right)$ generiert. Dieser Sachverhalt lässt sich in der folgenden wunderbar übersichtlichen Formel für den gesuchten Zyklenzeiger zum Ausdruck bringen:

$$Z\left(S_n^{(2)}\right) = \sum_{\lambda \vdash n} \frac{1}{|\lambda|!} \binom{|\lambda|}{k} \prod_{i=1}^{|\lambda|} \lambda_i^{-1} \prod_{i=1}^{\lfloor \frac{n-1}{2} \rfloor} x_{2i+1}^{i k_{2i+1}}$$

$$\times \prod_{i=1}^{\lfloor \frac{n}{2} \rfloor} x_i^{k_{2i} + \frac{1}{2} i k_i (k_i - 1)} x_{2i}^{(i-1)k_{2i}} \prod_{i=1}^{n-1} \prod_{j=i+1}^{n} x_{\mathrm{kgV}(i,j)}^{k_i k_j \mathrm{ggT}(i,j)}$$

(9.12)

Dank moderner Computeralgebrasysteme kann man mit dieser Formel tatsächlich Zyklenzeiger berechnen:

$$Z\left(S_2^{(2)}\right) = x_1$$

$$Z\left(S_3^{(2)}\right) = \frac{1}{6}x_1^3 + \frac{1}{2}x_1 x_2 + \frac{1}{3}x_3$$

$$Z\left(S_4^{(2)}\right) = \frac{1}{24}x_1^6 + \frac{3}{8}x_1^2 x_2^2 + \frac{1}{4}x_2 x_4 + \frac{1}{3}x_3^2$$

$$Z\left(S_5^2\right) = \frac{1}{120}x_1^{10} + \frac{1}{12}x_1^4 x_2^3 + \frac{1}{8}x_1^2 x_2^4 + \frac{1}{6}x_3^3 x_1$$
$$+ \frac{1}{6}x_1 x_3 x_6 + \frac{1}{4}x_2 x_4^2 + \frac{1}{5}x_5^2$$

$$Z\left(S_6^{(2)}\right) = \frac{1}{720}x_1^{15} + \frac{1}{48}x_1^7 x_2^4 + \frac{1}{12}x_1^3 x_2^6 + \frac{1}{18}x_3^4 x_1^3 + \frac{1}{6}x_1 x_2 x_3^2 x_6$$
$$+ \frac{1}{18}x_3^5 + \frac{1}{4}x_1 x_2 x_4^3 + \frac{1}{5}x_5^3 + \frac{1}{6}x_3 x_6^2$$

Harary und Palmer (1973) listeten bereits die Zyklenzeiger bis $n = 10$ auf.

9.3 Isomorphieklassen von Graphen

Wir stellen uns einen vollständigen Graphen K_n vor, dessen Kanten mit zwei Farben schwarz oder weiß gefärbt werden können. Offensichtlich sind auf diese Weise

$$2^{\binom{n}{2}}$$

verschieden gefärbte Graphen herstellbar. Wenn wir jedoch die Knotennummerierung der gefärbten Graphen entfernen, so können wir nur noch solche Färbungen unterscheiden, die nicht durch Permutationen der Knoten ineinander überführt werden. Jede Permutation $\pi \in S_n$ bewirkt auch eine Permutation der Kanten des Graphen K_n. Da wir die Kanten des vollständigen Graphen auch als zweielementige Teilmengen der Knotenmenge interpretieren können, liefert genau die im letzten Abschnitt untersuchte Gruppe $S_n^{(2)}$ die Beschreibung der Permutationen der Kanten. Eine Färbung bleibt bei einer Permutation $\tilde{\pi} \in S_n^{(2)}$ invariant, wenn alle Kanten, die in einem Zyklus von $\tilde{\pi}$ liegen, gleichfarbig sind. Das bedeutet nach den Ausführungen im Kap. 8, dass der Zyklenzeiger der Gruppe $S_n^{(2)}$ die gesuchte Anzahl der verschiedenen Färbungen liefert:

$$f_n = Z\left(S_n^{(2)}; 2, 2, \ldots, 2\right)$$

Tab. 9.2 Isomorphieklassen von Graphen

n	1	2	3	4	5	6	7	8	9	10
f_n	1	2	4	11	34	156	1044	12346	274668	12005168

Wenn eine schwarz gefärbte Kante als nicht vorhanden interpretiert wird, folgt, dass f_n auch die Anzahl der Isomorphieklassen von Graphen mit n Knoten liefert. Die Tab. 9.2 gibt eine Übersicht über die Zahlen f_n.

Die Folge $\{f_n\}$ wächst sehr schnell: Die Zahl f_{43} besitzt in Dezimaldarstellung bereits 220 Stellen. Wie wir bereits wissen, bietet der Zyklenzeiger noch weit mehr Informationen an. Es sei f_{nk} die Anzahl der Isomorphieklassen ungerichteter schlichter Graphen mit n Knoten und k Kanten. Dann erhalten wir die Zahl f_{nk} als Koeffizient des Zyklenzeigers

$$f_{nk} = \left[x^k\right] Z\left(S_n^{(2)}; 1 + x, 1 + x^2, 1 + x^3, \dots, 1 + x^m\right) \text{ mit } m = \binom{n}{2}. \quad (9.13)$$

Der Zyklenzeiger in (9.13) ist eine erzeugende Funktion für die Zahlen f_{nk}. Die Polynome $1 + x^l$ werden darin jeweils für die Variable x_l des Zyklenzeigers eingesetzt. Das bedeutet, die l Kanten eines Zyklus der Länge l werden alle aus K_n entfernt (1) oder vollständig erhalten (x^l). In der expandierten Form dieses Polynoms erhalten wir dann den Koeffizienten vor x^k als Summe aller Auswahlmöglichkeiten von k Kanten aus den Zyklen. Für $n = 5$ erhalten wir das Polynom

$$Z\left(S_5^{(2)}; 1 + x, \dots, 1 + x^{10}\right) = 1 + x + 2x^2 + 4x^3 + 6x^4 + 6x^5$$
$$+ 6x^6 + 4x^7 + 2x^8 + x^9 + x^{10}.$$

Der Koeffizient 6 vor x^4 liefert die Anzahl der Isomorphieklassen von ungerichteten schlichten Graphen mit 5 Knoten und 4 Kanten. Abb. 9.4 bestätigt diese Aussage.

Wenn zwischen je zwei Knoten in einem Graphen beliebig viele Kanten liegen können (wenn also nicht nur schlichte Graphen betrachtet werden), so erhält man die Anzahl der Isomorphieklassen solcher Graphen durch Ersetzen der Polynome $1 + x^l$ durch Reihen der Form

$$1 + x^l + x^{2l} + x^{3l} + \cdots = \frac{1}{1 - x^l}.$$

Diese Reihen werden wieder jeweils für die Variablen x_l des Zyklenzeigers $Z\left(S_n^{(2)}\right)$ eingesetzt. Dann ist die gesuchte Anzahl der Isomorphieklassen von

Abb. 9.4 Isomorphieklassen schlichter Graphen

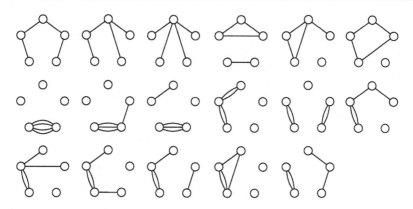

Abb. 9.5 Isomorphieklassen mit Mehrfachkanten

Graphen mit n Knoten und k Kanten der Koeffizient vor x^k in der Reihenentwicklung von

$$Z\left(S_n^{(2)}; \frac{1}{1-x}, \frac{1}{1-x^2}, \ldots, \frac{1}{1-x^n}\right). \tag{9.14}$$

Für $n = 5$ erhalten wir die Reihe

$$1 + x + 3x^2 + 7x^3 + 17x^4 + 35x^5 + 76x^6 + 149x^7 + 291x^8 + 539x^9 + \cdots.$$

Abb. 9.5 zeigt die 17 Isomorphieklassen von Graphen mit 5 Knoten und 4 Kanten.

9.4 Bäume

Der im Kap. 5 dargelegte Satz von Kirchhoff ermöglicht die Abzählung der Anzahl der Spannbäume eines Graphen G durch die Berechnung der Determinante der reduzierten Laplace-Matrix von G. Dieser Satz erlaubt auch, die Anzahl der verschiedenen Bäume mit der Knotenmenge $V = \{1, \ldots, n\}$ zu zählen. Jeder Baum mit n Knoten lässt sich als ein Spannbaum des vollständigen Graphen K_n auffassen. Wir wissen bereits, dass der vollständige Graph K_n genau n^{n-2} verschiedene Spannbäume besitzt. Folglich gibt es auch n^{n-2} verschiedene Bäume mit n Knoten.

9.4.1 Die Prüfer-Korrespondenz

Dieses Ergebnis lässt sich auch direkt, ohne die Nutzung des Satzes von Kirchhoff, zeigen. Wir verwenden dazu die *Prüfer-Korrespondenz*. Das ist eine Bijektion, die jedem Baum mit n Knoten eine geordnete Auswahl mit Wiederholung von $n - 2$ Elementen aus $\mathbb{N}_n$ zuordnet. Aus Kap. 1 wissen wir, dass es genau n^{n-2} solche Auswahlen gibt. Wir nennen einen Knoten vom Grad 1 in einem Graphen G einen

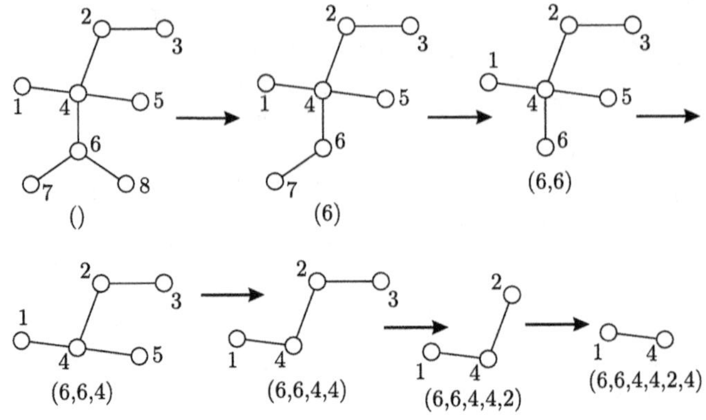

Abb. 9.6 Konstruktion der Prüfer-Korrespondenz

hängenden Knoten von G. In einem Baum T heißt ein hängender Knoten auch *Blatt* von T. Es sei T ein Baum mit n Knoten. Das Blatt mit der höchsten Knotennummer von T sei $v \in V(T) = \mathbb{N}_n$. Der zu v adjazente Knoten (der eindeutig bestimmt ist) sei das erste Element der geordneten Auswahl. Wir erzeugen nun einen neuen Baum T_1 durch Entfernen von v aus T. Das Blatt mit der höchsten Knotennummer von T_1 sei w. Wir nehmen den zu w adjazenten Knoten als zweiten Knoten in die Auswahl und erzeugen T_2 durch Entfernen von w aus T. Dieser Prozess wird fortgesetzt, bis genau zwei Knoten übrig bleiben. Dann umfasst die Auswahl tatsächlich genau $n - 2$ Knoten. Abb. 9.6 zeigt diese Zuordnung an einem Beispiel.

Da diese Abbildung bijektiv ist, kann man umgekehrt auch jedem $(n - 2)$-Tupel eindeutig einen Baum mit der Knotenmenge $V_1 = \mathbb{N}_n$ zuordnen. Die erste Kante des Baumes erhalten wir, indem wir den Knoten v der höchsten Nummer, der nicht in der Auswahl enthalten ist, mit dem ersten Knoten der Auswahl verbinden. Der erste Knoten wird nun aus der Auswahl entfernt, sodass jetzt der ursprünglich zweite Knoten auf Platz 1 der Auswahl steht. Dann wählen wir den höchsten verbleibenden Knoten w aus $V_2 = \mathbb{N}_n \setminus \{v\}$, der nicht in der Auswahl enthalten ist, und verbinden ihn mit dem ersten Knoten der reduzierten Auswahl, der anschließend wieder entfernt wird. Dann wählen wir den höchsten verbleibenden Knoten aus $V_3 = \mathbb{N}_n \setminus \{v, w\}$ und verbinden ihn mit dem ersten Knoten der zweimal reduzierten Auswahl. Dieser Prozess wird fortgesetzt, bis schließlich alle Knoten der Auswahl einbezogen wurden. Die verbleibende Knotenmenge V_{n-1} enthält dann nur noch zwei Knoten, die durch eine Kante verbunden werden. Da die Konstruktion einen Graphen mit $n - 1$ Kanten liefert und da in jedem Schritt ein neuer Knoten einbezogen wird, entsteht tatsächlich ein Baum.

9.4.2 Bäume mit gegebenen Knotengraden

Wir berechnen nun die Anzahl der Bäume über n Knoten, die für jeden Knoten einen vorgeschriebenen Knotengrad besitzen. Die Gradfolge der Knoten sei

$d_1, \ldots, d_n$. Mit $t(n; d_1, \ldots, d_n)$ bezeichnen wir die Anzahl der Bäume mit n Knoten ($n \geq 2$), in denen der Knoten v_i den Grad d_i besitzt. Da die gesuchte Anzahl sicher unabhängig von der Reihenfolge der Knotengrade ist, setzen wir $d_1 \geq d_2 \geq \ldots \geq d_n$ voraus. Damit folgt speziell $d_n = 1$, da jeder Baum mit $n \geq 2$ Knoten mindestens zwei Blätter besitzt. Wir definieren

$$t(n; d_1, \ldots, d_n) = 0 \, ,$$

falls $\sum_{i=1}^{n} d_i \neq 2(n-1)$ oder $d_i < 1$ für ein i gilt. In beiden Fällen entspricht dann der gegebenen Gradfolge kein Baum mit n Knoten. (Warum?) Wir können einen Baum mit n Knoten und der Gradfolge $d_1, \ldots, d_n$ ($d_n = 1$) aus einem Baum mit $n - 1$ Knoten mit der Gradfolge $d_1, \ldots, d_{i-1}, d_i - 1, d_{i+1}, \ldots, d_{n-1}$ konstruieren, wenn wir den Knoten v_n mit dem Knoten v_i verbinden. Damit folgt

$$t(n; d_1, \ldots, d_n) = \sum_{i=1}^{n-1} t(n - 1; d_1, \ldots, d_i - 1, \ldots, d_{n-1}). \qquad (9.15)$$

Was uns jetzt noch fehlt, ist eine Eigenschaft von Multinomialkoeffizienten, die sich durch eine zu (9.15) analoge Summenbeziehung ausdrücken lässt:

$$\binom{n}{k_1, \ldots, k_r} = \sum_{i=1}^{r} \binom{n - 1}{k_1, \ldots, k_i - 1, \ldots, k_r} \qquad (9.16)$$

Hierbei sei ebenfalls

$$\binom{n}{k_1, \ldots, k_r} = 0 \, ,$$

falls $\sum_{i=1}^{r} k_i \neq n$ oder $k_i < 0$ für ein $i \in \{1, \ldots, r\}$. Die Gleichung (9.16) lässt sich unmittelbar aus der kombinatorische Interpretation der Multinomialkoeffizienten oder aus dem Multinomialsatz ableiten.

Wir haben nun das Werkzeug zur Verfügung, um durch vollständige Induktion die folgende Formel für die gesuchte Anzahl der Bäume mit n Knoten und vorgegebener Gradfolge zu beweisen. Es gilt

$$t(n; d_1, \ldots, d_n) = \binom{n - 2}{d_1 - 1, d_2 - 1, \ldots, d_n - 1}. \qquad (9.17)$$

Für $n = 2$ gibt es nur genau einen Baum mit $d_1 = d_2 = 1$. In diesem Falle ist die Formel (9.17) richtig. Angenommen, die Formel gilt für Bäume mit $n - 1$ Knoten, $n \geq 3$. Dann folgt

$$t(n; d_1, \ldots, d_n) = \sum_{i=1}^{n-1} t(n - 1; d_1, \ldots, d_i - 1, \ldots, d_{n-1})$$

$$= \sum_{i=1}^{n-1} \binom{n - 3}{d_1 - 1, \ldots, d_i - 2, \ldots, d_{n-1} - 1}$$

$$= \binom{n-2}{d_1 - 1, \ldots, d_{n-1} - 1}$$

$$= \binom{n-2}{d_1 - 1, \ldots, d_n - 1}.$$

Damit ist die Gültigkeit der Beziehung (9.17) für alle $n \in \mathbb{N}, n \geq 2$ gezeigt. Als eine Folgerung aus dieser Formel und aus dem Multinomialsatz erhalten wir einen weiteren Beweis für den Satz von Caley:

$$\sum_{d_1, \ldots, d_n \geq 1} \binom{n-2}{d_1 - 1, \ldots, d_n - 1} = \underbrace{(1 + 1 + \cdots + 1)}_{n\text{-mal}}^{n-2} = n^{n-2}.$$

Als eine Folgerung aus (9.17) erhalten wir eine Formel für die Berechnung der Anzahl aller Bäume mit n Knoten, sodass der Knoten 1 einen vorgeschriebenen Knotengrad d_1 besitzt. Auch hier verwenden wir den Multinomialsatz:

$$\sum_{d_2, \ldots, d_n \geq 1} \binom{n-2}{d_1 - 1, d_2 - 1, \ldots, d_n - 1}$$

$$= \sum_{d_2, \ldots, d_n \geq 1} \frac{(n-2)^{d_1 - 1}}{(d_1 - 1)!} \binom{n - d_1 - 1}{d_2 - 1, \ldots, d_n - 1}$$

$$= \binom{n-2}{d_1 - 1} \sum_{d_2, \ldots, d_n \geq 1} \binom{n - d_1 - 1}{d_2 - 1, \ldots, d_n - 1}$$

$$= \binom{n-2}{d_1 - 1} (n-1)^{n - d_1 - 1}$$

Bäume mit einer gegebenen Anzahl an Blättern

Wir nehmen nun an, dass alle betrachteten Bäume mit n Knoten genau die Menge $\{n - k + 1, \ldots, n\}$ als Blätter besitzen. In dem nach der Prüfer-Korrespondenz zugeordneten $(n - 2)$-Tupel sind dann die Zahlen $n - k + 1, \ldots, n$ nicht enthalten. Alle anderen Zahlen müssen jedoch wenigstens einmal in der Auswahl vorkommen, da im Verlaufe des Prüferalgorithmus alle Knoten zu Blättern werden. Das kann aber bei solchen Knoten v, die anfangs keine Blätter des Baumes sind, nur durch Entfernen eines benachbarten Blattes geschehen. Dabei wird jeweils der Knoten v in die Auswahl aufgenommen.

Die Anzahl der geordneten Auswahlen mit Wiederholung von $n - 2$ aus $n - k$ Elementen, sodass jedes der $n - k$ Elemente wenigstens einmal in der Auswahl vorkommt, ist aber gleich der Anzahl der Surjektionen von einer $n - 2$-Menge in eine $n - k$-Menge. Diese Anzahl hatten wir bereits im Kap. 1 berechnet:

$$(n - k)! \begin{Bmatrix} n - 2 \\ n - k \end{Bmatrix}$$

Damit erhalten wir auch die Anzahl aller Bäume mit n Knoten und k Blättern:

$$\binom{n}{k}(n-k)!\begin{Bmatrix} n-2 \\ n-k \end{Bmatrix} = \frac{n!}{k!}\begin{Bmatrix} n-2 \\ n-k \end{Bmatrix}. \tag{9.18}$$

9.4.3 Einsatz der Exponentialformel

Ein weiterer Zugang zur Berechnung der Anzahl aller Bäume über n Knoten ist, ähnlich wie bei der Abzählung zusammenhängender Graphen, die Exponentialformel. Dazu betrachten wir zunächst wieder *Wurzelbäume*. Das sind Bäume, in denen ein spezieller Knoten (die Wurzel) ausgezeichnet ist. Offensichtlich gibt es genau n-mal so viele Wurzelbäume mit n Knoten wie Bäume mit n Knoten. Es sei r_n die Anzahl der Wurzelbäume mit n Knoten. Ein *Wurzelwald* ist ein Graph, dessen Komponenten Wurzelbäume sind. Die Anzahl der Wurzelwälder mit n Knoten sei w_n.

Die Verbindung zwischen den Zahlenfolgen $\{r_n\}$ und $\{w_n\}$ liefert wieder die Exponentialformel. Es sei

$$C(z) = \sum_{n \geq 1} r_n \frac{z^n}{n!}$$

$$H(z) = \sum_{n \geq 0} w_n \frac{z^n}{n!} \; .$$

Dann gilt

$$H(z) = e^{C(z)}. \tag{9.19}$$

Der Beweis dieser Beziehung entspricht exakt der Begründung der Gleichungen (9.4) bis (9.6). Aus jedem Wurzelwald mit n Knoten können wir auf folgende Weise eindeutig einen Baum mit $n+1$ Knoten erzeugen. Zunächst fügen wir den Knoten $n+1$ zur vorhandenen Knotenmenge $\{1,\ldots,n\}$ hinzu. Dann verbinden wir diesen neuen Knoten mit allen Wurzeln der Komponenten des Wurzelwaldes durch jeweils eine Kante. In dem so entstandenen Baum können wir auf $n+1$ Arten eine Wurzel wählen. Dieser Prozess lässt sich auch umkehren: Durch Entfernen aller von der Wurzel ausgehenden Kanten in einem Wurzelbaum mit $n+1$ Knoten erhalten wir einen Wurzelwald mit n Knoten, wobei die Wurzeln jeweils durch die Endknoten der entfernten Kanten bestimmt sind. Aus dieser Zuordnung folgt

$$r_{n+1} = (n+1)w_n \, , \quad n \geq 0. \tag{9.20}$$

Das Dividieren der Gleichung (9.20) durch $(n+1)$, Multiplizieren mit $\frac{z^n}{n!}$ und Bilden der Summe liefert

$$\sum_{n \geq 0} w_n \frac{z^n}{n!} = \sum_{n \geq 0} \frac{r_{n+1}}{n+1} \frac{z^n}{n!}$$

oder

$$H(z) = \frac{1}{z} \sum_{n \geq 1} r_n \frac{z^n}{n!} = \frac{1}{z} C(z) .$$

Das Einsetzen dieser Beziehung in die Gleichung (9.19) ergibt

$$C(z) = z e^{C(z)}. \qquad\qquad (9.21)$$

Das ist eine Funktionalgleichung für die gesuchte erzeugende Funktion (z). Eine solche Gleichung kann unter anderem mit der Lagrange-Inversion gelöst werden. Da wir dieses Werkzeug jedoch noch nicht eingeführt haben, wählen wir einen elementaren Weg – das logarithmische Differenzieren. Aus

$$\ln \frac{C(z)}{z} = C(z)$$

erhalten wir durch Einsetzen der Reihen

$$\ln \sum_{n \geq 1} r_n \frac{z^{n-1}}{n!} = \sum_{n \geq 1} r_n \frac{z^n}{n!} .$$

Die Ableitung liefert

$$\frac{\sum_{n \geq 1} r_n (n-1) \frac{z^{n-2}}{n!}}{\sum_{n \geq 1} r_n \frac{z^{n-1}}{n!}} = \sum_{n \geq 1} r_n \frac{z^{n-1}}{(n-1)!} .$$

Weiterhin folgt:

$$\sum_{n \geq 1} n r_{n+1} \frac{z^{n-1}}{(n+1)!} = \left(\sum_{n \geq 0} r_{n+1} \frac{z^n}{n!} \right) \left(\sum_{n \geq 0} \frac{r_{n+1}}{n+1} \frac{z^n}{n!} \right)$$

$$= \sum_{n \geq 0} \sum_{k} \binom{n}{k} r_k \frac{r_{n-k+1}}{n-k+1} \frac{z^n}{n!}$$

Der Koeffizientenvergleich liefert eine Rekursion für die Zahlenfolge r_n:

$$r_{n+2} = (n+2) \sum_{k} \binom{n}{k} \frac{r_{k+1} r_{n-k+1}}{n-k+1} , \quad r_1 = 1, \; r_2 = 2 .$$

Es ist leicht zu zeigen, dass die Folge $r_n = n^{n-1}$ diese Rekurrenz erfüllt.

Warum haben wir für diese Betrachtungen *Wurzel*bäume und *Wurzel*wälder verwendet? Nur auf diese Weise konnten wir zwei unterschiedliche Gleichungen gewinnen, welche beide die unbekannten erzeugenden Funktionen $C(z)$ und $H(z)$ enthalten. Es gilt natürlich auch $F(z) = e^{G(z)}$, wenn $F(z)$ die exponentielle erzeugende Funktion für die Anzahl der Wälder (nicht Wurzelwälder) und $G(z)$ die exponentielle erzeugende Funktion für die Anzahl der Bäume bezeichnet.

9.5 Planare und binäre Bäume

Für Suchalgorithmen und für die Untersuchung der Komplexität von Algorithmen ist eine besondere Klasse von Bäumen von Interesse: die planaren Bäume. Wir sprechen auch von geordneten Bäumen. Da die Nummerierung der Knoten für die meisten Probleme ohne Bedeutung ist, werden wir hier die Anzahl der Isomorphieklassen von Bäumen untersuchen. Im Folgenden meinen wir also mit dem Begriff Baum (wenn nicht explizit anders festgelegt) eine Isomorphieklasse von Bäumen. Betrachten wir zunächst einen Wurzelbaum T mit der Wurzel w. In T führt von jedem Knoten $v \in V(T)$ ein eindeutig bestimmter Weg (ein *Zweig*) zur Wurzel w. Wenn $x \in V(T), x \neq v$, auf dem Weg von w nach v liegt, so heißt x *Vorgänger* von v. In diesem Falle ist v ein *Nachfolger* von x. Der unmittelbare Vorgänger x eines Knotens v heißt *Vater* von v; dann ist v der *Sohn* von x. Schließlich ist u der *Bruder* v, wenn der Vater von u auch der Vater von v ist.

Nachdem wir die Familienverhältnisse geklärt haben (wobei hier leider keine Frauen auftreten), kommen wir zur Definition der uns interessierenden Bäume. Ein *planarer Baum* (*geordneter Wurzelbaum*) ist ein einzelner Knoten oder ein Wurzelbaum, in dem die Söhne der Wurzel jeweils wieder Wurzeln planarer Bäume sind, für die eine feste Ordnung gegeben ist. Diese Ordnung ist automatisch mit einer Einbettung eines Baumes in die Ebene gegeben. Dies erklärt auch den Namen *planare* Bäume. Die vorliegende Definition ist rekursiv. Wir können uns vorstellen, dass ein planarer Baum von oben nach unten wächst. Ganz oben ist die Wurzel. Eine Ebene tiefer finden wir die Söhne der Wurzel, die ihrerseits Wurzeln weiterer, tiefer liegender Bäume sind. Für $n = 4$ erhalten wir die in Abb. 9.7 dargestellten planaren Bäume.

Wie zählen wir planare Bäume? Bisher verwendeten wir als Maß für die Größe eines Graphen oder Baumes immer die Anzahl der Knoten. Das wollen wir auch hier beibehalten. Diese Wahl ist trotzdem der Erwähnung wert, da für Bäume auch die Anzahl der Blätter als unabhängige Variable in Anzahlformeln verwendet wird. Die rekursive Definition der planaren Bäume liefert fast direkt auch eine Gleichung für die gewöhnliche erzeugende Funktion. Es sei p_n die Anzahl der planaren Bäume mit n Knoten und

$$P(z) = \sum_{n \geq 1} p_n z^n .$$

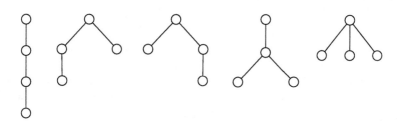

Abb. 9.7 Planare Bäume mit vier Knoten

Nun kann ein planarer Baum ein einzelner Knoten (z) oder eine Wurzel mit genau einem Sohn, der wieder die Wurzel eines planaren Baumes ist ($zP(z)$), oder eine Wurzel mit genau zwei Unterbäumen ($zP^2(z)$) oder ... sein. Wir erhalten

$$P(z) = z + zP(z) + zP^2(z) + zP^3(z) + \cdots = \frac{z}{1 - P(z)} \; .$$

Die resultierende quadratische Gleichung $P^2(z) - P(z) + z = 0$ besitzt zwei Lösungen:

$$P(z) = \frac{1 \pm \sqrt{1 - 4z}}{2}$$

Wir wissen, dass $p_1 = P'(0) = 1$ gilt. Diesen Anfangswert erhalten wir nur aus der Lösung

$$
\begin{aligned}
P(z) &= \frac{1 - \sqrt{1 - 4z}}{2} \\
&= z + z^2 + 2z^3 + 5z^4 + 14z^5 + 42z^6 \\
&\quad + 132z^7 + 429z^8 + 1430z^9 + O(z^{10}).
\end{aligned}
$$

Da die Funktion $P(z)$ eine Binomialreihe ist, können wir die Koeffizienten auch explizit darstellen:

$$
\begin{aligned}
P(z) &= \frac{1}{2} - \frac{1}{2} \sum_{n \geq 0} \binom{\frac{1}{2}}{n} (-4)^n z^n \\
&= -\frac{1}{2} \sum_{n \geq 1} \frac{\frac{1}{2}\left(-\frac{1}{2}\right)\left(-\frac{3}{2}\right) \cdots \left(\frac{1}{2} - n + 1\right)}{n!} (-4)^n z^n \\
&= \sum_{n \geq 1} \frac{(2n - 2)!}{(n - 1)! n!} z^n \\
&= \sum_{n \geq 1} \frac{1}{n} \binom{2n - 2}{n - 1} z^n
\end{aligned}
$$

Die Anzahl aller planaren Bäume ist damit

$$p_n = \frac{1}{n} \binom{2n - 2}{n - 1}, \; n > 0 \; .$$

Wir können auch $p_n = C_{n-1}$ schreiben, wobei C_n die *Catalan-Zahlen* bezeichnet. Die Folge der Catalanzahlen spielt für viele Anzahlprobleme eine wichtige Rolle:

$$C_n = \frac{1}{n + 1} \binom{2n}{n} \; .$$

Abb. 9.8 Binäre Bäume mit drei Knoten

Die Bedeutung dieser Zahlenfolge in der Kombinatorik wird deutlich, wenn wir einige Bijektionen betrachten, die Verbindungen von planaren Bäumen zu anderen Objekten offenbaren. Ein *binärer Baum* ist ein Wurzelbaum, in dem jeder Knoten 0, 1 oder 2 Söhne hat. Wenn genau ein Sohn vorhanden ist, unterscheiden wir zwischen einem *linken* und einem *rechten* Sohn. Somit erhalten wir insgesamt 5 verschiedene binäre Bäume mit 3 Knoten. Abb. 9.8 zeigt diese Bäume.

Jedem binären Baum mit n Knoten kann bijektiv ein planarer Baum mit $n + 1$ Knoten zugeordnet werden. Die Knotenmenge des planaren Baumes erhalten wir, wenn wir zu den Knoten des binären Baumes einen zusätzlichen Knoten, die Wurzel des planaren Baumes, hinzunehmen. Diese neue Wurzel verbinden wir stets durch eine Kante mit der Wurzel des binären Baumes. Wir machen nun einen Knoten v im planaren Baum genau dann zum rechten Bruder vom Knoten w, wenn v ein rechter Sohn von w im binären Baum ist. Der Knoten v wird genau dann ein Sohn von w im planaren Baum, wenn v ein linker Sohn von w im binären Baum ist. Diese Konstruktion lässt sich umgekehrt auch anwenden, um aus einem planaren Baum einen binären Baum zu erzeugen. Abb. 9.9 zeigt diese Bijektion für planare Bäume mit 5 Knoten.

Ein weiteres Problem, das mit den planaren Bäumen verwandt ist, sind Folgen $x_1, \ldots, x_{2n}$ mit $x_i \in \{-1, 1\}$ für $i = 1, \ldots, 2n$, sodass

$$\sum_{i=1}^{2n} x_i = 0 \ \text{ und } \ \sum_{i=1}^{k} x_i \geq 0 \ \text{für } k = 1, \ldots, 2n \ .$$

Wir können eine solche Folge kurz durch $+ - + + - + - -$ als Abkürzung für

$$+1, -1, +1, +1, -1, +1, -1, -1$$

darstellen. Von links nach rechts gelesen ist die Anzahl der in einer solchen Folge auftretenden Pluszeichen stets gleich oder größer der Anzahl der Minuszeichen. Eine analoge Darstellung sind gültige Klammerausdrücke, in denen nie eine schließende Klammer vor der zugehörigen öffnenden Klammer auftritt:

$$( ) (( ) ( ))$$

Wir ordnen einem planaren Baum mit $n + 1$ Knoten auf folgende Weise eindeutig eine $(+1) - (-1)$-Folge der Länge $2n$ zu. Ein *Backtrack-Algorithmus* startet in der Wurzel eines Baumes und geht in die Tiefe, bis er das erste Blatt erreicht.

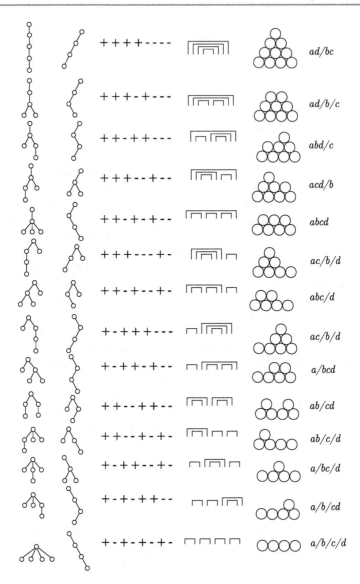

Abb. 9.9 Objekte, die durch Catalan-Zahlen gezählt werden

Dann geht es so weit zurück, bis sich eine neue Verzweigungsmöglichkeit in die Tiefe ergibt. Das Verfahren endet, wenn der Algorithmus alle von der Wurzel ausgehenden Zweige abgesucht hat und in die Wurzel zurückgekehrt ist. Dabei wird jede Kante des Baumes genau zweimal durchlaufen. Wir vereinbaren, dass ein solcher Algorithmus in einem planaren Baum stets von links nach rechts sucht. Diese Reihenfolge entspricht der Ordnung der Teilbäume bezüglich der Einbettung in der Ebene. Eine Folge von + und − liefert der Algorithmus, wenn wir jedem Schritt in die Tiefe das Pluszeichen und jedem Rückwärtsschritt das Minuszeichen zuordnen. Man überzeugt sich leicht, dass die entstehende Folge genau die oben angegebenen Eigenschaften besitzt. Die dritte Spalte in Abb. 9.9 zeigt diese Zuordnung.

Unser nächstes Problem soll der Brückenbau sein. Eine Brücke symbolisieren wir durch das Zeichen ⊓, das zwei Punkte einer gedachten horizontalen Geraden verbindet. Wir wollen insgesamt n Brücken auf dieser Geraden aufstellen, nebeneinander oder geschachtelt. Hierbei dürfen jedoch keine Überkreuzungen von Brücken auftreten. Die vierte Spalte in Abb. 9.9 zeigt die möglichen Brückenkonstruktionen für 4 Brücken. Die Zuordnung der Brückenpläne zu den planaren Bäumen mit 5 Knoten lässt sich ebenfalls leicht aus dem Bild ablesen. Wir entfernen zunächst die Wurzel des planaren Baumes. Eine Brücke b_u befindet sich genau dann unterhalb einer anderen Brücke b_v, wenn der zugeordnete Knoten u im verbleibenden Baum der Sohn von v ist. Die Brücke b_u steht rechts neben b_v, wenn u rechter Bruder von v im Baum ist.

Die letzte Spalte der Abb. 9.9 ist eine Liste von kreuzungsfreien Mengenpartitionen. Das sind Partitionen einer total geordneten Menge, für die aus $a < b < c < d$ stets folgt, dass nicht $\{a, c\}$ und $\{b, d\}$ als Teilmengen verschiedener Blöcke auftreten. Die Bijektion erhalten wir, wenn wir den Fußpunkten des jeweiligen Brückenplans von links nach rechts die Elemente der Menge in der gegebenen Ordnung als Folge $a, a, b, b, c, c, d, d, \ldots$ zuordnen. Zwei Elemente sind genau dann in einem gemeinsamen Block der Partition enthalten, wenn sie durch eine Brücke verbunden werden.

Aufgaben

9.1 Wie viel Graphen mit genau m Kanten und n Knoten gibt es, wenn keine Schlingen, jedoch Mehrfachkanten in einem Graphen auftreten dürfen?

9.2 Es sei G ein ungerichteter schlichter Graph mit n Knoten und Aut(G) die Automorphismengruppe von G. Wie viel verschiedene, zu G isomorphe Graphen gibt es?

9.3 Wie viel planare Bäume sind *symmetrisch*? Das bedeutet, wenn man die Einbettungsebene entlang einer gedachten senkrechten Linie spiegelt, so bleibt der Baum erhalten. Bei symmetrischen planaren Bäumen ist es egal, ob man sie von links oder von rechts beginnend in die Ebene legt.

9.4 Es sei $S_n^{(3)}$ die Gruppe aller Permutationen der Menge

$$\mathbb{N}_n^{(3)} = \{\{1, 2, 3\}, \{1, 2, 4\}, \ldots, \{n - 2\, n\, n - 1, n\}\},$$

die durch Permutationen aus S_n induziert werden. Bestimme die Zyklenzeiger der Gruppen $S_4^{(3)}$ und $S_5^{(3)}$.

9.5 Wie lautet die gewöhnliche erzeugende Funktion für Graphen mit n Knoten, wenn zwischen je zwei Knoten maximal k parallele Kanten, jedoch keine Schlingen auftreten dürfen?

9.6 Bestimme die erzeugende Funktion für die Anzahl aller schlichten Graphen, die keine isolierten Knoten besitzen.

9.7 Nutze die Exponentialformel, um die exponentielle erzeugende Funktion für die Anzahl der Partitionen einer Menge zu erhalten, sodass die Blöcke der Partition ausschließlich gerade Mächtigkeit besitzen.

9.8 Bestimme die exponentielle erzeugende Funktion für die Anzahl aller Wälder, die nur aus Bäumen mit einem, zwei oder drei Knoten bestehen.

9.9 Wie lautet die exponentielle erzeugende Funktion für die Anzahl aller Wälder, die aus höchstens drei Bäumen bestehen?

Wörter und Automaten

10

Inhaltsverzeichnis

Viele Probleme der enumerativen Kombinatorik lassen sich durch formale Sprachen charakterisieren, die durch Mengen von verbotenen Unterwörtern gekennzeichnet sind. Ist die Menge der verbotenen Unterwörter endlich, so erhalten wir eine reguläre Sprache. Die erzeugende Funktion für die Anzahl der Wörter der Länge n einer regulären Sprache ist stets rational. Sie lässt sich mit einem endlichen Automaten durch Reduktionstechniken bestimmen. Die Konstruktion dieser Automaten und ihre Anwendung zur Lösung von Anzahlproblemen wird hier näher beschrieben. Durch den Übergang zu unendlichen Automaten ist auch die Lösung von enumerativen Problemen, die keine rationalen erzeugenden Funktionen besitzen, möglich.

Dieses Kapitel kann keine vollständige Einführung in die Theorie der formalen Sprachen und Automaten ersetzen. Wir empfehlen dem Leser zur Vertiefung die Bücher von Hopcroft und Ullman (2000) sowie Lothaire (1983).

10.1 Wörter und formale Sprachen

Es sei A eine endliche nichtleere Menge – das *Alphabet*. Die Elemente von A nennen wir auch *Buchstaben*. Ein *Wort* über A ist eine Folge

$$w = a_1 a_2 \ldots a_n$$

von Buchstaben aus A. Die Anzahl $|w|$ der Buchstaben eines Wortes w nennen wir auch die *Länge* von w. Ein besonderes Wort ist das *leere Wort* ε, das keine

© Springer-Verlag GmbH Deutschland, ein Teil von Springer Nature 2019
P. Tittmann, *Einführung in die Kombinatorik*, https://doi.org/10.1007/978-3-662-58921-2_10

Buchstaben enthält. Es gilt $|\varepsilon| = 0$. Die Menge aller Wörter der Länge n über A sei A^n und

$$A^* = \sum_{n \geq 0} A^n$$

bezeichne die Menge aller Wörter über A. Das Summensymbol, auf Mengen angewendet, interpretieren wir hier und im Folgenden als Vereinigung. Weiterhin sei

$$A^+ = \sum_{n > 0} A^n = A^* - \{\varepsilon\} \,.$$

Die *Verkettung* der Wörter

$$w = a_1 a_2 \ldots a_n \text{ und } v = b_1 b_2 \cdots b_m$$

liefert das Wort

$$wv = a_1 a_2 \ldots a_n b_1 b_2 \ldots b_m \,.$$

Insbesondere gilt für jedes Wort $w \in A^*$ die Beziehung

$$w\varepsilon = \varepsilon w = w \,.$$

Die Verkettung ist assoziativ, jedoch nicht kommutativ. Ein Wort v heißt *Faktor* oder *Unterwort* eines Wortes w, wenn das Wort w in der Form

$$w = uvx$$

darstellbar ist. Hierbei sind u und x ebenfalls (eventuell leere) Wörter. So sind zum Beispiel *wahr*, *ein* und *ich* Faktoren des Wortes *wahrscheinlich*. Ein *Präfix* ist ein Faktor, der am Anfang eines Wortes auftritt. Das Wort *wahr* ist ein Präfix des Wortes *wahrscheinlich*. Ein *Suffix* ist ein Faktor, der am Ende eines Wortes auftritt. Das Wort *ich* ist ein Suffix des Wortes *wahrscheinlich*. Ein Wort $v = a_1 a_2 \cdots a_k$ bildet eine *Unterfolge* eines Wortes w, wenn w in der Form

$$w = u_1 a_1 u_2 a_2 u_3 \ldots u_k a_k u_{k+1}$$

dargestellt werden kann, wobei $u_1, \ldots, u_{k+1}$ beliebige Wörter sind. Die Wörter *weich, rein* und *hin* bilden Unterfolgen des Wortes *wahrscheinlich*. Jeder Faktor eines Wortes ist auch eine Unterfolge dieses Wortes.

Eine *formale Sprache* $\mathcal{L}$ über A ist eine Teilmenge der Menge A^* aller Wörter über A. Für zwei Sprachen $\mathcal{L}_1$ und $\mathcal{L}_2$ über dem Alphabet A können wir die *Vereinigung*

$$\mathcal{L}_1 + \mathcal{L}_2 = \{w : w \in \mathcal{L}_1 \text{ oder } w \in \mathcal{L}_2\}$$

und die *Verkettung*

$$\mathcal{L}_1 \mathcal{L}_2 = \{vw : v \in \mathcal{L}_1 \text{ und } w \in \mathcal{L}_2\}$$

bilden. Die Verkettung $\mathcal{L}_1\mathcal{L}_2$ heißt *eindeutig*, wenn jedes Wort aus $\mathcal{L}_1\mathcal{L}_2$ auf eindeutige Weise aus einem Wort aus $\mathcal{L}_1$ und einem Wort aus $\mathcal{L}_2$ hervorgeht. *Potenzen* einer Sprache $\mathcal{L}$ werden rekursiv wie folgt definiert:

$$\mathcal{L}^0 = \{\varepsilon\}$$
$$\mathcal{L}^{n+1} = \mathcal{L}\mathcal{L}^n, \; n \geq 0$$

Der *Kleenesche Sternoperator* $*$ ist durch

$$\mathcal{L}^* = \sum_{n \geq 0} \mathcal{L}^n$$

erklärt. Weiterhin sei

$$\mathcal{L}^+ = \sum_{n > 0} \mathcal{L}^n \; .$$

Für die eben eingeführten Operationen prüft man leicht die folgenden Eigenschaften nach. Für alle Sprachen $\mathcal{L}_1, \mathcal{L}_2, \mathcal{L}_3 \subseteq A^*$ gilt

$$(\mathcal{L}_1\mathcal{L}_2)\mathcal{L}_3 = \mathcal{L}_1(\mathcal{L}_2\mathcal{L}_3)$$
$$\mathcal{L}_1(\mathcal{L}_2 + \mathcal{L}_3) = \mathcal{L}_1\mathcal{L}_2 + \mathcal{L}_1\mathcal{L}_3$$
$$(\mathcal{L}_1 + \mathcal{L}_2)\mathcal{L}_3 = \mathcal{L}_1\mathcal{L}_3 + \mathcal{L}_2\mathcal{L}_3$$
$$\mathcal{L}_1 \subseteq \mathcal{L}_1\mathcal{L}_2^*$$
$$\mathcal{L}_1\mathcal{L}_1^* = \mathcal{L}_1^*\mathcal{L}_1 = \mathcal{L}_1^+$$
$$(\mathcal{L}_1 + \mathcal{L}_2)^* = (\mathcal{L}_1^* + \mathcal{L}_2^*)^* = (\mathcal{L}_1^*\mathcal{L}_2^*)^* \; .$$

Eine Sprache $\mathcal{L} \subseteq A^*$ heißt *regulär*, wenn die Menge $\mathcal{L}$ durch einen Ausdruck darstellbar ist, der nur das Symbol ε für das leere Wort, Buchstaben aus A und die Symbole $+, \cdot, *$ (Vereinigung, Verkettung, Kleene-Operator) sowie eventuell Klammern enthält.

Beispiel 10.1 (Reguläre Sprache)
Die Menge aller Wörter über $\{a, b\}$, die keine zwei benachbarten a enthalten, bildet eine reguläre Sprache $\mathcal{L}$. Es gilt

$$\mathcal{L} = (\varepsilon + a)(b + ba)^* \; . \qquad \blacksquare$$

Beispiel 10.2
Die Menge aller Wörter über $\{0, 1, 2\}$, die alle Buchstaben in aufsteigender Folge bezüglich der Ordnung $0 < 1 < 2$ enthalten, ist

$$\mathcal{L} = 0^*1^*2^* \; . \qquad \blacksquare$$

Der Ausdruck, der eine reguläre Sprache beschreibt, ist durch die Sprache nicht eindeutig bestimmt.

Beispiel 10.3 (Mehrdeutige Beschreibungen)
Die Sprache aller Wörter über dem Alphabet $\{a, b, c\}$, die den Buchstaben a höchstens zweimal enthalten, kann auf folgende Weise beschrieben werden:

$$\mathcal{L} = (b + c)^* + (b + c)^* a(b + c)^* + (b + c)^* a(b + c)^* a(b + c)^*$$

Eine andere Form der Beschreibung dieser Sprache ist

$$\mathcal{L} = (b + c)^* (\varepsilon + a)(b + c)^* (\varepsilon + a)(b + c)^* .$$

Die erste Beschreibungsform besitzt den Vorteil der *Eindeutigkeit*. Sie generiert jedes Wort genau einmal. In der zweiten Darstellungsform kann zum Beispiel das Wort *bab* auf vier unterschiedliche Arten gewonnen werden, nämlich durch $b\varepsilon\varepsilon ab$, $\varepsilon\varepsilon bab$, $ba\varepsilon\varepsilon b$, $bab\varepsilon\varepsilon$. ∎

Man kann zeigen, dass die Sprache über dem Alphabet $\{a, b\}$, die aus allen Wörtern besteht, welche die Buchstaben a und b gleich häufig enthalten, nicht regulär ist.

10.2   Erzeugende Funktionen

Für ein gegebenes Alphabet $A = \{a_1, \ldots, a_m\}$ kann die formale Sprache A^* durch eine nichtkommutative erzeugende Funktion generiert werden. Wir fassen hierbei die Verkettung als Produkt auf. Für Produkte aus identischen Faktoren verwenden wir die Potenzschreibweise. Damit gilt

$$\sum_{w \in A^*} w = \varepsilon + a_1 + a_2 + \cdots + a_m + a_1^2 + a_1 a_2 + \cdots + a_{m-1} a_m + a_m^2$$
$$+ a_1^3 + a_1^2 a_2 + a_1 a_2 a_1 + \cdots .$$

Die formal inverse Potenzreihe dieser Reihe ist $\varepsilon - (a_1 + a_2 + \cdots + a_m)$. Damit können wir die erzeugende Funktion für die Menge aller Wörter aus A^* auch durch

$$\sum_{w \in A^*} w = \frac{\varepsilon}{\varepsilon - (a_1 + a_2 + \cdots + a_m)}$$

darstellen. Wir wollen jedoch hier nicht mit nichtkommutativen erzeugenden Funktionen arbeiten. Mehr zu diesem Thema bietet das Buch von Stanley (1999).

Um Anzahlbestimmungen zu vereinfachen, ersetzen wir nun die Buchstaben a_i durch formale Zählvariablen x_i aus einem Körper. Für die folgenden Betrachtungen genügt es, die Variablen x_i für $i = 1, \ldots, m$ als komplexe Zahlen aufzufassen. Das Symbol ε ersetzen wir durch die Zahl 1. Für die Buchstaben des Alphabets A setzen wir im Folgenden eine gegebene lineare Ordnung voraus. Wenn $|A| = m$ gilt, so kann diese lineare Ordnung durch eine Abbildung $\phi : \{1, \ldots, m\} \to A$ mit $\phi(i) = a_i$ beschrieben werden. Für ein Wort $w \in A^*$ mit $|w| = n$ sei $\lambda_i(w)$ die Häufigkeit

des Buchstabens a_i in w. Dann ist $\lambda = (\lambda_1(w), \ldots, \lambda_m(w))$ der *Typ* des Wortes w.
Die erzeugende Funktion für die Anzahl n_λ der Wörter eines gegebenen Typs aus
A^* nimmt damit die Gestalt der bekannten geometrischen Reihe an. Als Abkürzung
für den Term $x_1^{\lambda_1} x_2^{\lambda_2} \cdots x_m^{\lambda_m}$ schreiben wir auch $\mathbf{x}^\lambda$, wobei $\lambda = (\lambda_1, \ldots, \lambda_m)$ sei.

$$
\sum_\lambda n_\lambda \mathbf{x}^\lambda = \frac{1}{1 - (x_1 + x_2 + \cdots + x_m)}
$$
$$
= \sum_{n \geq 0} (x_1 + \cdots + x_m)^n \tag{10.1}
$$
$$
= \sum_{n \geq 0} \sum_{\substack{\lambda_1 + \cdots + \lambda_m = n \\ \lambda_1, \ldots, \lambda_m \geq 0}} \binom{n}{\lambda_1, \ldots, \lambda_m} \mathbf{x}^\lambda
$$

Die links stehende Summe erstreckt sich hierbei über alle möglichen Typen von
Wörtern, das heißt über alle Summendarstellungen der Form $\lambda_1 + \cdots + \lambda_m \geq 0$
mit ausschließlich nichtnegativen Summanden. Das letzte Gleichheitszeichen re-
sultiert aus dem Multinomialsatz. Die gewöhnliche erzeugende Funktion für die
Anzahl aller Wörter der Länge n folgt durch Gleichsetzen aller Variablen in der
Gleichung (10.1). Wir erhalten

$$
\sum_{n \geq 0} f_n z^n = \frac{1}{1 - mz} = \sum_{n \geq 0} m^n z^n. \tag{10.2}
$$

Beispiel 10.4 (Erzeugende Funktion und Typ)

Aus den erzeugenden Funktionen (10.1) und (10.2) erfahren wir, dass $5^{11} = 48.828.125$ verschiedene Wörter der Länge 11 über dem Alphabet $\{a, b, c, d, e\}$
gebildet werden können. Davon besitzen genau

$$
\binom{11}{1, 0, 2, 2, 6} = 13.860
$$

den Typ $(1, 0, 2, 2, 6)$, das heißt, sie bestehen aus einem a, keinem b, je zwei c
und d sowie sechs e. ∎

Übersetzungen von Sprachoperationen in Operationen mit erzeugenden Funktionen

Diese Aussagen kann man auch aus elementaren kombinatorischen Überlegungen
ohne Verwendung erzeugender Funktionen erhalten. Wenn jedoch die formale Sprache $\mathcal{L}$, deren Wörter gezählt werden sollen, eine echte Teilmenge von A^* ist, sind
elementare Methoden meist unzureichend. Für reguläre Sprachen kann die erzeugende Funktion meist direkt aus der Darstellung der Sprache bestimmt werden.
Die Grundlage dafür bietet die *Übersetzung* der Operationen mit Sprachen in Operationen mit erzeugenden Funktionen. Wir betrachten zunächst nur gewöhnliche

erzeugende Funktionen in einer Variablen. Es sei l_n die Anzahl der Wörter der Länge n aus der Sprache $\mathcal{L}$ und z eine komplexe Variable. Dann heißt

$$L(z) = \sum_{n \geq 0} l_n z^n$$

die *gewöhnliche erzeugende Funktion* für die Sprache $\mathcal{L}$.

Satz 10.1

Es seien $\mathcal{K}$ und $\mathcal{L}$ formale Sprachen mit den gewöhnlichen erzeugenden Funktionen $K(z)$ und $L(z)$. Dann ist, wenn $\mathcal{K}\mathcal{L}$ eindeutig ist,

$$(KL)(z)$$

die gewöhnliche erzeugende Funktion für die Sprache $\mathcal{K}\mathcal{L}$ und

$$(K + L)(z)$$

die gewöhnliche erzeugende Funktion für die Sprache $\mathcal{K} + \mathcal{L}$, die aus der *disjunkten* Vereinigung von $\mathcal{K}$ und $\mathcal{L}$ hervorgeht. Wenn die formale Sprache $\mathcal{K}$ nicht das leere Wort enthält und $\mathcal{K}^n$ für jedes $n > 1$ eindeutig ist, dann ist

$$\frac{1}{1 - K(z)}$$

die gewöhnliche erzeugende Funktion für die Sprache $\mathcal{K}^*$.

▶ **Beweis 10.1**   Die Anzahl der Wörter der Länge n in $\mathcal{K}$ beziehungsweise $\mathcal{L}$ ist k_n beziehungsweise l_n. Wenn f_n die Anzahl der Wörter der Länge n in $\mathcal{K}\mathcal{L}$ bezeichnet, so gilt

$$f_n = \sum_{i=0}^{n} k_i l_{n-i} \,,$$

da jedes derartige Wort mit einem Anfangswort der Länge i aus $\mathcal{K}$ beginnt, dem ein Wort der Länge $n - i$ aus $\mathcal{L}$ folgt. Damit folgt die erste Aussage direkt aus

$$(KL)(z) = \sum_{n \geq 0} \sum_{i=0}^{n} k_i l_{n-i} z^n \,.$$

Da $\mathcal{K}$ und $\mathcal{L}$ disjunkt sind, ist ein Wort der Länge n aus $\mathcal{K} + \mathcal{L}$ entweder ein Wort aus $\mathcal{K}$ oder ein Wort aus $\mathcal{L}$. Damit ist $k_n + l_n$ die Gesamtzahl der Wörter der Länge n in $\mathcal{K} + \mathcal{L}$.

Die Wirkung des Kleenschen Sternoperators kann wie folgt beschrieben werden:

$$\mathcal{K}^* = \{\varepsilon\} + \mathcal{K} + \mathcal{K}\mathcal{K} + \mathcal{K}\mathcal{K}\mathcal{K} + \cdots$$
$$= \{\varepsilon\} + \mathcal{K} + \mathcal{K}^2 + \mathcal{K}^3 + \cdots$$

Aus dem ersten Teil des Satzes folgt, dass K^i die gewöhnliche erzeugende Funktion für die Sprache $\mathcal{K}^i$ ist. Damit ist die erzeugende Funktion von $\mathcal{K}^*$ durch

$$1 + K(z) + K^2(z) + K^3(z) + \cdots = \frac{1}{1 - K(z)}$$

bestimmt. $\qquad\square$

Die in dem Satz geforderte Eindeutigkeit von Produkten ist zum Beispiel dann gegeben, wenn alle Wörter der Sprache die gleiche Länge besitzen. Eine allgemeinere Darstellung dieser Ergebnisse lässt sich unter anderem durch Einführung von Semiringen erzielen. Da diese Darstellung jedoch viele algebraische Vorkenntnisse verlangt, verweisen wir hier auf die Literatur, zum Beispiel Berstel und Reutenauer (1988) oder Perrin (2001).

Beispiel 10.5 (Wörter über $\{a, b, c\}$ und erzeugende Funktion)
Die Menge aller Wörter über $\{a, b, c\}$, die nicht mehr als zwei aufeinanderfolgende a enthalten, kann durch

$$\mathcal{L} = (\varepsilon + a + aa)(b + c + ba + ca + baa + caa)^*$$

beschrieben werden. Mit Satz 10.1 folgt

$$L(z) = \frac{1 + z + z^2}{1 - 2z - 2z^2 - 2z^3}$$
$$= 1 + 3z + 9z^2 + 26z^3 + 76z^4 + 222z^5 + 648z^6 + \cdots \qquad\blacksquare$$

Beispiel 10.6 (Selbstvermeidende Irrfahrten)
Die selbstvermeidenden Irrfahrten im zweidimensionalen Gitter $\mathbb{Z}^2$, die nur aus Schritten um eine Einheit nach oben (o), rechts (r) oder links (l) bestehen, können als Wörter über dem Alphabet $\{o, r, l\}$ beschrieben werden. Die drei Buchstaben des Alphabetes symbolisieren hierbei Schritte nach oben (o), rechts (r) und links (l). In der Sprache der Graphentheorie sind die hier beschriebenen selbstvermeidenden Irrfahrten Wege, die im Ursprung des unendlichen Gittergraphen $\mathbb{Z}^2$ beginnen und nie Schritte „nach unten" (in Richtung $(0, -1)$) enthalten. Die Knoten dieses Gittergraphen sind alle Punkte der Ebene mit ganzzahligen Koordinaten. Zwei solche Punkte sind genau dann adjazent, wenn sie den Abstand 1 haben.

Ein Wort über dem Alphabet $\{o, r, l\}$, das einen gültigen Gitterweg beschreibt, darf keinen Faktor der Form rl oder lr enthalten, da andernfalls

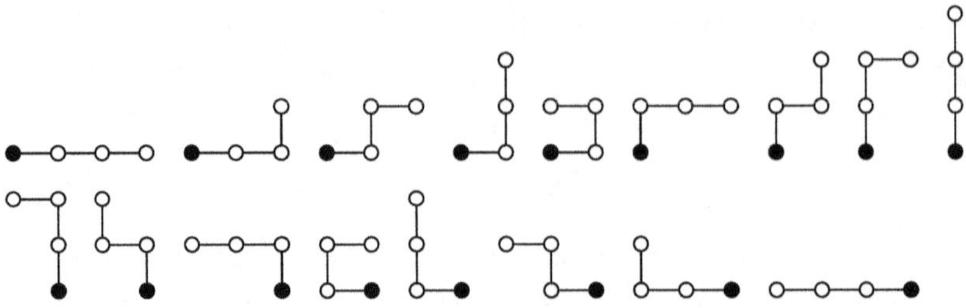

Abb. 10.1 Aufwärtsirrfahrten der Länge 3 in $\mathbb{Z}^2$

Gitterpunkte wiederholt besucht würden. Die entstehende Sprache lässt sich durch

$$(o + rr^*o + ll^*o)^*(\varepsilon + rr^* + ll^*)$$

beschreiben. Wir haben stets die Alternative, einen Schritt direkt nach oben zu gehen oder eine Folge von mindestens einem Schritt nach rechts oder links mit einem anschließenden Aufwärtsschritt zu wählen. Falls der Weg nicht mit einem Aufwärtsschritt endet, kann sich noch eine beliebige Folge von Links- oder Rechtsschritten anschließen. Die erzeugende Funktion lautet damit

$$
\begin{aligned}
L(z) &= \frac{1}{1 - \left(z + \frac{z^2}{1-z} + \frac{z^2}{1-z}\right)}\left(1 + \frac{z}{1-z} + \frac{z}{1-z}\right) \\
&= \frac{1+z}{1 - 2z - z^2} \\
&= 1 + 3z + 7z^2 + 17z^3 + 41z^4 + 99z^5 + 239z^6 + \cdots
\end{aligned}
$$

Abb. 10.1 zeigt die 17 Irrfahrten der Länge 3. Der Anfangspunkt ist jeweils markiert.   ∎

Die Addition $\mathcal{L}_1 + \mathcal{L}_2$ der Sprachen $\mathcal{L}_1$ und $\mathcal{L}_2$ bezeichnet eine Vereinigung dieser beiden Sprachen. Die Übersetzung in die erzeugende Funktion $F_1(z) + F_2(z)$ ist jedoch nur dann korrekt, wenn diese Vereinigung disjunkt ist. Die Sprachdarstellung sollte deshalb stets so gewählt werden, dass kein Wort mehrdeutig beschrieben wird. Das Beispiel 10.3 illustriert diesen Unterschied. Die disjunkte Vereinigung kann auch dann realisiert werden, wenn die Sprachen $\mathcal{L}_1$ und $\mathcal{L}_2$ übereinstimmen. In diesem Falle erzeugen wir eine *disjunkte Kopie* der Sprache.

10.3   Automaten

Viele Probleme der Kombinatorik lassen sich durch formale Sprachen beschreiben, die durch eine Menge $\mathcal{U}$ von *verbotenen Faktoren* gekennzeichnet sind. Hierbei gehören für ein gegebenes Alphabet A alle Wörter aus A^* zur Sprache $\mathcal{L}$, die keinen Faktor aus $\mathcal{U}$ enthalten. Die Komplexität der Beschreibung der Sprache $\mathcal{L}$ nimmt jedoch mit der Mächtigkeit von $\mathcal{U}$ schnell zu. Endliche Automaten sind hier ein leistungsfähiges Werkzeug für die Bestimmung der Sprachdarstellung und für die Ermittlung der gewöhnlichen erzeugenden Funktion. Im Folgenden sei $A = \{a_1, \ldots, a_m\}$ das gegebene Alphabet und $\mathcal{U} = \{w_1, \ldots, w_k\}$ eine Menge von Wörtern aus A^*. Die Menge $\mathcal{U}$ heißt *reduziert*, wenn kein Wort von $\mathcal{U}$ Faktor eines anderen Wortes aus $\mathcal{U}$ ist. Falls die Menge der verbotenen Wörter nicht in reduzierter Form vorliegt, so kann stets die folgende *Reduktion* ausgeführt werden. Ist $w \in \mathcal{U}$ ein Faktor eines Wortes $v \in \mathcal{U}$, $v \neq w$, so kann v aus $\mathcal{U}$ entfernt werden. Diese Reduktion verändert die Sprache $\mathcal{L}$ nicht, da ein Wort, das den Faktor w nicht enthält, auch v nicht enthalten kann. Im Folgenden sei $\mathcal{U}$ stets eine reduzierte Menge.

Ein *endlicher Automat* ist ein Quintupel (A, S, s, ϕ, T). Hierbei ist A ein Alphabet, S eine endliche Menge von *Zuständen*, $T \subseteq S$ die Menge der *Endzustände*, s der *Startzustand* und $\phi : S \times A \to S$ die *Übergangsfunktion*. Ein endlicher Automat repräsentiert einen Prozess (eine Maschine, einen Computer, ...), der sich zunächst im Zustand s befindet. Empfängt ein Automat, der sich im Zustand $i \in S$ befindet, von „außen" ein Signal in Form eines Buchstabens $a \in A$, so wechselt er in den Zustand $j = \phi(i, a)$. Die Eingabe einer Folge von Buchstaben aus A in den Automaten können wir auch als Lesen eines Wortes w einer Sprache $\mathcal{L} \subseteq A^*$ auffassen. Wir sagen der Automat *akzeptiert das Wort* w, wenn sich der Automat nach dem Lesen von w in einem der Endzustände aus T befindet. Der *Zustand i akzeptiert das Wort* w, wenn der Automat, ausgehend vom Zustand i, nach dem Lesen von w in einen Endzustand übergeht. Ein Endzustand akzeptiert stets auch das leere Wort ε. Der Automat *erkennt* die Sprache $\mathcal{L}$ genau dann, wenn er jedes Wort aus $\mathcal{L}$ akzeptiert, jedoch kein Wort aus $A^* - \mathcal{L}$. Ein endlicher Automat kann durch einen *Automatengraphen* beschrieben werden. Das ist ein gerichteter Graph $G = (V, E)$, dessen Knotenmenge V bijektiv den Zuständen des Automaten zugeordnet ist. Für jeden Zustand $i \in S$ und für jeden Buchstaben $a \in A$ gibt es in G einen Bogen (eine gerichtete Kante) von i nach $\phi(i, a)$, der mit dem Buchstaben a bewertet wird. Die den Endzuständen entsprechenden Knoten von G werden besonders gekennzeichnet. Die *Automatenmatrix* ist ein $|S| \times |S|$-Matrix $M = (m_{ij})$ mit den Eintragungen

$$m_{ij} = \sum_{\substack{a \in A \\ \phi(i,a)=j}} a \ .$$

Die *Automatentabelle* gibt für jeden Zustand i aus S und für jeden Buchstaben a aus A jeweils den Folgezustand $\phi(i, a)$ an.

Beispiel 10.7 (Automat)

Es sei $S = \{1, 2, 3\}$ die Zustandsmenge und $A = \{a, b, c\}$ das Alphabet eines Automaten. Der Startzustand sei 1, der Endzustand 3. Weiterhin gelte $\phi(1, a) = 2$, $\phi(1, b) = \phi(1, c) = 1$, $\phi(2, a) = 3$, $\phi(2, b) = \phi(2, c) = 2$, $\phi(3, a) = \phi(3, b) = \phi(3, c) = 3$. Den Graphen dieses Automaten zeigt Abb. 10.2. Hierbei

Abb. 10.2 Ein endlicher
Automat

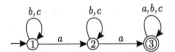

wurden zur Vereinfachung parallele Bögen durch einfache Bögen mit mehrfacher Bewertung dargestellt. Der Anfangszustand ist durch einen zusätzlichen, auf diesen Zustand weisenden Pfeil gekennzeichnet. Der Endzustand ist doppelt eingekreist. Die Automatenmatrix für diesen Automaten ist

$$M = \begin{pmatrix} b+c & a & 0 \\ 0 & b+c & a \\ 0 & 0 & a+b+c \end{pmatrix}.$$

Man prüft leicht nach, dass ein Wort über $\{a, b, c\}$ genau dann von diesem Automaten akzeptiert wird, wenn es mindestens zweimal den Buchstaben a enthält. ∎

10.3.1 Die erzeugende Funktion für die vom Automaten akzeptierte Sprache

Es sei $\mathcal{L}_i$ die Menge der vom Zustand $i \in S$ akzeptierten Wörter. Ist w ein Wort, das von einem Folgezustand $j = \phi(i, a)$ des Zustandes i akzeptiert wird, so ist aw ein Wort, das vom Zustand i akzeptiert wird. Damit folgt

$$\mathcal{L}_i = \sum_{a \in A} a \mathcal{L}_{\phi(i,a)} + \{[i \in T]\varepsilon\}. \tag{10.3}$$

Das leere Wort ε wird hierbei durch 1ε repräsentiert. Den Ausdruck $\{0\varepsilon\}$ interpretieren wir als leere Menge. Folglich enthält $\mathcal{L}_i$ das leere Wort genau dann, wenn $i \in T$ gilt. Es sei i_n die Anzahl der Wörter der Länge n, die vom Zustand i akzeptiert werden. Dann ist die formale Potenzreihe

$$F_i(z) = \sum_{n \geq 0} i_n z^n$$

die gewöhnliche erzeugende Funktion für die Folge (i_n). Die Gleichung (10.3) lässt sich direkt in eine Gleichung für die erzeugende Funktion F_i der vom Zustand i akzeptierten Sprache $\mathcal{L}_i$ übersetzen. Es gilt

$$F_i(z) = \sum_{a \in A} z F_{\phi(i,a)}(z) + [i \in T] \quad i \in S. \tag{10.4}$$

Hierbei beachten wir, dass die leere Menge (die leere Sprache) die gewöhnliche erzeugende Funktion $F(z) = 0$ besitzt. Die Sprache $\{\varepsilon\}$, die nur das leere Wort enthält, besitzt hingegen die erzeugende Funktion $F(z) = 1$. Es sei $S = \{1, \ldots, r\}$ die Zustandsmenge und der Zustand 1 der Startzustand des Automaten. Die Matrix B gehe aus der Automatenmatrix hervor, indem alle Buchstaben des Alphabets A durch die formale Zählvariable z ersetzt werden. Der Vektor $\mathbf{t} = (t_1, \ldots, t_r)^\top$ sei durch

$$t_k = [k \in T]$$

definiert. Der Vektor der gewöhnlichen erzeugenden Funktionen sei

$$\mathbf{f} = (F_1(z), \ldots, F_r(z))^\top \, .$$

Dann lautet die Gleichung (10.4) in Matrixform

$$\mathbf{f} = B\mathbf{f} + \mathbf{t}$$

oder mit der passenden Einheitsmatrix I

$$(I - B)\mathbf{f} = \mathbf{t}. \tag{10.5}$$

Nur auf der Hauptdiagonalen der Matrix $I - B$ stehen Polynome mit nichtverschwindenden Absolutgliedern. Folglich ist diese Matrix stets regulär und damit das Gleichungssystem (10.5) eindeutig lösbar. Die erste Komponente des Lösungsvektors, das heißt die Funktion $F_1(z)$, ist die erzeugende Funktion für die Anzahl der vom Automaten akzeptierten Wörter.

Für die Erkennung einer Sprache $\mathcal{L} \subseteq A^*$, die durch eine Menge $\mathcal{U}$ von verbotenen Unterwörtern bestimmt ist, ist es häufig einfacher, zunächst einen Automaten zu konstruieren, der genau die Wörter aus A^* akzeptiert, die einen Faktor aus $\mathcal{U}$ enthalten. Die Zustandsmenge S entspricht dabei den echten Präfixen von Wörtern aus $\mathcal{U}$ und einem Endzustand, der alle Wörter aus $\mathcal{U}$ repräsentiert. Es gilt $\phi(i, a) = j$, wenn j ein Suffix maximaler Länge von ia ist, das in S enthalten ist.

10.3.2 Die richtige Wahl der Sprache für ein kombinatorisches Problem

Das folgende Beispiel wird uns zeigen, dass die Wahl der Sprache für die Beschreibung eines gegebenen kombinatorischen Problems einen entscheidenden Einfluss auf die Komplexität des resultierenden Automaten besitzt.

Beispiel 10.8 (Irrfahrten mit Gedächtnislänge 4)

Irrfahrten im zweidimensionalen Gitter $\mathbb{Z}^2$, die niemals die vier zuletzt besuchten Punkte besuchen (Irrfahrten ohne Zyklen der Länge 2 oder 4 – Irrfahrten mit Gedächtnislänge 4), können durch Wörter über dem Alphabet $\{l, r, o, u\}$ beschrieben werden. Die Buchstaben stehen hierbei für die Richtungen der einzelnen Schritte, die jeweils um eine Einheit nach links (l), rechts (r), oben (o) oder unten (u) verlaufen.

Wenn keine Zyklen der Länge 2 auftreten dürfen, so sind die Faktoren $rl, lr,$ ou, uo verboten. Kreise der Länge 4 entsprechen den Unterwörtern

$$rolu, \, olur, \, luro, \, urol, \, rulo, \, ulor, \, loru, \, orul \; .$$

Damit ist die Menge der verbotenen Faktoren durch

$$\mathcal{U} = \{rl, \, lr, \, ou, \, uo, \, rolu, \, olur, \, luro, \, urol, \, rulo, \, ulor, \, loru, \, orul\}$$

bestimmt. Der Automat besitzt bereits 22 Zustände. Diese Zustände entsprechen der Präfixmenge

$$\{\varepsilon, l, r, o, u, lo, lu, ro, ru, ol, or, ul, ur, lor, lur, rol, rul, olu, oru, ulo, uro, U\}.$$

Hierbei verkörpert das Symbol U alle Wörter aus $\mathcal{U}$. Es gilt zum Beispiel

$$\phi(lu, l) = ul \; ,$$

da ul ein Suffix maximaler Länge des Wortes lul ist, das in S enthalten ist. Andererseits gilt

$$\phi(rul, o) = U \; ,$$

da $rulo$ durch das Symbol U repräsentiert wird. Abb. 10.3 zeigt den Graphen dieses Automaten. Der Startzustand wurde mit s bezeichnet, der Endzustand mit t. Es gibt von allen Zuständen mit Ausnahme des Startzustandes Übergänge in den Endzustand, die in der Abbildung jedoch nicht dargestellt sind. Die Lösung

Abb. 10.3 Ein Automat zum Zählen von Irrfahrten

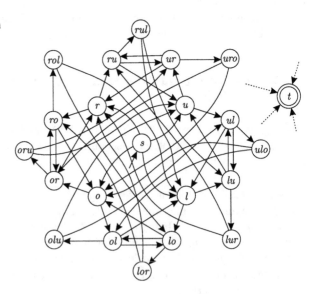

des Gleichungssystems (10.5) für diesen Automaten soll hier nicht näher beschrieben werden. Sie liefert die gesuchte erzeugende Funktion

$$F(z) = \frac{1 + 2z + 2z^2 + 3z^3}{1 - 2z - 2z^2 - z^3}$$

für die Anzahl aller Wörter über $\{l, r, o, u\}$, die keinen Faktor aus $\mathcal{U}$ enthalten. ∎

Eine einfachere Modellbildung für dieses Problem erhält man aus der folgenden Überlegung. Der erste Schritt einer Irrfahrt kann zunächst beliebig in eine der vier Richtungen verlaufen. Da Zyklen der Länge 2 verboten sind, kann jedoch der Folgeschritt nur geradeaus weiter (g), links um die Ecke (l) oder rechts um die Ecke (r) gehen. Damit lässt sich eine solche Irrfahrt (bis auf den Anfangsschritt) auch als ein Wort über dem Alphabet $\{g, l, r\}$ darstellen. Auch die Kreise der Länge 4 lassen sich jetzt einfacher darstellen. Sie entsprechen den verbotenen Faktoren rrr und lll. Dieser Automat besitzt nur noch sechs Zustände. Die Abb. 10.4 zeigt den Graphen dieses Automaten.

Die Übergangsfunktion geht aus der Automatentabelle 10.1 hervor. Die zweite Spalte dieser Tabelle zeigt das Präfix, das dem jeweiligen Zustand entspricht. Beim Aufstellen der erzeugenden Funktion ist zu beachten, dass dieser Automat genau die Wörter über dem Alphabet $\{g, l, r\}$ akzeptiert, welche die verbotenen Unterwörter lll oder rrr als Faktoren enthalten. Wir bestimmen zunächst die erzeugende Funktion für die von diesem Automaten akzeptierten Wörter. Es sei $F_1(z)$ die gewöhnliche erzeugende Funktion für die vom Zustand i akzeptierte Sprache. Die Gleichung (10.3) nimmt damit die folgende Gestalt an:

$$\mathcal{L}_1 = g\mathcal{L}_1 + l\mathcal{L}_2 + r\mathcal{L}_3$$
$$\mathcal{L}_2 = g\mathcal{L}_1 + l\mathcal{L}_4 + r\mathcal{L}_3$$

Abb. 10.4 Der verbesserte
Automat

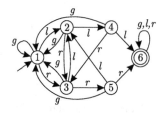

Tab. 10.1 Automatentabelle
für einen Automaten zum
Zählen von Irrfahrten der
Gedächtnislänge 4

	$a \in A$:	g	l	r
$x \in S$	Präfix		$\phi(x, a)$	
1	ε	1	2	3
2	l	1	4	3
3	r	1	2	5
4	l^2	1	6	3
5	r^2	1	2	6
6	l^3 oder r^3	6	6	6

$$\mathcal{L}_3 = g\mathcal{L}_1 + l\mathcal{L}_2 + r\mathcal{L}_5$$
$$\mathcal{L}_4 = g\mathcal{L}_1 + l\mathcal{L}_6 + r\mathcal{L}_3$$
$$\mathcal{L}_5 = g\mathcal{L}_1 + l\mathcal{L}_2 + r\mathcal{L}_6$$
$$\mathcal{L}_6 = (g + r + l)\mathcal{L}_6 + \varepsilon$$

Für die erzeugenden Funktionen lautet dieses System

$$F_1 = z(F_1 + F_2 + F_3)$$
$$F_2 = z(F_1 + F_3 + F_4)$$
$$F_3 = z(F_1 + F_2 + F_5)$$
$$F_4 = z(F_1 + F_3 + F_6)$$
$$F_5 = z(F_1 + F_2 + F_6)$$
$$F_6 = 3zF_6 + 1.$$

Die Lösung für $F_1(z)$ ist

$$F_1(z) = \frac{2z^3}{(1 - 3z)(1 - 2z - 2z^2 - z^3)} .$$

Da wir jedoch die Wörter der Sprache zählen wollen, die kein Unterwort aus $\{lll, rrr\}$ enthalten, bilden wir die Differenz zur Gesamtzahl aller Wörter über $\{g, l, r\}$:

$$\tilde{F}(z) = \frac{1}{1 - 3z} - F_1(z)$$
$$= \frac{1 + z + z^2}{1 - 2z - 2z^2 - z^3}$$

Die gesuchte erzeugende Funktion $F(z)$ für die Anzahl der Irrfahrten in $\mathbb{Z}^2$ mit Gedächtnislänge 4 erhalten wir aus $\tilde{F}(z)$ durch Hinzufügen des Anfangsschrittes in eine der vier Richtungen und durch Addition der leeren Irrfahrt:

$$F(z) = 4z\tilde{F}(z) + 1$$
$$= \frac{1 + 2z + 2z^2 + 3z^3}{1 - 2z - 2z^2 - z^3}$$
$$= 1 + 4z + 12z^2 + 36z^3 + 100z^4 + 284z^5 + 804z^6 + \cdots$$

Durch Zusammenfassen von Zuständen lässt sich dieser Automat weiter vereinfachen. Die Zustände, die den Präfixen r bzw. l entsprechen, können zu einem Zustand zusammengefasst werden, der symbolisiert, dass die Irrfahrt im letzten Schritt „um die Ecke" verlief. Ebenso können die Zustände rr und ll zusammengefasst werden. Die Abb. 10.5 zeigt den Graphen des resultierenden Automaten.

Hierbei ist die Deutung der Buchstaben l und r etwas anders. So kann l zum Beispiel interpretiert werden als ein Schritt um die Ecke, jedoch nicht unbedingt nach links, sondern in dieselbe Richtung wie im vorangegangenen Schritt.

Abb. 10.5 Der verbesserte
Automat in reduzierter Form

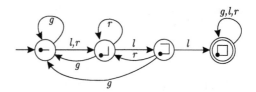

10.4 Reduktionen von Automaten

Die Bestimmung der erzeugenden Funktion für eine Sprache kann direkt aus dem Automatengraphen, ohne Lösung eines Gleichungssystems, durch *Reduktionen* bestimmt werden. Es sei $G = (V, E)$ ein Automatengraph, $s \in V$ der Anfangszustand, $T \subseteq V$ die Menge der Endzustände und $\psi : E \to \mathbb{Z}(z)$ eine Abbildung, die jedem Bogen $e \in E$ eine rationale Funktion $\psi_e(z)$ mit ganzzahligen Koeffizienten in einer komplexen Variablen z zuordnet. Die Funktion $\psi_e(z)$ einer Kante $e = (u, v)$ sei die gewöhnliche erzeugende Funktion für die Anzahl der Zustandsübergänge von u nach v. Wir können zunächst annehmen, dass $\psi_e(z) = z$ für alle Bögen des Graphen gilt. Diese Bewertung geht aus dem in Abschn. 10.3 eingeführten Automatengraphen hervor, in dem alle Buchstaben durch eine formale Zählvariable z ersetzt werden.

Die einfachste Reduktion ist die *Parallelreduktion*. Es seien $e = (u, v)$ und $f = (u, v)$ zwei Bögen von G mit gemeinsamen Anfangs- und Endknoten. Dann können die Bögen e und f durch einen neuen Bogen $g = (u, v)$ mit

$$\psi_g(z) = \psi_e(z) + \psi_f(z)$$

ersetzt werden. Abb. 10.6 zeigt die strukturelle Umformung des Graphen G bei einer Parallelreduktion. Die Bögen e und f können hierbei auch Schlingen sein.

Es sei $v \in V$ ein Knoten, in dem wenigstens je ein Bogen zu einem anderen Knoten beginnt und endet. $N(v)$ sei die Menge zu v adjazenten Knoten von G. Die *Knotenreduktion* bezüglich v ist eine Transformation des Graphen G in einen neuen Graphen G', der durch Entfernen von v aus G und Einfügen von Bögen zwischen Knoten aus $N(v)$ entsteht. Zwei Knoten $u, w \in N(v)$ werden genau dann durch einen neuen Bogen $g = (u, w)$ in G' verbunden, wenn in G zwei Bögen $e = (u, v)$ und $f = (v, w)$ existieren. Im Falle $u = w$ ist der neue Bogen g eine Schlinge. Für die Bewertung des Bogens g unterscheiden wir zwei Fälle:

1. Es gibt in G eine Schlinge $h = (v, v)$. Dann erhält der Bogen g die Bewertung

$$\psi_g(z) = \frac{\psi_e(z)\psi_f(z)}{1 - \psi_h(z)} .$$

Abb. 10.6 Die Parallelreduktion

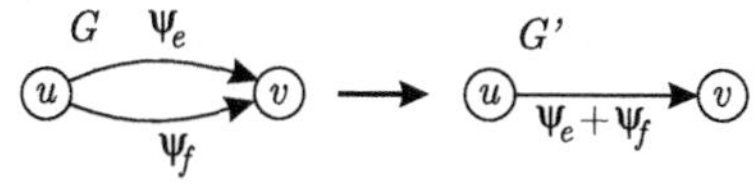

Abb. 10.7 Die Knotenreduktion mit Schlinge

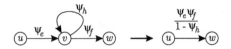

Sollten in G mehrere Schlingen an v existieren, so können diese zunächst durch
Parallelreduktion in eine einfache Schlinge überführt werden. Abb. 10.7 illustriert diese Reduktion.

2. Es gibt in G keine Schlinge am Knoten v. In diesem Falle lautet die Bewer-
tungsfunktion für den neuen Bogen g

$$\psi_g(z) = \psi_e(z)\psi_f(z) .$$

Die Begründung für diese Reduktion ergibt sich unmittelbar aus der kombinatorischen Bedeutung der ψ-Funktion. Eine Schlinge bewirkt eine Folge von Übergängen eines Zustandes in sich. Wenn ein einzelner Übergang durch die gewöhnliche
erzeugende Funktion $\psi(z)$ gegeben ist, so ist die erzeugende Funktion für die Folge
von Übergängen $\frac{1}{1-\psi(z)}$. Diese Konstruktion entspricht der Übersetzung des Kleene-
schen Sternoperators.

Durch wiederholte Anwendung der beiden Reduktionen lässt sich ein Automat
mit genau einem Endzustand zu einem einfachen Bogen $e = (u, v)$ mit den beiden
Endknoten u und v reduzieren. Die resultierende erzeugende gewöhnliche Funktion
für die vom Ausgangsautomaten akzeptierte Sprache ist $\psi_e(z)$. Befindet sich in
u zusätzlich eine Schlinge f und in v eine Schlinge g, so lautet die erzeugende
Funktion

$$F(z) = \frac{\psi_e(z)}{(1 - \psi_f(z))(1 - \psi_g(z))}. \tag{10.6}$$

Ist nur eine der beiden Schlingen vorhanden, so entfällt der entsprechende Term
der anderen Schlinge im Nenner der erzeugenden Funktion. Das folgende Beispiel
illustriert die Anwendung der Reduktionen.

Beispiel 10.9 (Automatenreduktion)

Der gegebene Automatengraph ist in Abb. 10.8 dargestellt. Dieser Graph resultiert aus dem Automaten nach Beispiel 10.8, wobei jetzt alle Buchstaben durch
die Variable z ersetzt wurden.

Als erste Reduktion entfernen wir den Knoten 5. Über diesen laufen drei Wege, nämlich von 3 nach 2, von 3 nach 1 und von 3 nach 6. Wir erhalten damit

Abb. 10.8 Automat mit
erzeugenden Funktionen für
die Übergänge

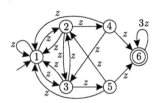

Abb. 10.9 Automat nach der
ersten Knotenreduktion

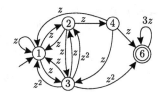

Abb. 10.10 Automat nach
der Parallelreduktion

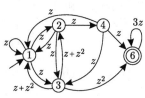

Abb. 10.11 Zweite Knotenreduktion

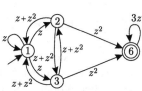

drei neue Bögen im reduzierten Graphen, dargestellt in Abb. 10.9. Die Parallelreduktion kann nun zweimal ausgeführt werden. Das Ergebnis zeigt Abb. 10.10.

Nach der Reduktion von Knoten 4 können ebenfalls Parallelreduktionen ausgeführt werden. Das Ergebnis sieht dann wie in Abb. 10.11 aus.

Die Elimination von Knoten 3 bereitet etwas mehr Mühe, da über diesen Knoten sechs Wege verlaufen. Es entstehen hierbei Schlingen an den Knoten 1 und
2, siehe Abb. 10.12.

Nach der Reduktion von Knoten 2 verbleibt schließlich ein Restgraph, der in
Abb. 10.13 gezeigt wird.

Die Bewertung der Bögen ist durch

$$g = \frac{(z + z^2 + z^3)(z + 2z^2 + 2z^3 + z^4)}{1 - z^2 - 2z^3 - z^4}$$

und

$$h = \frac{z(z + z^2 + z^3)^2}{1 - z^2 - 2z^3 - z^4} + z^3$$

Abb. 10.12 Dritte Knotenreduktion

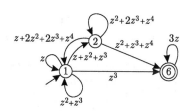

Abb. 10.13 Verbleibender
Automat nach den Reduktionen

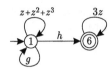

bestimmt. Nach (10.6) erhalten wir die erzeugende Funktion

$$F(z) = \frac{2z^3}{(1 - 3z)(1 - 2z^2 - 2z^3 - z^4)} \; .$$

Dieses Ergebnis ist uns bereits aus der vorhergehenden Rechnung bekannt.   ■

10.5   Unendliche Automaten

Die Reduktionstechnik gestattet auch die Untersuchung von *unendlichen Automa-*
ten. Das sind Automaten, für welche die Zustandsmenge unendlich ist. Um die
Anzahl aller Wörter über dem Alphabet $\{a, b\}$, die gleich häufig den Buchstaben
a und b enthalten, zu bestimmen, verwenden wir einen Automaten mit unendlich
vielen Zuständen. Der Graph dieses Automaten ist in Abb. 10.14 dargestellt.
    Hier ist der Startzustand gleich dem Endzustand. Das leere Wort erfüllt sicher
die in der Aufgabe gestellte Bedingung. Ein a führt uns zunächst einen Schritt
vom Endzustand weg. Durch ein b gelangen wir zurück; ein weiteres a führt einen
Schritt weiter vom Endzustand weg. Der Abstand in Schritten vom Endzustand entspricht der Differenz der Buchstabenanzahlen. In der oberen Kette überwiegt a, in
der unteren b. Für die Bestimmung der erzeugenden Funktion für die von diesem
Automaten akzeptierte Sprache leisten wieder die oben eingeführten Reduktionen
gute Dienste. Für einen Augenblick verwandeln wir den Automaten in einen endlichen Automaten mit zum Beispiel je vier Zuständen in der oberen und unteren
Kette sowie einem Anfangszustand, der zugleich auch der Endzustand ist. Beginnt
man man die Reduktion jeweils am Ende der Ketten, so erhält man schnell die erzeugende Funktion

$$F(z) = \cfrac{1}{1 - \cfrac{2z^2}{1 - \cfrac{z^2}{1 - \cfrac{z^2}{1 - \cfrac{z^2}{1 - z^2}}}}}$$

$$= \frac{1 - 4z^2 + 3z^4}{1 - 6z^2 + 9z^4 - 2z^6}$$

$$= 1 + 2z^2 + 6z^4 + 20z^6 + 70z^8 + 252z^{10} + \cdots$$

Die Reduktion eines Endknotens mit einer Schlinge e an einer der beiden Ketten
erzeugt jeweils am vorhergehenden Knoten eine Schlinge der Bewertung

$$\frac{z^2}{1 - \psi_e(z)} \; .$$

Abb. 10.14 Ein unendlicher
Automat

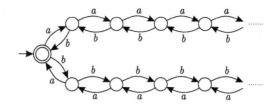

Damit erhalten wir für den unendlichen Automaten den unendlichen *Kettenbruch*

$$G(z) = \cfrac{1}{1 - \cfrac{2z^2}{1 - \cfrac{z^2}{1 - \cfrac{z^2}{1 - \frac{z^2}{1 - \cdots}}}}}$$

als erzeugende Funktion. Dieser Kettenbruch lässt sich in der Form

$$G(z) = \frac{1}{1 - 2H(z)}$$

mit

$$H(z) = \cfrac{z^2}{1 - \cfrac{z^2}{1 - \cfrac{z^2}{1 - \frac{z^2}{1 - \cdots}}}}$$

darstellen. Der Kettenbruch $H(z)$ erfüllt die Rekurrenzgleichung

$$H(z) = \frac{1}{1 - H(z)} \,,$$

woraus

$$H(z) = \frac{1}{2} - \sqrt{\frac{1}{4} - z^2}$$

folgt. Damit erhalten wir die gesuchte erzeugende Funktion

$$G(z) = \frac{1}{\sqrt{1 - 4z^2}} = \sum_{n \geq 0} \binom{2n}{n} z^{2n} \,.$$

Das Ergebnis, $\binom{2n}{n}$, für die Anzahl der Wörter der Länge $2n$, die genau n mal den Buchstaben a enthalten, ist wenig überraschend. Wir können es mit den elementaren Mitteln aus dem ersten Kapitel leicht nachprüfen.

10.5.1 Ein Automat für Mengenpartitionen

Die aus unendlichen Automaten resultierenden erzeugenden Funktionen sind jedoch nicht immer algebraisch. Betrachten wir dazu einen Automaten zum Zählen aller Partitionen einer Menge. Es sei Π_n die Menge aller Partitionen der Menge

Abb. 10.15 Ein Automat für
Partitionen einer Menge

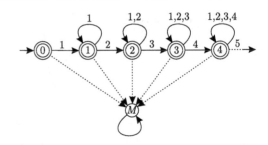

$M = \{1, \ldots, n\}$. Einer Partition $\pi \in \Pi_n$ kann eindeutig ein Wort $w \in M^*$ zugeordnet werden. Dazu ordnen wir die Elemente jedes Blockes von π aufsteigend.
Anschließend ordnen wir die Blöcke von π aufsteigend nach dem ersten darin ent-
haltenen Element. Nun setzen wir $w_i = k$ genau dann, wenn das Element i im
k-ten Block von π liegt.

Beispiel 10.10 (Die kanonische Darstellung von Partitionen)
Als kanonische Darstellung der Partition $\{3, 5, 8\}, \{7, 2\}, \{6, 1, 9, 4\} \in \Pi_9$ erhalten wir

$$\{1, 4, 6, 9\}, \{2, 7\}, \{3, 5, 8\}\,.$$

Das zugeordnete Wort ist $w = 123131231$. ∎

Jedes Wort, das auf diese Weise entsteht, ist *beschränkt wachsend*, das heißt, es
gilt $w_1 = 1$, und für $i = 2, \ldots, n$ ist die Relation

$$w_i \leq \max\{w_1, \ldots, w_{i-1}\} + 1$$

erfüllt. Umgekehrt entspricht auch jedem beschränkt wachsenden Wort der Länge
n eindeutig eine Partition von Π_n. Eine ausführliche algorithmische Beschreibung
dieser Konstruktion ist in dem Buch von Stanton und White (1986) zu finden. Wir
entwerfen nun einen Automaten, der die Sprache $\mathcal{M}$ aller beschränkt wachsenden
Wörter beliebiger Länge erkennt. Abb. 10.15 zeigt diesen Automaten. Der Automat
besitzt unendlich viele Endzustände und einen *Müllzustand*, hier mit M bezeichnet,
der alle Wörter aufsammelt, die nicht beschränkt wachsend sind. Wenn der Automat
einmal in diesem Zustand ist, so verbleibt er bei jedem weiteren Input dort. Im
Gegensatz zu einem Endzustand akzeptiert der Müllzustand jedoch nicht das leere
Wort. Daraus folgt

$$F_{\text{Müll}}(z) = 0\,.$$

Damit ist dieser Zustand in keiner Gleichung enthalten. Wir könnten ihn somit auch
aus dem Automaten entfernen. Dann würde jedoch ein Automat mit *unvollständi-
gen Zustandsübergängen* (oder ein *nichtdeterministischer Automat*) entstehen. Der
hier eingeführte Müllzustand vermeidet die Notwendigkeit einer Erweiterung des
Automatenbegriffs. Aus dem verbleibenden Automaten folgt

$$F_0(z) = z F_1(z) + 1$$
$$F_1(z) = z F_1(z) + z F_2(z) + 1$$

$$F_2(z) = 2z F_2(z) + z F_3(z) + 1$$
$$F_3(z) = 3z F_3(z) + z F_4(z) + 1$$
$$F_4(z) = 4z F_4(z) + z F_5(z) + 1$$

$$\cdots$$

Damit ergibt sich für F_0

$$F_0(z) = 1 + \cfrac{z + z \cfrac{z + z \cfrac{z + z \cfrac{z + z \cfrac{z + z \cfrac{z \cdots}{1 - 6z}}{1 - 5z}}{1 - 4z}}{1 - 3z}}{1 - 2z}}{1 - z}$$
$$= 1 + z + 2z^2 + 5z^3 + 15z^4 + 52z^5 + 203z^6 + \cdots$$

Die Koeffizienten der Reihenentwicklung des Kettenbruchs sind die Bell-Zahlen $B(n)$.

10.5.2 Partitionen natürlicher Zahlen

Partitionen einer natürlichen Zahl lassen sich als monoton nichtfallende Folgen darstellen. So ist zum Beispiel $(1, 1, 1, 2, 2, 3, 4, 4, 7)$ eine Partition von 25. Zählen wir zunächst alle Partitionen, deren Teile nicht größer als 3 sind. Diese Arbeit leistet der folgende endliche Automat.

Die Darstellung dieses Automaten, illustriert in Abb. 10.16, weist einige Besonderheiten auf. Der Müllzustand, der alle Folgen einsammelt, die keiner Zahlpartition entsprechen, existiert auch hier. Er wurde jedoch im Automatengraphen nicht dargestellt. Als „Buchstaben" des Alphabetes verwenden wir hier nicht die natürlichen Zahlen $1, 2, 3, \ldots$, sondern die gewöhnlichen erzeugenden Funktionen $z, z^2, z^3, \ldots$ dieser Zahlen. Der Grund dafür ist einfach: Bisher haben wir stets die Buchstaben des Alphabetes durch eine formale Zählvariable z substituiert. Das ist jedoch nur so lange richtig, wie jeder Buchstabe mit dem *Gewicht* 1 in die Länge des Wortes eingeht. Im Falle der Partitionen einer Zahl entspricht das Gewicht der Zahl selbst. Die Bestimmung der erzeugenden Funktion für die Anzahl der Partitionen mit den Teilen 1, 2, 3 ist einfach. Für den letzten Zustand folgt

$$F_3(z) = \frac{1}{1 - z^3} .$$

Abb. 10.16 Ein Automat für Partitionen einer natürlichen Zahl

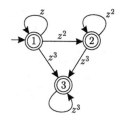

Betrachten wir den Zustand 2 zunächst als isolierten Endzustand, so erhalten wir

$$\tilde{F}_2(z) = \frac{1}{1 - z^2} \ .$$

Da jedoch aus diesem Zustand auch ein Übergang in den Zustand 3 möglich ist, folgt

$$F_2(z) = \left(1 + z^3 F_3(z)\right) \tilde{F}_2(z)$$
$$= \frac{1}{(1 - z^2)(1 - z^3)}.$$

Auf analoge Weise folgt schließlich

$$F_1(z) = \frac{1}{(1 - z)(1 - z^2)(1 - z^3)} \ .$$

Der Übergang zu einem unendlichen Automaten liefert die bekannte erzeugende Funktion für die Anzahl aller Partitionen einer Zahl:

$$F(z) = \prod_{n \geq 1} \frac{1}{1 - z^n}$$

10.6 Erzeugende Funktionen in mehreren Variablen und mit Parametern

Durch Einführung von *Parametern* in eine erzeugende Funktion kann ein endlicher Automat auch genutzt werden, um die Anzahl aller Wörter der Länge n einer formalen Sprache $\mathcal{L}$ zu bestimmen, die genau (höchstens, mindestens) k-mal ein bestimmtes Unterwort enthalten oder genau k-mal einen bestimmten Buchstaben besitzen. Ein gegebener Buchstabe $a \in A$ des Alphabetes A kann in der gewöhnlichen erzeugenden Funktion identifiziert werden, wenn wir diesen Buchstaben durch das Produkt xy, alle anderen Buchstaben jedoch durch die Zählvariable x ersetzen. Der Koeffizient vor $x^k y^l$ in der resultierenden erzeugenden Funktion

$$F(x, y) = \sum_{k \geq 0} \sum_{l \geq 0} x^k y^l$$

liefert dann die Anzahl aller Wörter der Länge k, in denen der Buchstabe a genau l-mal vorkommt.

Beispiel 10.11 (Automaten mit multivariaten erzeugenden Funktionen)
Wie viel Wörter mit n Buchstaben über dem Alphabet $\{A, C, G, T\}$ enthalten genau k-mal den Buchstaben T und besitzen keines der Unterwörter $GCAT$ und $GCCA$?

Abb. 10.17 Ein Automat für
DNA-Sequenzen

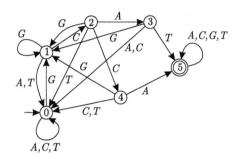

Abb. 10.17 zeigt den Graphen eines Automaten, der alle Wörter über dem Alphabet $\{A, C, G, T\}$ akzeptiert, die eines der Unterwörter $GCAT$ oder $GCCA$ enthalten. Das Ersetzen von T durch xy und von A,C,G durch x liefert, nach Lösung des entsprechenden Gleichungssystems, die erzeugende Funktion

$$F(x, y) = \frac{1}{1 - 3x - xy + x^4 + x^4 y} \, .$$

Der Koeffizient vor $x^{15} y^5$ sagt uns, dass es 164 798 715 Wörter der Länge 15 mit 5 T's ohne ein Unterwort der Form $GCAT$ oder $GCCA$ gibt.   ■

Wenn ein gegebenes Unterwort in einer bestimmten Häufigkeit in einem Wort auftreten soll, so ist eine andere Konstruktion erforderlich.

Beispiel 10.12 (Ein skalierbarer Automat)
Wie viel Wörter der Länge n über dem Alphabet $\{a, b\}$ enthalten das Unterwort aba mindestens k-mal?

Dieses Problem ist mit einem Automaten mit $3k + 1$ Zuständen zu lösen. Die Abb. 10.18 zeigt die Struktur dieses Automaten. Wie können wir die erzeugende Funktion bestimmen, wenn der Parameter k zunächst unbekannt ist? Die erzeugende Funktion für den Endzustand (für die vom Endzustand akzeptierte Sprache) ist

$$G(z) = \frac{1}{1 - 2z} \, ,$$

da dieser Zustand jedes Wort über $\{a, b\}$ akzeptiert. Der Automat lässt sich in *Teilautomaten* der folgenden Form zerlegen, siehe Abb. 10.19.

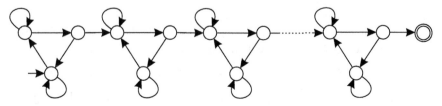

Abb. 10.18 Ein skalierbarer Automat

Abb. 10.19 Ein Teilautomat

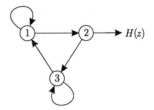

Unter der Annahme, dass $H(z)$ bekannt ist, folgt für diesen Automaten

$$F_1(z) = \frac{z^2(1-z)}{1 - 2z + z^2 - z^3} H(z),$$

$$F_3(z) = \frac{z^3}{1 - 2z + z^2 - z^3} H(z).$$

Schließlich erhalten wir durch Zusammensetzen der Teilautomaten die gesuchte erzeugende Funktion

$$F(z) = F_3(z) F_1^{k-1}(z) G(z)$$
$$= \frac{(z^2 - z^3)^{k-1} z^3}{(1 - 2z)(1 - 2z + z^2 - z^3)^k}.$$

$\blacksquare$

Um die Frage nach der Anzahl der Wörter, die ein gegebenes Unterwort höchstens oder genau k-mal enthalten, zu beantworten, gibt es zwei Möglichkeiten. Wir können geeignete Differenzen bilden oder den vorgestellten Automaten durch Vorgabe anderer Endzustände geeignet modifizieren (Vertauschen von End- und Nichtendzuständen).

Aufgaben

10.1 Konstruiere einen Automaten, der gültige Klammerausdrücke über dem Alphabet $\{(,)\}$ zählt. Das sind Sequenzen von Klammern mit gleich vielen öffnenden und schließenden Klammern, sodass beim Lesen der Sequenz von links nach rechts niemals mehr schließende als öffnende Klammern vorkommen.

Wie heißt die gewöhnliche erzeugende Funktion für die Anzahl der gültigen Klammerfolgen der Länge n?

10.2 Wie heißt die gewöhnliche erzeugende Funktion für die Anzahl der verschiedenen Wörter der Länge n über dem Alphabet $\{a, b, c\}$, welche keines der Unterwörter abc, bca oder cab enthalten?

10.3 Wie heißt die gewöhnliche erzeugende Funktion für die Menge aller Wege im Gitter $\{0, 1\} \times \mathbb{N}$, die im Punkt $(0, 1)$ beginnen?

10.4 Wie müssen wir den Automaten aus Abb. 10.15 verändern, damit er Mengenpartitionen mit höchstens drei Blöcken zählt? Wie heißt die gewöhnliche erzeugende Funktion?

10.5 Beschreibe die Menge aller Wörter über dem Alphabet $A = \{a_1, \ldots, a_n\}$, $n \geq 2$, die wenigstens einmal zwei aufeinanderfolgende gleiche Buchstaben enthalten, durch einen *eindeutigen* regulären Ausdruck und bestimme die erzeugende Funktion der Sprache $\mathcal{L} \subseteq A^*$, die aus allen Wörtern *ohne* aufeinanderfolgende gleichartige Buchstaben besteht.

10.6 Wie viel Wörter der Länge n über dem Alphabet $\{a, b, c, d\}$ enthalten keines der verbotenen Unterwörter ab, bc, cd, da?

Ausblicke

11

Zum Abschluss möchten wir noch einige Methoden, Probleme und Anwendungen der enumerativen Kombinatorik aufzeigen, die in diesem Buch leider keinen Platz finden konnten.

Algebraische Strukturen in der Kombinatorik

Wir haben gesehen, dass erzeugende Funktionen ein außerordentlich leistungsfähiges Werkzeug der Kombinatorik bilden. Der Grund dafür liegt in der Übertragbarkeit algebraischer Operationen mit Potenzreihen auf Operationen mit kombinatorischen Objekten. So lässt sich zum Beispiel die gewöhnliche erzeugende Funktion einer Folge von kombinatorischen Objekten, deren erzeugende Funktion $F(z)$ ist, durch

$$\frac{1}{1 - F(z)}$$

darstellen. Viele andere algebraische Strukturen können ebenfalls mit Erfolg in der enumerativen Kombinatorik eingesetzt werden. Dazu gehören Symmetriegruppen und geordnete Mengen, speziell auch Verbände.

Als Beispiel im Abschnitt über unendliche Automaten haben wir einen *Kettenbruch* gesehen. In der Tat leisten Kettenbrüche weitaus mehr. Sie können Bäume mit gegebenen Nebenbedingungen, Gitterwege, Wörter und andere Objekte zählen. Zahlreiche Beispiele dafür findet man im Kap. 5 des Buches von Goulden und Jackson (1983) oder im Abschn. V.4 bei Flajolet und Sedgewick (2009).

Die *Determinante* haben wir bereits beim Zählen von Spannbäumen kennengelernt. Determinanten haben jedoch außerordentlich viel mehr Anwendungen in der Kombinatorik. Das Faszinierende an der Determinante einer Matrix ist, dass sie einerseits als Volumenfunktion definiert ist, woraus sich ihre Multilinearität und schließlich ihre effiziente Berechenbarkeit ergibt. Andererseits ist die Determinante einer Matrix $A = (a_{ij})_{n,n}$ durch

$$\det A = \sum_{\pi \in S_n} \operatorname{sgn}(\pi) \prod_{i=1}^{n} a_{i,\pi_i}$$

als Summe über Permutationen aus S_n definiert und erhält damit eine kombinatorische Interpretation. Eines der schönsten klassischen Ergebnisse, gefunden von Kasteleyn (1961), ist eine Formel zur Bestimmung der Anzahl der Überdeckungen eines Schachbrettes vom Format $m \times n$ mit Dominosteinen der Größe 2×1:

$$2^{\frac{mn}{2}} \prod_{i=1}^{\frac{m}{2}} \prod_{j=1}^{\frac{n}{2}} \left[\cos^2 \left(\frac{i\pi}{m+1} \right) + \cos^2 \left(\frac{j\pi}{n+1} \right) \right]$$

Diese Beziehung entsteht tatsächlich durch Berechnung einer Determinante, die ihrerseits aus einer Pfaffschen Determinante hervorgeht. Eine weitere hübsche Anwendung der Determinante liefert das Lemma von Lindström, Gessel und Viennot zur Zählung von sich nicht schneidenden Gitterwegen, siehe auch Aigner und Ziegler (2010).

Weitere, zum Beispiel in der Optimierung und Systemanalyse sehr nützliche, algebraische Strukturen sind *Semiringe* und *Dioide*. Sie finden unter anderem bei der Bestimmung eines kürzesten Weges in Graphen Anwendung. Man kann sie jedoch auch zum Zählen von Wegen einsetzen. Ein noch teilweise offenes Problem ist hierbei die effiziente Verarbeitung unter Beachtung der *Idempotenz*, siehe auch Gondran und Minoux (2008).

Eine genaue Betrachtung aller hier vorgestellten Anzahlprobleme zeigt, dass nicht die jeweilige konkrete Menge wesentlich für die Anzahlbestimmung ist. Alles, was wir durch Bijektionen aufeinander abbilden können, liefert die gleiche Anzahlfolge und dieselbe erzeugende Funktion. Allgemeiner genügen Abbildungen, die Relationen zwischen Objekten erhalten (Morphismen). Damit ist ein weiterer, sehr moderner Zugang zur enumerativen Kombinatorik über die *Kategorientheorie* möglich. Man spricht in diesem Zusammenhang von kombinatorischen Spezies, siehe auch Bergeron, Labelle und Leroux (1998).

Analytische und zahlentheoretische Methoden

Neben den verschiedenen algebraischen Methoden sind analytische Werkzeuge, insbesondere aus der Funktionentheorie, sehr wertvoll für die Kombinatorik. Damit gelingt es, aus erzeugenden Funktionen Aussagen über das asymptotische Wachstum der Folge der Koeffizienten abzuleiten. Eines der schönsten Ergebnisse auf diesem Gebiet ist die von Hardy, Ramanujan und Rademacher gefundene asymptotische Formel für die Anzahl der Partitionen einer natürlichen Zahl n, siehe auch Andrews (1976).

Neben analytischen Methoden sind für viele Probleme der Kombinatorik Ideen aus der Zahlentheorie eine wesentliche Unterstützung. Wir haben im Kapitel über Symmetriegruppen den Einsatz der Eulerschen Phi-Funktion zur Bestimmung des Zyklenzeigers einer Gruppe kennengelernt. Die Verwandtschaft von Zahlentheorie und Kombinatorik ist jedoch viel weiter reichend. Sie kommt automatisch ins Spiel, wenn Teilbarkeitseigenschaften für die Anzahlbestimmung kombinatorischer Objekte eine Rolle spielen. So findet man auch in Büchern zur Zahlentheorie die Partitionsanzahlfunktion $p(n)$, da sie in einer engen Beziehung zur Teilersummenfunktion steht.

Geometrie

Eine Gleichung der Form

$$a_1x_1 + a_2x_2 + \cdots + a_nx_n = b \quad \text{oder kurz} \quad \mathbf{ax} = b$$

beschreibt eine Hyperebene im $\mathbb{R}^n$. Dann bildet die Lösungsmenge der Ungleichung $\mathbf{ax} \leq b$ einen Halbraum im $\mathbb{R}^n$. Durch den Schnitt von k verschiedenen Halbräumen ergibt sich (unter geeigneten Voraussetzungen) ein konvexes Polyeder. Die Frage nach der Anzahl der ganzzahligen Punkte im Inneren des Polyeders liefert eine interessante Verbindung zwischen Kombinatorik, linearer Algebra und Geometrie. In der Tat lassen sich viele Probleme der enumerativen Kombinatorik, wie zum Beispiel das im zweiten Kapitel vorgestellte Münzwechselproblem, in dieser geometrischen Sprache formulieren.

Ein anderes Problem in diesem Zusammenhang ist die Bestimmung der Anzahl der d-dimensionalen Seitenflächen eines gegebenen n-dimensionalen Polyeders. Hier spielen unter anderem die *Euler-Charakteristik* und weitere Werkzeuge der diskreten Topologie eine Rolle. Auch die uns bereits bekannte Möbius-Funktion erlangt auf diese Weise eine zusätzliche Interpretation in der Topologie, siehe auch Stanley (1997).

Zahlenfolgen im Internet

Eine große Hilfe für die Lösung von Problemen der enumerativen Kombinatorik ist die im Internet zu findende *On-Line Encyclopedia of Integer Sequences – OEIS*, siehe http://oeisf.org/. Das ist eine Datenbank, die bereits über 200.000 ganzzahlige Folgen enthält. Sie wurde ursprünglich von Neil J. A. Sloane in Buchform publiziert, ist aber nun als Datenbank viel einfacher zu durchsuchen. Wenn man zum Beispiel für ein schwieriges kombinatorisches Problem nur die ersten sieben Zahlen einer Anzahlfolge bestimmen kann, so kann man in der OEIS-Datenbank nach einer Folge mit diesen Anfangszahlen suchen. Mit ein bisschen Glück ist die Folge bereits in der OEIS enthalten (und es gibt keine oder wenige weitere Folgen mit demselben Beginn). Dann erhält man meist viele nützliche Informationen: weitere Glieder der Folge, erzeugende Funktionen, Programme, Formeln, kombinatorische Interpretationen und (vielleicht am wichtigsten) Literaturverweise zu dem Problem.

Computeralgebra

Für den praktisch arbeitenden Kombinatoriker ist ein Computeralgebrasystem wie *Maple* oder das freie (GNU) Programm *Maxima* eine wichtige Hilfe. Viele Prozesse im Umgang mit erzeugenden Funktionen (Potenzreihen) oder endlichen Automaten lassen sich damit automatisieren. Nicht zuletzt liefern einige konkrete Ergebnisse oft Hinweise für eine Beweisführung. Zusätzlich findet man in vielen Computeralgebrasystemen bereits fertige Bibliotheken für Teilprobleme der Kombinatorik, zum Beispiel für Permutationsgruppen, Graphenoperationen und Graphenpolynome.

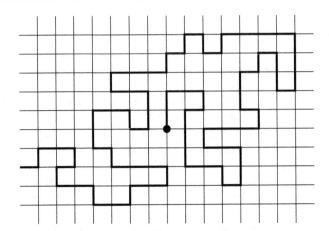

Abb. 11.1 Eine selbstvermeidende Irrfahrt in $\mathbb{Z}^2$

Offene Probleme

Als Anregung für weiteres Nachdenken stellen wir hier einige der härtesten offenen Probleme der enumerativen Kombinatorik vor. Das erste Problem ist die Bestimmung der Anzahl der selbstvermeidenden Irrfahrten in einem Gitter $\mathbb{Z}^d$ der Dimension d. Das sind ganz einfach Wege entlang der Kanten des Gitters, die im Ursprung starten. Gesucht ist die Anzahl der Gitterwege der Länge n. Abb. 11.1 zeigt ein Beispiel für eine selbstvermeidende Irrfahrt in einem zweidimensionalen Gitter. Nach unserem letzten Wissensstand kennt man derzeit die Anzahl der Gitterwege in $\mathbb{Z}^d$ bis zur Länge 71. Eine analytische Lösung für das Problem ist jedoch nicht in Sicht.

Als zweites Problem betrachten wir das Zählen von endlichen Halbgruppen. Eine *Halbgruppe* ist eine Menge M zusammen mit einer auf M definierten assoziativen Operation. Die Frage ist nun ganz einfach: Wie viel verschiedene Halbgruppen mit n Elementen gibt es? So schlicht diese Frage auch erscheinen mag; man kennt gerade mal die ersten zehn Zahlen dieser Anzahlfolge. Eine Halbgruppe ist durch ihre *Multiplikationstafel* bestimmt, die für je zwei Elemente das Produkt angibt. Für eine Halbgruppe der Ordnung 2 kann diese zum Beispiel so aussehen:

$\circ$	a	b
a	a	a
b	a	b

Natürlich erscheint es sinnvoll, alle Tabellen, die sich nur durch Permutation der Elemente der Halbgruppe unterscheiden, als identisch anzusehen. Das macht jedoch das Zählen auch nicht leichter. Wenn man versucht, dieses Problem zu lösen, so bemerkt man schnell, dass uns noch das tiefe Verständnis für die scheinbar einfache Eigenschaft der Assoziativität fehlt.

Ein letztes offenes Problem resultiert aus dem Lottospiel. Es ist sehr leicht, die Anzahl der verschiedenen Tipps bei der Ziehung „6 aus 49" mithilfe des Binomial-koeffizienten zu berechnen. Ungleich schwieriger und bis heute noch offen ist die Frage: Wie viel Tipps muss man mindestens bei der Lotterie „6 aus 49" abgeben, um garantiert einen Dreier zu gewinnen? Für diese gesuchte Anzahl kennt man (bis heute) nur sehr vage untere (87) und obere (163) Schranken, die noch viele Möglichkeiten für den wahren Wert offen lassen, siehe auch Colbourn und Dinitz (2006).

Hinweise zur Literatur

Einige Hinweise zum weiteren Studium der Kombinatorik. Ein Werk, das in keinem Bücherregal eines Kombinatorikers fehlen sollte, sind die beiden Bände von Richard Stanley (Stanley, 1997, 1999). Wem das zu schwierig erscheint, der sollte vielleicht mit Wilf (1994) beginnen. Wer einen tieferen Einblick in die Graphentheorie erlangen möchte, dem seien die Bücher von Bondy und Murty (2008) oder West (2000) empfohlen. Viele der hier vorgestellten Verfahren zum Umgang mit erzeugenden Funktionen können als Spezialfall von kombinatorischen Spezifikationen und zulässigen Konstruktionen kombinatorischer Objekte betrachtet werden. Eine sehr schöne verallgemeinernde Übersicht dazu bieten die ersten beiden Kapitel des Buches von Flajolet und Sedgewick (2009). Wer sich mehr für Summen und Rekurrenzgleichungen interessiert, sollte die Werke von Graham, Knuth und Patashnik (1991) sowie Petkovšek, Wilf und Zeilberger (1996) lesen. Den Einstieg in die analytischen Methoden bilden die Bücher von Wilf (1994) bzw. Flajolet und Sedgewick (2009).

Lösungen der Aufgaben

Lösungen zu Kap. 1

1.1   Wir betrachten eine Multimenge der Form $X = \{a_1, \ldots, a_n, |, \ldots, |\}$, wobei $\{a_1, \ldots, a_n\}$ die Menge der Objekte ist und $|$ eine Trennwand symbolisiert, die den Übergang von der i-ten zur $(i + 1)$-ten Box kennzeichnet. Es gibt genau $k - 1$ solcher Trennsymbole in X. Jede Verteilung mit den geforderten Eigenschaften kann nun bijektiv einer Permutation von X zugeordnet werden. Folglich gibt es

$$\frac{(n + k - 1)!}{(k - 1)!} = n! \binom{n + k - 1}{k - 1}$$

mögliche Verteilungen.

1.2   Es gilt

$$\sum_{X \subseteq A} |X| = \sum_{k=0}^{n} \binom{n}{k} k = \sum_{k=0}^{n} \frac{n! \, k}{k!(n - k)!}$$

$$= \sum_{k=1}^{n} \frac{n!}{(k - 1)!(n - k)!} = n \sum_{k=1}^{n} \frac{(n - 1)!}{(k - 1)!(n - k)!}$$

$$= n \sum_{k=1}^{n} \binom{n - 1}{k - 1} = n \sum_{k=0}^{n-1} \binom{n - 1}{k} = n 2^{n-1} \, .$$

1.3   **Erste Lösungsmöglichkeit:** Wir nehmen zunächst an, dass die k Personen nicht unterscheidbar sind. Bezeichnen wir eine Person mit dem Buchstaben P und einen leeren Platz mit dem Buchstaben L, so suchen wir jetzt die Anzahl aller zirkulären (auf dem Kreis angeordneten) Wörter mit n Buchstaben, die k-mal den Buchstaben P enthalten, sodass nie zwei P nebeneinander auftreten. Im Unterschied zu üblichen, linear angeordneten Wörtern kann jetzt ein doppeltes P auch auftreten, wenn am Anfang und Ende der Buchstabenfolge ein P steht. Die Anzahl der linearen Wörter, die die obige Bedingung

© Springer-Verlag GmbH Deutschland, ein Teil von Springer Nature 2019
P. Tittmann, *Einführung in die Kombinatorik*, https://doi.org/10.1007/978-3-662-58921-2

erfüllen, ist

$$\binom{n-k+1}{k}.$$

Wenn in einem solchen Wort der erste und letzte Buchstabe ein P ist, so muss der zweite und vorletzte ein L sein. Streichen wir diese vier Buchstaben, so verbleibt ein zulässiges lineares Wort der Länge $n-4$, das $(k-2)$-mal den Buchstaben P enthält. Folglich ist die Gesamtzahl der zirkulären Wörter der Länge n mit k-mal dem Buchstaben P gleich

$$\binom{n-k+1}{k} - \binom{n-k-1}{k-2}.$$

Da die k Personen jedoch unterscheidbar sind, erhalten wir insgesamt

$$\left[\binom{n-k+1}{k} - \binom{n-k-1}{k-2}\right]k! = n\frac{(n-k-1)!}{(n-2k)!} = \frac{n}{n-k}(n-k)^{\underline{k}}$$

Anordnungen. Für $n=12$ und $k=5$ erhalten wir 4320.

Zweite Lösungsmöglichkeit: Wir zeichnen zunächst einen festen Punkt am Tisch aus. An diese markierte Stelle können wir einen leeren Stuhl stellen oder einer Person platzieren. Stellen wir zunächst einen leeren Stuhl an diese Stelle. Die verbleibenden $n-k-1$ Stühle stellen wir irgendwo am Tisch auf. Damit entstehen insgesamt $n-k$ Lücken zwischen je zwei Stühlen, auf die wir die k Personen verteilen können. Dafür gibt es $(n-k)^{\underline{k}}$ Möglichkeiten. Setzen wir jedoch eine der k Personen an die markierte Stelle des Tisches, und stellen die $n-k$ leeren Stühle dazu, so können sich die verbleibenden $k-1$ Personen auf $n-k-1$ Lücken verteilen. Dafür gibt es $k(n-k-1)^{\underline{k-1}}$ Möglichkeiten. Wir erhalten

$$(n-k)^{\underline{k}} + k(n-k-1)^{\underline{k-1}} = \frac{n}{n-k}(n-k)^{\underline{k}}$$

Anordnungen.

1.4   Hier genügt es, alle Fälle zu betrachten, für die eine gerade Anzahl von Nullen auftreten. Es gibt

$$\sum_{k=0}^{5}\binom{10}{2k}\binom{2k}{k} = 8953$$

verschiedene Signale.

1.5   Der gesuchte Koeffizient ist (laut Binomialsatz) $45 \cdot 2^8 \cdot 1 - 2^{10} \cdot 6 = 5376$.

1.6   Es gibt genau zwei Typen von Partitionen:

$$\left\{\begin{matrix}n\\n-2\end{matrix}\right\} = \binom{n}{3} + 3\binom{n}{4}$$

1.7 Der gesuchte Koeffizient ist

$$\frac{10!}{2!^2 3!^2} \cdot 2^3 \cdot 3^3 \cdot 4^2 = 87.091.200 \, .$$

1.8 Wir verwenden vollständige Induktion nach n.

Induktionsanfang: Für $n = 0$ sind beide Seiten der Gleichung gleich 1.

Induktionsannahme: Wir nehmen an, dass die gegebene Gleichung für ein festes $m \in \mathbb{N}$ und für alle $x, y \in \mathbb{C}$ gilt,

$$(x + y)^m = \sum_{k=0}^{m} \binom{m}{k} x^k y^{m-k}. \tag{A.1}$$

Induktionsschritt: Wir zeigen nun, dass aus der Induktionsannahme die Gültigkeit der Gleichung für $m + 1$ folgt. Zunächst folgt aus (A.1)

$$(x + y - 1)^m = \sum_{k=0}^{m} \binom{m}{k} (x - 1)^k y^{m-k}. \tag{A.2}$$

und

$$(x + y - 1)^m = \sum_{k=0}^{m} \binom{m}{k} x^k (y - 1)^{m-k}. \tag{A.3}$$

Die Multiplikation der Gleichung (A.2) mit x und der Gleichung (A.3) mit y sowie anschließende Addition liefert

$$\begin{aligned}
(x + y)^{m+1} &= (x + y)(x + y - 1)^m \\
&= \sum_{k=0}^{m} \binom{m}{k} x^{k+1} y^{m-k} + \sum_{k=0}^{m} \binom{m}{k} x^k y^{m-k+1} \\
&= \sum_{k=1}^{m+1} \binom{m}{k-1} x^k y^{m-k} + \sum_{k=0}^{m} \binom{m}{k} x^k y^{m-k+1} \\
&= \sum_{k=0}^{m+1} \binom{m+1}{k} x^k y^{m-k+1},
\end{aligned}$$

wobei wir für die letzte Gleichheit die Rekursionsbeziehung für Binomialkoeffizienten nutzten.

1.9   Mit der Rekurrenzgleichung für die Stiriling-Zahlen zweiter Art folgt

$$\sum \left\{ {n \atop k} \right\} k = \sum \left[\left\{ {n+1 \atop k} \right\} - \left\{ {n \atop k-1} \right\} \right] = B(n+1) - B(n) \,.$$

1.10 Wir zeigen, dass $\binom{n}{k} < \binom{n}{k+1}$ für alle $k < \frac{n-1}{2}$ gilt. Dazu multiplizieren wir

$$\binom{n}{k} = \frac{n!}{k!(n-k)!} < \frac{n!}{(k+1)!(n-k-1)!} = \binom{n}{k+1}$$

mit

$$\frac{(k+1)!(n-k)!}{n!}$$

und erhalten $k+1 < n-k$, was äquivalent zu $k < \frac{n-1}{2}$ ist. Die zweite Richtung folgt auf analoge Weise.

1.11 Da eine solche Zahl keine Null enthält und eindeutig durch die Auswahl der Ziffern bestimmt ist, erhalten wir $\binom{9}{6} = 84$ Zahlen dieser Art.

1.12 Die Auswahl der intakten und defekten Glühbirnen der Stichprobe kann unabhängig voneinander erfolgen. Damit gibt es $\binom{92}{18}\binom{8}{2}$ Stichproben.

1.13 Zuerst überlegen wir uns, dass die Antwort gleich der Anzahl der vierstelligen, durch drei teilbaren Dezimalzahlen ist. Da die erste Stelle ungleich null sein muss, folgt

$$\left\lfloor \frac{10^4}{3} \right\rfloor - \left\lfloor \frac{10^3}{3} \right\rfloor = 3000$$

als Lösung des Problems.

1.14 a) n^n, b) $n!$, c) $\binom{n^2}{n}$ Wenn die n Figuren unterscheidbar sind, so erhalten wir: a) $n! n^n$, b) $(n!)^2$, c) $(n^2)^{\underline{n}}$

1.15 Wir können jede Partition von $\{1, \ldots, n\}$ mit genau k Blöcken aus einer Partition der Menge $\{1, \ldots, n-1\}$ gewinnen, indem wir das Element n in einen vorhandenen Block einfügen. Dafür gibt es $k S_l(n,k)$ Möglichkeiten. Da für die Berechnung von $S_l(n,k)$ jedoch nur Partitionen zählen, die in jedem Block mindestens l Elemente haben, ist nun das Element n in einem Block mit der Mächtigkeit mindestens $l+1$. Um auch die zulässigen Partitionen zu zählen, in denen n in einem Block der Mächtigkeit l liegt, wählen wir zunächst $l-1$ Elemente aus $\{1, \ldots, n-1\}$, die zusammen mit n einen Block bilden und partitionieren dann die Restmenge in $k-1$ Blöcke.

1.16 Ein Wort mit der geforderten Eigenschaft ist eindeutig durch die Auswahl der Buchstaben des Wortes bestimmt. Die gesuchte Wahrscheinlichkeit ist dann das Verhältnis dieser Anzahl zur Gesamtzahl der Wörter mit k Buchstaben:

$$\frac{\binom{25+k}{k}}{26^k}$$

1.17 Die erste Beziehung folgt aus

$$\sum_{k=0}^{n} k(k-1)\binom{m}{k} = m(m-1)\sum_{k=0}^{n}\binom{m-2}{k-2} = m(m-1)\sum_{k=0}^{n-2}\binom{m-2}{k}$$

$$= m(m-1)\sum_{k=0}^{m-2}\binom{m-2}{k} = m(m-1)2^{m-2}.$$

Für die zweite Gleichung liefert die Rekursion (1.23) den Induktionsschritt:

$$p((m+1)k,k) = p((m+1)k-1,k-1) + p(m,k)$$

$$= p((m+1)k-1,k-1) + \sum_{i=1}^{m} p(ik-1,k-1)$$

$$= \sum_{i=1}^{m+1} p(ik-1,k-1)$$

1.18 Wir wählen zunächst die leeren Boxen aus und belegen dann alle verbleibenden Boxen. Nach Tab. 1.8 erhalten wir

$$\binom{k}{l}\left\{{n \atop k-l}\right\}(k-l)!$$

Auswahlen.

1.19 Es gibt zunächst n^p mögliche Zuordnungen der n Farben zu den Seiten des p-Ecks. Da p eine Primzahl ist, erhalten wir jeweils durch Rotation um $\frac{2\pi}{p}$ eine neue Zuordnung. Eine Ausnahme ergibt sich nur, wenn alle Seiten gleichfarbig sind. Damit erhalten wir $\frac{n^p-n}{p} + n$ unterscheidbare Färbungen.

1.20 Die kombinatorische Begründung dieses Satzes erfolgt in Analogie zum Binomialsatz. Das Produkt

$$x_1^{k_1} x_2^{k_2} \cdots x_n^{k_n}$$

in der ausmultiplizierten Darstellung entsteht, in dem aus genau k_1 Klammern der Faktor x_1, aus genau k_2 Klammern der Faktor x_2 usw. ausgewählt wird. Die Anzahl dieser Auswahlmöglichkeiten ist aber die kombinatorische Bedeutung des Multinomialkoeffizienten.

1.21 Wenn beide gezogenen Kugeln gelb sind, so sinkt die Anzahl der gelben Kugeln um 2. Sind beide gezogenen Kugeln blau oder verschiedenfarbig, so bleibt die Anzahl der gelben Kugeln erhalten. Die Anzahl der gelben Kugeln kann sich also bei jeder Ziehung nur um 2 oder 0 ändern. Wenn am Anfang n eine gerade Zahl ist, so ist die Anzahl der gelben Kugeln auch dann noch gerade, wenn nur noch zwei Kugeln in der Kiste verbleiben. Andernfalls verbleibt auch stets eine ungerade Anzahl von gelben Kugeln. Folglich ist die gesuchte Wahrscheinlichkeit gleich 1, wenn n gerade ist, und sonst 0.

1.22 Es seien a, b, c mit $a < b < c$ die drei gewählten Zahlen. Da $b = \frac{a+c}{2}$ gilt, ist b eindeutig durch die Wahl von a und c bestimmt. Außerdem kann b nur eine ganze Zahl sein, wenn a und c entweder beide gerade oder beide ungerade sind. Da es genau n gerade und ebenso n ungerade Zahlen in dem Intervall $\{1, \ldots, n\}$ gibt, erhalten wir

$$2 \binom{n}{2}$$

Auswahlen.

1.23 Es sei $A = \{1, \ldots, n\}$. Wir definieren für $i = 1, \ldots, n$

$$k_i = \begin{cases} 0 \text{ wenn } i \notin X, i \notin Y \\ 1 \text{ wenn } i \notin X, i \in Y \\ 2 \text{ wenn } i \in X, i \in Y. \end{cases}$$

Dann entspricht jedes Wort $k = k_1 \ldots k_n$ einer gültigen Auswahl. Da diese Zuordnung bijektiv ist, erhalten wir 3^n Auswahlen.

Lösungen zu Kap. 2

2.1 Die erzeugende Funktion für die Augensumme beim n-maligen Würfeln ist

$$(z + z^2 + z^3 + z^4 + z^5 + z^6)^n .$$

Wenn eine beliebige Zahl von Würfen erlaubt ist, ergibt sich die gewöhnliche erzeugende Funktion als Summe

$$F(z) = \sum_{n \geq 0} (z + z^2 + \cdots + z^6)^n = \frac{1}{1 - (z + z^2 + \cdots + z^6)} .$$

2.2 Die gesuchte Funktion ergibt sich direkt aus der geometrischen Reihe durch Ableitung beziehungsweise durch Substitution von $3z$. Wir erhalten

$$F(z) = \frac{4z(1 + z)}{(1 - z)^3} - \frac{1}{1 - 3z} = \frac{7z - 11z^2 - 11z^3 - 1}{(1 - z)^3(1 - 3z)} .$$

2.3 Das Multiplizieren mit z^n, Bilden der Summe über alle n und Einsetzen der Anfangswerte liefert

$$F(z) = \frac{1}{1 - 2z - z^2} .$$

2.4 Der Binomialsatz liefert zusammen mit der Konstruktionsvorschrift für die erzeugende Funktion der Folge $\{f_{3n}\}$ die erzeugende Funktion $F(z)$ für die

Folge $\binom{3n}{3k}$. Das Einsetzen von $z = 1$ liefert dann

$$\sum_{k=0}^{n} \binom{3n}{3k} = \sum_{k=0}^{3n} [3 \mid k] \binom{3n}{k} = \frac{2^{3n} + \left(e^{i\frac{2}{3}\pi}\right)^{3n} + \left(e^{-i\frac{2}{3}\pi}\right)^{3n}}{3}$$

$$= \frac{1}{3}(8^n + 2(-1)^n) .$$

2.5 Mit der exponentiellen erzeugenden Funktion

$$F(z) = \left(1 + \frac{z^2}{2!} + \frac{z^4}{4!} + \cdots\right)^n$$

folgt

$$F(z) = \left(\frac{e^z - e^{-z}}{2}\right)^n$$

$$= \frac{e^{-nz}}{2^n} \left(e^{2z} + 1\right)^n$$

$$= \frac{1}{2^n} \sum_{k=0}^{n} \binom{n}{k} e^{(2k-n)z}$$

$$= \frac{1}{2^n} \sum_{k=0}^{n} \binom{n}{k} \sum_{j \geq 0} (2k - n)^j \frac{z^j}{j!} .$$

Die gesuchte Anzahl der Wörter, die alle Buchstaben in gerader Anzahl enthalten, ist damit

$$f_j = \frac{1}{2^n} \sum_{k=0}^{n} \binom{n}{k} (2k - n)^j$$

$$= \begin{cases} \frac{1}{2^{n-1}} \sum_{k=0}^{\lfloor \frac{n}{2} \rfloor} \binom{n}{k} (2k - n)^j, \text{ falls } j \text{ gerade ist,} \\ 0 \text{ sonst.} \end{cases}$$

2.6 Das Einsetzen der exponentiellen erzeugenden Funktion $F(z)$ führt zunächst auf die Differentialgleichung

$$F''(z) = 2F'(z) - F(z) .$$

Aus den gegebenen Werten erfahren wir weiterhin $F(0) = 0$ und $F'(0) = 1$. Damit erhalten wir die Lösung $F(z) = ze^z$.

2.7   Durch Einführung der Folge

$$F_n(z) = \sum_k f_{n,k} z^k,\ n \geq 0\ ,$$

von erzeugenden Funktionen erhalten wir

$$F_0(z) = 1$$
$$F_n(z) = (1 + 2z)F_{n-1}(z),\ n > 0\ .$$

Die Lösung

$$F_n(z) = (1 + 2z)^n$$

liefert schließlich

$$f_{n,k} = \binom{n}{k} 2^k\ .$$

2.8   Mit der Binomialreihe

$$(1 + z)^{\frac{1}{2}} = \sum_{k \geq 0} \binom{\frac{1}{2}}{k} z^k$$

erhalten wir

$$\sum_{k \geq 0} \binom{\frac{1}{2}}{k} \left(\frac{1}{f_0} F(z) - 1 \right)^k = \sqrt{\frac{1}{f_0} F(z)},$$

was sofort zum Beweis der Aussage führt.

2.9   Der Algorithmus zur Bestimmung der Inversen liefert

$$\frac{(1 + 2x)(1 - 3x)}{3 + x}\ .$$

2.10 Wir bestimmen zunächst die erzeugende Funktion für die Anzahl aller Partitionen von n mit *höchstens* k Teilen. Diese Anzahl ist gleich der Anzahl der Partitionen von n, deren größter Teil gleich k ist (siehe Kap. 1). Die gewöhnliche erzeugende Funktion ist

$$(1 + z + z^2 + \cdots)(1 + z^2 + z^4 + \cdots) \cdots (1 + z^k + z^{2k} + \cdots) = \prod_{j=1}^{k} \frac{1}{1 - z^j}\ .$$

Genau k Teile erhalten wir, wenn höchstens k Teile, jedoch nicht $k - 1$ oder weniger Teile auftreten. Damit folgt

$$F(z) = \prod_{j=1}^{k} \frac{1}{1 - z^j} - \prod_{j=1}^{k-1} \frac{1}{1 - z^j} = z^k \prod_{j=1}^{k} \frac{1}{1 - z^j}\ .$$

2.11 Einen Schritt des Wanderers können wir durch das Polynom $z + z + z^2$ charakterisieren. Das entspricht den Wahlmöglichkeiten für die Richtung (rechts, links, geradeaus). Der Exponent gibt die Anzahl der zurückgelegten Meter an. Wir erhalten die erzeugende Funktion

$$F(z) = 1 + (2z + z^2) + (2z + z^2)^2 + (2z + z^2)^3 \cdots$$
$$= \frac{1}{1 - 2z - z^2} \, .$$

Durch Partialbruchentwicklung folgt für die gesuchte Anzahl

$$f_n = \frac{\sqrt{2}}{4} \left[\left(\sqrt{2} + 1 \right)^{n+1} + \left(\sqrt{2} - 1 \right)^{n+1} (-1)^n \right] \, .$$

2.12 Über das Produkt von erzeugenden Funktionen erhalten wir

$$(1 + z)^{r+s} = \sum_n \binom{r + s}{n} z^n$$
$$= (1 + z)^r (1 + z)^s$$
$$= \left(\sum_k \binom{r}{k} z^k \right) \left(\sum_l \binom{s}{l} z^l \right)$$
$$= \sum_n \sum_k \binom{r}{k} \binom{s}{n - k} z^n \, .$$

Der Koeffizientenvergleich liefert unmittelbar die Vandermonde-Konvolution.

2.13 Mit der exponentiellen erzeugenden Funktion der Folge der Bell-Zahlen erhalten wir

$$\sum_{n \geq 0} B(n) \frac{z^n}{n!} = e^{e^z -} = e^{-1} e^{e^z}$$
$$= e^{-1} \sum k \geq 0 \frac{e^{kz}}{k!}$$
$$= e^{-1} \sum_{k \geq 0} \sum_{n \geq 0} \frac{(kz)^n}{k! n!}$$
$$= e^{-1} \sum_{n \geq 0} \frac{z^n}{n!} \sum_{k \geq 0} \frac{k^n}{k!} \, .$$

Der Vergleich der Koeffizienten vor $z^n / n!$ in den Summen liefert die Formel.

2.13 Für $n = 0$ ist die Gleichung offensichtlich wahr. Angenommen, sie gilt auch für eine natürliche Zahl n; dann folgt durch Induktion unter Verwendung der

Rekurrenzgleichung für die Stirling-Zahlen zweiter Art

$$
\begin{aligned}
(zD)^{n+1} &= zD \sum_{k=0}^{n} \left\{ {n \atop k} \right\} z^k D^k \\
&= z \sum_{k=0}^{n} \left\{ {n \atop k} \right\} [kz^{k-1}D^k + z^k D^{k+1}] \\
&= \sum_{k=0}^{n} \left[k \left\{ {n \atop k} \right\} z^k D^k + \left\{ {n \atop k} \right\} z^{k+1} D^{k+1} \right] \\
&= \sum_{k=0}^{n} k \left\{ {n \atop k} \right\} z^k D^k + \sum_{k=1}^{n+1} \left\{ {n \atop k-1} \right\} z^k D^k \\
&= \sum_{k=0}^{n} \left[k \left\{ {n \atop k} \right\} + \left\{ {n \atop k-1} \right\} \right] z^k D^k + z^{n+1} D^{n+1} \\
&= \sum_{k=0}^{n+1} \left\{ {n+1 \atop k} \right\} z^k D^k .
\end{aligned}
$$

Lösungen zu Kap. 3

3.1   Elementare Umformungen ergeben $f_n - nf_{n-1} = -(f_{n-1} - (n-1)f_{n-2})$. Mit der Substitution $g_n = f_n - nf_{n-1}$ folgt

$$
g_n = -g_{n-1}, \quad g_1 = -1 = f_1 - f_0 .
$$

Die Lösung dieser Gleichung, $g_n = (-1)^n$, liefert $f_n - nf_{n-1} = (-1)^n$, woraus schließlich

$$
f_n = n! \sum_{k=0}^{n} \frac{(-1)^k}{k!}
$$

für $n \geq 0$ folgt.

3.2   Die Lösung der linearen Rekurrenzgleichung ist $(-3)^n + n + 2^n$.

3.3   Durch Einführung von gewöhnlichen erzeugenden Funktionen erhalten wir

$$
\begin{aligned}
f_n &= 3^n (2 + (-1)^n) \\
g_n &= 3^n (1 - 2(-1)^n) \\
h_n &= 3^n ((-1)^n - 1) .
\end{aligned}
$$

3.4   Für ein Brett der Länge 1 oder 2 gibt es jeweils nur eine Möglichkeit. Ein Brett der Länge 3 kann auf genau zwei Arten ausgelegt werden (drei senkrechte oder drei waagerechte Steine nebeneinander). Legen wir bei einem Brett der

Länge $n > 3$ den ersten Stein senkrecht, so verbleiben für das Restfeld T_{n-1} Möglichkeiten. Legen wir jedoch am Anfang drei waagerechte Steine, so verbleiben T_{n-3} Möglichkeiten. Es folgt

$$T_1 = T_2 = 1$$
$$T_3 = 2$$
$$T_n = T_{n-3} + T_{n-1}, \ n > 3 \ .$$

3.5   Durch direkte Berechnung der ersten Werte erhält man die Folge

$$1, 2, 3, 2, 1, 1, 2, 3, 2, 1, 1, 2, 3, 2, 1, \ldots$$

Da F_n eindeutig durch seine beiden Vorgängerwerte bestimmt ist, muss diese Folge periodisch sein. Wir erhalten

$$F_n = \begin{cases} 1 & \text{falls} \quad n \bmod 5 \in \{0, 4\}, \\ 2 & \text{falls} \quad n \bmod 5 \in \{1, 3\}, \\ 3 & \text{falls} \quad n \bmod 5 = 2. \end{cases}$$

3.6   1. Wir zeigen die Gleichung durch vollständige Induktion. Man rechnet leicht nach, dass für $n = 1$ korrekt ist. Wir addieren nun auf beiden Seiten der Gleichung

$$F_{n+1} F_{n-1} = F_n^2 + (-1)^n$$

den Term $F_n F_{n+1}$ und erhalten

$$F_{n+2}^2 = F_n F_{n+1} + (-1)^n$$

und somit

$$F_n F_{n+1} = F_{n+2}^2 + (-1)^{n+1}.$$

2. Diese Beweis folgt für $m = n$ direkt aus dem Beweis der dritten Beziehung.

3. Diese Beziehung ist ebenfalls durch vollständige Induktion zu beweisen. Für $n = 1$ und $n = 2$ folgt sie durch Nachrechnen. Für den Induktionsschritt genügt es, die beiden Gleichungen

$$F_{n+m} = F_{n-1} F_m + F_n F_{m+1} \ \text{und}$$
$$F_{n+m+1} = F_{n-1} F_{m+1} + F_n F_{m+2}$$

zu addieren.

3.7   Die allgemeinen Lösungen lauten:
  (a) $f_n = C_1 + C_2 2^n + C_3 3^n + n$,
  (b) $f_n = C_1(-1)^n + C_2(-3)^n + \frac{5}{8}$

3.8   Mit der Lösung der homogenen Gleichung, $f_n = A2^n + B4^n$, erhalten wir die spezielle Lösung

$$4^n + 3 \cdot 2^n + \frac{1}{3}n + \frac{4}{9}.$$

3.9   Die erzeugende Funktion der Catalan-Zahlen lautet

$$F(z) = \frac{1}{2} - \sqrt{\frac{1}{4} - z}.$$

3.10 Es sei P_n für jede natürliche Zahl n die Menge aller Permutationen von $\{1, \ldots, n\}$, die ausschließlich Zyklen der Längen 1 oder 2 besitzen. Jede Permutation aus P_n kann entweder aus einer Permutation aus P_{n-1} durch Ergänzen des Einerzyklus (n) oder durch Bilden eines Zyklus der Länge 2, den n zusammen mit einem weiteren Element (das auf $n - 1$ Arten gewählt werden kann) gebildet werden. Mit $f_n = |P_n|$ erhalten wir damit die gegebene Rekurrenzgleichung.

Die Rekurrenzgleichung zusammen mit ihren Anfangswerten ist äquivalent zur Differentialgleichung

$$D^2 f - (1 + z)Df + f$$

mit den Anfangswerten $f(0) = 1$ und $Df(0) = 1$ mit der eindeutigen Lösung

$$f(z) = e^{z + \frac{1}{2}z^2}.$$

Es gibt einen einfacheren Weg zur Lösung aus der oben gegebenen kombinatorischen Interpretation der Zahlenfolge f_n. Es gibt

$$\binom{n}{2k} \frac{(2k)!}{2^k k!}$$

Möglichkeiten, um k Paare für Zweizyklen auszuwählen. Damit folgt, dass die exponentielle erzeugende Funktion für die Anzahl der Permutationen aus S_n mit genau k Zweizyklen durch

$$F_k = \frac{(2k)!}{2^k k!} \sum_{n \geq 0} \binom{n}{2k} \frac{z^n}{n!} = \frac{(2k)!}{2^k k!} z^{2k} e^z$$

ist. Damit erhalten wir die gesuchte exponentielle erzeugende Funktion als

$$\sum_{k \geq 0} \frac{(2k)!}{2^k k!} e^z \frac{z^{2k}}{(2k)!} = e^z \sum_{k \geq 0} \frac{1}{k!} \left(\frac{z^2}{2}\right)^k = e^{z + \frac{1}{2}z^2}.$$

3.11 Multiplikation mit z^n und Bilden der Summe über alle n liefert

$$\sum_{n \geq 0} f_{n+1} z^n = \sum_{n \geq 0} \left(1 + \sum_{k=0}^{n-1} f_k \right) z^n$$

$$\frac{1}{z}[F(z) - 1] = \sum_{n \geq 0} z^n + \sum_{n \geq 0} \left(\sum_{k=0}^{n} f_k - f_n \right) z^n,$$

wobei

$$F(z) = \sum_{n \geq 0} f_n z^n$$

die gewöhnliche erzeugende Funktion für die Folge $\{f_n\}$ ist. Es folgt

$$F(z) - 1 = \frac{z}{1-z} + \frac{z}{1-z} F(z) - z \, F(z)$$

und schließlich

$$F(z) = \frac{1}{1 - z - z^2}.$$

Das ist die erzeugende Funktion der Folge der Fibonacci-Zahlen.

3.12 Die gesuchte Rekurrenzgleichung ist

$$f_{n,k} = 2 f_{n-1,k-1} + k f_{n-1,k}$$
$$f_{n,k} = 0, \; k > n$$
$$f_{n,1} = 2, \; n > 0 \,.$$

Lösungen zu Kap. 4

4.1 Die Summen sind leicht mit den vorgestellten Methoden bestimmbar. Für die letzte Summe sollte zunächst $\Delta \arctan n$ unter Anwendung eines Additionstheorems für die arctan-Funktion berechnet werden.

$$\sum_{k=0}^{n} (k+2)(k-1)^2 = 2 + \frac{1}{2}n - \frac{5}{4}n^2 + \frac{1}{2}n^3 + \frac{1}{4}n^4$$

$$\sum_{n \geq 0} \frac{(-1)^n}{(n+1)(n+3)} = \frac{1}{4}$$

$$\sum_{k=1}^{n} k(n-k) = \frac{n(n+1)(n-1)}{6}$$

$$\sum_{k=1}^{n} 3^k (n-k)^{\underline{2}} = \frac{1}{4}(3^{n+1} - 3 - 6n^2)$$

$$\sum_{n \geq 1} \arctan \frac{1}{1 + n + n^2} = \frac{\pi}{4}$$

4.2   Aus dem Ansatz

$$\prod_{k=1}^{m} \frac{1}{1 - kz} = \sum_{k=1}^{m} \frac{A_k}{1 - kz} \qquad (*)$$

folgt durch Multiplikation mit dem Hauptnenner

$$A_k = \frac{1}{\displaystyle\prod_{\substack{1 \leq j \leq m \\ j \neq k}} \left(1 - \frac{j}{k}\right)} = \frac{k^{m-1}}{\displaystyle\prod_{\substack{1 \leq j \leq m \\ j \neq k}} (k - j)}$$

$$= \frac{k^{m-1}(-1)^{m-k}}{(k-1)!(m-k)!} = \frac{1}{(m-1)!} k^{m-1} (-1)^{m-k} \binom{m-1}{k-1}.$$

Das Einsetzen dieser Koeffizienten und $z = 0$ in (*), die Multiplikation mit $(m-1)!$ und das Verschieben des Summationsindex liefern die angegebene Summenformel.

4.3   Aus der Bestimmung des Differenzenoperators für die Fakultät erhalten wir die Lösung $(n+1)! - 1$.

4.4   Das Einsetzen der Definition der Zetafunktion und das Vertauschen der Summationsreihenfolge liefern das Ergebnis

$$\sum_{n \geq 2} (\zeta(n) - 1) = \sum_{n \geq 2} \left(\sum_{i \geq 1} \frac{1}{i^n} - 1\right) = \sum_{n \geq 2} \sum_{i \geq 2} \frac{1}{i^n} = \sum_{i \geq 2} \sum_{n \geq 2} \frac{1}{i^n}$$

$$= \sum_{i \geq 2} \left(\frac{1}{1 - \frac{1}{i}} - 1 - \frac{1}{i}\right) = \sum_{i \geq 2} \frac{1}{i(i-1)}$$

$$= \sum_{i \geq 0} \frac{1}{(i+1)(i+2)} = \sum_{i \geq 0} i^{\underline{-2}} = -i^{\underline{-1}}\Big|_0^\infty = 1.$$

4.5   Aus

$$f_n = \frac{1}{(2n+1)(2n+3)}$$

folgt

$$\Delta f_n = \frac{-4}{(2n+1)(2n+3)(2n+5)}$$

und somit

$$\sum_{n \geq 0} \frac{-4}{(2n+1)(2n+3)(2n+5)} = -\frac{1}{4} \frac{1}{(2n+1)(2n+3)}\Big|_0^\infty = \frac{1}{12}.$$

4.6 Die Entwicklung der Summe liefert

$$\sum_{k=0}^{n} \binom{n}{k} k^2 = \sum_{k=1}^{n} \frac{n! k^2}{(n-k)! k!}$$

$$= \sum_{k=1}^{n} \frac{n! k}{(n-k)!(k-1)!}$$

$$= n \sum_{k=1}^{n} \binom{n-1}{k-1} k$$

$$= n \sum_{k=0}^{n-1} \binom{n-1}{k} (k+1)$$

$$= n \sum_{k=1}^{n-1} \frac{(n-1)! k}{k!(n-1-k)!} + n \sum_{k0}^{n-1} \binom{n-1}{k}$$

$$= n(n-1) \sum_{k=1}^{n-1} \binom{n-2}{k-1} + n \, 2^{n-1}$$

$$= n(n-1) 2^{n-2} + n \, 2^{n-1} .$$

4.7 Wir faktorisieren das Polynom $k^2 - 3k + 2$ und erhalten

$$S_n = \sum_{k=0}^{n} (k-1)(k-2) 3^k = \sum_{k=-1}^{n-1} k(k-1) 3^{k+1}$$

$$= 3 \sum_{k=-1}^{n-1} 3^k k^2 = 3 \sum_{k=-1}^{n-1} \sum_{j=0}^{2} (-1)^j \frac{2^j k^{2-j} 3^{k+j}}{2^{j+1}}$$

$$= 3 \left(\frac{1}{2} k^2 3^k - \frac{1}{2} k 3^{k+1} + \frac{1}{4} 3^{k+2} \Big|_{-1}^{n} \right) = \left(\frac{n^2}{2} - 2n + \frac{9}{4} \right) 3^{n+1} - \frac{19}{4} .$$

4.8 Durch Aufspalten in zwei getrennte Brüche kann dieses Problem schnell gelöst werden:

$$\sum_{k=1}^{n} \frac{1+k}{k(k+1)(k+2)} = \sum_{k=0}^{n-1} \frac{1}{(k+1)(k+2)(k+3)} + \sum_{k=1}^{n} \frac{1}{(k+1)(k+2)}$$

$$= \sum_{k=0}^{n-1} k^{-3} + \sum_{k=1}^{n} k^{-2}$$

$$= \frac{n(5+3n)}{4(n+1)(n+2)}$$

Lösungen zu Kap. 5

5.1 $n - c$

5.2   Es gibt genau

$$\sum_{k=0}^{n-2}(n-2)^{\underline{k}} = \int_{1}^{\infty} x^n e^{1-x} dx$$

Wege zwischen zwei Knoten des K_n.

5.3   Abb. A.1 zeigt die Lösung.

5.4   23

5.5   Dieser Beweis verwendet ein Symmetrieargument. Im vollständigen Graphen K_n kommt jede Kante in gleich vielen Spannbäumen vor. Ein Spannbaum enthält $n - 1$ Kanten; der K_n besitzt $\binom{n}{2}$ Kanten. Nach dem Satz von Cayley

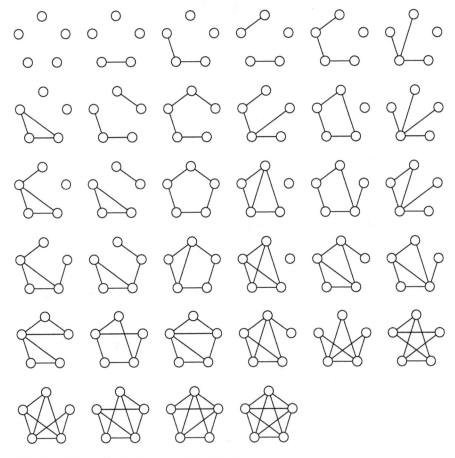

Abb. A.1 Nichtisomorphe Graphen mit fünf Knoten

besitzt der K_n genau n^{n-2} Spannbäume. Folglich gibt es

$$n^{n-2}\frac{n-1}{\binom{n}{2}} = 2n^{n-3}$$

Spannbäume im K_n, die eine bestimmte Kante e enthalten. Somit verbleiben

$$n^{n-2} - 2n^{n-3}$$

Spannbäume in $K_n - e$.

5.6 Hier gibt es zwei mögliche Überlegungen – ein kombinatorisches Argument oder der Matrix-Gerüst-Satz von Kirchhoff. Beide liefern das Ergebnis $t(H) = 2^{n-1}t$.

5.7 Es sei $e = \{u, v\}$ die Kante, die im Durchschnitt $K_i \cap K_j$ der beiden vollständigen Graphen liegt. Es gilt

$$t(K_i \cup K_j) = t(K_i)t(K_j/e) + t(K_j - e)t(K_i/e) \,,$$

was aus der Dekompositionsformel (5.1) für die Anzahl der Spannbäume folgt. Aus Aufgabe 5.5 erhalten wir $t(K_n/e) = 2n^{n-3}$, womit schließlich

$$t(K_i \cup K_j) = 2i^{i-2}j^{j-3} + 2j^{j-2}i^{i-3} - 4i^{i-3}j^{j-3}$$

folgt.

5.8 (Beweisidee) Sei X eine maximale unabhängige Menge von G. Gilt $v \notin X$, so ist $\alpha(G) = \alpha(G - v)$. Falls $v \in X$ gilt, liegt kein Knoten aus $N(v)$ in X. Folglich gilt dann $|X| - 1 = \alpha(G - N[v])$.

5.9 Eine unabhängige Menge eines Weges P_n lässt sich als ein Wort der Länge n über dem Alphabet $\{0, 1\}$ kodieren, wobei die 1 jeweils für einen Knoten steht, der zur unabhängigen Menge gehört. Damit ergibt sich die Lösung direkt aus Beispiel 1.7:

$$\binom{n - k + 1}{k}$$

5.10 Das Polynom $I(G - e, x)$ zählt auch solche Knotenmengen, die aus einer unabhängigen Knotenmenge von G durch Hinzufügen der beiden Endknoten der Kante e entstehen. Diese Mengen kommen auch in der erzeugenden Funktion $I(G/e, x)$ vor, wobei hier die beiden Knoten nur den Beitrag x, statt x^2 liefern, was aber durch Multiplikation mit x korrigiert werden kann. Jedoch zählt $xI(G/e, x)$ auch Knotenmengen, die keinen Endknoten von e enthalten. Das sind aber genau die Knotenmengen, die mit dem Polynom $xI(G \dagger e, x)$ gezählt werden.

5.11 In der Summe

$$\sum_{v \in V} I(G - v, x)$$

wird eine unabhängige Knotenmenge der Mächtigkeit k von G $n - k$-mal gezählt. Folglich gilt

$$t^{n-1} \sum_{v \in V} I\left(G - v, \frac{1}{t}\right) = \sum_{k=0}^{n} i_k(G)(n - k)t^{n-1-k} \; .$$

Durch Integration folgt die gegebene Gleichung.

5.12   Das Polynom $x \frac{d}{dx} I(G, x)$ ist die gewöhnliche erzeugende Funktion für die Anzahl der Möglichkeiten, eine unabhängige Knotenmenge X von G zu wählen und anschließend einen der $|X|$ Knoten zu markieren. Kehren wir diesen Prozess um und markieren erst einen Knoten und wählen dann weitere Knoten von G, um eine unabhängige Knotenmenge zu konstruieren, so erhalten wir die mit x multiplizierte rechte Seite der Gleichung.

5.13   Die Lösung ist

$$M(K_{n,n}, x) = \sum \binom{n}{k}^2 x^k \; .$$

Diese Summe lässt sich auch durch ein Legendre-Polynom explizit darstellen.

5.14   Die Gleichung lautet

$$M(C_n, x) = M(C_{n-1}, x) + x M(C_{n-2}, x), \; n \geq 2 \; .$$

Zusammen mit den Anfangswerten $M(C_0, x) = 1$ und $M(C_1, x) = 1$ bestimmt sie das Matchingpolynom eines Kreises C_n eindeutig.

5.15   Es seien $e = \{u, v\}$, $f = \{x, u\}$ und $g = \{v, y\}$ Kanten von G. Dann zählt ein Polynom, das der Rekurrenzgleichung

$$\hat{M}(G, x) = \hat{M}(G - e, x) + x\hat{M}(G - N[e], x) \; ,$$

genügt, auch Matchings, die f und g enthalten, welche jedoch keine induzierten Matchings von G sind. Vielleicht findet der Leser einen Weg, diesen Mangel der Rekurrenzgleichung zu beheben?

5.16   Für jeden vom Nullgraph verschiedenen Graphen G ist das Absolutglied von $P(G, x)$ ungleich null. (Andernfalls wäre G mit null Farben zulässig färbbar.) Wenn G zusammenhängend ist, so folgt aus der Dekompositionsgleichung, $P(G, x) = P(G - e, x) - P(G/e, x)$, dass der Koeffizient vor x ungleich null ist. Um dies einzusehen, wenden wir diese Beziehung so lange an, bis alle verbleibenden Graphen leer sind. Ein solcher Graph mit k Knoten besitzt das chromatische Polynom x^k. Insbesondere haben alle Graphen mit genau einem Knoten das chromatische Polynom $(-1)^{n-1}x$, da sie durch genau $n - 1$ Kantenkontraktionen entstehen. Die Aussage folgt nun daraus, dass das chromatische Polynom eines Graphen das Produkt der chromatischen Polynome seiner Komponenten ist.

5.17   Die natürlichen Zahlen $0, 1, \dots, \chi(G) - 1$ sind Nullstellen des chromatischen Polynoms $P(G, x)$. Die Aussage folgt nun einfach durch Darstellung des chromatischen Polynoms als Produkt von Linearfaktoren der Form $x - x_i$, wobei die x_i die Nullstellen bezeichnen.

5.18 Wir färben zunächst den Graphen G zulässig mit x Farben. Dafür gibt es $P(G, x)$ Möglichkeiten. Jede solche Färbung färbt alle Knoten des K_r unterschiedlich. Das trifft auch für jede zulässige Färbung von H mit x Farben zu. Aus Symmetriegründen tritt unter den $P(H, x)$ zulässigen Färbungen jede Verteilung der Farben innerhalb der Knoten des K_r gleich häufig auf. Es gibt $P(K_r, x) = x^{\underline{r}}$ Verteilungen der Farben innerhalb des K_r, wovon jedoch nur genau eine zu der bereits vorher gewählten Färbung von G passt.

Lösungen zu Kap. 6

6.1 Die gesuchte Ordnung ist ein Verband mit dem Hasse-Diagramm, das in Abb. A.2 dargestellt ist. Die Whitney-Zahlen zweiter Art sind die Anzahlen der Permutationen von $\mathbb{N}_n$ mit genau k Inversionen.

6.2 Durch explizite Auflistung der Hasse-Diagramme erhält man 16 nichtisomorphe Ordnungen, von denen genau zwei Verbände sind. Geeignete Permutationen der Elemente führen auf insgesamt 225 Ordnungen und 36 Verbände.

6.3 Für eine Zahl n mit der Primfaktordarstellung

$$n = \prod_{i=1}^{s} p_i^{k_i}$$

gibt es

$$\frac{\left(\sum_{i=1}^{s} k_i\right)!}{\prod_{i=1}^{s} k_i!}$$

nichtunterteilbare Ketten.

Abb. A.2 Verband der Permutationen aus S_4

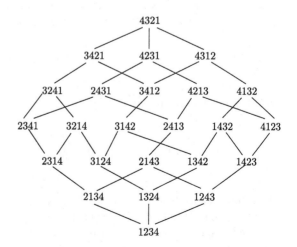

6.4 Wir wählen die Indizierung der Elemente von P so, dass aus $x_i \leq x_j$ stets
auch $i \leq j$ folgt. In P existiert mindestens ein Element z mit $x \not\leq z$ für
alle $x \in P \setminus \{z\}$. Andernfalls wäre P nicht endlich. Wir setzen $x_1 = z$. Die
verbleibende Menge $P \setminus \{z\}$ enthält jedoch wieder ein Element x_2 mit dieser
Eigenschaft, sodass sich dieser Prozess fortsetzen lässt. Dann muss aber aus
$x_i \leq x_j$ tatsächlich auch $i \leq j$ folgen. Damit hat auch $i > j$ stets $x_i \not\leq x_j$
zur Folge. In diesem Falle gilt aber $z_{ij} = 0$. Die Matrix Z ist damit eine
untere Dreiecksmatrix.

6.5 Wir erhalten

$$h(1/2/3) = 1$$
$$h(12/3) = h(13/2) = h(23/1) = 1 - x$$
$$h(123) = 1 - 3x^2 + 2x^3 \,.$$

6.6 Es sei M eine höchstens abzählbare Menge. Die Funktionen f und g mögen
jeder Teilmenge von M auf folgende Weise eine (komplexe) Zahl zuordnen:
Für jede endliche Teilmenge $A \subseteq M$ mit $|A| = k$ gelte

$$g(A) = g(|A|) = g_k \,.$$

Weiterhin gelte für jede Menge $B \subseteq M$ mit $|B| = n$ stets

$$f(B) = f(|B|) = f_n = \sum_{A \subseteq B} g(A) = \sum_k \binom{n}{k} g_k \,.$$

Die Beziehung

$$g_n = \sum_k (-1)^{n-k} \binom{n}{k} f_k$$

folgt durch Möbius-Inversion von unten im Booleschen Verband.

6.7 Mit der Möbius-Inversion im Teilerverband folgt:

$$f_n = \frac{1}{n} \sum_{k \mid n} \mu \left(\frac{n}{k} \right) m^k \,.$$

6.8 Der Produktsatz liefert

$$\mu((x_1, x_2, x_3), (y_1, y_2, y_3)) = \begin{cases} (-1)^{(y_1+y_2+y_3)-(x_1+x_2+x_3)}, \\ \qquad\qquad \text{falls } x_i \leq y_i = x_i + 1 \\ 0, \text{ sonst.} \end{cases}$$

6.9 Die Gesamtzahl aller Wörter ist 26^k. Es gibt genau 25^k Wörter, denen wenigstens ein Buchstabe der Buchstaben a, b, c fehlt. Wenn gleichzeitig zwei Buchstaben nicht verwendet werden dürfen, so verbleiben 24^k Wörter. Schließlich

gibt es 23^k Wörter mit k Buchstaben, denen alle drei Buchstaben a, b, c fehlen. Das Inklusions-Exklusions-Prinzip liefert die Anzahl der Wörter, die alle drei Buchstaben a, b, c enthalten:

$$26^k - 3 \cdot 25^k + 3 \cdot 24^k - 23^k$$

6.10 Mindestens 4 und höchstens 18 Personen sprechen alle drei Sprachen.

6.11 Das Inklusions-Exklusions-Prinzip liefert

$$100.000 - 316 - 46 - 31 + 6 + 31 + 2 - 2 = 99.644 .$$

6.12 Die Inklusion-Exklusion liefert 47.760 Permutationen mit der geforderten Eigenschaft:

$$\frac{10!}{24} - \frac{9!}{(2!)^2} - \frac{9!}{3!} + 8! + \frac{8!}{4} + \frac{8!}{6} - 2 \cdot 7! + 6!$$

6.13 Es gibt 95.449.640 Permutationen mit genau vier Fixpunkten.

Lösungen zu Kap. 8

8.1 Die Untersuchung der Zyklenstruktur der $n - 2$ Zyklen liefert

$$\begin{bmatrix} n \\ n-2 \end{bmatrix} = 2 \binom{n}{3} + 3 \binom{n}{4} .$$

8.2 Beide Summen lassen sich direkt aus (8.4) gewinnen:

$$\sum_k (-1)^k \begin{bmatrix} n \\ k \end{bmatrix} = (-1)^{\overline{n}} = \delta_{n0} - \delta_{n1}$$

$$\sum_k 2^k \begin{bmatrix} n \\ k \end{bmatrix} = 2^{\overline{n}} = (n+1)!$$

8.3 Aus (8.4) erhalten wir

$$x(x+1)(x+2) \cdots (x+n-1) = \sum_k \begin{bmatrix} n \\ k \end{bmatrix} x^k .$$

Das Entwickeln der linken Seite nach Potenzen von x liefert

$$x^n + \sum_{i=1}^{n-1} i \, x^{n-1} + \sum_{i=1}^{n-2} \sum_{j=i+1}^{n-1} i \, j \, x^{n-2} + \cdots + \prod_{i=1}^{n-1} i \, x = \sum_k \begin{bmatrix} n \\ k \end{bmatrix} x^k .$$

Aus dem Koeffizientenvergleich erhalten wir

$$\begin{bmatrix} n \\ k \end{bmatrix} = \sum_{\substack{A \subseteq \mathbb{N}_{n-1} \\ |A| = n-k}} \prod_{i \in A} i \; .$$

8.4   Wenn $aH \cap bH = \emptyset$ gilt, ist nichts zu beweisen. Also sei $aH \cap bH \neq \emptyset$ und $x \in aH \cap bH$. Dann gibt es $s, t \in H$ mit $x = as = bt$, woraus $a = bts^{-1}$ folgt. Sei nun $y \in H$ mit $y \neq x$. Dann existiert ein $z \in H$ mit $y = az = bts^{-1}z$. Da $ts^{-1}z \in H$ gilt, ergibt sich auch $y \in bH$ und folglich $aH \subseteq bH$. Durch Vertauschen der Rollen von aH und bH finden wir analog $bH \subseteq aH$ und damit $aH = bH$. Dass $|aH| = |H|$ für alle $a \in H$ gilt, ist eine unmittelbare Folgerung aus der eindeutigen Lösbarkeit von linearen Gleichungen in einer Gruppe.

8.5   Der gesuchte Zyklenzeiger lautet

$$Z(G) = \frac{1}{8} \left(x_1^8 + 4x_1^2 x_2^3 + x_2^4 + 2x_4^2 \right) \; .$$

Die Anzahl der Färbungen von n Knoten mit j Farben, sodass jede Farbe verwendet wird, ist $\left\{ \begin{smallmatrix} n \\ j \end{smallmatrix} \right\} j!$. Das Ersetzen von t^n in dem Polynom

$$Z(G; t, \ldots, t) = \frac{1}{8} t^8 + \frac{1}{2} t^5 + \frac{1}{8} t^4 + \frac{1}{4} t^2 \qquad \text{(z)}$$

durch die erzeugende Funktion

$$\sum_{j=1}^{n} \left\{ \begin{matrix} n \\ j \end{matrix} \right\} j! z^j$$

liefert

$$z + 49z^2 + 804z^3 + 5226z^4 + 15.810z^5 + 23.940z^6 + 17.640z^7 + 5040z^8 \; .$$

Der Koeffizient vor z^k ist die gesuchte Anzahl. Das Ergebnis lässt sich über das Inklusions-Exklusions-Prinzip auch direkt aus (z) erhalten.

Die zweite Frage löst man einfacher ohne Verwendung des Zyklenzeigers. Die Symmetriegruppe von G enthält genau 8 Permutationen. Folglich hat eine Färbung mit 8 verschiedenen Farben einen Orbit der Länge 8. Beachtet man die Anzahl der Auswahlen von 8 aus k Farben, so ist

$$\binom{k}{8} \frac{8!}{8} = \frac{1}{8} k^{\underline{8}}$$

das gesuchte Resultat.

8.6 Der Zyklenzeiger der symmetrischen Gruppe S_n enthält in der angegebenen Form die erzeugende Funktion $\frac{x^j}{1-x^j}$ für die Folge $(j, 2j, 3j, \ldots)$. Jeder Zyklus einer Permutation wird damit mit einem Vielfachen seiner Zyklenlänge bewertet. Wir erhalten damit eine Abbildung $f : \mathbb{N}_n \to \mathbb{N}^+$, das heißt eine ganzzahlige Lösung der Gleichung

$$x_1 + x_2 + \ldots + x_n = m, \; x_i > 0, \; m \geq n$$

oder

$$x_1 + x_2 + \ldots + x_n = m - n, \; x_i \geq 0, \; m \geq n \; .$$

Infolge der Symmetrie unterscheiden sich Lösungen nur, wenn sie eine unterschiedliche Partition von m bilden. Das Produkt auf der rechten Seite der gegebenen Beziehung ist aber gerade die erzeugende Funktion für die Anzahl der Partitionen einer natürlichen Zahl.

8.7 Die Beziehung folgt durch direktes Nachrechnen aus der Gleichung (8.23) durch Einsetzen der Eulerschen φ-Funktion für eine Primzahlpotenz.

8.8 Der Zyklenzeiger lautet

$$Z(C_p \wr C_p) = \frac{1}{p^{p+1}} \left(x_1^p + (p-1)x_p \right)^p + \frac{p-1}{p^2} \left(x_p^p + (p-1)x_{p^2} \right) \; .$$

8.9 Aus dem Zyklenzeiger

$$\frac{1}{8} \left(x_1^{16} + 2x_4^4 + 3x_2^8 + 2x_1^4 x_2^6 \right)$$

erhalten wir

$$\frac{1}{8} (2^{16} + 2 \cdot 2^4 + 3 \cdot 2^8 + 2 \cdot 2^{10}) = 8548$$

verschiedene Färbungen.

8.10 Wir können die Symmetriegruppe eines Würfelsets als Kranzprodukt $G = S_3 \wr D_W^*$ beschreiben, wobei D_W^* die Drehgruppe eines Würfels als Permutationsgruppe der Seitenflächen ist. Der Zyklenzeiger dieser Gruppe ist

$$Z(G; t, \ldots, t) = \frac{1}{82.944} t^{18} + \frac{1}{9216} t^{16} + \frac{1}{2304} t^{15} + \frac{17}{27.648} t^{14} + \frac{1}{384} t^{13}$$
$$+ \frac{25}{3072} t^{12} + \frac{89}{3456} t^{10} + \frac{1}{16} t^9 + \frac{9}{128} t^8 + \frac{13}{144} t^7 + \frac{121}{648} t^6$$
$$+ \frac{1}{6} t^5 + \frac{7}{12} t^4 + \frac{1}{6} t^3 + \frac{1}{9} t^2 \; .$$

Setzen wir $t = 6$, so erhalten wir das Ergebnis $1.840.811.476$. Das ist auch $\binom{2228}{3}$, wobei $Z(D_W^*, 6, \ldots, 6) = 2226$ gilt. Wie ist das zu erklären?

8.11 Der Zyklenzeiger der Drehgruppe des Tetraeders ist

$$Z(G) = \frac{1}{12} \left(x_1^4 + 8x_1 x_3 + 3x_2^2 \right) \; .$$

8.12 Der Zyklenzeiger lautet

$$Z(G_W) = \frac{1}{48}\left(x_1^{12} + 3x_1^4 x_2^4 + 12x_1^2 x_2^5 + 4x_2^6 + 8x_3^4 + 12x_4^3 + 8x_6^2\right).$$

8.13 Nein, denn der schlichte Graph muss regulär sein, da jeder Knoten mit jedem anderen permutiert werden kann. Der leere Graph und der vollständige Graph haben S_4 als Automorphismengruppe. Der Kreis C_4 und sein Komplement, ein perfektes Matching, haben jeweils die Symmetriegruppe des Quadrates als Automorphismengruppe. Das ist aber eine Gruppe der Ordnung 8. Damit sind dann bereits alle regulären Graphen mit vier Knoten erschöpft. (Es gibt jedoch einen schlichten Graphen, der eine zur Kleinschen Vierergruppe isomorphe Automorphismengruppe besitzt.)

8.14 Die gesuchte Symmetriegruppe G ist das Kranzprodukt aus der Diedergruppe D_6 und der zyklischen Gruppe C_5. Für den Zyklenzeiger folgt $Z(G) = Z(D_6 \wr C_5)$. Die *Diedergruppe* D_6 ist die Symmetriegruppe eines regulären Sechsecks. Diese enthält als Untergruppe C_6. Dazu kommen 6 Spiegelungen, die einen Beitrag von $3x_1^2 x_2^2 + 3x_2^3$ zum Zyklenzeiger liefern.

Lösungen zu Kap. 9

9.1 Hier können wir ungeordnete Auswahlen mit Wiederholung nutzen, da ein Knotenpaar mehrmals für das Einfügen einer Kante gewählt werden kann. Wir erhalten

$$\binom{\binom{n}{2} + m - 1}{m}$$

Graphen.

9.2 Es gibt $n!/|\mathrm{Aut}(G)|$ zu G isomorphe Graphen.

9.3 Es sei $\hat{P}(z)$ die gewöhnliche erzeugende Funktion für die Anzahl der symmetrischen planaren Bäume und $P(z)$ die gewöhnliche erzeugende Funktion für die Anzahl aller planaren Bäume. Jeder symmetrische planare Baum ist entweder eine Wurzel oder eine Wurzel mit einem symmetrischen planaren Baum. Zusätzlich können an der Wurzel beliebig viele Paare gleichartiger planarer Bäume hängen. Die Funktion $P(z)$ kennen wir schon:

$$P(z) = \frac{1 - \sqrt{1 - 4z}}{2}$$

Folglich ist

$$P(z^2) = \frac{1 - \sqrt{1 - 4z^2}}{2}$$

die gewöhnliche erzeugende Funktion für Paare identischer planarer Bäume. Es folgt

$$\hat{P}(z) = z(1 + \hat{P}(z)) \frac{1}{1 - P(z^2)}$$

mit der Lösung

$$\hat{P}(z) = \frac{2z}{1 - 2z + \sqrt{1 - 4z^2}} .$$

Die gesuchten Anzahlen sind die Koeffizienten der Reihenentwicklung dieser Funktion :

$$\binom{n}{\lfloor \frac{n}{2} \rfloor}$$

9.4 Es gilt

$$Z\left(S_4^{(3)}\right) = Z(S_4) \text{ und } Z\left(S_5^{(3)}\right) = Z\left(S_5^{(2)}\right) .$$

9.5 Die erzeugende Funktion ist

$$(1 + x + \cdots + x^k)^{\binom{n-k}{2}} .$$

9.6 Durch Inklusion-Exklusion ergibt sich

$$\sum_{k=0}^{n} (-1)^k \binom{n}{k} 2^{\binom{n-k}{2}} .$$

9.7 Die exponentielle erzeugende Funktion für die Mengen gerader Mächtigkeit ist

$$\frac{e^z + e^{-z}}{2} = \cosh z .$$

Da die Mengen gerader Mächtigkeit die „Bausteine" der gesuchten Partitionen sind, folgt mit der Exponentialformel

$$F(z) = e^{\cosh z - 1}$$

als gesuchte erzeugende Funktion.

9.8 Es gibt je einen Baum mit einem oder zwei Knoten und genau 3 Bäume mit 3 Knoten. Damit ist die exponentielle erzeugende Funktion für die Komponenten des Waldes

$$C(z) = z + \frac{z^2}{2} + \frac{z^3}{2} .$$

Mit der Exponentialformel erhalten wir

$$W(z) = e^{z + \frac{z^2}{2} + \frac{z^3}{2}}$$

als erzeugende Funktion für die Wälder.

Lösungen zu Kap. 10

10.1 Abb. A.3 zeigt den Automaten. Die erzeugende Funktion ist

$$F(z) = \frac{1}{2} - \sqrt{\frac{1}{4} - z^2} \ .$$

Das ist die gewöhnliche erzeugende Funktion für die Folge der Catalan-Zahlen.

10.2 Die gesuchte erzeugende Funktion ist

$$F(z) = \frac{1 + z + z^2}{1 - 2z - 2z^2} \ .$$

10.3 Für dieses Problem ist es sinnvoll, das Alphabet $A = \{o, s, u\}$ für Schritte nach oben (o), zur Seite (s) oder nach unten (u) zu verwenden. Ein Seitwärtsschritt ist hierbei eindeutig bestimmt. Weiterhin ist es vorteilhaft, die möglichen Wege in Folgen von „Elementarformen" wie Winkel, bestehend aus einer Folge von Schritten nach oben und einem Seitwärtsschritt, zu zerlegen. Ein Gitterweg lässt sich dann in der Form

$$(\epsilon + s)(o^+ s)^* o^* (\epsilon + o\sqcap) + \sqcap$$

beschreiben. Hierbei ist $\sqcap$ ein u-förmiger Weg, bestehend aus i Aufwärtsschritten, einem Seitwärtsschritt und i Abwärtsschritten mit $i \geq 1$. Die erzeugende Funktion für die u-förmigen Wege ist folglich

$$F_\sqcap(z) = \frac{z^3}{1 - z^2} \ .$$

Wir erhalten die gesuchte erzeugende Funktion

$$F(z) = \frac{1 - z - z^2}{(1 - z^2)(1 - z - z^2)} \ .$$

10.4 Abb. A.4 zeigt den Automaten. Dieser liefert die erzeugende Funktion

$$F(z) = \frac{1 - 3z + z^2}{(1 - z)(1 - 3z)} \ .$$

Abb. A.3 Automat für
Klammersequenzen

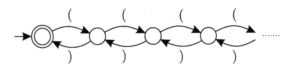

Abb. A.4 Ein Automat für
Mengenpartitionen mit drei
Blöcken

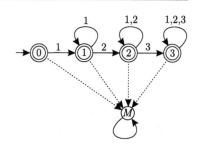

10.5 Um zu sichern, dass die Beschreibung eindeutig wird, wählen wir zunächst
einen Buchstaben $a_i \in A$. Dann konstruieren wir ein Anfangswort aus $(A \setminus \{a_i\})^*$, verketten dieses mit $a_i^2 \, (= a_i a_i)$ und schließlich mit einem beliebigen
Wort aus A^*. Damit ist

$$\sum_{i=1}^{n} (A \setminus \{a_i\})^* a_i^2 A^*$$

die gesuchte Beschreibung. Die gewöhnliche erzeugende Funktion ist nun die
Differenz aus der erzeugenden Funktion für A^* und der erzeugenden Funktion
für die oben beschriebene Sprache:

$$F(z) = \frac{1}{1 - nz} - \frac{1}{1 - (n-1)z} z^2 \frac{1}{1 - nz} \, ,$$

was sich zu

$$F(z) = \frac{1 + z}{1 - (n-1)z}$$

zusammenfassen lässt.

10.6 Aus dem entsprechenden Automaten (mit sechs Zuständen) erhält man die
gewöhnliche erzeugende Funktion

$$F(z) = \frac{1 + z}{1 - 3z} \, .$$

Die Entwicklung in einer Potenzreihe liefert die Antwort

$$f_n = 4 \cdot 3^{n-1}, \qquad n \geq 1 \, .$$

Symbolverzeichnis

$B(n)$	Bell-Zahlen
B_n	Bernoulli-Zahlen
$\mathbb{B}_n$	Boolescher Verband
C_n	Kreis, zyklische Gruppe, Catalan-Zahlen
$\mathbb{C}$	Körper der komplexen Zahlen
D	Differentialoperator
H_n	harmonische Zahlen
K_n	vollständiger Graph mit n Knoten
$\mathbb{N}$	Menge der natürlichen Zahlen einschließlich 0
$\mathbb{N}^+$	Menge der natürlichen Zahlen ohne 0
$\mathbb{N}_n$	$\{1, 2, \ldots, n\}$
$\mathbb{R}$	Menge (Körper) der reellen Zahlen
S_n	symmetrische Gruppe der Ordnung n
$Z(G; \ldots)$	Zyklenzeiger der Gruppe G
$\mathbb{Z}$	Menge der ganzen Zahlen
$\deg v$	Grad des Knotens v
$\Gamma(z)$	Gammafunktion
δ_{kn}	Kronecker-Delta
Δ	Differenzenoperator
Δ^{-1}	Summenoperator
ζ	Riemannsche Zetafunktion
μ	Möbiusfunktion
$\varphi(d)$	Eulersche Phi-Funktion
$\Pi(V)$	Partitionsverband der Menge V
$\begin{bmatrix} n \\ k \end{bmatrix}$	Stirling-Zahlen erster Art
$\begin{Bmatrix} n \\ k \end{Bmatrix}$	Stirling-Zahlen zweiter Art
$\binom{n}{k_1, k_2, \ldots, k_r}$	Multinomialkoeffizient
$\lfloor x \rfloor$	größte ganze Zahl $\leq x$
$x^{\underline{k}}$	fallende Faktorielle
$x^{\overline{k}}$	steigende Faktorielle
$[z^n]F(z)$	Koeffizient vor z^n in $F(z)$
$k \mid n$	k ist ein Teiler von n
$\lambda \vdash n$	λ ist eine Partition von n

Literatur

Aigner, M.: Kombinatorik I. Grundlagen der Zähltheorie. Springer, Berlin (1975)

Aigner, M.: A Course in Enumeration. Springer, Berlin (2007)

Aigner, M., Ziegler, G.M.: Das Buch der Beweise, 3. Aufl. Springer, Berlin (2010)

Andrews, G.E.: The Theory of Partitions. Cambridge University Press, Cambridge (1976)

Bergeron, F., Labelle, G., Leroux, P.: Combinatorial Species and Tree-like Structures. Cambridge University Press, Cambridge (1998)

Berge, C.: Graphs. North-Holland, Amsterdam (1985)

Berstel, J., Reutenauer, C.: Rational Series and Their Languages. Springer, Berlin (1988)

Biggs, N.: Algebraic Graph Theory. Cambridge University Press, Cambridge (1974)

Birkhoff, G.D.: A Determinant Formula for the Number of Ways of Coloring a Map. Ann. Math. **14**, 42–46 (1912)

Bollobás, B.: Modern Graph Theory. Springer, New York (1998)

Bondy, J.A., Murty, U.S.R.: Graph Theory. Springer (2008)

Brandstädt, A.: Graphen und Algorithmen. B. G. Teubner, Stuttgart (1994)

Cayley, A.: A theorem on trees. Quart. J. Math. **23**, 376–378 (1889)

Chartrand, G., Zhang, P.: Chromatic Graph Theory. CRC Press, Boca Raton (2009)

Colbourn, J.C., Dinitz, J.H.: Handbook of Combinatorial Designs, Second Edition. CRC Press, Boca Raton (2006)

Cvetković, D., Rowlingson, P., Simić, S.: An Introduction to the Theory of Graph Spectra. Cambridge University Press, Cambridge (2010)

Flajolet, P., Sedgewick, R.: Analytic Combinatorics. Cambridge University Press, Cambridge (2009)

Gilbert, C.: Random graphs. Ann. Math. Stat. **30**(4), 1141–1144 (1959)

Godsil, C., Royle, G.: Algebraic Graph Theory. Springer, New York (2001)

Gondran, M., Minoux, M.: Graphs, Dioids and Semirings. Springer (2008)

Goulden, I.P., Jackson, M.J.: Combinatorial Enumeration. John Wiley & Sons, Inc, New York (1983)

Graham, R.L., Knuth, D.E., Patashnik, O.: Concrete mathematics. Addison-Wesley, Reading (1991)

Gross, J., Yellen, J.: Graph Theory and its Applications. CRC Press, Boca Raton (1999)

Gutman, I., Harary, F.: Generalizations of the matching polynomial. Util. Math. **24**, 97–106 (1983)

Harary, F., Palmer, E.M.: Graphical Enumeration. Academic Press, New York (1973)

Harary, F., Read, R.C.: Is the null-graph a pointless concept? In: Graphs and Combinatorics Lecture Notes in Mathematics, Bd. 406, S. 37–44. (1974)

Heilmann, O.J., Lieb, E.H.: Theory of Monomer-Dimer Systems. Commun. Math. Phys. **25**, 190–232 (1972)

Hopcroft, J.E., Ullman, J.D.: Einführung in die Automatentheorie, Formale Sprachen und Komplexitätstheorie, 4. Aufl. Oldenbourg Verlag, München (2000)

Jordan, C.: Calculus of Finite Differences. Chelsea, New York (1965)

Kasteleyn, P.W.: The statistics of dimers on a lattice. Physica **27**, 1209–1225 (1961)

Kerber, A.: Algebraic Combinatorics via Finite Group Actions. BI Wissenschaftsverlag, Mannheim (1991)

Kirchhoff, G.: Über die Auflösung von Gleichungen, auf welche man bei der Untersuchung der linearen Verteilung galvanischer Ströme geführt wird. Ann. Phys. Chem. **72**, 497–508 (1847)

Krumpe, S.O., Noltemeier, H.: Graphentheoretische Konzepte und Algorithmen. B. G. Teubner Verlag, Wiesbaden (2005)

Lothaire, M.: Combinatorics on Words. Cambridge University Press, Cambridge (1983)

Lovász, L., Plummer, M.D.: Matching Theory. Elsevier Science Ltd, Amsterdam (1986)

Perrin, D.: Enumerative Combinatorics on Words. In: Crapo, H., Senato, D. (Hrsg.) Algebraic Combinatorics and Computer Science, S. 391–427. Springer, Mailand (2001)

Petkovšek, M., Wilf, H., Zeilberger, D.: $A = B$. A. K. Peters, Wellesley, MA (1996)

Pólya, G.: Kombinatorische Anzahlbestimmungen für Gruppen, Graphen und chemische Verbindungen. Acta Math **68**, 145–254 (1937)

Pólya, G.: On picture writing. Am. Math. Mon. **63**, 689–697 (1956)

Riordan, J.: An Introduction to Combinatorial Analysis. John Wiley & Sons, New York (1958)

Rota, G.-C.: On the Foundations of Combinatorial Theory I. Theory of Möbius Functions. Z. Wahrseheinlichkeitstheorie **2**, 340–368 (1964)

Spiegel, M.R.: Endliche Differenzen und Differenzengleichungen. McGraw-Hill, Hamburg (1982)

Stanley, R.P.: Enumerative Combinatorics Bd. 1. Cambridge University Press, Cambridge (1997)

Stanley, R.P.: Enumerative Combinatorics Bd. 2. Cambridge University Press, Cambridge (1999)

Stanton, D., White, D.: Constructive Combinatorics. Springer, New-York (1986)

Tittmann, P.: Graphentheorie – Eine anwendungsorientierte Einführung. Carl Hanser, München (2011)

Tutte, W.T.: Graph Theory. Cambridge University Press, Cambridge (2001)

Welsh, D.J.A.: Complexity: Knots Colourings and Counting. Cambridge University Press, Cambridge (1993)

West, D.: Introduction to Graph Theory, 2. Aufl. Prentice Hall, Englewood Cliffs, NJ (2000)

Wilf, H.S.: Generating Functionology. Academic Press, Inc, San Diego (1994)

Stichwortverzeichnis

Willkommen zu den Springer Alerts

Jetzt anmelden!

- Unser Neuerscheinungs-Service für Sie:
  aktuell *** kostenlos *** passgenau *** flexibel

Springer veröffentlicht mehr als 5.500 wissenschaftliche Bücher jährlich in gedruckter Form. Mehr als 2.200 englischsprachige Zeitschriften und mehr als 120.000 eBooks und Referenzwerke sind auf unserer Online Plattform SpringerLink verfügbar. Seit seiner Gründung 1842 arbeitet Springer weltweit mit den hervorragendsten und anerkanntesten Wissenschaftlern zusammen, eine Partnerschaft, die auf Offenheit und gegenseitigem Vertrauen beruht.

Die SpringerAlerts sind der beste Weg, um über Neuentwicklungen im eigenen Fachgebiet auf dem Laufenden zu sein. Sie sind der/die Erste, der/die über neu erschienene Bücher informiert ist oder das Inhaltsverzeichnis des neuesten Zeitschriftenheftes erhält. Unser Service ist kostenlos, schnell und vor allem flexibel. Passen Sie die SpringerAlerts genau an Ihre Interessen und Ihren Bedarf an, um nur diejenigen Information zu erhalten, die Sie wirklich benötigen.

Mehr Infos unter: springer.com/alert

Printed in the United States
By Bookmasters